Dedekinds Theorie der ganzen algebraischen Zahlen

Katrin Scheel

Dedekinds Theorie der ganzen algebraischen Zahlen

Die verlorene Neufassung des XI. Supplements zu Dirichlets Vorlesungen über Zahlentheorie

Mit einem Kommentar von Peter Ullrich

Katrin Scheel
Institut Computational Mathematics AG PDE
Technische Universität Braunschweig
Braunschweig, Deutschland

ISBN 978-3-658-30927-5 ISBN 978-3-658-30928-2 (eBook)
https://doi.org/10.1007/978-3-658-30928-2

Die Deutsche Nationalbibliothek verzeichnet diese Publikation in der Deutschen Nationalbibliografie; detaillierte bibliografische Daten sind im Internet über http://dnb.d-nb.de abrufbar.

Planung/Lektorat: Annika Denkert
Springer Spektrum ist ein Imprint der eingetragenen Gesellschaft Springer Fachmedien Wiesbaden GmbH und ist ein Teil von Springer Nature.
Die Anschrift der Gesellschaft ist: Abraham-Lincoln-Str. 46, 65189 Wiesbaden, Germany

Vorwort

Dieses Buch verdankt sein Entstehen einem Zufall.

Bei der Arbeit zum Briefwechsel zwischen Heinrich Weber und Richard Dedekind wurde, obwohl die Briefe in eigenen Mappen verwahrt werden, der gesamte in Göttingen vorhandene Nachlass Dedekinds untersucht. Dabei fielen immer wieder einzelne Blätter mit der Überschrift „D5" auf, die inhaltlich jedoch nicht zu den Kapiteln der von Dedekind vorbereiteten fünften Auflage von Dirichlets Zahlentheorie zu passen schienen. Erst nach und nach stellte sich heraus, dass es sich bei den unsortiert und verteilt auf verschiedene Mappen aufgefundenen Blättern um eine fünfte überarbeitete Auflage des elften Supplements zur Zahlentheorie handelte. Trotz der Tatsache, dass sich keine komplette Neubearbeitung aller Kapitel finden ließ, rechtfertigen die von Dedekind vorgenommenen teilweise umfangreichen Änderungen des Aufbaus und Inhalts des Supplements die hier vorliegende Veröffentlichung des Manuskripts.

Vielen Dank an Thomas Sonar und Heiko Harborth, für ihre Hilfe und die immerwährende Bestärkung nicht aufzugeben.

Braunschweig Katrin Scheel

Inhaltsverzeichnis

Teil I
Prolog

1 Einführung

„Bedenkt man, welche Umgestaltungen andere Theile der Mathematik, z.B. die Theorie der elliptischen Functionen, seit ihren ersten Anfängen im Laufe der Zeit erlitten haben, so wird man es für sehr wahrscheinlich halten, dass auch für die Idealtheorie noch einfachere Grundlagen, als die bisher bekannten, aufgefunden werden. Als eine solche Grundlage kann z.B. der von mir aus der Idealtheorie abgeleitete Satz (S. 465, 541, 577 der zweiten dritten, vierten Auflage dieses Werkes) über den grössten gemeinsamen Theiler von zwei beliebigen ganzen algebraischen Zahlen angesehen werden, und ich habe schon vor vielen Jahren versucht, diesen Weg einzuschlagen; hierbei ist es mir zwar nicht gelungen, eine wesentliche Vereinfachung zu erzielen, weil ich den unmittelbaren Beweis dieses Satzes doch nur mit denselben Hülfsmitteln führen konnte, welche im Wesentlichen auch meiner Theorie der Ideale zu Grunde liegen; [...].“

Diese Sätze schrieb Richard Dedekind im Vorwort zur 1894 veröffentlichten vierten Auflage der „Vorlesungen über Zahlentheorie“ seines Mentors und Freundes Dirichlet, bezugnehmend auf die von ihm selbst den „Vorlesungen“ hinzugefügten Supplemente. Es hätten aber auch Sätze im Vorwort zu einer fünften Auflage sein können, welche allerdings nie vollständig fertiggestellt und veröffentlicht wurde. Ob diese nicht erfolgte Publikation ihren Grund in inneren Kämpfen Dedekinds hat, seinem Hang, nur zu veröffentlichen, was seinem eigenen Anspruch an methodischer Reinheit und ästhetischer Klarheit genügt, oder ob äußere Umstände, wie zum Beispiel das mangelnde Verständnis seiner Zeitgenossen dieser für sie viel zu theoretischen Betrachtungen die Veröffentlichung einer fünften Auflage behinderten, bleibt unklar. Sicher ist, Dedekind hatte sich schon direkt nach Fertigstellung der vierten Auflage der „Vorlesungen“ mit der Verbesserung und Erweiterung seiner Supplemente, insbesondere des elften Supplementes zur Idealtheorie, und der Überarbeitung des Dirichletschen Textes beschäftigt. Unzählige Papiere hierzu, deren Entstehungszeiten zwischen 1895 und 1913 anzusetzen sind, finden sich in diversen Ordnern des Nachlasses von Dedekind im Handschriftenarchiv der Universitätsbibliothek Göttingen. Sie wurden für den hier vorliegenden Band ausgewertet.

K. Scheel, *Dedekinds Theorie der ganzen algebraischen Zahlen*,
https://doi.org/10.1007/978-3-658-30928-2_1

1.1 Richard Dedekind

Richard Dedekind, am 6. Oktober 1831 hineingeboren in eine alteingesessene Braunschweiger Familie – der Vater, der Großvater mütterlicherseits, lehrten am Collegium Carolinum – unterlag schon früh wissenschaftlichen und schöngeistigen Einflüssen. Er wuchs auf in der Dienstwohnung seines Vaters am Bohlweg, mit direktem Kontakt zum Collegium Carolinum, zu Studenten und Lehrenden, aber auch zu zwei Künstlern, dem Bildhauer Howaldt und dem Maler Brandes, deren Wirkungsstätten sich im Innenhof des Carolinums befanden. Zuerst besuchte der junge Richard die Bürgerschule, danach eines der ältesten Gymnasien Deutschlands, das heutige Martino-Katharineum in Braunschweig. Er war 16 Jahre alt und hatte die schulische Ausbildung hinter sich gebracht, als er für zwei Jahre an das Collegium Carolinum wechselte, um sich auf sein geplantes Studium der Mathematik vorzubereiten. 1850 ging Dedekind dann nach Göttingen. Nach gerade einmal vier Semestern wurde er als letzter Doktorand von Carl-Friedrich Gauß[1] promoviert. Seine Arbeit „Über die Elemente der Theorie der Eulerschen Integrale" enthält nichts Bahnbrechendes, ist aber ordentlich und gründlich ausgeführt. Schon zwei Jahre später reichte Dedekind seine Habilitationsschrift ein und konnte fortan als Privatdozent in Göttingen lehren.

Nach jahrelangen finanziellen Problemen, die Vorlesungen des Privatdozenten Dedekind besuchten in Göttingen nur wenige bis gar keine Hörer, erhielt er 1858 eine Anstellung als Professor für Mathematik am Polytechnikum in Zürich. Binnen kurzem brach Dedekind seine Zelte in Göttingen ab und siedelte nach Zürich über. Ganz glücklich war er aber trotz gesellschaftlicher Anerkennung und seiner Liebe zu den Schweizer Bergen nicht; das Gehalt zu gering, die Sicherheit einer langfristigen Anstellung über Jahre nicht gegeben, die Familie zu weit weg und die Lehre wenig erfüllend; unter anderem hatte Dedekind eine neunstündige Vorlesung zur Differential- und Integralrechnung zu halten. 1862 wurde alles anders. Richard Dedekind kehrte zurück nach Braunschweig. Warum genau er sich auf die freigewordene Professur am Collegium Carolinum bewarb und nicht eine größere Universität bevorzugte, darüber schweigen die Familienchroniken. Sicher ist, Richard Dedekind plante genau, wie sein Leben und Wirken in Braunschweig aussehen sollte. Er bestand vor allem darauf, keine Grundlagenmathematik mehr lesen zu müssen. Dieser fast schon unverschämten Bedingung wurde ohne Einwände statt gegeben und Dedekind siedelte umgehend nach Braunschweig über.

Obwohl er in den nächsten Jahren immer wieder Rufe an verschiedene mehr oder weniger angesehene Universitäten erhielt, schien Dedekind das Leben im Kreis der Familie und an einer kleinen Lehranstalt sehr angenehm gewesen zu sein. Er lehnte sämtliche Rufe ab und blieb am Collegium. Nach dem Tod seines Vaters zog Dedekind mit Mutter und Schwester in eine gemeinsame Wohnung und übernahm sogar für drei Jahre das Direktorat des Collegium Carolinum. Wie sehr Richard Dedekind dieses Direktorat belastete, zeigte sich allerdings recht schnell. Er hatte keine Sekretärin, keinen Gehilfen zur Verfügung, alle Schriftstücke mussten von ihm selbst verfasst, alles Organisatorische von ihm selbst erledigt werden.

[1] Carl-Friedrich Gauß (1777–1855)

Zielstrebig schrieb er viele Universitäten von Rang und Namen an, ließ sich Lehrpläne verschiedener Studiengänge schicken und erarbeitete Konzepte zu vergleichbarer Lehre am Collegium. Seine eigenen mathematischen Forschungen kamen in dieser Zeit allerdings zu kurz. Aber er erreichte das selbstgesteckte Ziel, den Erhalt und den Ausbau des Collegiums.

Als 1882 Dedekinds Mutter starb, teilte er sich für den Rest seines Lebens die Wohnung nur noch mit der Schwester. Er reiste so viel und so oft es ihm möglich war, in die Schweiz, nach Baden-Baden, nach Paris, traf sich mit vielen Gelehrten, welche ihn ebensooft auch in Braunschweig besuchten. Seinen Urlaub verbrachte er über Jahre hinweg im Familienhaus im Harz. Dort genoss er, wie früher in der Schweiz, die Ruhe, die ihm die Wälder und Berge auf seinen Wanderungen boten.

Auch am gesellschaftlichen Leben in Braunschweig beteiligte sich Dedekind weiterhin. Er wurde Vorsitzender der Kammer der literarischen Sachverständigen und stimmführendes Mitglied der herzoglichen Ober-Schul-Commission von Braunschweig. Dedekind sammelte Gemälde und Kupferstiche, ging gern und regelmäßig zum Kegeln und wanderte oft, wie er selbst sagte, im mathematisch korrekten Sinne um Braunschweig herum. Dabei trat er bescheiden und anspruchslos auf, trug meist altmodische und einfache Kleidung. 1895 schließlich trat Richard Dedekind vom Professorenamt zurück, hielt aber weiterhin über Jahre hinweg Vorlesungen. Mathematische Forschungen betrieb Dedekind bis zuletzt. Er veröffentlichte wenig, oft erst auf Aufforderung von Kollegen oder als Rechtfertigung seiner Ansichten. Er fand seine Arbeiten meist zu wenig interessant, zu langatmig und zu umständlich formuliert um sie, wie er sagte „dem armen Leser zuzumuten". Waren die Arbeiten aber erst einmal gedruckt, so ließ Dedekind sie nicht einfach ruhen. Er arbeitete weiter an seinen Werken und veröffentlichte, wenn möglich, neue verbesserte Auflagen, in die oft auch weiterführende aktuelle mathematische Erkenntnisse einflossen. So arbeitete er noch im hohen Alter an einer weiteren Auflage seines 11. Supplements über die Idealtheorie.

Zwei Jahre nach seiner geliebten Schwester starb Dedekind am 12. Februar 1916 und wurde auf dem Braunschweiger Hauptfriedhof im Familiengrab der Dedekinds beigesetzt.

Richard Dedekinds mathematisches Werk ist in weiten Teilen fundamental und verknüpft mit großen Ideen. Schon in Göttingen hielt er eine wenig beachtete und doch bahnbrechende Vorlesung, die vermutlich deutschlandweit erste Vorlesung zur Galoistheorie. Die Abschrift dieser Vorlesung, in der viele Grundzüge und Herangehensweisen der späteren Dedekindschen Arbeiten zur Zahlen- und Funktionentheorie schon zu finden sind, blieb weitgehend unbekannt und wurde erst von Winfried Scharlau veröffentlicht.[2]

Die bekanntesten Veröffentlichungen Richard Dedekinds dürften die beiden Werke „Stetigkeit und irrationale Zahlen" und „Was sind und was sollen die Zahlen" aus den Jahren 1872 und 1888 sein. In diesen Werken gibt Dedekind einerseits eine fundierte mathematische Konstruktionsmethode der reellen Zahlen durch Schnitte an und liefert andererseits eine für die damalige Zeit umfassende Begründung der Mengenlehre.

Nicht ganz so bekannt, aber gerade für Richard Dedekinds weiteren mathematischen Weg wichtig, ist die Arbeit an den gesammelten Werken von Dedekinds Freund und

[2]Scharlau, W.: Richard Dedekind 1831–1981. Braunschweig (1981). S. 59–108.

Kollegen Bernhard Riemann. Durch verschiedene äußere Umstände gehindert, war Dedekind nicht in der Lage, allein den Nachlass von Riemann aufzuarbeiten und zur Veröffentlichung vorzubereiten.[3] Er suchte und fand Hilfe in Gestalt von Heinrich Weber.[4] Beide arbeiteten sich in endloser Kleinarbeit durch die Riemannschen Unterlagen und tauchten dabei tief in dessen mathematischen Theorien ein. Im Jahre 1876 veröffentlichen sie schließlich gemeinsam die gesammelten Werke Riemanns.[5] Damit endete die Zusammenarbeit aber nicht, im Gegenteil, die beiden erstklassigen Mathematiker forschten gemeinsam an der allgemeinen Begründung der Riemannschen Theorie der algebraischen Funktion und leisteten damit einen wichtigen Beitrag zur arithmetischen Theorie der algebraischen Funktionen. In ihrer 1882 veröffentlichten Schrift „Theorie der algebraischen Functionen einer Veränderlichen"[6] schlugen sie einen Bogen von der „Disquisitiones arithmeticae"[7] von Gauß über die „Vorlesungen über Zahlentheorie" von Dirichlet zu den Arbeiten von Riemann und verbanden diese verschiedenen Arbeiten und Denkweisen aufs Beste miteinander.

Neben diesen bekannten Werken Dedekinds existieren zahlreiche weitere unbekanntere, ja sogar bisher unveröffentlichte Schriften[8], die nicht weniger fundamental und oft überraschend fortschrittlich sind. Zum Beispiel die beiden Arbeiten zur Verbandstheorie[9], die inhaltlich ihrer Zeit voraus waren und bei den Zeitgenossen Dedekinds nur wenig Anklang fanden. Bei seinen Arbeiten zur Überarbeitung und Erweiterung der Supplemente in Dirichlets Zahlentheorie und bei den gründlichen Untersuchungen der Teilbarkeitseigenschaften von Moduln, Ringen und Körpern entdeckte Dedekind eine Struktur, die er Dualgruppe nannte. Eine Dualgruppe, heute Verband genannt, ist wiederum eine algebraische Struktur wohldefinierter Elemente mit darauf arbeitenden Operationen, allerdings auf einem höheren Abstraktionsniveau, als es Dedekind mit seiner Idealtheorie schon erreicht hatte. Erst 30 Jahre später, als sich die abstrakte Algebra weit genug entwickelt hatte, wurden diese Arbeiten zur Kenntnis genommen.[10]

---

[3] Siehe Scheel, K.: Der Briefwechsel Richard Dedekind – Heinrich Weber. Hrsg. Thomas Sonar, unter Mitarbeit v. Karin Reich. Abhandlungen der Akademie der Wissenschaften in Hamburg 5. De Gruyter Akademie Forschung. Berlin (2014).

[4] Heinrich Weber (1842–1913).

[5] Riemann, B.: Gesammelte mathematische Werke und der wissenschaftliche Nachlass. Hrsg. unter Mitwirkung von Richard Dedekind und Heinrich Weber. Leipzig (1876).

[6] Dedekind, R.; Weber, H.: Theorie der algebraischen Functionen einer Veränderlichen. Journal für die reine und angewandte Mathematik 92 (1882). S. 181–299.

[7] Gauß, C.-F.: Disquisitiones Arithmeticae. Leipzig (1801).

[8] Siehe Dedekind, R.: Was sind und was sollen die Zahlen. Setigkeit und Irrationale Zahlen. Hrsg. Stefan Müller-Stach. Berlin (2017). S. 23–25.

[9] Dedekind, R.: Über Zerlegungen von Zahlen durch ihre grössten gemeinsamen Theiler. In: Festschrift der Technischen Hochschule zu Braunschweig bei Gelegenheit der 69. Versammlung Deutscher Naturforscher und Ärzte 1897. Braunschweig (1897). S. 1–40. und Dedekind, R.: Über die von drei Moduln erzeugte Dualgruppe. Mathematische Annalen 53 (1900). S. 371–403.

[10] Siehe Mehrtens, H.: Die Entstehung der Verbandstheorie. Hildesheim (1979). Kap. 2.

Schon 1857 veröffentlichte Dedekind eine Arbeit über höhere Kongruenzen[11], deren Inhalt später Emil Artin in seiner Dissertation[12] aufgriff und bearbeitete.

1.2 Peter Gustav Lejeune Dirichlet

Der spätere Mentor Richard Dedekinds, Peter Gustav Lejeune Dirichlet, geboren am 13. Februar 1805 in Düren, hatte in Paris Mathematik studiert und sich schon früh in die wichtige Arbeit „Disquisitiones arithmeticae" von Gauß eingearbeitet. Es ist anzunehmen, dass er einer der ersten deutschen Mathematiker war, die dieses fundamentale Werk in der Lage waren zu verstehen und zu erweitern.

Während seiner Studienzeit in Paris als Hauslehrer bei der angesehenen französischen Familie des Generals Foy angestellt, verfasste Dirichlet noch als Student eine erste eigene mathematische Arbeit zu Fermats letztem Satz über die Nichtexistenz ganzzahliger nichttrivialer Lösungen der Gleichung $x^n + y^n = z^n$, für $n \geq 3$, $n \in \mathbb{N}$, mit der er in der mathematischen Fachwelt einige Aufmerksamkeit erregte. Gerade zwanzigjährig durfte Dirichlet im Juni 1825 über diese Arbeit[13] einen Vortrag vor Mitgliedern der französischen Akademie der Wissenschaften halten und wurde unter anderem von Legendre[14] hoch gelobt. Im selben Jahr verstarb General Foy, so dass sich Dirichlet plötzlich vor finanzielle Probleme gestellt sah, die er nicht lösen konnte. Er verließ Paris, ohne einen Abschluss erlangt zu haben, wie er zuvor schon das Gymnasium in Köln verlassen hatte, ohne die Abiturprüfung abgelegt zu haben. Sein guter Ruf als vorzüglicher Mathematiker, den er vor allem seiner in Paris verfassten und vorgetragenen Arbeit zu verdanken hatte, half ihm, in Carl-Friedrich Gauß und Alexander von Humboldt[15] wichtige Fürsprecher zu finden und auf ihre Vermittlung 1827 schließlich eine Anstellung an der Universität Breslau mit der Möglichkeit zur Habilitation zu bekommen. 1828 kam diese Habilitation mit einem Vortrag zu Lamberts Beweis der Irrationalität von π und einem Aufsatz zu einem zahlentheoretischen Problem[16] zum Abschluss und Dirichlet wurde zum Privatdozent ernannt. Glücklich war Dirichlet jedoch nicht in Breslau, es fehlte ihm der Kontakt zu brillianten Geistern, wie er ihn in Paris gehabt hatte. Auf wissenschaftlicher Ebene jedoch war die Breslauer Zeit für Dirichlet erfolgreich;

[11] Dedekind R.: Abriß einer Theorie der höheren Congruenzen in Bezug auf einen rellen Primzahl – Modulus. Journal für die reine und angewandte Mathematik 54 (1856). S. 1–26.

[12] Artin, E.: Quadratische Körper im Gebiet der höheren Kongruenzen. Math. Zeitsch. 19 (1924), S. 153–246.

[13] Dirichlet, P. G. Lejeune: Mémoire sur l'impossibilité de quelques Équations indéterminés du cinquième degré. 11. Juni 1825. Nachdruck in Dirichlet, G. Lejeune: Werke. Hrsg. L. Kronecker. Bd. 1. Berlin (1889). S. 1–20, 21–46.

[14] Adrien-Marie Legendre (1752–1833).

[15] Alexander von Humboldt (1769–1859).

[16] Dirichlet, P. G. Lejeune: De formis linearibus, in quibus continentur divisores primi quarumdam formularum graduum superiorum commentatio. Nachdruck in Dirichlet, G. Lejeune: Werke. Hrsg. L. Kronecker. Bd. 1. Berlin (1889). S. 47–62.

er hielt weiterhin engen Kontakt zu Gauß und veröffentlichte in der Folge seine großartigen Arbeiten über biquadratische Reste[17]. Auch am Problem der Lösbarkeit der Fermatschen Gleichung arbeitete Dirichlet weiter und bewies zum Fall $n = 5$ nun auch für $n = 14$ die Nichtexistenz ganzzahliger nichttrivialer Lösungen, wobei seine Beweise auf Betrachtungen in quadratischen Körpern basierten[18]. Wiederum verhalf die außerordentliche Qualität seiner Veröffentlichungen und die Fürsprache von Gauß und von Humboldt dem nunmehr 23–jährigen Dirichlet zu einem Karrieresprung, er durfte Breslau verlassen und zuerst nur an der Militärakademie, ab 1831 auch an der Universität in Berlin unterrichten. Von Humboldt war auch die treibende Kraft, die Dirichlet in die Berliner Gesellschaft, wissenschaftlich wie privat, einführte; in die Königliche Akademie der Wissenschaften, deren jüngstes Mitglied Dirichlet 1832 wurde, ebenso wie in die angesehene Familie Mendelssohn-Bartholdy, deren Tochter Rebecka Dirichlet 1832 ehelichte.

Dirichlet blieb 27 Jahre in Berlin, unterrichtete mit zunehmender Unzufriedenheit an der Militärakademie und hielt gut besuchte Vorlesungen an der Universität über verschiedene Gebiete aus der Zahlentheorie, der Analysis und der mathematischen Physik. Trotz der nicht geringen Arbeitsbelastung von zum Teil 18 Stunden Lehrverpflichtung pro Woche betrieb Dirichlet weiterhin mathematische Grundlagenforschung auf höchstem Niveau. Er veröffentlichte nicht viel, aber was er veröffentlichte, war brilliant. Seine Anwendung analytischer Methoden auf Fragestellungen der Zahlentheorie macht ihn zum Begründer der analytischen Zahlentheorie, ebenso wie die Anwendung mengentheoretischer und algebraischer Zusammenhänge und Methoden auf Fragen der Zahlentheorie Dedekind zum Begründer der algebraischen Zahlentheorie macht.

1855 verließ Dirichlet schließlich Berlin, um die Nachfolge des inzwischen verstorbenen Gauß in Göttingen anzutreten. Für Dedekind, der seine Dissertation und seine Habilitation unter Gauß abgelegt hatte, war die Berufung von Dirichlet ein Glücksfall. Dedekind besuchte, obwohl schon selbst als Lehrender tätig, Dirichlets Vorlesungen und fing nach seinen eigenen Worten „eigentlich erst recht zu lernen an“[19]. Die von Dedekind erstmals 1863 veröffentlichte Schrift „Vorlesungen über Zahlentheorie“ ist die Mitschrift einer dieser Vorlesungen von Dirichlet, welche Dedekind im Wintersemester 1856/1857 besuchte.

Dirichlet fertigte nie Notizen zu seinen Vorlesungen an, er hielt sie aus dem Gedächtnis und das meisterlich. Endete eine Stunde während eines aus dem Stand vorgetragenen Beweises, so setzte Dirichlet diesen Beweis ohne zu zögern an eben dieser Stelle in der nächsten Stunde fort. Dass dennoch einige der zum Teil sehr anspruchsvollen Vorlesungsinhalte erhalten geblieben sind, ist neben Dedekind noch weiteren ehemaligen Schülern Dirichlets

[17] Dirichlet, P. G. Lejeune: Recherches sur les diviseurs premiers d'une classe de formules du quatrième degré. Journal für die reine und angewandte Mathematik. Bd. 3. S. 35–69. (1828).

[18] Dirichlet, P. G. Lejeune: Démonstration du théorème de Fermat pour le cas des 14[ièmes] puissances. Journal für die reine und angewandte Mathematik. Bd. 9. S. 390–393. (1832).

[19] Aus einem Brief von Richard Dedekind an seine Schwester Julie. 12. Juli 1856.

zu verdanken, die posthum einige Vorlesungsmitschriften veröffentlichten[20]. Jedoch dürfte Dedekind der Einzige unter ihnen sein, dessen veröffentlichte Mitschrift von Dirichlet vor seinem viel zu frühen Tod im Jahr 1859 gleichsam abgesegnet wurde[21].

1.3 Ein kurzer Abriss zur Geschichte der Zahlentheorie

1.3.1 Von Diophant bis Euler

Zahlentheoretische Probleme, zum Beispiel die Berechnung pythagoräischer Tripel, wurden schon vor tausenden Jahren in Babylon und im alten Ägypten untersucht. Die Ersten, die diese Probleme und Fragestellungen, im Wesentlichen zur Teilbarkeit natürlicher Zahlen, im Sinne einer mathematischen Theorie untersuchten und formulierten, sind aber sicherlich griechische Mathematiker wie Euklid und Diophant, deren Werke den späteren Zahlentheoretikern und Algebraikern als Anregung und Grundlage dienten und noch heute dienen.

Rund tausend Jahre vergingen, bis die früheren Fragestellungen erneut aufgegriffen wurden und die Zahlentheorie zu neuem Leben erwachte. Ein wichtiger, aber beileibe nicht der erste oder einzige Vertreter dieses Zeitalters der neuen Mathematik, in dem sich die Zahlentheorie und die Algebra zu wichtigen Forschungsgebieten entwickelten, ist Pierre de Fermat[22]. Er formulierte jedoch erstmals konkrete zahlentheoretische Probleme und lieferte viele grundlegende Sätze zur Zahlentheorie, zum Leidwesen seiner nachfolgenden Mathematikerkollegen zum größten Teil aber ohne Beweise. So behauptete er zum Beispiel, einen wunderbaren Beweis zu besitzen für die sogenannte Fermat–Vermutung, dass die Gleichung

$$a^n + b^n = c^n$$

für $n \in \mathbb{N}$, $n \geq 3$ nicht ganzzahlig lösbar ist, könne aber den Beweis mangels Platz am Seitenrand seiner Diophant–Ausgabe, die er gerade las, nicht ausführen. Die unbewiesene Vermutung Fermats und der Versuch, sie zu beweisen, führten später zur Einführung immer neuer Hilfsmittel in der Zahlentheorie, wie zum Beispiel die ganzen algebraischen Zahlen oder die ganzen komplexen Zahlen, mit denen sich vor allem Gauß und Dedekind beschäftigten. Fermats Interesse galt vor allem vollkommenen und befreundeten Zahlen,

---

[20]Dirichlet, P. G. Lejeune: Vorlesungen über die Lehre von den einfachen und mehrfachen bestimmten Integralen. Ed. G. Arendt. Braunschweig (1904).
Grube, F. (Ed.): Vorlesungen über die im umgekehrten Verhältniss des Quadrats der Entfernung wirkenden Kräfte von P. G. Lejeune Dirichlet. Leipzig (1876), zweite Auflage (1887).
Meyer, G. F.: Vorlesungen über die Theorie der bestimmten Integrale zwischen reellen Grenzen mit vorzüglicher Berücksichtigung der von P. Gustav Lejeune Dirichlet im Sommer 1858 gehaltenen Vorträge über bestimmte Integrale. Leipzig (1871).

[21]Siehe Vorwort zu Dirichlet, P. G. Lejeune: Vorlesungen über Zahlentheorie. Hrsg. und mit Zusätzen versehen von Richard Dedekind. 1. Auflage, Braunschweig (1863).

[22]Pierre de Fermat (1607–1665).

diophantischen Problemen und Quadratsummen. Auf ihn geht die Methode des unendlichen Abstiegs zurück.

Erst nahezu ein Jahrhundert später folgte auf Fermat Leonard Euler[23]. Noch ist die Zahlentheorie kein eigenständiges mathematisches Forschungsgebiet und an Grundlagen nicht viel mehr vorhanden als Fermats Hinterlassenschaften. Aber Euler gelingt es, Methoden der gerade sich entwickelnden Analysis mit diesem Wenigen zu verbinden und die Grundlage für etwas Neues, mit Dirichlet einen Höhepunkt Erreichendes, zu schaffen, die analytische Zahlentheorie. Euler benutzte die Theorie der unendlichen Reihen, speziell die Divergenz der harmonischen Reihe, um die Existenz unendlich vieler Primzahlen nachzuweisen, lieferte einen Beweis der Irrationalität von e und formulierte unter anderem das quadratische Reziprozitätsgesetz, welches er allerdings nicht beweisen konnte.

In Lagrange[24] fand Euler schließlich einen Mitstreiter, auch wenn sich die beiden Mathematiker nie persönlich begegneten. Wie Euler beschäftigte sich Lagrange mit den Arbeiten Fermats. Im Gegensatz zu Euler gelang es Lagrange vieler dieser Fermatschen Sätze zu beweisen und den algebraischen Zweig der Zahlentheorie weiterzuentwickeln. So begründet er, angeregt durch Eulers Vorarbeiten, in einer seiner wenigen veröffentlichten Arbeiten[25] die Theorie der binären quadratischen Formen, die 25 Jahre später von Gauß umfassend vertieft und erweitert werden sollte. Mit Lagrange beginnt auch die moderne Mathematik, wie wir sie heute kennen und schätzen, mit einer klaren Beschreibung der Probleme, dem systematischen Vorgehen der Untersuchung und strengen, formal durchgeführten Beweisen.

Ein weiterer Mitstreiter oder vielmehr Nachfolger Eulers in zahlentheoretischer Hinsicht ist Legendre[26], der sich wie Euler mit dem Reziprozitätsgesetz beschäftigte. Legendre formulierte das Gesetz in seiner heute bekannten Form und lieferte einen ersten ernstzunehmenden, aber unvollständigen Beweis dieses fundamentalen Gesetzes. Für diesen Beweisversuch benutzte Legendre den von ihm formulierten, aber erst von Dirichlet bewiesenen berühmten Satz:

> Seien $m \in \mathbb{N}$ und $a \in \mathbb{Z}$, teilerfremd zu m, dann gibt es unendlich viele Primzahlen der Form $km + a$.

Obwohl schon Euler das Reziprozitätsgesetz, wenn auch nicht in der heute bekannten Form, formuliert hatte und Legendre es somit ‚nur' wiederentdeckte, führte er mit Carl–Friedrich Gauß, einem weiteren Vater der Dirichletschen und Dedekindschen Mathematik, einen erbitterten Urheberrechtsstreit.

---

[23] Leonard Euler (1707–1783).

[24] Joseph Louis Lagrange (1736–1813).

[25] Lagrange, J. L.: Recherches d'arithmétique. Nachdruck in Lagrange, J. L.: Oeuvres. Bd. 3. Paris (1867–1892). S. 695–795.

[26] Adrien Marie Legende (1752–1833).

1.3.2 Die beiden Ersten – Gauß und Dirichlet

Was zu Eulers Zeiten noch eine Idee war, eine Hoffnung, wurde unter Gauß zur Wirklichkeit. 1801 verfasste Gauß sein zahlentheoretisches Hauptwerk „Disquisitiones Arithmeticae", die erste Monographie über Zahlentheorie überhaupt, welche für nachfolgende Mathematiker, wie Dirichlet oder Dedekind, eine ebenso große Wichtigkeit besaß wie Euklids „Elemente" sie für die ungezählten Generationen vor ihnen gehabt hatte. In den „Disquisitiones" fasste Gauß alle bisherigen Erkenntnisse zahlentheoretischer Art zusammen und ergänzte sie. Vor allem in den Bereichen der Theorie der Kongruenzen und der quadratischen Formen erreichte er große Fortschritte. Gauß fand die Lösung zum Problem der Konstruktion regelmäßiger n-Ecke:

> Das regelmäßige n-Eck ist mit Zirkel und Lineal genau dann konstruierbar wenn $n = 2^k p_1 \dots p_r$ und $p_1, \dots, p_r$ paarweise verschieden, wobei p_i Fermatsche Primzahl, das heißt von der Form $2^{2^t} + 1$ ist.

Er beschäftigte sich mit dem ausführlichen Studium der Teilbarkeit im heute so genannten Ring der ganzen Gaußschen Zahlen $\Lambda := \{a + bi | a, b \in \mathbb{Z}\}$, $i = \sqrt{-1}$ und der eindeutigen Primfaktorzerlegung in diesem Ring. Im Laufe seines schaffensreichen Lebens lieferte er nicht weniger als sechs Beweise zu dem von ihm unabhängig von Euler und Lagrange formulierten quadratischen Reziprozitätsgesetz und baute die Theorie der binären quadratischen Formen weit über das von Lagrange und Legendre geschaffene hinaus aus. Durch die „Disquisitiones" und das darin enthaltene Werkzeug, mit dem sich endlich viele der schon von Fermat formulierten Fragen einfacher und eleganter als bisher, oder überhaupt erst, beantworten lassen, wird die Zahlentheorie endlich zu einer eigenständigen mathematischen Disziplin. Die besondere Leistung von Gauß besteht darin, dass er das Vorgefundene, Unvollständige, vervollständigte und abschloss und damit den Beginn einer neuen stürmischen Entwicklung der Mathematik maßgeblich mit beeinflusste.

Zwei wichtige Vertreter dieser Entwicklung sind Dirichlet und Dedekind. Dirichlet fand in den „Disquisitiones" von Gauß ein (Lehr-) Buch, welches er ausführlich und über viele Jahre studierte. Er wurde jedoch neben Gauß auch von Fourier[27] beeinflusst. Fourier, eigentlich kein Zahlentheoretiker sondern Physiker, beschäftigte sich mit der Theorie der Wärmeleitung und erarbeitete bei der Untersuchung und Lösung der dabei auftretenden partiellen Differentialgleichungen die Theorie der trigonometrischen Reihen. Dirichlet, der Fourier während seines Studiums in Paris traf, wendete später Fouriers Methoden und Resultate auf seine zahlentheoretischen Probleme, insbesondere auf die Untersuchung der Primzahlen und die Berechnung der Gaußschen Summe, an.

Dirichlets „Vorlesungen über Zahlentheorie", nebst der angefügten auf Dirichlet zurückgehenden Supplemente, ist im eigentlichen Sinne eine Darstellung der Ergebnisse von Gauß, welche Dirichlet um bedeutende Teile erweiterte und an vielen wichtigen Stellen

[27] Jean Baptiste Joseph Fourier (1768–1830).

vervollständigte. In den „Vorlesungen" enthalten sind unter anderem Untersuchungen über die Teilbarkeit und die Kongruenzen von Zahlen, quadratischen Formen und Reste, gefolgt von der Bestimmung der Anzahl der Klassen, in welche die binären quadratischen Formen mit gegebener Determinante zerfallen. In den Supplementen hinzugefügt sind darüberhinaus Beiträge zur Theorie der Kreisteilung und der unendlichen Reihen.

Veröffentlicht wird dieses Werk von Dedekind in erster Auflage 1863. Acht Jahre später folgt die zweite Auflage, wiederum acht Jahre später die dritte und 1894 schließlich erscheint die vierte und letzte bekannte Auflage der „Vorlesungen". Schon von der ersten Auflage an mit zusätzlichen Supplementen versehen, ergänzt Dedekind ab der dritten Auflage die Ausführungen Dirichlets und seine eigenen Anmerkungen durch immer umfangreichere eigene Paragraphen zur Idealtheorie. Im Gegensatz zu den „Disquisitiones" sind die „Vorlesungen" keine Monographie im eigentlichen Sinne, sondern das erste ausführliche und weitgehend vollständige Lehrbuch zur Zahlentheorie im 19. Jahrhundert überhaupt.

1.4 Dedekinds Supplemente

> „Endlich habe ich in dieses Supplement eine allgemeine Theorie der Ideale aufgenommen, um auf den Hauptgegenstand des ganzen Buches von einem höheren Standpunkte aus ein neues Licht zu werfen; hierbei habe ich mich freilich auf die Darstellung der Grundlagen beschränken müssen, doch hoffe ich, daß das Streben nach charakteristischen Grundbegriffen, welches in anderen Teilen der Mathematik mit so schönen Erfolgen gekrönt ist, mir nicht ganz missglückt sein möge."

so schreibt Dedekind im Vorwort zur zweiten Auflage von Dirichlets Zahlentheorie.

Die erste Auflage, veröffentlicht 1863, enthält zwar schon neun umfangreiche Supplemente, jedoch „theils nach älteren Heften, theils nach Dirichlet'schen Abhandlungen", wie Dedekind im Vorwort betont. „Nach eigenem Ermessen" fügt er die Paragraphen 105 bis 110 zum eigentlichen Text und die Paragraphen 121 bis 144 als Supplemente IV bis IX hinzu. Noch enthalten diese Supplemente keine Abhandlung zur Idealtheorie, sie sind vielmehr eine Sammlung von Verallgemeinerungen und Beweisen zu bekannten Sätzen, unter anderem zur Theorie der quadratischen Formen, zur Kreisteilung und zur Theorie der unendlichen Reihen.

In der acht Jahre später, im Frühjahr 1871, veröffentlichten zweiten Auflage der Zahlentheorie und ihrer Supplemente finden sich nun zehn Supplemente mit ganzen 25 neuen Paragraphen und in ihnen erstmals „eine allgemeine Theorie der Ideale" nach Dedekinds Anschauung. Dedekind fügte jedoch nicht nur neue Kapitel hinzu, er arbeitete einige seiner bisherigen Zusätze um (Paragraphen 105 bis 110, 143 und 144) und passte sie seinen neuen Gedankengängen und Überlegungen an. Auch Dirichlets Zahlentheorie unterliegt der mathematischen Weiterentwicklung, Dedekind fügt Quellennachweise zur weiteren Lektüre verschiedener Sachverhalte hinzu und verweist auf neue Ergebnisse der mathematischen

Forschung, „um den Leser zum Studium der Originalwerke zu veranlassen und in ihm ein Bild von den Fortschritten der Wissenschaft zu erwecken“, wie er betont.

Wiederum nur acht Jahre später, die entgültige Drucklegung erfolgte allerdings erst im Spätherbst 1880, erschien die nunmehr dritte Auflage von Dirichlets Zahlentheorie. Der Hauptteil des Werkes blieb weitgehend unverändert, die Supplemente jedoch wurden von Dedekind umfangreich ergänzt. Insbesondere die in der zweiten Auflage noch als Teil des Supplement X dargestellte Idealtheorie arbeitete Dedekind für die neue Auflage gründlich aus und widmete ihr ein eigenes XI. Supplement.

In den Jahren 1876 und 1877 hatte Dedekind auf Veranlassung und Vermittlung von Lipschitz[28] seine in der zweiten Auflage der Zahlentheorie noch sehr knapp dargestellten Theorie der Ideale ausgearbeitet und als mehrteilige Schrift „Sur la théorie des nombres entiers algébriques“ in einer Sonderausgabe des Bulletin des Sciences mathématiques et astronomiques veröffentlicht.[29] Weitere Veröffentlichungen zum Thema Idealtheorie folgten. Diese Arbeiten, vor allem die französische Schrift, nutzte Dedekind nun, um die bisherigen Paragraphen 159 bis 170 umzugestalten und die Theorie der Ideale nicht nur skizzenhaft anzudeuten, sondern detaillierter darzustellen. Er fügte 11 neue Paragraphen hinzu, arbeitete die vorhandenen um, veränderte die Reihenfolge der Kapitel und fasste deren Inhalte teils völlig neu zusammen. Allerdings blieb die entwickelte Idealtheorie und die zu ihrer Darstellung eingeführten Begriffe weiterhin nur Mittel zum Zweck, er betrieb sie nicht um ihrer selbst Willen, sondern zur Untersuchung der Primfaktorzerlegung in Ringen ganzer algebraischer Zahlen.

Dies änderte sich 1894 mit dem Erscheinen der vierten Auflage von Dirichlets Zahlentheorie. Der wesentliche Teil blieb unverändert, aber das XI. Supplement erfuhr eine völlige Umarbeitung. Das XI. Supplement erhielt nicht nur sechs weitere Paragraphen, sondern völlig geänderte Themenschwerpunkte. Die Theorie der Moduln, der Ideale und der Permutationen, also Homomorphismen, wurde bedeutend erweitert oder überhaupt erst aufgenommen.

1.5 Eine fünfte Auflage?

> „Obgleich damals das zu erreichende Ziel stets klar vor mir lag, so ist es mir doch erst nach wirklich unsäglichen Anstrengungen gelungen, Schritt für Schritt vorwärts zu kommen (...). Ich hatte fortwährend das Gefühl, an einer Leiter zu hängen mit der Furcht, dass es mir nicht mehr gelingen würde die folgende Sprosse zu erreichen...“[30]

[28] Siehe Scheel, K.: Der Briefwechsel Richard Dedekind – Heinrich Weber. Berlin (2014). S. 137 ff.

[29] Dedekind, R.: Sur la théorie des nombres entiers algébriques. Bulletin des sciences mathématique et astronomique 11 (1876). S. 278–288; (2) 1 (1877). S. 14–24, 66–92, 144–164, 207–248.

[30] Dedekind, R.: Gesammelte mathematische Werke. Hrsg. von Robert Fricke, Emmy Noether, Øystein Ore. 3 Bde. Braunschweig (1930–1932). S. 466.

Richard Dedekind begann schon direkt nach der Veröffentlichung der vierten Auflage von Dirichlets Zahlentheorie im Jahr 1894 Anmerkungen zu einzelnen Passagen seiner Supplemente zu verfassen. Er arbeitete, wie man Datierungen der im Nachlass aufgefundenen Papiere entnehmen kann, von 1894 bis in seine letzten Lebensjahre daran, die in der vierten Auflage enthaltenen Supplemente zu verbessern und zu überarbeiten. Neben Anmerkungen zu einzelnen Kapiteln der Dirichletschen Zahlentheorie, sowie Überarbeitungen einzelner Paragraphen der verschiedenen aus Dedekinds Feder stammenden Supplemente, erfährt vor allem das XI. Supplement eine ausgiebige Bearbeitung. Sind es in den ersten Jahren noch Anmerkungen und Umformulierungen zu verschiedenen Sätzen, Bezeichnungen oder Beweisen des XI. Supplements, die Dedekind überschreibt mit „Anmerkungen zur 4. Auflage Dirichlet", so finden sich später Neuformulierungen ganzer Paragraphenabschnitte und die Überschrift „D. 5". Der Umfang der Überarbeitungen und Umstrukturierungen, vor allem der Paragraphen 159 bis 169 und 187, bei denen teils neue Begriffe eingeführt, aber auch Ergebnisse späterer Paragraphen vorweggenommen wurden, sowie ein neu aufgenommenes Supplement mit Hilfssätzen, lassen vermuten, dass Dedekind eine fünfte Auflage seiner Idealtheorie mit einer ähnlich fundamentalen Neufassung des XI. Supplements plante, wie er es beim Übergang von der dritten zur vierten Auflage getan hatte.

Dedekind arbeitete nach Erscheinen der vierten Auflage weiter an der Verbesserung seiner Theorie. Er war nicht zufrieden mit den Formulierungen und Beweisen, suchte weiter nach grundlegenden Aussagen und Beweismethoden, bei denen er nicht auf ‚artfremde Gebiete' der Mathematik zurückgreifen musste, um seine Theorien zu formulieren. Dieses selbstgesteckte Ziel erreichte er nach eigenem Empfinden auch bei den Arbeiten zur fünften Auflage nicht immer, wie man einem Kommentar Dedekinds aus den Anmerkungen zu §173 entnehmen kann:

> „Aber dieser, dem inneren Wesen das Satzes so fern liegende Beweis gefällt mir aus bekannten Gründen durchaus nicht."

Die Suche nach einer ästhetisch und methodisch sauberen Darstellung der Theorie spielte für Dedekind eine zentrale Rolle. Aber eben durch dieses Ringen um eine deutliche Strukturierung und einen in sich konsistenten Aufbau der Theorie erreichte Dedekind ein hohes Maß an Abstraktion. Stand bei der ersten, 1871 veröffentlichten Auflage des X. Supplementes zur Idealtheorie noch die algebraische Zahlentheorie im Vordergrund, so verlagerte sich der Schwerpunkt in der Darstellung bei der französischen Arbeit 1877 und bei der zweiten Auflage des X. Supplements 1879 mehr und mehr in Richtung eines arithmetischen Ansatzes. Die Konzepte von Körper, Ideal und Modul, niedergeschrieben in der Theorie der Ideale und der Theorie der Moduln, nahmen immer mehr Raum ein.

Vor allem an den ersten Paragraphen des XI. Supplements der von Dedekind geplanten 5. Auflage von Dirichlets Zahlentheorie ist deutlich zu sehen, welch umfangreiche Änderungen Dedekind mit dieser neuen Auflage ins Auge fasste. Zwar ist gleich der §159 im vorliegenden Werk unverändert aufgenommen worden und auch im darauffolgenden §160 gibt es nur geringe Ergänzungen, die Paragraphen 161 bis 163 jedoch liegen in teils kompletter Neubearbeitung vor. In den Paragraphen selbst, aber auch in den beigefügten umfangreichen Zusätzen, vor allem zum §159, finden sich Begriffe und Ergebnisse aus den §174, 177, 178, 180 und 181 der 1894 veröffentlichten vierten Auflage, der Begriff des Hauptideals wird vorweggenommen, verschiedene Sätze werden verallgemeinert, die Dualgruppe wird eingeführt. Die Zusätze scheinen dabei einem mehrstufigen Entwicklungsprozess zu unterliegen und stellen wohl eine Materialsammlung für die geplante Neuordnung das Supplements dar. So sind die Zusätze oft älter zu datieren als die direkt in die jeweiligen Paragraphen eingefügten Abschnitte und es finden sich in ihnen Anmerkungen zu weiteren möglichen oder sogar geplanten Verbesserungen. Ähnlich weitgehende Änderungen finden sich in §169. Auch dieser Paragraph liegt als komplette Neubearbeitung vor.

Die Paragraphen 177, 178 und 187 dagegen wurden unverändert aufgenommen, jedoch wurden Zusätze aufgefunden, die zum Teil komplette Neubearbeitungen und Umstrukturierungen der Paragraphen darstellen. Geringe Einfügungen und Ergänzungen fanden sich zu den Paragraphen 164, 165, 166, 170, 171 und 173. Die in den verschiedenen Zusätzen enthaltenen Verweise und Anmerkungen lassen aber den Schluss zu, dass auch diese Paragraphen komplett umgearbeitet werden sollten. Keinerlei Schriftstücke fanden sich zu den Paragraphen 167, 168, 172, 174, 175, 176 und 179 bis 186, so dass diese Paragraphen in unveränderter Form und auch ohne Zusätze aufgenommen wurden. Zuletzt findet sich in dieser 5. Auflage ein zusätzlicher neuer Paragraph mit Hilfssätzen aus der Gruppentheorie. Dieser Paragraph wurde von Dedekind als neues Supplement bezeichnet. Der Grund hierfür ist nicht ganz klar.

Der Inhalt dieses zusätzlichen neuen Paragraphen und die Überarbeitung der Paragraphen zur Ideal- und Modultheorie lassen aber vermuten, dass Dedekind, wie schon bei den vorherigen Auflagen seines Supplements, eine mathematische Neuausrichtung plante. Leider wurden nicht ausreichend Schriftstücke im Nachlass gefunden, um diese Vermutung weiter zu untermauern.

Auffällig ist dabei in allen neu ausgearbeiteten Paragraphen sowie deren Zusätzen der nun deutliche Bezug zur Theorie der Dualgruppen, das heißt zum abstrakten Verbandsbegriff. Im Gegensatz zur Veröffentlichung von 1894 wird nun der Begriff der Dualgruppe explizit benutzt, Dedekind verweist zum Teil sogar direkt auf seine beiden 1897 und 1900 veröffentlichten Arbeiten zur Verbandstheorie.[31] Insofern kann diese neue Auflage als logische Weiterentwicklung betrachtet werden. So wie die französische Ausgabe der Idealtheorie und die Arbeiten mit Heinrich Weber an ihrer gemeinsamen Veröffentlichung zur Theorie der

[31] Dedekind, R.: Über die Zerlegung von Zahlen durch ihre grössten gemeinsamen Theiler. In: Festschrift der Technischen Hochschule zu Braunschweig bei Gelegenheit der 69. Versammlung Deutscher Naturforscher und Ärzte 1897. Braunschweig (1897). S. 1–40.
Dedekind, R.: Ueber die von drei Moduln erzeugte Dualgruppe. Mathematische Annalen 53 (1900). S. 371–403.

algebraischen Funktionen[32] vielleicht eine Motivation für die Veröffentlichung der Auflage von 1879 darstellten, verschiedene weiterführende Untersuchungen, wie zum Beispiel die 1882 erschienene Arbeit „Über die Discriminanten endlicher Körper"[33] und das bekannte Werk „Was sind und was sollen die Zahlen "[34] die Ausgabe von 1894 beeinflussten, so scheint hier Dedekinds weitere Forschung zur Verbandtheorie diese 5. Auflage gefördert und gefordert zu haben.

1.6 Quellenlage

Richard Dedekinds wissenschaftlicher Nachlass befindet sich zum weitaus größten Teil im Handschriftenarchiv der Universitätsbibliothek Göttingen. Ein kleinerer Teil wird im Archiv der Universitätsbibliothek Braunschweig verwahrt. Während in Braunschweig hauptsächlich die Briefwechsel von Dedekind mit Cantor, Frobenius und Heinrich Weber zu finden sind, enthält der Nachlass in Göttingen neben Briefen und Aufsätzen noch eine ungezählte Menge an ‚schriftlichen Gedanken' Dedekinds zu vielen Themen. Teilweise sind diese Ausführungen zusammenhängend und sortiert vorhanden, zum Teil völlig unzusammenhängend und schwer einzelnen Themenbereichen zuzuordnen, sowie oft Zusammengehörendes unzusammenhängend abgelegt. So fanden sich die hier vorliegenden Ausführungen zur fünften Auflage des elften Supplements zum Teil auf den Rückseiten der thematisch nach den jeweiligen Vorderseiten sortierten Papiere und in insgesamt vier Kisten des Nachlasses. Als entscheidenende Kriterien, ob es sich bei den vorliegenden Papieren wirklich um Arbeiten zu einer fünften Auflage handelt, wurden entweder die von Dedekind selbst gewählte Überschrift ‚D5' oder die von ihm gegebene explizite Angabe des in der vierten Auflage zu ändernden Paragraphen gewertet.Trotz der Untersuchung des gesamten vorhandenen Nachlasses kann nicht sichergestellt werden, dass wirklich jede Notiz Dedekinds zur fünften Auflage des elften Supplements gefunden wurde.

Aufgenommen in die hier vorliegende Edition der fünften Auflage des elften Supplements wurden nur die von Dedekind selbst nicht verworfenen Anmerkungen. Die von Dedekind durchgestrichenen und als unbrauchbar gekennzeichneten, also nicht zur Verwendung vorgesehenen Passagen wurden nicht für die Edition herangezogen, um Dedekind und sein Streben nach der ‚richtigen Formulierung' zu respektieren. Manchmal konnte nicht entschieden werden, welches die abschliessende Version einer Anmerkung ist, dann wurden mehrere Versionen des selben Sachverhaltes aufgenommen. In die Paragraphen selbst wurden nur Ergänzungen an den Stellen eingefügt, die von Dedekind explizit dafür vorgesehen und konkret benannt wurden. Alle anderen Anmerkungen finden sich in den jeweiligen

[32]Dedekind, R. und Weber, H.: Theorie der algebraischen Functionen einer Veränderlichen. Journal für die reine und angewandte Mathematik 92 (1882), S. 181–299.

[33]Dedekind, R.: Über die Discrimanten endlicher Körper. Abhandlungen der Königlichen Gesellschaft der Wissenschaften zu Göttingen 29 (1882). S. 1–56.

[34]Dedekind, R.: Was sind und was sollen die Zahlen? Braunschweig (1888).

Zusätzen zu den entsprechenden Paragraphen. Sämtliche Verweise auf Paragraphen, Seitenangaben oder Zeilenangaben aus Dedekinds Hand beziehen sich auf die vierte Auflage des Werkes, Ausnahmen hiervon wurden kenntlich gemacht.

Leider ist der Nachlass in Bezug auf Arbeiten zur fünften Auflage der Supplemente nur sehr lückenhaft erhalten. Es kann daher nicht ausgeschlossen werden, dass weitere Papiere hierzu für immer verloren sind.

2 Dedekinds letzte Überarbeitung des Supplements XI. „Über die Theorie der ganzen algebraischen Zahlen" (Peter Ullrich)

Algebraische Zahlentheorie im Sinne von „höherer Arithmetik" für Zahlen, die allgemeiner sind als die üblichen ganzen, wurde bereits von Carl Friedrich Gauß (1777–1855) eingeführt und dann, unter anderem, von Ernst Eduard Kummer (1810–1893) weiterentwickelt. Richard Dedekinds (1831–1916) Supplement XI. „Über die Theorie der ganzen algebraischen Zahlen" kann also nicht beanspruchen, der erste Beitrag zu dieser Teildisziplin der Mathematik zu sein, es ist aber derjenige Text, in dem die algebraische Zahlentheorie zum ersten Mal in moderner, auch heute noch aktueller Weise dargestellt wird, insbesondere mit der Ersetzung bzw. Konkretisierung der von Kummer eingeführten „idealen Zahlen" durch das Dedekindsche Konzept der „Ideale".

Die Bedeutung dieses Supplements erstreckt sich dabei über die algebraische Zahlentheorie hinaus: Auch wenn Dedekind dort seine Theorie explizit nur für algebraische Körpererweiterungen des Körpers der rationalen Zahlen und deren Ganzheitsringe formulierte, war ihm bereits 1857 die Analogie zwischen Zahlen und Funktionen nicht nur bewusst, sondern auch, dass diese sich „bisher in allen Principien und Beweisen bewährt hat" [5, 17.]. Konkret bezogen auf das Supplement XI. schrieb er 1880 im Vorwort von [17, 3. Auflage, S. VII-VIII]:

> „Besonders zu erwähnen ist die in dem letzten Supplemente enthaltene breitere Darstellung derselben Idealtheorie, welche ich zuerst in der zweiten Auflage, aber in so gedrängter Form veröffentlicht habe, dass der Wunsch nach einer ausführlicheren Behandlung von mehreren Seiten gegen mich ausgesprochen ist. Ich bin dieser Aufforderung um so lieber nachgekommen, als eine von meinem Freunde H. Weber in Königsberg in Gemeinschaft mit mir ausgeführte Untersuchung, welche demnächst erscheinen wird, das Resultat ergeben hat, dass dieselben Principien sich mit Erfolg auf die Theorie der algebraischen Functionen übertragen lassen."

Universität Koblenz-Landau, Campus Koblenz, Fachbereich 3: Mathematik/Naturwissenschaften, Mathematisches Institut.

K. Scheel, *Dedekinds Theorie der ganzen algebraischen Zahlen*,
https://doi.org/10.1007/978-3-658-30928-2_2

Dedekind bezieht sich hier auf die gemeinsame Arbeit [14] mit Heinrich Weber (1842–1913) über algebraische Funktionenkörper. (Wegen Details speziell zu dieser Arbeit vgl. [22, 34], bezüglich der generellen Analogie von Zahl- und Funktionenkörpern [35, insb. Abschn. 4].) – Dedekind hatte Weber anlässlich der gemeinsamen Herausgabe von Bernhard Riemanns (1826–1866) *Gesammelten mathematischen Werken und wissenschaftlichem Nachlaß* [29] in den Jahren 1874 bis 1876 kennengelernt; ein Bild ihrer Zusammenarbeit zeichnet die jüngst erschienene Edition ihres Briefwechsels [32]. –

Die Begriffe, die Dedekind im Supplement XI. einführte, neben „Ideal" auch „Körper" und „Modul", stellen somit nicht nur die Grundlagen der modernen algebraischen Zahlentheorie dar, sondern die der gesamten (Kommutativen) Algebra. Insoweit kann man dem bekannten Ausspruch Emmy Noethers (1882–1935) nur zustimmen: „Es steht alles schon bei Dedekind" (siehe etwa [38, S. 31]), wobei man insbesondere in dem genannten Supplement fündig werden kann.

Gerade angesichts des heutigen Einflusses ist die Publikationsweise des Supplements um so berichtenswerter: Es erschien eben nicht als eigenständige Veröffentlichung, sondern als elfter Anhang zu den *Vorlesungen über Zahlentheorie* [17] von Peter Gustav Lejeune-Dirichlet (1805–1859). Neben dem Supplement X. ist es der einzige Teil des Buches, der sich über die verschiedenen Auflagen des Buches hinweg nennenswert veränderte, beim Supplement XI. sogar von Auflage zu Auflage in gravierender Weise. Dies macht die neu entdeckte und bislang unveröffentlichte Fassung dieses Supplements besonders interessant.

Die Art der Veröffentlichung war nicht dazu angetan, für eine weite Verbreitung von Dedekinds Ideen zu sorgen. Es gibt auch immer wieder Hinweise in der Literatur, die eine Zurückhaltung unter Dedekinds Zeitgenossen hinsichtlich seiner als zu abstrakt wahrgenommenen Konzepte belegen. Daher wird auch kurz die Rezeption seiner Theorie zu seinen Lebzeiten diskutiert.

Zentral ist allerdings die Darstellung, welche Fortentwicklung seiner Theorie Dedekind für die geplante fünfte Auflage von [17] im Auge hatte, zum einen bezüglich des Supplements XI., zum anderen bezüglich des von ihm offensichtlich geplanten „neuen Supplements".

2.1 Dirichlets Vorlesungen über Zahlentheorie und Dedekinds Supplemente I.–IX.

Die 1801 erschienenen *Disquisitiones Arithmeticae* [21] von Gauß waren die erste Monographie zur Zahlentheorie; er selbst hat allerdings nie eine Vorlesung über dieses Thema gehalten. Als erstes (zumindest deutschsprachiges) Lehrbuch zur Zahlentheorie gelten die *Vorlesungen über Zahlentheorie* [17] von Dirichlet. Die Geschichte der Entstehung dieser Publikation kann man dem Vorwort zu dessen 1. Auflage entnehmen [17, 1. Auflage, S. V–VI] (wörtlich wieder abgedruckt in der 2., sinngemäß in den folgenden Auflagen):

Das Buch entstand auf der Basis der Zahlentheorie-Vorlesung, die Dirichlet im Wintersemester 1856/1857 in Göttingen hielt und die Dedekind hörte und ausarbeitete. Dirichlet nahm den von Dedekind verfassten Text zum einen zustimmend zur Kenntnis und machte zum anderen diesem gegenüber auch Bemerkungen, welche Abschnitte, die er bei seiner Vorlesung aus Zeitmangel nicht berücksichtigen hatte können, zur Vervollständigung der Darstellung noch eingefügt werden müssten. Dies war der Ausgangspunkt für die „Supplemente" zu der Vorlesung.

Dirichlet hatte daran gedacht, selbst seine Vorlesung herauszugeben; nach seinem Tod am 5. Mai 1859 übernahm Dedekind auf Bitten von Kollegen und Hinterbliebenen Dirichlets diese Aufgabe, auch wenn er seit 1858 nicht mehr in Göttingen, sondern an der „Eidgenössischen polytechnischen Schule" in Zürich tätig war. Im Jahr 1863 – Dedekind war mittlerweile Professor an der „Polytechnischen Schule" in Braunschweig – erschien die 1. Auflage der *Vorlesungen über Zahlentheorie* [17], wie auch die darauffolgenden, bei Vieweg in Braunschweig. Sie bestand zum einen aus dem eigentlichen, in fünf Abschnitte gegliederten, Vorlesungstext und zum anderen aus neun „Supplementen", wobei sich die Anzahl der Seiten zwischen den beiden Teilen näherungsweise wie 3 zu 1 verhielt. Diese Texte wurden (bis auf Korrekturen) unverändert auch in den folgenden Auflagen von [17] abgedruckt.

Die Titel dieser neun Supplemente finden sich in diesem Buch im Anhang C. Ihre Inhalte erstrecken sich im ursprünglichen Bereich der Zahlentheorie von der Kreisteilung über quadratische Formen und Potenzreste bis zur Pellschen Gleichung, aber auch die analyische Zahlentheorie ist durch Hilfsmittel aus der reellen Analysis vertreten, insbesondere jedoch als Supplement VI. durch einen Beweis des Satzes von Dirichlet über die Existenz unendlich vieler Primzahlen in arithmetischen Progressionen, vgl. [15, 16]. Die Reihenfolge, in der diese Supplemente abgedruckt sind, erscheint dabei recht willkürlich, insbesondere, wenn man Dedekind sonst als klar strukturierten Denker gewohnt ist; so sind etwa die Supplemente I. und VII. der Kreisteilung gewidmet, während sich die Supplemente II. und IX. mit Hilfmitteln aus der reellen Analysis beschäftigen. Eine Erklärung hierfür liefert Dedekind im Vorwort [17, 1. Auflage, S. VI]: Die Supplemente I. bis IV. sind offenbar noch von Dirichlet selbst so vorgesehen oder zumindest gutgeheißen worden, während Dedekind die Supplemente V. bis IX. (wie auch die letzten sechs Paragraphen des eigentlichen Vorlesungstextes) als „Zusätze" kennzeichnet, für die er „die Verantwortlichkeit zu übernehmen" hat.

2.2 Zur Entstehung von Supplement XI.

Die Keimzelle: Supplement X.
Auf das, was später das Supplement XI. ausmachen würde, finden sich jedoch keine Hinweise in der 1. Auflage von [17], insbesondere in den Supplementen I. bis IX.. Für die 2. Auflage von 1871 fügte Dedekind jedoch ein Supplement X. „Über die Composition der binären quadratischen Formen" hinzu, welches sozusagen der Ursprung von Supplement XI. wurde.

Zwar beschäftigten sich bereits der vierte und fünfte Abschnitt des eigentlichen Vorlesungstextes und das Supplement IV. mit (binären) quadratischen Formen, Dedekind hatte sich aber dennoch zu einer Ergänzung veranlasst gesehen [17, 2. Auflage, S. VII–VIII]:

> „Diese neue Auflage unterscheidet sich von der ersten hauptsächlich dadurch, dass sie um das zehnte Supplement bereichert ist, welches von der Composition der Formen handelt. Dieser Gegenstand war bei der ersten Auflage gänzlich ausgeschlossen geblieben, weil die einzige Abhandlung *Dirichlet's*, welche sich unmittelbar hierauf bezieht, nur den ersten Fundamentalsatz behandelt, weshalb ich befürchten musste, bei einer vollständigen Darstellung dieser Theorie mich zu weit von dem ursprünglichen Zwecke der Herausgabe zu entfernen. Obwohl ich diese Gefahr auch jetzt noch durchaus nicht verkenne, so habe ich mich doch aus vielen Gründen entschlossen, das zehnte Supplement hinzuzufügen und dadurch mehrfachen an mich gerichteten Aufforderungen nach besten Kräften zu entsprechen, hauptsächlich, weil trotz des ungemeinen Interesses und der steigenden Wichtigkeit dieser Theorie noch immer kein Versuch gemacht ist, die grossen Schwierigkeiten hinwegzuräumen, welche beim Eindringen in dieselbe sich dem Anfänger entgegenstellen, und weil die übrigen Abschnitte des Werkes ganz vorzüglich geeignet sind, einen solchen Versuch zu erleichtern."

Anders formuliert: Dedekind löste sich von seiner Rolle als Nachlassverwalter und vielleicht auch Interpret Dirichlets und stellte jetzt, im Supplement X., eigene Forschungen dar, wenn diese sich auch noch an Ergebnissen von Dirichlet sowie, letztlich, Gauß orientierten. Der Umfang dieses neuen Supplements beträgt dabei über 110 Druckseiten, was mehr ist als der der neun zuvor schon vorhandenen zusammen bzw. mehr als ein Drittel des Umfangs der eigentlichen Vorlesung. Dem entspricht, dass auf der Titelseite der 1. Auflage unter *Vorlesungen über Zahlentheorie* noch stand „Herausgegeben von R. Dedekind", ab der 2. Auflage aber „Herausgegeben und mit Zusätzen versehen von R. Dedekind".

Auch wenn das Supplement X. der „Composition der binären quadratischen Formen" gewidmet ist, äußert sich Dedekind in dem Vorwort zur 2. Auflage bereits deutlich über die verwendeten Konzepte [17, 2. Auflage, S. VIII–IX]:

> „Endlich habe ich in dieses Supplement eine allgemeine Theorie der *Ideale* aufgenommen, um auf den Hauptgegenstand des ganzen Buches von einem höheren Standpuncte aus ein neues Licht zu werfen […]. Der Aufbau der Theorie in §. 163 befriedigt mich selbst zwar noch nicht vollständig; allein es ist erst nach sehr langem Nachdenken geglückt, ihm diese Form zu geben […]. Eine ausführliche Darstellung der an den Begriff eines *Körpers* (§. 159) sich anschliessenden algebraischen Principien, welche hier nur beiläufig angedeutet werden konnten, verspare ich mir für eine andere Gelegenheit."

Die Begriffe „Ideal" und „Körper" treten also nicht nur im eigentlichen Text des Supplements X. prominent auf, sondern auch gleich in dessen Zusammenfassung im Vorwort. In der Tat müsste man aus diesem Supplement eigentlich nur die Paragraphen 159 („Endliche Körper") bis 169 („Moduln in quadratischen Körpern") heraustrennen und hätte dann damit einen Vorläufer des späteren Supplements XI.; zahlreiche der genannten Paragraphen tragen bereits in der 2. Auflage von [17] Überschriften, die auch in den späteren Auflagen auftreten, wenn auch nicht immer zu der gleichen Paragraphennummer.

Diese äußerliche Ähnlichkeit darf aber nicht täuschen: Bereits im letzten Zitat wird offensichtlich, dass Dedekind an seinen Konzepten und deren Darstellung intensiv arbeitete, um nicht zu sagen, damit rang.

Die inhaltlichen Veränderungen zwischen den einzelnen bisher veröffentlichten Fassungen des Supplements XI. sind in der Literatur bereits mehrfach dargestellt worden: Einen knappen inhaltlichen Überblick gibt Noether in Dedekinds *Gesammelten mathematischen Werken* [12, Bd. 3, S. 313–314]; eine ausführliche Darstellung auf dem aktuellen Forschungsstand findet sich bei Corry [3, Sect. 2.1]. Daher wird im Folgenden nur ein Grobüberblick über die Entwicklung der Körper- und der Idealtheorie bei Dedekind bis hin zur letzten veröffentlichten Fassung von Supplement XI. gegeben, der in der 4. Auflage von [17].

Die drei weiteren veröffentlichten Versionen von Supplement XI.
Insbesondere war die Darstellung in der 2. Auflage von [17] keinesfalls final. Den nächsten Entwicklungsstand stellt ein mehrteiliger Artikel „Sur la Théorie des Nombres entiers algébriques" [7] dar, den Dedekind in den Jahren 1876–77 im *Bulletin des Sciences mathématiques et astronomiques* veröffentlichte. Nicht nur der Titel des Artikels stimmt bis auf die verwendete Sprache und auf das „Über" mit dem des Supplements XI. überein, auch die Abschnitte III. und IV. von [7] bilden sozusagen die Blaupause für die Paragraphen 166 bis 178 der ersten auch als solche deklarierten Fassung dieses Supplements. (In Abschnitt I. von [7] stellt Dedekind Hilfssätze aus der Modultheorie zusammen, in Abschnitt II. erläutert er seine Konzepte anhand der gewöhnlichen ganzen Zahlen und von ganzen Zahlen in quadratischen Zahlkörpern.)

Nur wenige Jahre danach, 1879, kehrte Dedekind wieder zu der Publikationsform als Supplement zu den *Vorlesungen über Zahlentheorie* (und Deutsch als Publikationssprache) zurück. Wie bereits angedeutet, zerteilte er bei der 3. Auflage dieses Werkes das Supplement X.: Die eigentliche Theorie der quadratischen Formen wurde wieder in einem Supplement mit dieser Nummer dargestellt, welches jetzt aber nur noch ungefähr halb so lang war wie das in der 2. Auflage. Die Körper- und die Idealtheorie hingegen fanden ihren Platz in dem zum ersten Mal explizit auftretenden Supplement XI. „Über die Theorie der ganzen algebraischen Zahlen", welches mit fast 200 Druckseiten Umfang mehr als halb so lang war wie der eigentliche Vorlesungstext und die Supplemente I. bis IX. zusammen. In den Vorworten der 1. und 2. Auflage hatte Dedekind noch über „Zusätze von nicht unbedeutender Ausdehnung" gesprochen; diese Formulierung fehlt jetzt, wäre aber auch unangemessen untertrieben gewesen: Die Supplemente umfassten mittlerweile mehr Seiten als der Vorlesungstext.

Stattdessen gab es ein nur 2 Seiten langes neues Vorwort, in dem Dedekind die Veränderungen erläuterte und dessen zentrale Passage über die Ausführung der Idealtheorie und die Beziehung zu der gemeinsamen Arbeit [14] mit Weber bereits zu Anfang dieses Kapitels zitiert wurde.

Die 15 Jahre später, 1894, erschienene 4. Auflage weist in dem eigentlichen Vorlesungstext und in den Supplementen I. bis X. dann nur minimale Änderungen auf.

> „Nur das letzte Supplement [XI.], welches die allgemeine Theorie der ganzen algebraischen Zahlen behandelt, hat eine vollständige Umarbeitung erfahren; sowohl die algebraischen als auch die eigentlich zahlentheoretischen Grundlagen sind in grösserer Ausführlichkeit und in derjenigen Auffassung dargestellt, welche ich nach langjähriger Ueberzeugung für die einfachste halte, weil sie hauptsächlich nur einen deutlichen Ueberblick über das Reich der Zahlen und die Kenntniss der rationalen Grundoperationen voraussetzt. Dieselbe Auffassung liegt auch einigen Arbeiten über die Idealtheorie zu Grunde, welche ich demnächst zu veröffentlichen hoffe, und so mag es Entschuldigung finden, wenn ich Manches eingehender behandelt habe, als es die unmittelbaren Ziele des vorliegenden Werkes zu erfordern scheinen.",

wie Dedekind im Vorwort dieser Auflage erläuterte [17, 4. Auflage, S. V–VI]. Der Umfang des Supplementes stieg dabei nicht wesentlich, allerdings wurde die Anzahl der Paragraphen von 23 auf 29 erhöht und bei zahlreichen Paragraphen aus der 3. Auflage der Titel geändert, vgl. Anhang C in diesem Buch.

2.3 Zur Rezeption von Dedekinds Theorie

Angesichts des Umfangs des Supplements XI. stellt sich die Frage, warum Dedekind es nicht unabhängig von Dirichlets *Vorlesungen über Zahlentheorie* veröffentlichte, sei es als Artikel(reihe), wie die Version auf Französisch [7], sei es, wenn er daraus schon kein Lehrbuch der Algebra machen wollte wie etwa Weber [39], als Broschüre wie beispielsweise seine bei Vieweg erschienenen Schriften *Stetigkeit und irrationale Zahlen* [6] bzw. *Was sind und was sollen die Zahlen?* [8]. Vielleicht ist die Erklärung hierfür ganz einfach: Wie man der in Unterabschnitt 2.2 zitierten Passage aus dem Vorwort der 2. Auflage von [17] entnehmen kann, war das Supplement X. sozusagen eine Weiterentwicklung der Darstellungen der zahlentheoretischen Untersuchungen Dirichlets, als die man den Vorlesungstext und die Supplemente I. bis IX. auffassen konnte, sollte also am gleichen Ort publiziert werden. Und das Supplement XI. war eben nichts anderes als eine – allerdings sehr umfangreiche – Auskoppelung aus dem Supplement X.

Allerdings gab es möglicherweise noch einen anderen, etwas subtileren Grund: Die von der fachlichen Ausrichtung her naheliegendste Zeitschrift für die Publikation eines solchen Textes war das *Journal für die reine und angewandte Mathematik*, welches Leopold Kronecker (1823–1891) nicht nur (mit)herausgab, sondern quasi als seinen Privatbesitz betrachtete (was, wirtschaftlich gesehen, nicht ganz falsch war). Dieser hatte nun bekanntermaßen in den 1850er Jahren seine eigene Version einer Formalisierung der Kummerschen „idealen Zahlen" entwickelt, die er aber lange Zeit nicht veröffentlichte. Dedekind bemühte sich zwar um ein entspanntes Verhältnis zu ihm, etwa, indem er im Vorwort der 2. Auflage auf diese Theorie „dieses ausgezeichneten Mathematikers" [17, 2. Auflage, S. VIII] hinwies. Dennoch musste Dedekind es erleben, dass, als Weber im Oktober 1880 die gemeinsame Arbeit „Theorie der algebraischen Functionen einer Veränderlichen" [14] von Dedekind und Weber bei dem *Journal für die reine und angewandte Mathematik* einreichte, Kronecker diese zwar zur Veröffentlichung annahm, aber erst einmal liegen ließ, um sein eigenes

Manuskript „Über die Discriminante algebraischer Functionen einer Variablen" [26] aus dem Jahr 1862 vorher erscheinen zu lassen sowie dann noch weitere seiner Arbeiten. Selbst jemand, der, nach dem Urteil von Hermann Amandus Schwarz (1843–1921), so „unendlich bescheiden, liebenswürdig" [33] war wie Dedekind, konnte sich über solch ein Verhalten nur ungehalten zeigen, wie seine Briefe an Georg Cantor (1845–1918) vom 8. Januar und 17. Februar 1882 belegen [19, S. 247, 253–254]. (Zu dieser unerfreulichen Episode siehe auch [19, S. 251–254], [34, S. 230].)

Dieser potentielle Hinderungsgrund für eine Publikation im *Journal für die reine und angewandte Mathematik* entfiel zwar mit Kroneckers Tod, aber auch dessen Nachfolger Georg Frobenius (1849–1917) stand der Abstraktheit des Dedekindschen Zugangs kritisch gegenüber, vgl. [4, S. 142]. (Adolf Kneser (1862–1930) illustriert in [25, S. 223–224] sehr anschaulich die grundsätzlichen Probleme, die Dedekinds Zeitgenossen mit dessen begrifflicher, nicht an Formeln gebundener Argumentationsweise hatten, selbst wenn ihnen bewusst war, dass genau diese Methode der Gaußschen Forderung [21, Art. 76] entsprach, man solle mit „notiones", also Begriffen, und nicht „notationes", also Bezeichnungen, Zeichen, argumentieren.)

Zudem erschien 1895 der „Zahlbericht" [23] von David Hilbert (1862–1943), der die Zugänge zur algebraischen Zahlentheorie von Dedekind und Kronecker vereinte und für die damaligen Leser leichter verständlich darstellte. Lemmermeyer vertritt in seiner Würdigung dieses Berichts sogar die These [27, S. 46]:

> „Wie viele Mathematiker Dedekind mit seinen Supplementen für die Zahlentheorie gewonnen hat, ist schwer zu sagen [...], aber der Aufschwung der Zahlentheorie im 20. Jahrhundert hängt mit der Wirkung des [Hilbertschen] *Zahlberichts* zusammen."

Hinsichtlich der Zurückdrängung der Ansätze Dedekinds durch Hilbert sieht er sich dabei einig mit Hermann Minkowski (1864–1909) [27, S. 53]:

> „Minkowski schrieb im März 1896 an Hilbert:
>
> [Dein Referat = Der „Zahlbericht"] wird sicher allgemein großen Beifall finden und die Kroneckerschen wie Dedekindschen Abhandlungen sehr in den Hintergrund drängen."

Angesichts solcher Äußerungen sollte man jedoch nicht verkennen, dass Dedekinds Herausgaben der Dirichletschen *Vorlesungen über Zahlentheorie* [17] von den maßgeblichen Mathematikern sowohl der Berliner als auch der Göttinger Schule aufmerksam studiert wurden. So drückte gerade Minkowski in einem Brief vom 20. Dezember 1893 Hilbert gegenüber seinen Ärger aus, dass er mit einer Publikation nicht schnell genug gewesen sei, um noch in der 4. Auflage von [17] berücksichtigt zu werden [28, S. 57].

2.4 Vergleich der unveröffentlichten Version des Supplements XI. mit der in der vierten Auflage

Vorab sei in Erinnerung gerufen, vgl. Teil I, Abschnitte 1.5 und 1.6 bzw. Teil II, Kapitel 3 bis 31 dieses Buches, dass im Dedekindschen Nachlass die Texte zu den einzelnen Paragraphen des Supplements XI. in sehr unterschiedlichem Bearbeitungsstand erhalten sind: Teilweise wurde bereits der Text neu formuliert; teilweise liegen erst Zusätze zum Text vor, die noch eingearbeitet werden mussten, und teilweise finden sich keinerlei Hinweise auf Änderungen. Gerade das Vorliegen von noch einzuarbeitenden Notizen belegt, dass der Überarbeitungsprozess für eine 5. Auflage von [17] noch weit von einem Abschluss entfernt war. Daher wird in der folgenden Analyse möglicherweise der Grad der Änderungen unterschätzt, die Dedekind vorgehabt hat.

Es fällt allerdings auf, dass die Anzahl der Paragraphen offensichtlich gleich bleiben sollte: Für § 187 liegt ein Zusatz vor, es gibt aber keine Hinweise auf neue Paragraphen – wohlgemerkt: in diesem Supplement –. Überdies deuten alle vorhandenen Hinweise auf eine Beibehaltung der Paragraphentitel hin mit Ausnahme von § 169, dessen Titel „Theilbarkeit der Moduln" aus der 4. Auflage von [17] erweitert werden sollte zu „Theilbarkeit der Moduln. Modul-Gruppen". Dies lässt vermuten, dass im Supplement XI. beim Übergang von der 4. auf die 5. Auflage von [17] deutlich weniger Änderungen anstanden und vermutlich auch keine so inhaltlich gravierenden wie bei der Überarbeitung von der 3. auf die 4. Auflage, wo die Anzahl der Paragraphen von 23 auf 29 erhöht und zahlreiche Paragraphentitel verändert wurden. Wer etwa eine Reaktion Dedekinds auf Hilberts „Zahlbericht" [23] erwartet hätte, würde vermutlich enttäuscht gewesen sein: Alle Indizien deuten darauf hin, dass Dedekind nicht etwa den grundlegenden Aufbau der algebraischen Zahlentheorie ändern, wohl aber die vorhandene Darstellung optimieren und teilweise auch ergänzen wollte.

Endliche Körpererweiterungen der rationalen Zahlen (Paragraphen 159 und 160)
So gibt Dedekind in dem Zusatz zu § 159 („Theorie der complexen ganzen Zahlen von Gauss") einen Beweis der Richtigkeit der in der 4. Auflage nur aufgeführten vollständigen Liste aller quadratischen Zahlkörper mit Euklidischem Algorithmus, der auf den in diesem Paragraphen behandelten Eigenschaften der Normfunktion aufbaut. Ebenso diskutiert er, dass es quadratische Körpererweiterungen gibt, deren Ganzheitsringe zwar Hauptidealringe, aber nicht in dieser Liste enthalten sind.

Die Überarbeitung von § 160 („Zahlenkörper") hingegen zielt auf eine Beschreibung der im Körper der komplexen Zahlen enthaltenen (Unter)Körper in der Denkweise der Verbandstheorie ab: In den Text des Paragraphen bereits eingearbeitet ist die Bemerkung, dass man das gemeinsame Erzeugnis zweier solcher Körper, welches Dedekind jetzt deren „Summe" (statt „Produkt") nennt, beschreiben kann als den Durchschnitt aller Körper, die die beiden gegebenen Körper enthalten. Im Zusatz zu diesem Paragraphen weist er dann nach, dass die betrachteten Körper bezüglich der Durchschnitts- und Erzeugnisbildung eine

„Dualgruppe“ bilden, wie er sie bereits 1897 in seiner Arbeit [10] studiert hatte, vgl. hierzu auch [3, Sect. 2.3].

„Permutationen“ von Körpern (Paragraphen 161 bis 167)

Auch in § 161 („Permutationen eines Körpers“) widmet sich Dedekind den Grundlagen: Zum einen definiert er im bereits überarbeiteten Text für „Substitutionen“, also Abbildungen, deren „Gebiet“, d. h., Definitionsbereich, und, wann sie „eindeutig umkehrbar“, d. h. injektiv, sind. Dabei zeigt er, dass eine „eindeutig umkehrbare Substitution“, also eine injektive Abbildung, auf ihrem Bild eine Umkehrabbildung besitzt. Zum anderen erweitert er sowohl im überarbeiteten Text als auch im Zusatz zu diesem Paragraphen das Studium der „Permutationen“ als der mit den algebraischen Operationen verträglichen „Substitutionen“ und weist für diese Körperhomomorphismen zahlreiche grundlegende Eigenschaften nach.

Entsprechendes erfolgt im § 162 („Resultanten von Permutationen“), wo Dedekind sich mit Verknüpfungen von derartigen „Permutationen“ beschäftigt und sowohl im überarbeiteten Text als auch im Zusatz im Vergleich zu der 4. Auflage von [17] deren Diskussion erheblich erweitert. An geeigneter Stelle verwendet er dabei die in § 161 gemachte Bemerkung über die Existenz einer Umkehrabbildung.

Im überarbeiteten Text von § 163 („Multipla und Divisoren von Permutationen“) finden sich zunächst nur kleinere Umstellungen und Ergänzungen, der speziell auf diesen Paragraphen bezogene Zusatz zeigt aber, dass Dedekind eine weit ausführlichere Darstellung dieser Thematik vorhatte.

Zudem gibt es noch einen sich auf die Paragraphen 161 bis 163 insgesamt beziehenden Zusatz, in dem Dedekind eine Gesamtüberarbeitung von deren Inhalt unter Verwendung neuer Notationen skizziert, welche auch Gruppeneigenschaften der „Permutationen“ beinhaltet.

Die bei § 164 („Irreducibele Systeme. Endliche Körper“) durchgeführte Änderung hingegen ist deutlich geringfügiger: Als XI. werden Aussage und Beweis eingefügt, dass ein über einer algebraischen Körpererweiterung algebraisches Element bereits über dem Grundkörper algebraisch ist.

Für § 165 („Permutationen endlicher Körper“) hingegen hatte Dedekind eine erhebliche Erweiterung der Darstellung der Thematik rund um den Satz III. der 4. Auflage von [17] geplant, welcher die Anzahl der Fortsetzungen einer „Permutation“ auf eine endliche Körpererweiterung behandelt. (Man beachte, dass Dedekind nur Körper aus komplexen Zahlen, also der Charakteristik 0 betrachtet, alle Körpererweiterungen also separabel sind.)

In § 166 („Gruppen von Permutationen“) wird entsprechend die Darstellung auf mehrere solche „Permutationen“ erweitert: Bereits eingearbeitet in den Text findet sich die Aussage, dass die Komposition zweier solcher wieder vom gleichen Typ ist; im Zusatz wird daraus gefolgert, dass das System dieser „Permutationen“ eine Gruppe bildet – nämlich gerade die Galois-Gruppe der betrachteten endlichen Körpererweiterung – und dass die elementarsymmetrischen Funktionen in den Konjugierten eines Elementes des Erweiterungskörpers unter dieser Gruppe stets Werte im Grundkörper annehmen.

Indem Dedekind das letztgenannte Resultat im Spezialfall von Summe und Produkt der Konjugierten anwendet, erhält er in § 167 („Spuren, Normen, Discriminanten") eine deutlich konzeptionellere Behandlung von Spur und Norm, die er in einem ausführlichen Zusatz niedergelegt hat.

Insgesamt fällt, allein schon aufgrund des Umfangs der Zusätze zu den Paragraphen 160 bis 163 sowie 165 bis 167 auf, dass Dedekind offensichtlich die Theorie der „Permutationen", also der Körperhomo- bzw. endomorphismen erheblich erweitern wollte, wobei er sowohl auf eine Ausdehnung der Ergebnisse als auch auf eine stärker begrifflich orientierte Darstellung abzielte.

Moduln (Paragraphen 168 bis 172)

Während § 168 („Moduln") anscheinend nicht überarbeitet werden sollte, ist § 169 der einzige Fall eines Paragraphen, dessen Titel geändert wurde und zwar von „Theilbarkeit der Moduln" in „Theilbarkeit der Moduln. Modul-Gruppen". Ähnlich wie in § 160 für Körper arbeitet Dedekind in dem bereits überarbeiteten Text die schon in der 4. Auflage durchscheinende verbandtheoretische Sichtweise deutlich heraus, wobei er in einer Fußnote auch auf seine Arbeiten [10] und [11] verweist. (Da die Arbeit „Über die von drei Moduln erzeugte Dualgruppe" [11] im Jahr 1900 erschien, lässt dies die Datierung zu, dass die Textüberarbeitung frühestens in jenem Jahr stattfand.)

Neben einer kurzen Einfügung in den Text direkt nach Gleichung (10) von § 170 („Producte und Quotienten von Moduln. Ordnungen") ist die Überarbeitung dessen Textes vor allen Dingen von einer erheblichen Erweiterung der Passagen über Quotienten von Moduln gekennzeichnet. Auch sind die Ausführungen über eigentliche Moduln sowohl im überarbeiteten Text als auch im Zusatz ergänzt worden.

In § 171 („Congruenzen und Zahlclassen") gibt es im Text ebenfalls nur eine kurze Einfügung, nach Gleichung (5), zum Begriff der „verwandten" Moduln. In den Zusätzen hingegen finden sich ein alternativer Beweis von Satz I. bzw. Gleichung (6) sowie eine erweiterte Diskussion zu Satz III. dieses Paragraphen.

Hingegen sollte § 172 („Endliche Moduln") anscheinend überhaupt nicht geändert werden.

Ganze algebraische Zahlen (Paragraphen 173 bis 176)

In dem Zusatz zu § 173 („Ganze algebraische Zahlen") verallgemeinert Dedekind den in der 4. Auflage von [17] gegebenen Beweis von Satz VI. auf allgemeine „zweigliedrige" Moduln, also solche mit zwei Erzeugenden. Hierbei spezialisiert er Resultate aus seiner 1892 erschienenen „Prager Schrift" [9] über das Lemma von Gauß [21, Art. 42], dass das Produkt zweier primitiver Polynome wieder primitiv ist. Er folgert daraus, dass zweigliedrige Moduln eigentlich (in dem in § 170 definierten Sinne) sind und verallgemeinert dies auf beliebige Moduln. Bemerkenswert ist sein Schlusssatz:

„Aber dieser, dem inneren Wesen das Satzes so fern liegende Beweis gefällt mir aus bekannten Gründen durchaus nicht.“

Für § 174 („Theilbarkeit der ganzen Zahlen“), § 175 („System der ganzen Zahlen eines endlichen Körpers“) und § 176 („Zerlegung in unzerlegbare Factoren. Ideale Zahlen“) liegen dagegen keine Hinweise auf eine Überarbeitung vor.

Ideale (Paragraphen 177 bis 180)

Der Zusatz zu § 177 („Ideale. Theilbarkeit und Multiplication“) liefert die Übertragung von Ergebnissen dieses Paragraphen und von § 178 von gewöhnlichen Idealen auf gebrochene („Idealbrüche“) bzw. Verallgemeinerungen dieser Aussagen.

Dass Dedekind eine grundlegende Überarbeitung der Darstellung der Modultheorie vorgehabt hatte, belegen die in Teil II, Abschnitt 22.1 reproduzierten Zusätze zu § 178 („Relative Primideale“), die sich mit Ausnahme des letzten jeweils nicht nur auf diesen Paragraphen beziehen, sondern stets auch mindestens einen der Paragraphen 169 bis 171 betreffen: Offenbar beabsichtigte er, so viel wie möglich aus der Theorie der Ideale auf die Theorie der Moduln zu übertragen, wobei er sich insbesondere mit der in [17, 4. Auflage, S. 557, Fußnote *)] konstatierten Einschränkung der Aussage des Existenzsatzes für Moduln auseinandersetzte. Der letzte der Zusätze, welcher sich nur auf § 178 bezieht, ist eine Anmerkung über den zu einem vorgegebenen Ideal teilerfremden Anteil eines Ideals.

Für § 179 („Primideale“) und § 180 („Normen der Ideale. Congruenzen“) hingegen liegen keine Überarbeitungen vor.

Idealklassen (Paragraphen 181 bis 187)

Ebenso lassen sich für die Paragraphen 181 bis 186 keine Pläne für Änderungen nachweisen; für den letzten Paragraphen 187 („Moduln in quadratischen Körpern“) des Supplements XI. jedoch liegt ein Zusatz vor, in dem Dedekind entlang der ersten Seiten der Version dieses Paragraphen in der 4. Auflage von [17] einen Beweis dafür entwickelt, dass sich für jeden Modul in einem quadratischen Zahlkörper eine teilerfremde Faktorisierung von dessen Norm als Faktorisierung des Moduls realisieren lässt, wobei die Normen der Faktoren gleich den Faktoren der Norm sind.

2.5 Das „neue Supplement“

Den im Dedekindschen Nachlass aufgefundenen Unterlagen kann man entnehmen, dass er für eine 5. Auflage von [17] ein neues Supplement geplant hatte, vgl. Abschnitt 1.5 in diesem Buch. Wie weiter oben bereits beschrieben, bedeutete die Aufnahme eines neuen Supplements bislang immer einen gravierenden Einschnitt: bei der 2. Auflage 1871 die Berücksichtigung von Dedekinds eigenen Forschungen zu quadratischen Formen im Supplement X. und bei der 3. Auflage die Ausgliederung von Körper- und Idealtheorie aus diesem Supplement in das neue Supplement XI.. Damit stellt sich die Frage, was er diesmal vorhatte.

Inhalt der aufgefundenen Entwurfsteile

Leider sind in Dedekinds Nachlass unter der Überschrift „Neues Supplement" nur wenige Blätter mit der Überschrift „Hülfssätze aus der Theorie der endlichen Gruppen" aufgefunden worden, die auch nur einen „Plan" darstellen, siehe Teil II, Kapitel 32 dieses Buches. Allerdings kann man diesen entnehmen, was er zumindest für den Anfang des neuen Supplements vorgesehen hatte:

Dedekind beschränkt sich explizit auf *endliche* Gruppen und definiert in § 1 eine solche dadurch, dass in ihr das Assoziativgesetz und sowohl die Links- und als auch die Rechtskürzungseigenschaft gelten. Damit lassen sich die Potenzen von Elementen einer Gruppe klammerungsunabhängig erklären. Weiterhin definiert Dedekind das Produkt AB von zwei „Complexen" A und B in einer Gruppe G als den „Complex aller *verschiedenen,* in der Form $\alpha\beta$ darstellbaren Elemente", wobei α ein Element von A und β eines von B bezeichnet. (Man beachte, dass Dedekind zwar den Begriff „Element" verwendet, aber nicht „Menge", sondern stattdessen von „Complex" spricht; im Supplement XI. wird an vergleichbarer Stelle der Ausdruck „Inbegriff" benutzt, etwa bei Körpern.) Diese Produktbildung ist ebenfalls assoziativ. Weiterhin leitet er für endliche Gruppen gemäß der obigen Definition die Existenz eines (universellen und eindeutig bestimmten) neutralen Elements sowie die eines inversen Elements zu jedem Gruppenelement her.

Unter der Überschrift „§ 2" finden sich dann Definitionen der Begriffe Untergruppe (die in der Regel als „Divisor" bezeichnet wird) und Durchschnitt eines Systems von Untergruppen einer festen Gruppe. Ebenso erklärt Dedekind die von einer Teilmenge erzeugte Gruppe, insbesondere die von einem Element erzeugte (d. h., zyklische) Gruppe. In einer Fußnote definiert er das Konjugierte einer Untergruppe und den „Normaltheiler". Weiterhin betrachtet er sowohl gewöhnliche als auch Doppelnebenklassen und zeigt, dass diese jeweils disjunkt oder gleich sind. Damit kann er das Produkt AB zweier Untergruppen einer Gruppe als disjunkte Vereinigung von (Links- oder Rechts-)Nebenklassen von A schreiben, deren Anzahl er mit (A, B) bezeichnet. Im Falle, dass A eine Untergruppe von B ist, handelt es sich hierbei gerade um den Index von A in B. Für das Symbol (A, B) leitet er Rechenregeln her, speziell die Multiplikativität des Index für geschachtelte Untergruppen. Denkt man bereits an den Ersten Isomorphiesatz für Gruppen, so ist von Bedeutung, dass er weiterhin zeigt, dass das Produkt zweier Untergruppen A und B einer Gruppe genau dann wieder eine Gruppe ist, wenn $AB = BA$ gilt.

Hiernach betrachtet Dedekind als Beispiel die Menge aller Permutationen (auch im heutigen Sinne) einer Menge von n Elementen und weist diese als Gruppe der Ordnung $n!$ nach. Für Permutationen verwendet er nicht nur die Doppelzeilen-, sondern führt auch die Zykel-Schreibweise ein.

An dieser Stelle endet der Text.

Galois-Theorie bei Dedekind

Dass das „neue Supplement" sich ausschließlich der Gruppentheorie widmen sollte, erscheint angesichts der Forschungsinteressen Dedekinds mehr als unwahrscheinlich. Jedoch konnten eben, wie bereits erwähnt, nur die Inhalte von „Hülfssätze[n] aus der Theorie der endlichen Gruppen" wiedergegeben werden, nicht der Hauptteil des geplanten Supplements.

Im Supplement XI. wird der Begriff „Permutation" für, in moderner Terminologie, Körperhomomorphismen verwendet, etwa in den Paragraphen 161 bis 163 sowie 165 bis 167, für die es umfangreiche Zusätze gibt, die also noch überarbeitet werden sollten. Neben einer Einarbeitung des neuen Stoffes in die vorhandenen Paragraphen gab es für dieses Material aber noch eine ganz andere Lösung, insbesondere, da es die Grundlagen der Galois-Theorie bildet. Somit liegt die Vermutung nahe, dass Dedekind das „neue Supplement" für eine ausführliche Darstellung dieser Theorie vorgesehen hatte.

Dedekind hatte sich mit dieser schon seit langem auseinandergesetzt. So hielt er in den Wintersemestern 1856/1857 und 1857/1858 als frischgebackener Privatdozent an der Universität Göttingen Vorlesungen über „(Höhere) Algebra", in welchen er – offenbar als Erster in Deutschland – auch über Galois-Theorie vortrug und dabei von den Permutationsgruppen, auf die sich Evariste Galois (1811–1832) noch beschränkt hatte, zum allgemeinen Gruppenbegriff überging

Eine zwar unvollendet gebliebene, aber in den vorhandenen Teilen praktisch druckreife Ausarbeitung Dedekinds aus dieser Zeit ist in seinem Wissenschaftlichen Nachlass in der Niedersächsischen Staats- und Universitätsbibliothek Göttingen erhalten geblieben (Signatur: Cod. Ms. Dedekind XV, 4). Ihr Text wurde allerdings erst anlässlich seines 150. Geburtstags 1981 von Winfried Scharlau veröffentlicht [13], vgl. auch die Kommentierung [30]. Dieses Manuskript beginnt mit einem Paragraphen zur Gruppentheorie, der zwar erst die Eigenschaften von Permutationen und dann die von abstrakten endlichen Gruppen behandelt, aber, teilweise bis in die Details der Notation, in gleicher Weise wie in den Notizen für das „neue Supplement" [13, S. 59–70].

Um zu den Supplementen zu den *Vorlesungen über Zahlentheorie* [17] zurückzukehren: In § 159 der ersten Fassung des Supplements X. wies Dedekind bereits auf die Verbindung seiner dort durchgeführten Überlegungen über Substitutionen von Zahlkörpern zu den Arbeiten von Galois hin [17, 2. Auflage, S. 428, Fußnote *)]. Über seine eigene Konzeption der Galois-Theorie explizit veröffentlicht hat er allerdings erst in der Version des Supplements XI. für die 4. Auflage von [17] in den Paragraphen 166 und folgende.

Zwar war dies im Vergleich zu der Ausarbeitung [13] eine recht knappe Skizze. Dennoch wurde sie von Dedekinds Zeitgenossen äußerst positiv aufgenommen und bildete bis in die 1930er Jahre hinein die Basis für die Darstellung der Galois-Theorie in Algebra-Lehrbüchern, insbesondere, da die Struktur der Darstellung der Galois-Theorie in Webers *Lehrbuch der Algebra* [39] die gleiche war.

Man kann sich also gut vorstellen, dass Kollegen Dedekind ermunterten, seine Fassung der Galois-Theorie ausführlicher darzustellen, so wie dies ähnlich 1879 im Supplement XI. mit der Idealtheorie geschehen war, und dass dieser auch bereit war, dafür das „neue Supplement“ zu schreiben, gerade, weil er sich mit dem Thema schon lange auseinandergesetzt hatte. Weiterhin ist es plausibel, dass er dazu auf das alte, aber detailliert ausgearbeitete Manuskript [13] zurückgriff.

Ein Mathematiker, der bereits Dedekinds kurzen Abriss zur Galois-Theorie aus dem Supplement XI. von [17, 4. Auflage] rezipiert hatte, war übrigens Ernst (Sigismund) Fischer (1875–1954), der 1916 in einer Arbeit schrieb [20, S. 83]:

> „Ich wende nun den Grundgedanken der Galoisschen Theorie, in Dedekindscher Auffassung […], an.“

Das war gerade zu der Zeit, in der er Emmy Noether

> „den entscheidenden Anstoß zu der Beschäftigung mit abstrakter Algebra in arithmetischer Auffassung gab“,

wie sie selbst in ihrem vom 4. Juni 1919 datierenden Lebenslauf schreibt, also am Tag ihrer öffentlichen Probevorlesung und ihrer Zulassung als Privatdozentin. (Dazu, wie wiederum Fischer selbst zu dieser „Auffassung“ gekommen war, siehe etwa [36].)

Was wäre, wenn?
Tauchen bislang unveröffentlichte Texte bedeutender Mathematikerinnen und Mathematiker zu zentralen Themen ihres Faches auf, so kann man als Kommentator versucht sein, in den coniunctivus irrealis in der Zeitform Plusquamperfekt des Konjunktivs zu verfallen: Was wäre gewesen, wenn Dedekind ein Supplement XII. zur Galois-Theorie nicht nur vollständig aufgeschrieben, sondern auch in einer 5. Auflage der *Vorlesungen über Zahlentheorie* [17] veröffentlicht hätte? Hätte dann die moderne, auf Emil Artin zurückzuführende, Galois-Theorie schon dreißig Jahre früher Einzug in die Mathematik gehalten?

Diese Frage stellt sich um so mehr, als Scharlau schon 1981 schreibt [30, S. 106]:

> „Hätte er [= Dedekind] nicht in der algebraischen Zahlentheorie bald ein noch interessanteres Betätigungsfeld gefunden, so wäre es durchaus denkbar gewesen, daß aus dem Manuskript [= [13]] das erste Lehrbuch der „modernen Algebra“ entstanden wäre.“

In der Tat weist Kiernan in seinem Artikel über die Geschichte der Galois-Theorie [24, insb. 18.] darauf hin, dass zahlreiche Gedanken aus Emil Artins (1898–1962) Fassung der Galois-Theorie [2] so schon in der einen oder anderen Form bei Dedekind stehen.

Dennoch ist eine weitere Diskussion der Frage „Was wäre, wenn?“ nicht nur kontrafaktisch, sondern lenkt auch von einem anderen Einfluss ab, den Dedekind in der Tat auf Artin hatte, also den neben Noether zweiten Ideengeber für Bartel Leendert van der Waerdens (1903–1996) *(Moderne) Algebra* [37]: In seiner Dissertation *Quadratische Körper im Gebiete der höheren Kongruenzen* [1] zitiert Artin an zahlreichen Stellen Dedekinds Artikel „Abriß einer Theorie der höhern Congruenzen in Bezug auf einen reellen Primzahl-Modulus“ [5], in dem dieser – wenn auch in einer heute eher ungewöhnlichen Denk- und Schreibweise

– die elementare Theorie des Polynomrings in einer Veränderlichen mit Koeffizienten aus einem endlichen Primkörper entwickelt: Zwar nicht durch ein Supplement XII., sondern im Zusammenhang mit Artins lebenslanger Beschäftigung mit der Zeta-Funktion wurde hier die Mathematik Dedekinds weitergeben.

Literatur

1. Artin, E. (1921). *Quadratische Körper im Gebiete der höheren Kongruenzen*. Dissertation. Leipzig 1921; veröffentlicht in *Mathematische Zeitschrift, 19*,(1924), 153–206 und 207–246; auch in: E. Artin (1965). *Collected papers*. Hrsg. S. Lang & J. T. Tate. Reading: Addison-Wesley; unveränderter Nachdruck. New York: Springer 1982, S. 1–94.
2. Artin, E. (1938). *Foundations of Galois theory*. New York University lecture notes. New York: New York University.
3. Corry, L. (2004). *Modern algebra and the rise of mathematical structures* (Second revised edition). Basel: Birkhäuser.
4. Corry, L. (2017). Dedekind and Noether: Steht es alles wirklich schon bei Dedekind? Ideals and factorization between Dedekind and Noether. In K. Scheel, T. Sonar & P. Ullrich (Hrsg.), *In Memoriam Richard Dedekind (1831–1916): Number theory – Algebra – Set theory – History – Philosophy* (S. 134–159). Münster: WTM Verlag.
5. Dedekind, R. (1857). Abriß einer Theorie der höhern Congruenzen in Bezug auf einen reellen Primzahl Modulus. *Journal für die Reine und Angewandte Mathematik, 54*, 1–26; auch in [12, Bd. 1, S. 40–66].
6. Dedekind, R. (1872). *Stetigkeit und irrationale Zahlen*. Braunschweig: Friedrich Vieweg 1872 und zahlreiche weitere Auflagen; auch in [12, Bd. 3, S. 315–334].
7. Dedekind, R. (1876/1877). Sur la Théorie des Nombres entiers algébriques. *Bulletin des Sciences mathématiques et astronomiques* 1re série *XI*(1876), 278–288, 2e série *I*(1877), 14–24, 66–92, 144–164, 207–248, auch Paris: Gauthier-Villars 1877, S. 1–121; und auszugsweise in [12, Bd. 3, S. 262–296].
8. Dedekind, R. (1888). *Was sind und was sollen die Zahlen?* Braunschweig: Friedrich Vieweg 1888 und zahlreiche weitere Auflagen; auch in [12, Bd. 3, S. 335–390].
9. Dedekind, R. (1892). Über einen arithmetischen Satz von Gauß. *Mittheilungen der Deutschen mathematischen Gesellschaft zu Prag 1892*, 1–11; auch in [12, Bd. 2, S. 28–38].
10. Dedekind, R. (1897). Über Zerlegungen von Zahlen durch ihre größten gemeinsamen Teiler. In *Festschrift der Technischen Hochschule zu Braunschweig bei Gelegenheit der 69. Versammlung Deutscher Naturforscher und Ärzte* (S. 1–40). Braunschweig: Meyer; auch in [12, Bd. 2, S. 103–147].
11. Dedekind, R. (1900). Über die von drei Moduln erzeugte Dualgruppe. *Mathematische Annalen, 53*, 371–403; auch in [12, Bd. 2, S. 236–271].
12. Dedekind, R. (1930–1932). *Gesammelte mathematische Werke*. Hrsg. R. Fricke, E. Noether & Ö. Ore (3 Bände). Braunschweig: Vieweg & Sohn.
13. Dedekind, R. (1981). *Eine Vorlesung über Algebra*. In [31, S. 59–100].
14. Dedekind, R. & Weber, H. (1882). Theorie der algebraischen Functionen einer Veränderlichen. *Journal für die reine und angewandte Mathematik, 92*, 181–290; auch in [12, Bd. 1, S. 238–349].
15. Lejeune-Dirichlet, P. G. (1837). Beweis des Satzes, dass jede unbegrenzte arithmetische Progression, deren erstes Glied und Differenz ganze Zahlen ohne gemeinschaftlichen Factor sind,

unendlich viele Primzahlen enthält. *Abhandlungen der Königlich Preußischen Akademie der Wissenschaften von 1837,* 45–81; auch in [18, Bd. 1, S. 313–342].
16. Lejeune-Dirichlet, P. G. (1839/1840). Recherches sur diverses applications de l'analyse infinitésimale à la théorie des nombres. *Journal für die reine und angewandte Mathematik, 19*(1839) 324–369, *21*(1840), 1–12, 134–155; auch in [18, Bd. 1, S. 411–496].
17. Lejeune-Dirichlet, P. G. (1894). *Vorlesungen über Zahlentheorie.* Herausgegeben und mit Zusätzen versehen von Richard Dedekind. Braunschweig: Friedrich Vieweg (1. Aufl. 1863, 2. Aufl. 1871, 3. Aufl. 1879, 4. Aufl. 1894).
18. Lejeune-Dirichlet, G. (1889, 1897). *G. Lejeune Dirichlet's Werke.* Herausgegeben auf Veranlassung der Königlich Preussischen Akademie der Wissenschaften von Leopold Kronecker. Fortgesetzt von Lazarus Fuchs (2 Bände). Berlin: Georg Reimer.
19. Dugac, P. (1976). *Richard Dedekind et les fondements de mathématiques.* Paris: Vrin.
20. Fischer, E. (1916). Zur Theorie der endlichen Abelschen Gruppen. *Mathematische Annalen, 77,* 81–88.
21. Gauß, C. F. (1801). *Disquisitiones Arithmeticae.* Lipsiae (= Leipzig): Fleischer; auch Gauß, C. F. (1863–1933). *Werke.* 12 Bände. (Königliche) Gesellschaft der Wissenschaften zu Göttingen: Göttingen, Bd. I.
22. Geyer, W.-D. (1981). Die Theorie der algebraischen Funktionen einer Veränderlichen nach Dedekind und Weber. In [31, S. 109–133].
23. Hilbert, D. (1895). Die Theorie der algebraischen Zahlkörper. *Jahresbericht der Deutschen Mathematiker-Vereinigung, 4,* I–XVIII, 175–546; auch in Hilbert, D. *Gesammelte Abhandlungen* (3 Bände). Berlin: Springer 1. Aufl. 1932–1935, 2. Aufl. 1970, Bd. 1, S. 63–363.
24. Kiernan, B. M. (1971). The development of Galois theory from Lagrange to Artin. *Archive for the History of Exact Sciences, 8,* 40–154.
25. Kneser, A. (1925). Leopold Kronecker. *Jahresbericht der Deutschen Mathematiker-Vereinigung, 33,* 210–228.
26. Kronecker, L. (1881). Über die Discriminante algebraischer Functionen einer Variablen. *Journal für die reine und angewandte Mathematik, 91,* 301–334; auch in *Leopold Kronecker's Werke.* Hrsg. K. Hensel, 5 Bände. Leipzig: B. G. Teubner 1895–1931, Bd. 2, S. 193–236.
27. Lemmermeyer, F. (2018). David Hilbert: Die Theorie der algebraischen Zahlkörper, Jahresber. Deutsche Math. Ver. 4 (1897), 175–546. *Jahresbericht der Deutschen Mathematiker-Vereinigung, 120,* 41–79.
28. Minkowski, H. (1973). *Briefe an David Hilbert.* Mit Beiträgen und Hrsg. L. Rüdenberg & H. Zassenhaus. Berlin: Springer.
29. Riemann, B. (1876). *Gesammelte mathematische Werke und wissenschaftlicher Nachlaß.* Hrsg. H. Weber & R. Dedekind. Leipzig: Teubner (2. Aufl. 1892).
30. Scharlau, W. (1981). *Erläuterungen zu Dedekinds Manuskript über Algebra.* In [31, S. 101–108].
31. Scharlau, W. (Hrsg.). (1981). *Richard Dedekind 1831–1981: Eine Würdigung zu seinem 150 Geburtstag.* Braunschweig: Vieweg & Sohn.
32. Scheel, K. (2014). *Der Briefwechsel Richard Dedekind – Heinrich Weber.* Herausgegeben von Thomas Sonar, unter Mitarbeit von Karin Reich. Abhandlungen der Akademie der Wissenschaften in Hamburg *5.* Berlin: De Gruyter.
33. Schwarz, H. A. (1885). *Brief an Karl Weierstraß vom 5. Juli 1885.* Akademiearchiv der Berlin-Brandenburgischen Akademie der Wissenschaften, NL Schwarz, Nr. 1254.
34. Strobl, W. (1982). Über die Beziehungen zwischen der Dedekindschen Zahlentheorie und der Theorie der algebraischen Funktionen von Dedekind und Weber. In *Festschrift der Braunschweigischen Wissenschaftlichen Gesellschaft und der Technischen Universität Carolo Wilhelmina zu Braunschweig zur 150. Wiederkehr des Geburtstages von Richard Dedekind.* Abhandlungen der Braunschweigischen Wissenschaftlichen Gesellschaft *XXXIII*, S. 225–246.

35. Ullrich, P. (1999). Die Entdeckung der Analogie zwischen Zahl- und Funktionenkörpern: der Ursprung der „Dedekind-Ringe". *Jahresbericht der Deutschen Mathematiker-Vereinigung, 101,* 116–134.
36. Ullrich, P. (2018). Franz/Franciszek Mertens (1840–1927): Auch in der Mathematik ein Bindeglied zwischen verschiedenen Kulturen? In C. Binder (Hrsg.), *Tagungsband des XIV. Österreichischen Symposions zur Geschichte der Mathematik (Miesenbach 2018)* (S. 13–22). Wien: Österreichische Gesellschaft für Wissenschaftsgeschichte.
37. van der Waerden, B. L. (1930). *(Moderne) Algebra* (2 Bände). Berlin: Springer zahlreiche Auflagen seit 1930.
38. van der Waerden, B. L. (1975). On the sources of my book Moderne Algebra. *Historia Mathematica, 2,* 31–40.
39. Weber, H. (1908). *Lehrbuch der Algebra.* Braunschweig: Friedrich Vieweg (Erster Band 1895; Zweiter Band 1896, 1899; Dritter Band: Elliptische Funktionen und algebraische Zahlen 1908).

[illegible] (2015) [illegible]

[illegible] [illegible]

Teil II

Über die Theorie der ganzen algebraischen Zahlen

Theorie der complexen ganzen Zahlen von Gauss. (§ 159.)

3

Der Begriff der *ganzen* Zahl hat in diesem Jahrhundert eine Erweiterung erfahren, durch welche der Zahlentheorie wesentlich neue Bahnen eröffnet sind; den ersten und wichtigsten Schritt auf diesem Gebiet hat *Gauss*[1] gethan, und wir wollen zunächst die Theorie der von ihm eingeführten *ganzen complexen Zahlen* wenigstens in ihren wichtigsten Grundzügen darstellen, weil hierdurch das Verständniss der später folgenden Untersuchungen über die allgemeinsten ganzen algebraischen Zahlen gewiss erleichtert wird.

Bisher haben wir unter *ganzen* Zahlen ausschliesslich die Zahlen

$$0, \pm 1, \pm 2, \pm 3, \pm 4 \ldots$$

verstanden, nämlich alle diejenigen Zahlen, welche durch wiederholte Addition und Subtraction aus der Zahl 1 entstehen; diese Zahlen reproducieren sich durch Addition, Subtraction und Multiplication, oder mit anderen Worten, die Summen, Differenzen und Producte von je zwei ganzen Zahlen sind wieder ganze Zahlen. Dagegen führt die vierte Grundoperation, die Division, auf den umfassenderen Begriff der *rationalen Zahlen,* unter welchem Namen die Quotienten[2] von irgend zwei ganzen Zahlen verstanden werden; offenbar reproducieren sich diese rationalen Zahlen durch alle vier Grundoperationen. Jedes System von reellen oder complexen Zahlen, welche diese fundamentale Eigenschaft der Reproduction besitzt, wollen wir künftig einen *Zahlkörper* oder kurz einen *Körper* nennen; der Inbegriff R aller rationalen Zahlen ist daher ein Körper, und zwar bildet er das einfachste Beispiel eines solchen. Dieser Körper R der rationalen Zahlen besteht nun aus ganzen und gebrochenen, d. h.

---

[1] *Theoria residuorum biquadraticorum.* II. 1832. – Vergl. die Abhandlungen von Dirichlet: *Recherches sur les formes quadratiques à coefficients et à indéterminées complexes* (Crelle's Journal, Bd. 24) und *Untersuchungen über die Theorie der complexen Zahlen* (Abh. d. Berliner Akad. 1841).

[2] Dem Begriffe eines Quotienten gemäss wird es hier und im Folgenden als selbstverständlich angesehen, dass der Divisor oder Nenner eine von Null verschiedene Zahl ist.

K. Scheel, *Dedekinds Theorie der ganzen algebraischen Zahlen*,
https://doi.org/10.1007/978-3-658-30928-2_3

nicht ganzen Zahlen; die ersteren wollen wir in Zukunft *rationale ganze Zahlen* nennen, um sie von den neu einzuführenden ganzen Zahlen zu unterscheiden.

Wir wenden uns nun, indem wir zur Abkürzung $\sqrt{-1} = i$ setzen, zu der Betrachtung desjenigen Körpers J, welcher aus allen complexen Zahlen ω von der Form

$$x + yi$$

besteht, wo x und y willkürliche *rationale* Zahlen bedeuten, die wir die *Coordinaten* der Zahl ω nennen wollen. Diese Zahlen ω bilden in der That einen Körper; denn, wenn

$$\alpha = x_1 + y_1 i \text{ und } \beta = x_2 + y_2 i$$

irgend zwei solche Zahlen sind, so gehören auch ihre Summe, Differenz, ihr Product und Quotient, d. h. die Zahlen

$$\alpha \pm \beta = (x_1 \pm x_2) + (y_1 \pm y_2)i$$
$$\alpha\beta = (x_1x_2 - y_1y_2) + (x_1y_2 + y_1x_2)i$$
$$\frac{\alpha}{\beta} = \frac{x_1x_2 + y_1y_2}{x_2^2 + y_2^2} + \frac{y_1x_2 - x_1y_2}{x_2^2 + y_2^2}i$$

demselben System J an. Dieser Körper J, welcher offenbar auch alle rationalen Zahlen enthält, soll ein *Körper zweiten Grades* oder ein *quadratischer Körper* heissen, weil alle seine Zahlen ω durch wiederholte Anwendung der vier Grundoperationen aus der einen Zahl i entstehen, welche eine Wurzel der mit rationalen Coefficienten behafteten quadratischen Gleichung

$$i^2 + 1 = 0$$

ist. Diese Gleichung hat die Zahl $-i$ zur zweiten Wurzel; ist nun $\omega = x + yi$ auf die gegebene Weise aus i entstanden, also eine Zahl des Körpers J, so wird aus der Zahl $-i$ durch dieselben Operationen die mit ω *conjugirte* Zahl $x - yi$ entstehen, die ebenfalls dem Körper J angehört, und welche wir immer mit ω' bezeichnen wollen. Dann ist umgekehrt die mit ω' conjugirte Zahl $(\omega')' = \omega$, und man überzeugt sich leicht, dass für je zwei Zahlen α, β des Körpers J die folgenden Gesetze gelten:

$$(\alpha \pm \beta)' = \alpha' \pm \beta'$$
$$(\alpha\beta)' = \alpha'\beta'$$
$$\left(\frac{\alpha}{\beta}\right)' = \frac{\alpha'}{\beta'}$$

Unter der *Norm* einer Zahl ω verstehen wir das Product $\omega\omega'$ aus den beiden conjugirten Zahlen ω und ω', und wir bezeichnen diese Norm durch das Symbol $N(\omega)$; es wird daher

$$N(x + yi) = (x + yi)(x - yi) = x^2 + y^2,$$

und hieraus folgt, dass die Norm immer eine positive rationale Zahl ist und nur dann verschwindet, wenn $\omega = 0$, also $x = 0$ und $y = 0$ ist. Da ferner $(\alpha\beta)' = \alpha'\beta'$, also

$$(\alpha\beta)(\alpha\beta)' = (\alpha\alpha')(\beta\beta')$$

ist, so ergiebt sich der Satz:

$$N(\alpha\beta) = N(\alpha)N(\beta)$$

d. h. die Norm eines Productes ist gleich dem Producte aus den Normen der Factoren; und ein ganz ähnlicher Satz gilt offenbar auch für die Quotienten.

Wir theilen nun alle Zahlen des Körpers J in zwei grosse Classen ein; eine solche Zahl $\omega = x + yi$ soll eine *ganze complexe* oder kürzer eine *ganze Zahl* heissen, wenn ihre beiden Coordinaten x, y *ganze* rationale Zahlen sind; ist aber mindestens eine der beiden Coordinaten eine gebrochene Zahl, so soll auch ω eine *gebrochene* Zahl heissen. Offenbar bilden die ganzen rationalen Zahlen x einen Theil des Systems aller ganzen complexen Zahlen, und umgekehrt ist jede ganze complexe Zahl $x + yi$, wenn sie zugleich rational ist, nothwendig eine ganze rationale Zahl x. Unter einer *natürlichen* Zahl verstehen wir nach altem Herkommen immer eine *positive,* also von Null verschiedene, *ganze rationale Zahl.*

Aus den obigen Formeln für die Summe, Differenz und das Product zweier in J enthaltenen Zahlen leuchtet nun zunächst ein, dass unsere ganzen Zahlen sich durch Addition, Subtraction und Multiplication reproduciren. Die Analogie mit der Theorie der rationalen Zahlen veranlasst uns daher, den Begriff der *Theilbarkeit* einzuführen: die ganze Zahl α heisst *theilbar* durch die ganze Zahl β, wenn $\alpha = \beta\gamma$, und γ ebenfalls eine ganze Zahl ist; zugleich heisst α ein Vielfaches oder Multiplum von β, und β ein Theiler oder Divisor oder Factor von α, oder man sagt auch, β gehe in α auf. Aus dieser Erklärung, durch welche der Begriff der Theilbarkeit für rationale ganze Zahlen nicht geändert wird, ergeben sich (wie in §. 3) die beiden folgenden *Elementarsätze:*

I. *Sind α und β theilbar durch μ, so sind auch die Zahlen $\alpha + \beta$ und $\alpha - \beta$ theilbar durch μ. Denn aus $\alpha = \mu\alpha_1$ und $\beta = \mu\beta_1$ folgt $\alpha \pm \beta = \mu(\alpha_1 + \beta_1)$, und da α_1, β_1 ganze Zahlen sind, so gilt dasselbe auch von den Zahlen $\alpha_1 \pm \beta_1$.*

II. *Ist $\varkappa$ theilbar durch λ, und λ theilbar durch μ, so ist auch $\varkappa$ theilbar durch μ. Denn aus $\varkappa = \alpha\lambda$ und $\lambda = \beta\mu$ folgt $\varkappa = (\alpha\beta)\mu$, und da α und β ganze Zahlen sind, so ist auch $\alpha\beta$ eine ganze Zahl.*

Ist $\omega = x + yi$ eine ganze Zahl, so ist offenbar die conjugirte Zahl $\omega' = x - yi$ ebenfalls eine ganze Zahl, und folglich ist $N(\omega)$ theilbar durch ω. Diese Norm ist immer eine natürliche Zahl, wenn ω von Null verschieden ist, und aus dem Satze über die Norm eines Productes ergiebt sich der folgende, welcher aber nicht umgekehrt werden darf:

Ist α theilbar durch β, so ist $N(\alpha)$ auch theilbar durch $N(\beta)$.

Unter einer *Einheit* wird jede ganze Zahl ε verstanden, welche ein Divisor der Zahl 1 ist und folglich auch in allen ganzen Zahlen aufgeht; nach dem vorstehenden Satze muss $N(\varepsilon)$ in $N(1)$, d. h. in der Zahl 1 aufgehen, und folglich muss

$$N(\varepsilon) = 1, \quad \text{d. h. } \varepsilon\varepsilon' = 1$$

sein; und umgekehrt leuchtet ein, dass jede ganze Zahl ε, deren Norm $= 1$ ist, gewiss eine Einheit ist. Setzt man nun $\varepsilon = x + yi$, so ist $x^2 + y^2 = 1$, und da x, y ganze rationale Zahlen sind, so ist entweder $x^2 = 1$ und $y = 0$, oder $x = 0$ und $y^2 = 1$; man erhält daher die folgenden vier Einheiten

$$\varepsilon = 1, \ -1, \ i, \ -i,$$

welche man auch in der Form

$$\varepsilon = i^n$$

zusammenfassen kann, wo n eine beliebige ganze rationale Zahl bedeutet. In der Theorie der rationalen Zahlen giebt es nur zwei Einheiten, nämlich die Zahlen ± 1.

Sind zwei ganze, von Null verschieden Zahlen α, β gegenseitig durch einander theilbar, so sind die Quotienten

$$\frac{\beta}{\alpha} \text{ und } \frac{\alpha}{\beta}$$

ganze Zahlen, und da ihr Product $= 1$ ist, so sind sie nothwendig Einheiten, mithin ist $\beta = \alpha\varepsilon$, wo ε eine Einheit; umgekehrt, wenn dies der Fall ist, so ist auch $\alpha = \beta\varepsilon'$, also ist jede der beiden Zahlen α, β durch die andere theilbar. Zwei solche Zahlen heissen *associirte* Zahlen, und es leuchtet ein, dass je vier associierte Zahlen

$$\alpha, \ \alpha i, \ -\alpha, \ -\alpha i$$

bei allen Fragen der Theilbarkeit sich ganz gleich verhalten; ist nämlich eine ganze Zahl α theilbar durch eine ganze Zahl μ, so ist auch jede mit α associierte Zahl durch jede mit μ associierte Zahl theilbar. Wir sehen daher im Folgenden vier solche associrte Zahlen als nicht *wesentlich* verschieden an.

Um nun eine ausreichende Grundlage für die Theorie der Theilbarkeit in unserem Gebiete der ganzen complexen Zahlen zu gewinnen, bemerken wir zunächst, dass jede dem Körper J angehörige Zahl $\omega = x + yi$, mag sie ganz oder gebrochen sein, stets als Summe von zwei Zahlen ν und ω_1 dargestellt werden kann, von denen die erstere ν eine ganze Zahl ist, während $N(\omega_1) < 1$ wird; sondert man nämlich aus den rationalen Coordinaten x, y die nächstliegenden ganzen Zahlen r, s aus, so wird $x = r + x_1$, $y = s + y_1$, wo x_1, y_1 rationale Zahlen bedeuten, deren absolute Werthe $\leqq \frac{1}{2}$ sind; setzt man daher $\nu = r + si$, $\omega_1 = x_1 y_1 i$, so wird $\omega = \nu + \omega_1$, wo ν eine ganze Zahl, und

$$N(\omega_1) = x_1^2 + y_1^2 \leqq \frac{1}{2} < 1$$

ist. Hieraus ergiebt sich unmittelbar der folgende wichtige Satz:

Ist α eine beliebige ganze, und β eine von Null verschiedene ganze Zahl, so kann man zwei ganze Zahlen γ und ν immer so wählen, dass

$$\alpha = \nu\beta + \gamma, \quad \text{und } N(\gamma) < N(\beta)$$

wird.

Da nämlich der Quotient der beiden Zahlen α, β eine dem Körper J angehörige Zahl ω ist, so kann man

$$\frac{\alpha}{\beta} = \nu + \omega_1, \quad \text{also } \alpha = \nu\beta + \beta\omega_1$$

setzen, wo ν eine ganze Zahl, und $N(\omega_1) < 1$ ist; hieraus folgt aber, dass die Zahl $\gamma = \beta\omega_1 = \alpha - \nu\beta$ ebenfalls eine ganze Zahl, und dass ihre Norm

$$N(\gamma) = N(\beta)N(\omega_1) < N(\beta)$$

ist, was zu beweisen war.

Mit Hülfe dieses Satzes lässt sich nun die Aufgabe behandeln, alle gemeinschaftlichen Divisoren von zwei gegebenen ganzen Zahlen α, β zu finden (vergl §. 4); behalten nämlich ν und γ die eben festgesetze Bedeutung, so ergiebt sich aus den obigen Elementarsätzen I. und II., dass jeder gemeinschaftliche Divisor von α, β auch gemeinschaftlicher Divisor von β, γ ist, und umgekehrt; man wird daher, wenn γ nicht $= 0$ ist, wieder zwei ganze Zahlen δ und π so bestimmen, dass

$$\beta = \pi\gamma + \delta, \quad \text{und } N(\delta) < N(\gamma)$$

wird, und wenn δ noch nicht $= 0$ ist, wird man auf dieselbe Weise so lange fortfahren, bis unter den successiven Divisionsresten γ, δ... die Zahl Null auftritt. Dies muss nothwendig nach einer endlichen Anzahl von Operationen geschehen, weil die Normen dieser Reste natürliche Zahlen sind, die beständig abnehmen. Ist μ der letzte von diesen Resten, welcher einen von Null verschiedenen Werth hat, so haben wir eine Kette von Gleichungen von der Form

$$\begin{aligned} \alpha &= \nu\beta + \gamma \\ \beta &= \pi\gamma + \delta \\ &\cdot\ \cdot\ \cdot\ \cdot \\ \varkappa &= \sigma\lambda + \mu \\ \lambda &= \tau\mu, \end{aligned}$$

aus welcher hervorgeht, dass μ gemeinschaftlicher Divisor von α, β, und dass umgekehrt jeder gemeinschaftliche Divisor von α, β nothwendig ein Divisor von μ ist. Diese Zahl μ, und ebenso jede mit ihr associirte Zahl, heisst der *grösste* gemeinschaftliche Divisor von α und β, weil er unter allen gemeinschaftlichen Divisoren die grösste Norm hat. Sind α und β *rational,* so ist μ ebenfalls rational und identisch mit derjenigen Zahl, welche in der Theorie der rationalen Zahlen der grösste gemeinschaftliche Divisor von α und β genannt wurde.

Durch Umkehr der obigen Gleichungen, wobei man sich wieder des Euler'schen Algorithmus (§. 23) bedienen kann, ergiebt sich, dass immer zwei ganze Zahlen ξ, η existiren, welche der Bedingung

$$\alpha\xi + \beta\eta = \mu$$

genügen (im Falle $\gamma = 0$, $\mu = \beta$, kann man $\xi = 0$, $\eta = 1$ setzen), und derselbe Satz gilt offenbar auch dann, wenn μ nicht den grössten gemeinschaftlichen Theiler von α, β selbst, sondern irgend eine durch denselben theilbare Zahl bedeutet.

Nachdem für je zwei ganze Zahlen α, β (die nicht beide verschwinden) die Existenz eines grössten gemeinschaftlichen Theilers nachgewiesen, und zugleich eine Methode zur Auffindung desselben angegeben ist, leuchtet ein, dass die Lehre von der Theilbarkeit der complexen ganzen Zahlen sich ganz ähnlich gestalten muss, wie bei den rationalen Zahlen. Wir heben zunächst folgende Puncte hervor. Zwei ganze Zahlen α, β heissen *relative Primzahlen* oder Zahlen ohne gemeinschaftlichen Divisor, wenn sie ausser den vier Einheiten keinen gemeinschaftlichen Divisor besitzen; es giebt dann immer zwei ganze Zahlen ξ, η, welche der Bedingung

$$\alpha\xi + \beta\eta = 1$$

genügen, und umgekehrt folgt aus der vorstehenden Gleichung, dass α, β relative Primzahlen sind. Ist nun ω eine beliebige ganze Zahl, so ergiebt sich aus

$$\alpha(\omega\xi) + (\beta\omega)|\eta = \omega,$$

dass jeder gemeinschaftliche Theiler von α und $\beta\omega$ nothwendig Divisor von ω ist (vergl. §. 5); wenn daher ω ebenfalls relative Primzahl zu α ist, so folgt, dass auch das Product $\beta\omega$ relative Primzahl zu α ist, und dieser Satz, wiederholt angewendet, liefert den folgenden:

Wenn jede der Zahlen $\alpha_1, \alpha_2, \alpha_3$ ...relative Primzahl zu jeder der Zahlen β_1, β_2...ist, so sind auch die beiden Producte $\alpha_1\alpha_2\alpha_3$... und $\beta_1\beta_2$... relative Primzahlen.

Aus derselben Gleichung ergeben sich offenbar auch die folgenden Sätze:

Sind α, β relative Primzahlen, und ist $\beta\omega$ theilbar durch α, so ist auch ω theilbar durch α. Ist ω ein gemeinschaftliches Multiplum der beiden relativen Primzahlen α, β, so ist ω auch durch ihr Product $\alpha\beta$ theilbar.

Unter einer *complexen Primzahl* ist eine ganze Zahl π zu verstehen, welche keine Einheit ist, und deren Divisoren entweder mit π associirt oder Einheiten sind (vergl §. 8). Ist nun α eine beliebige ganze Zahl, so muss einer und nur einer der beiden folgenden Fälle eintreten:

entweder ist α theilbar durch die Primzahl π, oder α ist relative Primzahl zu π; denn der grösste gemeinschaftliche Theiler der beiden Zahlen α, π ist entweder associirt mit π oder eine Einheit. Mit Rücksicht auf das Vorhergehende folgt hieraus offenbar der Satz:

Wenn ein Product aus mehreren ganzen Zahlen $\alpha, \beta, \gamma\ldots$ durch eine Primzahl π theilbar ist, so geht π mindestens in einem der Factoren $\alpha, \beta, \gamma\ldots$ auf.

Jede ganze, von Null verschiedene Zahl α ist nun entweder eine Einheit, oder eine Primzahl, oder sie besitzt mindestens einen Divisor β, welcher weder eine Einheit, noch mit α associirt ist; in diesem letzten Falle heisst α eine *zusammengesetzte Zahl,* und wenn $\alpha = \beta\lambda$ gesetzt wird, so ist auch λ keine Einheit, und da $N(\alpha) = N(\beta)N(\lambda)$ ist, so ergiebt sich $N(\alpha) > N(\beta) > 1$, weil die vier Einheiten die einzigen Zahlen sind, deren Norm $= 1$ ist. Hieraus folgt leicht (vergl. §. 8), dass mindestens eine in α aufgehende Primzahl existirt; denn wenn β noch keine Primzahl, mithin eine zusammengesetzte Zahl ist, so besitzt sie wieder einen Divisor γ, der der Bedingung $N(\beta) > N(\gamma) > 1$ genügt, und wenn γ noch keine Primzahl ist, so kann man in derselben Weise so lange fortfahren, bis in der Reihe der Zahlen α, β, $\gamma\ldots$ eine Primzahl π auftritt, was nach einer endlichen Anzahl von Zerlegungen geschehen muss, weil die Reihe der beständig abnehmenden natürlichen Zahlen $N(\alpha)$, $N(\beta)$, $N(\gamma)\ldots$ nothwendig einmal abbrechen wird. Offenbar ist nun α theilbar durch π und folglich von der Form $\pi\alpha_1$, wo α_1 entweder eine Primzahl oder eine zusammengesetzte Zahl ist; im letzteren Falle kann man wieder $\alpha_1 = \pi_1\alpha_2$, also $\alpha = \pi\pi_1\alpha_2$ setzen, wo π_1 eine Primzahl bedeutet, und wenn α_2 noch keine Primzahl, sondern eine zusammengesetzte Zahl ist, so kann man in derselben Weise fortfahren, bis in der Reihe der Zahlen $\alpha_1, \alpha_2\ldots$ eine Primzahl $\alpha_n = \pi_n$ auftritt, was, wie sich abermals aus der Betrachtung der Normen ergiebt, nach einer endlichen Anzahl von Zerlegungen geschehen muss. Dann ist die zusammengesetzte Zahl

$$\alpha = \pi\pi_1\pi_2\ldots\pi_n$$

dargestellt als Product von $n+1$ Factoren, welche sämmtlich Primzahlen sind. Gesetzt nun, dieselbe Zahl α sei auch ein Product aus $m+1$ Primzahlen ρ, ρ_1, $\rho_2\ldots\rho_m$, also

$$\pi\pi_1\pi_2\ldots\pi_n = \rho\rho_1\rho_2\ldots\rho_m,$$

so muss nach dem oben bewiesenen Satze die in diesem Producte α aufgehende Primzahl π nothwendig in einem der Factoren $\rho\rho_1\rho_2\ldots\rho_m$, z. B. in ρ aufgehen; da aber ρ ebenfalls eine Primzahl ist und folglich ausser den Einheiten nur solche Divisoren besitzt, welche mit ρ associirt sind, so muss $\pi = \varepsilon\rho$ sein, wo ε eine Einheit bedeutet, und hieraus folgt durch Division mit ρ die Gleichung

$$\varepsilon\pi_1\pi_2\ldots\pi_n = \rho_1\rho_2\ldots\rho_m;$$

da nun das Product rechter Hand durch die Primzahl π_1 theilbar ist, so muss zufolge derselben Schlüsse die Zahl π_1 mit einem der Factoren diese Productes, z. B. mit ρ_1 associirt, also von der Form $\varepsilon_1\rho_1$ sein, wo ε_1 eine Einheit bedeutet. Die durch Division mit ρ_1 entstehende Gleichung

$$\varepsilon\varepsilon_1\pi_2...\pi_n = \rho_1\rho_2...\rho_m$$

kann man offenbar in derselben Weise weiter behandeln; es ergiebt sich hieraus zunächst, dass m nicht kleiner als n ist, und dass man $\pi_2 = \varepsilon_2\rho_2, \pi_3 = \varepsilon_3\rho_3...\pi_n = \varepsilon_n\rho_n$ setzen kann, wo $\varepsilon_2,\ \varepsilon_3...\varepsilon_n$ Einheiten bedeuten. Wäre nun $m > n$, so würde sich

$$\varepsilon\varepsilon_1\varepsilon_2...\varepsilon_n = \rho_{n+1}\rho_{n+2}...\rho_m$$

ergeben, und es wäre folglich ein Product von lauter Einheiten durch mindestens eine Primzahl ρ_{n+1} theilbar, was unmöglich ist. Mithin ist $m = n$, und die beiden Zerlegungen der Zahl α in Primfactoren sind *wesentlich* identisch, d. h. wenn in der einen Zerlegung genau r Factoren auftreten, welche mit einer und derselben Primzahl π associirt sind, so finde sich auch in der anderen Zerlegung genau r solche mit π associirte Factoren. In diesem Sinne ist der hiermit bewiesene *Fundamentalsatz* (vergl. §. 8) zu verstehen:

Jede zusammengesetzte Zahl lässt sich stets und wesentlich nur auf eine einzige Weise als Product aus einer endlichen Anzahl von Primzahlen darstellen.

Es ist nun auch nicht schwer, sich einen deutlichen Ueberblick über alle in unserem Körper J vorhandenen complexen Primzahlen π zu verschaffen. Es giebt offenbar unendlich viele natürliche Zahlen, die durch eine bestimmte Primzahl π theilbar sind (eine solche ist z. B. $N(\pi) = \pi\pi'$); von allen diesen Zahlen muss die *kleinste* p nothwendig eine *natürliche Primzahl,* d. h. eine positive Primzahl des Körpers R, also eine Primzahl im alten Sinne des Wortes sein; denn p ist > 1, weil sonst π eine Einheit wäre, und p kann auch nicht ein Product von zwei kleineren natürlichen Zahlen sein, weil sonst π als Primzahl in einer derselben aufgehen müsste, was aber der Definition von p widerspricht. Jede complexe Primzahl π ist daher Divisor von einer (und offenbar auch nur von einer einzigen) natürlichen Primzahl p, und es werden folglich alle complexen Primzahlen π entdeckt werden, wenn man die Divisoren aller natürlichen Primzahlen p aufsucht. Es sei daher p eine natürliche Primzahl, und π eine in p aufgehende complexe Primzahl, so ist $N(\pi)$ ein Divisor von $p^2 = N(p)$, und folglich ist $N(\pi)$ entweder $= p$ oder $= p^2$; je nachdem der erste oder zweite Fall eintritt, wollen wir π eine Primzahl *ersten* oder *zweiten Grades* nennen. Im ersten Falle ist $p = \pi\pi' = N(\pi)$ das Product aus zwei conjugirten Primzahlen ersten Grades, weil offenbar π' stets gleichzeitig mit π eine Primzahl ist; im zweiten Falle ist $p = \pi\varepsilon,\ N(\varepsilon) = 1$, also ist p associirt mit π und folglich selbst eine complexe Primzahl zweiten Grades.

Die Entscheidung über das Eintreten des einen oder anderen Falles je nach der Beschaffenheit der natürlichen Primzahl p würde sich augenblicklich aus der Theorie der binären quadratischen Formen von der Determinante -1 ergeben (§. 68); allein unser Hauptziel besteht gerade darin, nachzuweisen, dass die Theorie der Formen überhaupt entbehrlich ist, oder vielmehr, dass sie auf die einfachere und zugleich tiefer eindringende Theorie der ganzen algebraischen Zahlen zurückgeführt werden kann. Wir suchen daher auch hier unsere Aufgabe selbstständig zu lösen. Es leuchtet nun ein, dass der zweite Fall jedesmal stattfinden muss, wenn $p \equiv 3$ (mod. 4) ist; denn da die Norm einer jeden ganzen complexen Zahl eine Summe von zwei ganzen rationalen Quadratzahlen ist und folglich, durch vier dividirt, den Rest 0, 1 oder 2 lässt, je nachdem beide Quadrate gerade, oder eines, oder beide ungerade sind, so kann der erste Fall höchstens dann eintreten, wenn $p = 2$, oder $p \equiv 1$ (mod. 4) ist. Wir erhalten hiermit das erste Resultat:

Jede natürliche Primzahl p von der Form $4h + 3$ *ist eine complexe Primzahl zweiten Grades.*

Der Fall $p = 2$ erledigt sich unmittelbar durch die Bemerkung, dass

$$2 = N(1-i) = (1-i)(1+i) = i(1-i)^2$$

ist, und liefert das Resultat:

Die Zahl 2 *ist associirt mit dem Quadrate der Primzahl ersten Grades* $1 - i$

Es handelt sich jetzt nur noch um die natürlichen Primzahlen p von der Form $4h + 1$; die Entscheidung wird sofort gegeben, sobald man aus der Theorie der rationalen Zahlen den Satz (§. 40) entlehnt, dass die Zahl -1 quadratischer Rest von jeder solchen Zahl p ist, dass also eine ganze rationale Zahl x existirt, für welche $x^2 + 1$, d. h. das Product $(x+i)(x-i)$ durch p theilbar ist; da nämlich keiner der beiden Factoren $x + i$, $x - i$ durch p theilbar ist, so kann (nach dem obigen Satze) p keine complexe Primzahl sein, und folglich ist p gewiss das Product aus zwei conjugirten Primzahlen ersten Grades π und π'. Setzt man $\pi = a + bi$, so ergiebt sich auf diese Weise der Fermat'sche Satz (§. 68)

$$p = a^2 + b^2$$

Die beiden Primzahlen π, π' können nicht associirt sein, weil aus $a - bi = i^n(a + bi)$ entweder $b = 0$, oder $a = 0$, oder $a^2 = b^2$ folgen würde, was alles unmöglich ist. Mithin ergiebt sich das letzte Resultat:

Jede natürliche Primzahl p von der Form $4h + 1$ *ist das Product aus zwei conjugirten, nicht associirten complexen Primzahlen ersten Grades.*

Will man aber den obigen Satz aus der Theorie der quadratischen Reste nicht voraussetzen, so ergiebt sich dasselbe Resultat im weiteren Fortgange der Theorie unserer complexen Zahlen, wie folgt. Zwei ganze complexe Zahlen α, β heissen *congruent* in Bezug auf eine dritte μ, den *Modulus,* wenn ihre Differenz $\alpha - \beta$ durch μ theilbar ist, und dies wird durch die *Congruenz*

$$\alpha \equiv \beta \text{ (mod. } \mu)$$

angedeutet. Es leuchtet dann ohne Weiteres ein, dass die elementaren Sätze über Congruenzen (§. 17) von den rationalen Zahlen unmittelbar auf die complexen Zahlen übertragen werden dürfen, und es ergiebt sich ebenso wie früher (§. 26), dass eine Congruenz n^{ten} Grades, deren Modulus eine complexe *Primzahl* ist, niemals mehr als n incongruente Wurzeln besitzen kann. Ist nun p eine natürliche Primzahl von der Form $4h+1$, so wird die Congruenz $(p-1)^{\text{ten}}$ Grades

$$\omega^{p-1} \equiv 1 \text{ (mod. } p)$$

durch mindestens p incongruente Zahlen ω, nämlich durch $\omega = i$ und (nach §. 19) durch $\omega = 1,\ 2,\ 3, \ldots (p-1)$ befriedigt; mithin ist der Modulus p keine complexe Primzahl, und hieraus folgt dasselbe Resultat wie oben.

Nachdem die Grundlagen der Theorie der complexen ganzen Zahlen im Vorhergehenden gewonnen sind, wollen wir uns darauf beschränken, einige wenige Fragen zu behandeln, bei deren Auswahl uns der Wunsch leitet, gewisse Begriffe, welche in der später folgenden allgemeinen Theorie der ganzen algebraischen Zahlen auftreten werden, an dem einfachen, und vorliegenden Beispiel des Körpers J zu entwickeln.

Ist μ eine ganze complexe und zwar von Null verschiedene Zahl, so theilen wir alle ganzen complexen Zahlen in *Zahl-Classen* ein, indem wir zwei Zahlen stets und nur dann in dieselbe Classe aufnehmen, wenn sie in Bezug auf μ congruent sind (vergl. §. 18); der Grund für die Möglichkeit einer solchen Eintheilung liegt darin, dass zwei mit einer dritten congruente Zahlen nothwendig auch mit einander congruent sind. Wir stellen uns die Aufgabe, die *Anzahl* dieser verschiedenen Classen zu bestimmen. Zu diesem Zweck betrachten wir vorläufig nur eine einzige von diesen Classen, nämlich den *Inbegriff* m aller derjenigen Zahlen, welche durch μ theilbar, d. h. $\equiv 0$ (mod. μ) sind. Dieser Inbegriff m ist identisch mit dem System aller Zahlen von der Form $\mu(x+yi)$, wo x und y willkürliche ganze rationale Zahlen bedeuten. Auf solche *homogene lineare Formen,* in welchen die Variabelen *ganze rationale Zahlen* sind, werden wir in der Folge[3] sehr häufig stossen, und wir wollen, wenn z. B. α, β irgend welche reelle oder complexe Constanten, x und y aber willkürliche ganze rationale Zahlen bedeuten, den *Inbegriff* aller in der Linearform $\alpha x + \beta y$ enthaltenen Werthe zur Abkürzung mit dem Symbol $[\alpha, \beta]$ bezeichnen, welche also von jetzt an in ganz anderer Bedeutung gebraucht wird, als früher bei dem Euler'schen Kettenbruch-Algorithmus. Die beiden Constanten α, β, welche wir die *Basiszahlen* des Systems $[\alpha, \beta]$ nennen, können nun auf unendlich mannigfaltige Weise abgeändert , d. h. durch andere Basiszahlen α_1, β_1 ersetzt werden, und zwar so, dass das System $[\alpha_1, \beta_1]$ vollständig identisch mit dem System $[\alpha, \beta]$ bleibt. Dies wird z. B. immer dann eintreten, wenn zwischen den beiden Paaren von Basiszahlen zwei Relationen von der Form

$$\alpha = p\alpha_1 + q\beta_1,\ \beta = r\alpha_1 + s\beta_1$$

stattfinden, wo p, q, r, s vier ganze rationale Zahlen bedeuten, deren Determinante

[3] Vergl. §§. 168, 172.

$$ps - qr = \pm 1$$

ist; denn hieraus folgt umgekehrt

$$\pm\alpha_1 = s\alpha - q\beta_1, \ \pm\beta_1 = -r\alpha + p\beta,$$

mithin ist jede Zahl, welche dem einen der beiden Systeme $[\alpha, \beta]$, $[\alpha_1, \beta_1]$ angehört, auch in dem anderen enthalten, was wir kurz durch $[\alpha, \beta] = [\alpha_1, \beta_1]$ ausdrücken wollen.

Eine solche Transformation der Basis wollen wir auf unseren Fall anwenden, in welchem es sich um das System

$$m = [\mu, \mu i]$$

aller durch μ theilbaren Zahlen $\mu(x + yi)$ handelt. Wir bezeichnen mit m die grösste in μ aufgehende natürliche Zahl und setzen demgemäss

$$\mu = m(p - qi), \ \mu i = m(q + pi),$$

wo p, q ganze rationale Zahlen ohne gemeinschaftlichen Theiler bedeuten; hierauf wählen wir (nach §. 24) zwei ganze rationale Zahlen r, s, welche der Bedingung

$$ps - qr = 1$$

genügen und setzen

$$a = p^2 + q^2, \ b = pr + qs,$$

so ist

$$\begin{aligned} ma &= p.\mu + q.\mu i \\ m(b + i) &= r.\mu + s.\mu i, \end{aligned}$$

und hieraus folgt nach der obigen Bemerkung, dass diese beiden Zahlen ma und $m(b + i)$ ebenfalls eine Basis des Sytems m bilden, d. h. es wird

$$m = [ma, m(b + i)].$$

Mit Hülfe dieser Transformation können wir leicht die Anzahl aller in Bezug auf den Modul μ incongruenten Zahlen bestimmen. Denn, wenn

$$\omega = h + ki$$

eine beliebige gegebene ganze complexe Zahl ist, so erhält man die Classe, welche aus allen mit ihr congruenten Zahlen

$$\omega_1 = h_1 + k_1 i$$

besteht, indem man

$$\omega_1 = \omega + max + m(b+i)y,$$

also

$$h_1 = h + max + mby, \; k_1 = k + my$$

setzt, wo x, y alle ganzen rationalen Zahlen durchlaufen; aus der Form dieser beiden Gleichungen geht aber hervor, dass man zuerst y, hierauf x immer und nur auf eine einzige Weise so bestimmen kann, dass

$$0 \leqq k_1 < m \text{ und } 0 \leqq h_1 < ma$$

wird. Es giebt daher in jeder Classe einen und nur einen Repräsentanten $\omega_1 = h_1 + k_1 i$, welcher den beiden vorstehenden Bedingungen genügt; mithin ist die Anzahl aller verschiedenen Classen gleich der Anzahl aller verschiedenen, diese Bedingungen erfüllenden Paare h_1, k_1, also gleich dem Producte $m^2 a = N(\mu)$ aus der Anzahl m der Werthe von k_1 und der Anzahl ma der Werthe von h_1. Wir erhalten mithin das folgende Resultat:

Die Anzahl aller in Bezug auf den Modul μ incongruenten Zahlen ist $= N(\mu)$.

Es hat nun auch keine Schwierigkeit, die Anzahl $\psi(\mu)$ aller derjenigen von diesen incongruenten Zahlen zu bestimmen, welche relative Primzahlen zum Modul μ sind; diese Function $\psi(\mu)$ hat für unsere jetzige Zahlentheorie augenscheinlich dieselbe Wichtigkeit, wie die Function $\varphi(m)$ für die Theorie der rationalen Zahlen (§§. 11–14, 138); durch Betrachtungen, welche den damals angestellten ganz ähnlich sind, findet man

$$\psi(\mu) = 1,$$

wenn μ eine Einheit ist, sonst aber

$$\psi(\mu) = N(\mu) \prod \left(1 - \frac{1}{N(\pi)}\right),$$

wo das Productzeichen sich auf alle wesentlich verschiedenen, in μ aufgehenden Primzahlen π bezieht; ausserdem ist

$$\psi(\mu_1 \mu_2) = \psi(\mu_1)\psi(\mu_2),$$

wenn μ_1, μ_2 relative Primzahlen sind, und

$$\sum \psi(\delta) = N(\mu),$$

wo das Summenzeichen sich auf alle wesentlich verschiedenen Divisoren δ der Zahl μ bezieht. Ist ferner ω relative Primzahl zu μ, so ist stets

$$\omega^{\psi(\mu)} \equiv 1 \text{ (mod. } \mu),$$

was dem Satze von Fermat entspricht (§§19, 127). Wir müssen aber der Kürze halber die Durchführung der Beweise dieser Sätze dem Leser überlassen, und wir dürfen dies um so eher thun, als wir später (§. 180) dieselben Fragen in ihrer allgemeinsten Form behandeln werden

Dagegen wollen wir noch mit einigen Worten auf den Zusammenhang eingehen, welcher zwischen der Theorie der complexen ganzen Zahlen und derjenigen der *quadratischen Formen* von der Determinante -1 besteht. Wir haben oben das System $\mathfrak{m} = [\mu, \mu i]$ aller durch μ theilbaren Zahlen in die Form $[ma, m(b+i)]$ gebracht, wo die Zahlen m, a, b nach gewissen Regeln aus der gegebenen Zahl μ abzuleiten waren; von diesen drei Zahlen waren m und a völlig bestimmt, während b von der Wahl der beiden Hülfszahlen r, s abhing; jedes andere Paar r_1, s_1, welches der Bedingung

$$ps_1 - qr_1 = 1$$

genügt, ist (nach §. 24) von der Form

$$r_1 = r + hp,\ s_1 = s + hq,$$

wo h eine willkürliche ganze rationale Zahl bedeutet, und liefert an Stelle von b die Zahl

$$b_1 = pr_1 + qs_1 = b + ha \equiv b \text{ (mod. } a);$$

die rationalen Zahlen b_1 durchlaufen daher alle Individuen einer völlig bestimmten Zahlclasse in Bezug auf den Modul a, und es ist offenbar gleichgültig, welchen Repräsentanten b dieser Classe man wählt. Dieselbe lässt sich auch direct, ohne Zuziehung der Hülfszahlen r, s definiren; da nämlich $a = p^2 + q^2$ ist, so ergiebt sich aus der Definition von b, dass

$$pb \equiv q,\ qb \equiv -p \text{ (mod. } a);$$

ist, und da jede der beiden gegebenen Zahlen p, q, weil sie keinen gemeinschaftlichen Theiler haben, nothwendig relative Primzahl zu a ist, so ist b durch jede einzelne dieser beiden Congruenzen vollständig bestimmt in Bezug auf den Modul a. Quadrirt man eine dieser Congruenzen und bedenkt, dass $p^2 \equiv -q^2$ (mod. a) ist, so ergiebt sich

$$b^2 \equiv -1 \text{ (mod. } a);$$

es ist folglich

$$b^2 = -1 + ac,$$

wo c, wie a, eine natürliche Zahl, und (a, b, c) ist eine positive quadratische Form von der Determinante -1. Nun sind alle durch μ theilbaren, also in dem System $\mathfrak{m}$ enthaltenen Zahlen λ von der Form

$$\lambda = m(ax + (b+i)y),$$

wo x, y willkürliche ganze rationale Zahlen bedeuten, und durch Multiplication mit der conjugirten Zahl λ' erhält man, weil $m^2 a = N(\mu)$ ist, das Resultat

$$N(\lambda) = N(\mu)(ax^2 + 2bxy + cy^2).$$

Auf diese Weise führt jede bestimmte ganze complexe Zahl μ zu einer bestimmten Schaar von parallelen[4] quadratischen Formen (a, b, c), deren Determinante $= -1$ ist. Umgekehrt, wenn (a, b, c) eine solche (positive) Form, und folglich

$$ac = (b + i)(b - i)$$

ist, so bezeichnen wir mit γ den grössten gemeinschaftlichen Theiler der beiden ganzen complexen Zahlen a und $b + i$, und setzen

$$a = \alpha\gamma, \; b + i = \beta\gamma;$$

da nun α, β relative Primzahlen sind und beide in der Zahl $\alpha c = \beta(b - i)$ aufgehen, so muss diese durch das Product $\alpha\beta$ theilbar sein, und folglich ist

$$c = \beta\delta, \; b - i = \alpha\delta,$$

wo δ ebenfalls eine ganze complexe Zahl bedeutet. Ersetzt man, was stets erlaubt ist, alle hier auftretenden Zahlen durch die conjugirten Zahlen, so ergiebt sich

$$a = \alpha'\gamma', \; b + i = \alpha'\delta',$$

und da γ der grösste gemeinschaftliche Theiler dieser beiden Zahlen ist, so muss die in beiden aufgehende Zahl α' nothwendig auch in γ aufgehen; setzt man demgemäss

$$\gamma = \varepsilon\alpha',$$

so folgt

$$a = \varepsilon\alpha\alpha' = \varepsilon N(\alpha),$$

mithin ist ε eine natürliche Zahl, und da dieselbe in γ, also auch in $b + i$ aufgeht, so muss sie $= 1$ sein. Wir erhalten daher $\gamma = \alpha'$, also

$$a = \alpha\alpha' = N(\alpha), \; b + i = \beta\alpha';$$

da aber $b + i = \alpha'\delta'$, so folgt $\delta' = \beta$, $\delta = \beta'$, mithin

$$c = \beta\beta' = N(\beta), \; b - i = \alpha\beta'.$$

Man setze nun

[4] Vergl. §. 56, Anmerkung.

$$\alpha = p + qi,\ \beta = r + si$$

so folgt

$$a = p^2 + q^2,\ c = r^2 + s^2$$
$$b = pr + qs,\ 1 = ps - qr,$$

mithin geht die Form $(1, 0, 1)$ durch die Substitution $\begin{pmatrix} p & r \\ q & s \end{pmatrix}$ in die Form (a, b, c) über (§. 54); unsere Theorie der ganzen complexen Zahlen liefert also unmittelbar den Beweis, dass alle (positiven) Formen von der Determinante -1 äquivalent sind (§. 68).–

Genau in derselben Weise, wie hier die ganzen complexen Zahlen $x + yi$ untersucht sind, würden sich noch manche andere Gebiete von ganzen Zahlen behandeln lassen. Bedeutet z. B. θ eine Wurzel von einer der folgenden acht quadratischen Gleichungen

$$\theta^2 + \theta + 1 = 0,\ \theta^2 + \theta + 2 = 0,\ \theta^2 + 2 = 0,\ \theta^2 + \theta + 3 = 0,$$
$$\theta^2 + \theta - 1 = 0,\ \theta^2 - 2 = 0,\ \theta^2 - 3 = 0,\ \theta^2 + \theta - 3 = 0$$

und lässt man x, y alle ganzen und gebrochenen rationalen Zahlen durchlaufen, so bilden die entsprechenden Zahlen von der Form $x + y\theta$ einen quadratischen Körper; nach der allgemeinsten Definition der *ganzen algebraischen Zahl,* welche wir in §. 173 aufstellen werden, sind von diesen Zahlen $x + y\theta$ alle und nur diejenigen als ganze Zahlen anzusehen, deren Coordinaten x, y *ganze* rationale Zahlen sind. In jedem der acht auf diese Weise gebildeten Gebiete $[1, \theta]$ von ganzen algebraischen Zahlen gelten nun dieselben Fundamentalgesetze über die Theilbarkeit und die Zusammensetzung der Zahlen aus solchen Zahlen, welche den Namen von Primzahlen verdienen. Dies ergiebt sich sofort durch die Bemerkung, dass in allen diesen Fällen der grösste gemeinschaftliche Theiler von zwei solchen ganzen Zahlen sich durch den bekannten Divisionsprocess finden lässt; man erkennt auch ebenso leicht den Zusammenhang dieser Zahlgebiete mit den quadratischen Formen theils erster, theils zweiter Art (§. 61), deren Determinanten die acht Zahlen

$$-3, -7, -2, -11,$$
$$+5, +2, +3, +13$$

sind. In den letzten vier Fällen giebt es zwar unendlich viele Einheiten (welche den sämmtlichen Lösungen der Pell'schen Gleichung entsprechen), doch wird hierdurch die Theorie dieser Gebiete nicht wesentlich erschwert. Die genannten Formen bilden jedesmal eine einzige Classe; nur für die Determinante $+3$ giebt es zwei Classen, welche aber durch Multiplication mit -1 in einander übergehen (vergl. §§. 181, 182).

Es giebt ferner Zahlengebiete, in welchen zwar der genannte Divisionsprocess (wenigstens in seiner obigen, einfachsten Form) *nicht* mehr gelingt, in welchen aber *dennoch* dieselben Gesetze der Zusammensetzung der Zahlen aus Primzahlen gelten. Ein Beispiel hierzu liefert das Gebiet der ganzen Zahlen von der Form $x + y\theta$, wo θ eine Wurzel der Gleichung

$$\theta^2 + \theta + 5 = 0$$

ist; die entsprechenden quadratischen Formen zweiter Art von der Determinante -19 bilden wieder nur eine einzige Classe.

Gänzlich anders verhält es sich aber z. B. mit dem Gebiete $[1, \theta]$ der ganzen Zahlen von der Form $x + y\theta$, wo θ eine Wurzel der Gleichung

$$\theta^2 + 5 = 0$$

bedeutet, und x, y wieder alle ganzen rationalen Zahlen durchlaufen. Hier gelingt der genannte Divisionsprocess nicht mehr, und zugleich tritt hier zum ersten Male die eigenthümliche Erscheinung auf, dass Zahlen, welche nicht weiter in Factoren von kleinerer Norm zerlegt werden können, doch nicht den Charakter von eigentlichen Primzahlen besitzen, dass vielmehr eine und dieselbe Zahl häufig auf mehrere, wesentlich verschiedene Arten als Product von solchen unzerlegbaren Zahlen dargestellt werden kann; es ist z. B. die Zahl 21 gleich

$$3 \cdot 7 = (1 + 2\theta)(1 - 2\theta)$$

und jede der vier Zahlen $3, 7, 1 \pm 2\theta$ eine unzerlegbare Zahl[5]. Die entsprechenden quadratischen Formen von der Determinante -5 zerfallen in *zwei* verschieden Classen, als deren Repräsentanten die Formen $(1, 0, 5)$ und $(2, 1, 3)$ angesehen werden können (§. 71), und hiermit hängt die eben beschriebene Erscheinung untrennbar zusammen.

Dieselbe Erscheinung tritt bei unendlich vielen anderen Gebieten von ganzen algebraischen Zahlen in Körpern zweiten oder höheren Grades auf; in allen diesen Fällen schien es ein durchaus hoffnungsloses Unternehmen, die Zusammensetzung und Theilbarkeit der Zahlen auf einfache Gesetze zurückführen zu wollen. Allein, wie es sich bei ähnlicher Lage der Dinge schon öfter in der Entwicklung der mathematischen Wissenschaften ereignet hat, so ist auch hier diese scheinbar unüberwindliche Schwierigkeit zur Quelle einer wahrhaft grossen und folgenschweren Entdeckung geworden; in der That fand *Kummer*[6] bei der Untersuchung derjenigen Zahlgebiete, auf welche das Problem der Kreistheilung führt, dass die alten Euclidischen Gesetze der Theilbarkeit auch in diesen Gebieten ihre volle Geltung wieder erlangen, sobald dieselben durch die Einführung neuer Zahlen, die er *ideale Zahlen* nannte, vervollständigt werden. Dasselbe Resultat für *jedes,* aus einer beliebigen algebraischen Gleichung entspringende Gebiet von ganzen Zahlen zu erreichen, ist nun die Aufgabe, die wir in diesem letzten Supplemente des vorliegenden Werkes behandeln und dadurch lösen wollen, dass wir die *Grundlagen einer allgemeinen Zahlentheorie* entwickeln, welche alle speciellen Fälle ohne Ausnahme umfasst.

[5] Vergl. §§. 16, 176.

[6] *Zur Theorie der complexen Zahlen* (Crelle's Journal, Bd. 35).

3.1 Zusatz zum Paragraphen 159

SUB Göttingen, Cod. Ms. R. Dedekind III 6
Bl. 81-84

Zu §. 159 (S. 450-451)

Die auf *S. 450* ausgesprochene Bemerkung, dass in den acht dortigen Beispielen der grösste gemeinsame Theiler von irgend zwei ganzen Zahlen sich durch den bekannten Divisions-Process finden lässt, ergiebt sich (vergl. S. 438) aus dem Satze:

1. *Jede Zahl ω des Körpers $\Omega = R(\theta)$ kann in der Form $\omega = \nu + \omega_1$ dargestellt werden, wo ν eine ganze Zahl, und $N(\omega_1)$ absolut < 1 ist.*

Sobald nämlich dieser Satz bewiesen ist, so ergiebt sich daraus der folgende (genau wie auf S. 438):

2. *Ist α eine beliebige ganze, und β eine von Null verschiedene ganze Zahl in Ω, so kann man zwei ganze Zahlen γ und ν in Ω immer so wählen, dass $\alpha = \nu\beta + \gamma$ und absolut $N(\gamma) < N(\beta)$ wird.*

Und hieraus folgt (wie auf S. 439) der Satz:

3. *Sind α, β zwei ganze Zahlen in Ω, so kann man zwei ganze Zahlen ξ, η in Ω immer so wählen, dass die Summe $\delta = \alpha\xi + \beta\eta$ ein gemeinsamer Theiler von α, β wird.*

Statt den Beweis wie auf S. 439 zu führen, kann man kürzer die vollständige Induction anwenden (die ohnehin jenem Verfahren versteckt zu Grunde liegt). Der Satz ist wahr, wenn $N(\beta)$, also auch β verschwindet, weil man dann $\xi = 1$, $\eta = 0$ nehmen darf. Ist ferner n eine natürliche Zahl, und ist der Satz für alle Fälle bewiesen, wo absolut $N(\beta) < n$ ist, so bestimme man, falls $N(\beta) = \pm n$, die beiden Zahlen ν, γ (nach Satz 2.) so, dass $N(\gamma) = N(\alpha - \nu\beta)$ absolut $< n$ wird, zufolge der Annahme kann man daher zwei ganze Zahlen η', ξ in Ω so wählen, dass $\delta = \beta\eta' + \gamma\xi = \alpha\xi + \beta(\eta' - \nu\xi) = \alpha\xi + \beta\eta$ ein gemeinsamer Theiler von β, γ, also auch von $\alpha = \nu\beta + \gamma$ wird, während $\eta = \eta' - \nu\xi$ eine ganze Zahl in Ω wird, w. z. b. w.

Wenn aber in einem endlichen Körper Ω dieser Satz 3. gilt, so gelten offenbar in ihm auch die Euclidischen Gesetze über die Zerlegung der ganzen Zahlen in Primzahlen, d. h. Ω ist einclassig. Es braucht daher nur noch gezeigt zu werden, dass in jedem der acht Körper $\Omega = R(\theta)$ der Satz 1. gilt. Ist nun $\omega = x + y\theta$ eine gegebene Zahl in Ω, $\nu = u + v\theta$ eine willkürliche ganze Zahl in Ω, so wird $\omega_1 = \omega - \nu = x_1 + y_1\theta$, wo $x_1 = x - u$, $y_1 = y - v$, und wenn

$$\theta^2 - b\theta + c = 0,$$

so wird

$$N(\omega_1) = x_1^2 + bx_1y_1 + cy_1^2 = \left(x_1 + \frac{1}{2}by_1\right)^2 + \left(c - \frac{1}{4}b^2\right)y_1^2.$$

Nun kann man zunächst die ganze rationale Zahl v, hierauf u so wählen, dass

$$y_1^2 \leq \frac{1}{4}, \quad \left(x_1 + \frac{1}{2}by_1\right)^2 \leq \frac{1}{4}$$

wird, und hieraus folgt

$$N(\omega_1) \leq \frac{4 + 4c - b^2}{16} = n, \quad \text{wenn } 4c - b^2 > 0$$

und

$$N(\omega_1) \text{ absolut } \leq m, \quad \text{wenn } 4c - b^2 < 0,$$

und m die grösste der beiden Zahlen

$$\frac{1}{4} \text{ und } \frac{b^2 - 4c}{16}$$

ist. Die acht Fälle sind:

$b = -1,$	$c = 1,$	$n = \frac{7}{16}$	$b^2 - 4c = -3$
$-1,$	$2,$	$\frac{11}{16}$	-7
$0,$	$2,$	$\frac{12}{16}$	-8
$-1,$	$3,$	$\frac{15}{16}$	-11
$-1,$	$-1,$	$m = \frac{5}{16}$	$+5$
$0,$	$-2,$	$\frac{8}{16}$	$+8$
$0,$	$-3,$	$\frac{12}{16}$	$+12$
$-1,$	$-3,$	$\frac{13}{16}$	$+13$

In allen Fällen wird also $N(\omega_1)$ absolut < 1, w. z. b. w.
Alle diese acht Körper $R(\theta)$ sind daher *einclassig,* d. h. alle ihre Ideale sind *Hauptideale* (im ursprünglichen, weiteren Sinne §. 177. S. 551, während, wenn dies Wort im engeren Sinne §. 181. S. 578 und §. 186. S. 639 genommen wird, der Körper $R(\sqrt{3})$ des siebenten Beispiels *zweiclassig* ist).
S. 451. Der aus der Gleichung

$$\theta^2 + \theta + 5, \quad \theta = \frac{-1 + \sqrt{-19}}{2}$$

entspringende quadratische Körper $\Omega = R(\theta)$ besitzt nur die Eigenschaft 1. *nicht.* Denn zieht man von einer Zahl $\omega = x + \frac{1}{2}\theta$, wo x eine beliebige rationale Zahl bedeutet, eine Zahl $\nu = u + v\theta$ ab, wo u, v ganze rationale Zahlen sind, so wird der Rest
$\omega_1 = \omega - \nu = x_1 + y_1\theta, x_1 = x - u, y_1 = \frac{1}{2} - v, y_1^2 \geq \frac{1}{4}$,
$N(\omega_1) = x_1^2 - x_1y_1 + 5y_1^2 = (x_1 - \frac{1}{2}y_1)^2 + \frac{19}{4}y_1^2 \geq \frac{19}{4}y_1^2 \geq \frac{19}{16} > 1.$

Trotzdem ist dieser Körper Ω einclassig; dies ergiebt sich aus dem folgenden *allgemeinen Satze:*

4. *Die erforderliche und hinreichende Bedingung dafür, dass ein endlicher Körper Ω einclassig ist, besteht darin, dass für je zwei ganze Zahlen α, β in Ω, deren letztere β von Null verschieden ist, immer zwei ganze Zahlen μ, ν in Ω gewählt werden können, deren erstere μ relative Primzahl zu β ist, und für welche die Norm $N(\alpha\mu + \beta\nu)$ absolut $< N(\beta)$ ist.*

Beweis Ist Ω einclassig, und σ die Hauptordnung, d. h. das System aller ganzen Zahlen in Ω, so ist $\sigma\alpha + \sigma\beta = \sigma\delta$ (Hauptideal)
Ist α theilbar durch β, so kann man $\delta = \beta$, $\alpha = \beta\gamma$, $\mu = 1$, $\nu = -\gamma$ setzen, wodurch den Forderungen genügt wird, weil μ relative Primzahl zu β, und $N(\alpha\mu + \beta\nu) = 0$ abs. $< N(\beta)$ ist. Wenn aber α *nicht* theilbar durch β ist, so setze man $\alpha = \delta\alpha_1$, $\beta = \delta\beta_1$, also $\sigma\alpha_1 + \sigma\beta_1 = \sigma$; mithin sind α_1, β_1 relative Primzahlen, und es giebt ganze Zahlen α_2, die der Congruenz $\alpha_1\alpha_2 \equiv 1 \pmod{\beta_1}$ genügen (§. 174. S. 533, § 178. XIII. S. 559 und S. 556). Ist nun Π das Product aller derjenigen in δ aufgehenden *Primzahlen* des Körpers Ω, die nicht in β_1 aufgehen ($\Pi = 1$, wenn es keine solche Primzahl giebt), so sind β_1, π relative Primzahlen, und folglich (§. 180. II. S. 568) giebt es in σ Zahlen μ, die den simultanen Congruenzen

$$\mu \equiv \alpha_2 \pmod{\beta_1}, \quad \mu \equiv 1 \pmod{\pi}$$

genügen; hieraus folgt, dass μ *relative Primzahl* zu π und (wie α_2) zu β_1, *also auch zu β* ist, weil jede in $\beta = \delta\beta_1$ aufgehende Primzahl entweder in β_1 oder in δ, also in π aufgeht. Aus der ersten dieser Congruenzen folgt ferner $\mu \equiv \alpha_1\alpha_2 \equiv 1 \pmod{\beta_1}$, also giebt es in σ eine Zahl γ, die der Bedingung

$$\alpha_1\mu + \beta_1\nu = 1 \quad \alpha\mu + \beta\nu = \delta$$

genügt, woraus der *Beweis von I,* nämlich

$$N(\alpha\mu + \beta\nu) = N(\delta) = \frac{N(\beta)}{N(\beta_1)} \text{ abs.} < N(\beta)$$

folgt, weil β_1 *keine Einheit,* also $N(\beta_1) > 1$ ist (α *nicht* theilbar durch β).

II. *Umkehrung:* Der endliche Körper Ω, dessen Hauptordnung σ, ist gewiss einclassig, wenn es für je zwei Zahlen α, β in σ, deren letztere von Null verschieden ist, immer zwei Zahlen μ, ν in σ giebt, deren erstere relative Primzahl zu β ist, und die der Bedingung $N(\alpha\mu + \beta\nu)$

abs. $< N(\beta)$ genügen. Bei dem Beweise wollen wir, wenn α, β, α', β' Zahlen in σ sind, durch das Zeichen

$$(\alpha, \beta) \sim (\alpha', \beta)$$

andeuten, dass der Complex aller gemeinsamen Theiler von α, β *identisch* mit dem aller gemeinsamen Theiler von α', β' ist. Sind nun α, β gegeben, und μ, ν so gewählt, dass sie den beiden Bedingungen genügen, und setzen wir $\gamma = \alpha\mu + \beta\nu$, so folgt daraus $(\alpha, \beta) \sim (\beta, \gamma)$; denn offenbar ist jeder gemeinsame Theiler von α, β auch ein Theiler von γ. also gemeinsamer Theiler von β, γ; und aus $\alpha\mu = \gamma - \beta\nu$ folgt, dass jeder gemeinsame Theiler von β, γ auch ein Theiler von $\alpha\mu$ und, weil er als Theiler von β relative Primzahl zu α ist, auch Theiler von α, also gemeinsamer Theiler von α, β ist, wie behauptet war. Zu jedem Paar α, β, wo β von Null verschieden, kann man daher eine Zahl γ in σ bilden, die den Bedingungen

$$(\beta, \gamma) \sim (\alpha, \beta) \text{ und } N(\gamma) \text{ abs. } < N(\beta)$$

genügt. Der Fall $\gamma = 0$ tritt offenbar nur dann ein, wenn jeder Theiler von β, also auch β selbst in α aufgeht (und umgekehrt, wenn α durch β theilbar ist, so fern man μ, wie in I so wählt, dass $\gamma = \delta$ wird; in diesem Fall besitzen also α, β einen *grössten* gemeinsamen Theiler β. Ist aber γ von Null verschieden, so kann man wieder eine Zahl δ in σ bilden, die den Bedingungen

$$(\gamma, \delta) \sim (\beta, \gamma) \sim (\alpha, \beta) \quad \text{und abs. } N(\delta) < N(\gamma) < N(\beta)$$

genügt, woraus offenbar auch $(\gamma, \delta) \sim (\alpha, \beta)$ folgt. Fährt man [so fort], wenn δ nicht Null ist, so erhält man eine Reihe von Zahlen $\beta, \gamma, \delta, \epsilon \ldots$ in σ, deren Normen absolut immer kleiner werden; es muss daher in dieser Reihe nach einer endlichen Anzahl von Schritten auch die Zahl Null auftreten, und wenn τ in ihr die letzte von Null verschiedene Zahl ist, so ergiebt sich

$$(\alpha, \beta) \sim (\tau, 0)$$

woraus wie oben folgt, dass je zwei Zahlen α, β in σ, deren letzte nicht verschwindet, einen *grössten* gemeinsamen Theiler τ in σ besitzen, was auch durch

$$\sigma\alpha + \sigma\beta = \sigma\tau$$

ausgedrückt werden kann; mithin ist (§. 178. XII. S. 559) *jedes* Ideal des Körpers Ω ein *Hauptideal,* d. h. Ω ist *einclassig,* w. z. b. w.

Zahlenkörper (§ 160.) 4

SUB Göttingen, Cod. Ms. Dedekind II 4
Bl. ohne Nummerierung

Um dieses Ziel zu erreichen, müssen wir uns vor Allem mit den wichtigsten Grundlagen der heutigen Algebra beschäftigen, was in den nächsten Paragraphen (bis § 167) geschehen soll. Den Ausgangspunct für unsere Darstellung dieses Gegenstandes bildet der folgende, schon oben erwähnte Begriff:

Ein System A von reellen oder complexen Zahlen a soll ein *Körper*[1] heissen, wenn die Summen, Differenzen, Producte und Quotienten von je zwei dieser Zahlen a demselben System A angehören.

Dieselbe Eigenschaft sprechen wir auch so aus, dass die Zahlen eines Körpers sich durch die rationalen Operationen (Addition, Subtraction, Multiplication, Division) reproducieren. Hierbei sehen wir es als selbstverständlich an, dass die Zahl Null niemals den Nenner eines Quotienten bilden kann; wir setzen deshalb auch immer voraus, dass ein Körper mindestens eine von Null verschiedene Zahl enthält, weil sonst von einem Quotienten innerhalb dieses Systems gar nicht gesprochen werden könnte.

Offenbar bildet das System R aller *rationalen* Zahlen einen Körper, und dies ist der einfachste oder, wie man auch sagen kann, der *kleinste* Körper, weil er in jedem anderen Körper A vollständig enthalten ist. In der That, wählt man aus A nach Belieben eine von

[1]Vergl. §. 159 der zweiten Auflage dieses Werkes (1871). Dieser Name soll, ähnlich wie in den Naturwissenschaften, in der Geometrie und im Leben der menschlichen Gesellschaft, auch hier ein System bezeichnen, das eine gewisse Vollständigkeit, Vollkommenheit, Abgeschlossenheit besitzt, wodurch es als ein organisches Ganzes, als eine natürliche Einheit erscheint. Anfangs, in meinen Göttinger Vorlesungen (1857 bis 1858), hatte ich denselben Begriff mit dem Namen eines *rationalen Gebietes* belegt, der aber weniger bequem ist. Der Begriff fällt im Wesentlichen zusammen mit dem, was *Kronecker* einen *Rationalitätsbereich* genannt hat (*Grundzüge einer arithmetischen Theorie der algebraischen Grössen.* 1882). Vergl. auch die von H.Weber und mir verfasste *Theorie der algebraischen Functionen einer Veränderlichen.* (Crelle's Journal, Bd. 92, 1882).

K. Scheel, *Dedekinds Theorie der ganzen algebraischen Zahlen*,
https://doi.org/10.1007/978-3-658-30928-2_4

Null verschiedene Zahl a aus, so ist der Quotient dieser Zahl a in sich selbst, d. h. die Zahl 1, zufolge der Definition ebenfalls in A enthalten, und da aus dieser Zahl durch wiederholte Addition und Subtraction alle ganzen rationalen Zahlen, und hieraus durch Division alle rationalen Zahlen entstehen, so ist R gänzlich in A enthalten.

Jede bestimmte irrationale Wurzel θ einer quadratischen Gleichung mit rationalen Coefficienten erzeugt, wie schon in §. 159 bemerkt ist, einen bestimmten *quadratischen* Körper, den wir mit $R(\theta)$ bezeichnen werden; er besteht aus allen Zahlen von der Form $x + y\theta$, wo x und y alle rationalen Zahlen durchlaufen. Man sieht leicht ein, dass es unendlich viele verschiedene quadratische Körper $R(\theta)$ giebt, obgleich ein und derselbe Körper immer durch unendlich viele verschiedene Zahlen θ erzeugt wird.

Das System Z aller reellen und complexen Zahlen ist ebenfalls ein Körper, und zwar der denkbar *grösste,* weil jeder andere Körper in ihm enthalten ist. Zwischen den beiden Extremen liegt ferner der Körper H, welcher aus allen *reellen,* sowohl rationalen als irrationalen Zahlen besteht.

Man hat, wie schon die eben erwähnten Beispiele zeigen, sehr häufig auszudrücken, dass alle Zahlen eines Körpers D auch einem Körper M angehören; in diesem Falle wollen wir der Kürze halber D einen *Divisor* oder *Unterkörper* von M, umgekehrt M ein *Multiplum* oder einen *Oberkörper* von D nennen und dies symbolisch sowohl durch $D < M$, wie durch $M > D$ ausdrücken. Hiernach ist jeder Körper Divisor und Multiplum von sich selbst, und wenn jeder der beiden Körper A, B Divisor des anderen, also $A < B$ und $B < A$ ist, so sind sie identisch, was durch $A = B$ bezeichnet wird. Ist D ein Divisor von M, aber verschieden von M, so mag D ein *echter* Divisor von M und M ein *echtes* Multiplum von D heissen. Ist A Divisor von B, und B Divisor von C, also $A < B < C$, so ist A auch Divisor von C, also $A < C$. Der Körper R ist ein gemeinschaftlicher Divisor, der Körper Z ein gemeinsames Multiplum aller Körper.

Aus gegebenen Körpern lassen sich nun nach bestimmten Regeln neue Körper bilden; wir betrachten zunächst zwei beliebige Körper A, B und bezeichnen mit A_B ihren *Durchschnitt,* d. h. den Inbegriff *aller* derjenigen Zahlen u, v ..., welche (wie z. B. jede rationale Zahl) welche beiden Körpern gemeinsam angehören; da die Summen, Differenzen, Producte, Quotienten von u, v sowohl in A wie in B, also auch in A_B enthalten sind, so ist dieser Durchschnitt wieder ein *Körper* und zwar ein gemeinsamer Divisor von A, B. Jeder gemeinsame Divisor D von A, B besteht nur aus solchen Zahlen, welche sowohl in A wie in B, also auch in A_B enthalten sind, mithin ist jeder solche Körper D auch ein Divisor des Durchschnitts A_B, den wir deshalb auch den *grössten gemeinsamen Divisor* von A, B nennen. Ist A ein Divisor von B, so ist $A_B = A$, und umgekehrt.

Diese Betrachtung lässt sich unmittelbar auf ein System von mehr als zwei, ja von unendlich vielen Körpern A, B ... übertragen; die Gesammtheit derjenigen Zahlen, welche allen diesen Körpern gemeinsam angehören, ist ein Körper und heisst ihr grösster gemeinsamer Divisor oder Durchschnitt.

Auf diesen Begriff des Durchschnitts von beliebig vielen Körpern $A, B, C \dots$ können wir sogleich den ihrer *Summe*[2] zurückführen; wir verstehen darunter den Durchschnitt *aller derjeniger* Körper M, welche (wie z. B. der Körper Z aller Zahlen) gemeinsame Multipla von $A, B, C \dots$ sind. Nun ist der Körper A, ebenso B, ein gemeinsamer Divisor aller dieser Körper M, also auch Divisor ihres grössten gemeinsamen Divisors S; mithin ist S ein gemeinsames Multiplum der Körper $A, B, C \dots$, also selbst einer der Körper M, und wir dürfen daher die Summe S auch das *kleinste gemeinsame Multiplum* von $A, B, C \dots$ nennen, weil sie ein Divisor von allen Körpern M ist.

I. *Ist der Körper H ein echtes Multiplum von jedem der n Körper $K_1, K_2 \dots K_n$, so giebt es in H unendlich viele Zahlen, die in keinem der n Körper K enthalten sind.*

Beweis durch vollständige Induction. Der Satz gilt für $n = 1$ zufolge des Begriffes eine *echten* Multiplums. Ist $n > 1$, so dürfen wir annehmen, es sei schon eine Zahl a in H gefunden, die in keinem dieser $n - 1$ Körper $K_2, K_3 \dots K_n$ enthalten ist; falls a auch in K_1 fehlt, so genügt a dem Satze. Ist aber a in K_1 enthalten, so wähle man in H eine Zahl b, die *nicht* in K_1 enthalten ist, und betrachte alle Zahlen von der Form $y = ax + b$, welche durch beliebige *rationale* Zahlen x erzeugt werden und folglich demselben Körper H angehören. Da a also auch in K_1 enthalten ist, so kann keine solche Zahl y in K_1 enthalten sein, weil sonst $b = y - ax$ ebenfalls dem Körper K_1 angehören müsste (gegen die Definition von b). Jeder der übrigen $n - 1$ Körper K_r kann ferner *höchstens eine* Zahl y enthalten; denn wenn zwei verschiedene rationale Zahlen x', x'' zwei in demselben K_r enthaltenen Zahlen $y' = ax' + b$, $y'' = ax'' + b$ erzeugten, so wäre auch ihre Differenz $y' - y'' = a(x' - x'')$, mithin auch a in K_r enthalten. Mithin giebt es unter den unendlich vielen Zahlen y höchstens $n - 1$ solche, welche die im Satz angegebene Eigenschaft *nicht* besitzen; w. z. b. w.

[2] früher *Product.*

Permutationen eines Körpers (§ 161.) 5

SUB Göttingen, Cod. Ms. Dedekind II 4

Bl. ohne Nummerierung

Es geschieht in der Mathematik und in anderen Wissenschaften sehr häufig, dass, wenn ein System A von Dingen oder Elementen a vorliegt, jedes bestimmte Element a nach einem gewissen Gesetze durch ein bestimmtes, ihm entsprechendes Element a' ersetzt wird (welches in A enthalten sein kann oder auch nicht); ein solches Gesetz pflegt man eine *Substitution* zu nennen, und man sagt, dass durch diese Substitution das Element a in das Element a', und ebenso das System A in das System A' der Elemente a' übergeht[1]. Die Ausdrucksweise gestaltet sich nun noch etwas bequemer und anschaulicher, wenn man, was wir thun wollen, diese Substitution wie eine *Abbildung* des Systems A auffasst und demgemäss a' das *Bild* von a, ebenso A' das Bild von A nennt. Der Deutlichkeit halber ist es oft nothwendig, ein solches Abbildungsgesetz, um es von anderen zu unterscheiden, mit einem besonderen Zeichen, z. B. φ, zu belegen; geschieht dies, so wollen wir das Bild a', in welches a durch φ übergeht, auch durch $a\varphi$ bezeichnen; ist ferner T ein *Theil* von A, d. h. ein System von Elementen t, welche alle in A enthalten sind, so soll $T\varphi$ das System bedeuten, welches aus den Bildern $t\varphi$ aller dieser Elemente t besteht; demnach ist $A\varphi$ identisch mit dem obigen A'.

Unter dem *Gebiet* einer Abbildung φ verstehen wir das System A *aller* Elemente a, die durch φ abgebildet werden. Zwei Abbildungen φ, ψ nennen wir nur dann *gleich,* und drücken dies durch $\varphi = \psi$ aus, wenn sie dasselbe Gebiet haben, und wenn für jedes darin enthaltene

[1] Schon in der dritten Auflage dieses Werkes (1879, Anmerkung auf S. 470) ist ausgesprochen, dass auf dieser Fähigkeit des Geistes, ein Ding a mit einem Ding a' zu vergleichen, oder a auf a' zu beziehen, oder dem a ein a' entsprechen zu lassen, ohne welche überhaupt kein Denken möglich ist, auch die gesammte Wissenschaft der Zahlen beruht. Die Durchführung dieses Gedankens ist seitdem veröffentlicht in meiner Schrift *Was sind und was sollen die Zahlen?* (Braunschweig 1888); die daselbst angewandte Bezeichnungsweise für Abbildungen und deren Zusammensetzung weicht äusserlich von der hier gebrauchten ein wenig ab.

K. Scheel, *Dedekinds Theorie der ganzen algebraischen Zahlen*,
https://doi.org/10.1007/978-3-658-30928-2_5

Element a auch die Bilder $a\varphi$, $a\psi$ übereinstimmen, was durch $a\varphi = a\psi$ bezeichnet wird. Falls eine dieser beiden Bedingungen nicht erfüllt ist, so heißen φ, ψ *verschieden.* Dies ist für die Folge in aller Schärfe festzuhalten.

Hat eine solche Abbildung φ eines Systems A von Elementen a noch die besondere Eigenschaft, dass je zwei *verschiedene Elemente* a auch zwei verschiedene Bilder $a\varphi$ besitzen, so heißt sie *eindeutig umkehrbar;* dann ist nämlich jedes bestimmte Element a' des Systems $A' = A\varphi$ das Bild $a\varphi$ von einem einzigen, völlig bestimmten Element a des Systems A, und folglich kann man der Abbildung φ eine mit φ^{-1} zu bezeichnende Abbildung des Systems A' gegenüberstellen, durch welche jedes a' in das entsprechende Element $a = a'\varphi^{-1}$ des Systems A übergeht. Wir nennen diese Abbildung φ^{-1}, deren Gebiet $A\varphi$ ist, die *umgekehrte* oder *inverse* Abbildung zu φ; ebenfalls eindeutig umkehrbar, und offenbar ist φ wieder die inverse Abbildung zu φ^{-1}, was wir durch die Gleichung $(\varphi^{-1})^{-1} = \varphi$ ausdrücken.

Wir wenden nun diese Begriffe auf einen beliebigen *Zahlenkörper* A an, betrachten aber nur solche Substitutionen φ, durch welche jede in A enthaltenen Zahl a wieder in eine Zahl $a' = a\varphi$ übergeht. In dieser Allgemeinheit aufgefasst, würden solche Substitutionen indessen noch gar kein Interesse darbieten; wir fragen vielmehr, ob es möglich ist, die Zahlen a des Körpers A in der Weise durch Zahlen a' abzubilden, *dass alle zwischen den Zahlen a bestehenden rationalen Beziehungen sich vollständig auf die Bilder a' übertragen;* oder mit anderen Worten, wir verlangen dass, wenn aus beliebigen Zahlen u, v, w ... des Körpers A durch rationale Operationen eine Zahl t abgeleitet ist, welche folglich ebenfalls dem Körper A angehört, durch dieselben rationalen Operationen aus den Bildern u', v', w' ... immer das Bild t' der Zahl t entstehen soll. Eine Substitution oder Abbildung φ, welche sich durch diese Eigenschaft vor anderen auszeichnet, wollen wir eine *Permutation des Körpers A* nennen. Da jede rationale Operation aus einer endlichen Anzahl von einfachen Additionen, Subtractionen, Multiplicationen und Divisionen zusammengesetzt ist, so leuchtet ein, dass die Abbildung φ stets und nur dann eine solche Permutation ist, wenn für je zwei in A enthaltene Zahlen u, v die folgenden vier *Grundgesetze* gelten:

$$(u+v)' = u' + v' \tag{1}$$

$$(u-v)' = u' - v' \tag{2}$$

$$(uv)' = u'v' \tag{3}$$

$$\left(\frac{u}{v}\right)' = \frac{u'}{v'} \tag{4}$$

An diese Definition einer Permutation φ des Körpers A schließen wir die folgenden Bemerkungen und Sätze.

I. Das Gesetz (4), solle es nicht gänzlich bedeutungslos sein, verlangt offenbar, dass die durch φ erzeugten Bilder $a' = a\varphi$ nicht alle verschwinden, und hieraus folgt nach (3) sogleich das für jede Körper-Permutation gültige Gesetz

$$1' = 1, \tag{5}$$

wenn man $u = 1$ setzt und für v eine Zahl wählt, deren Bild v' nicht verschwindet.

II. Sodann ergiebt sich aus (3, 5), dass *jede* von Null verschiedene Zahl v in A auch ein von Null verschiedenes Bild v' hat, denn wenn man die in A enthaltenen Zahl v^{-1} mit u bezeichnet, so ist $uv = 1$, also $u'v' = (uv)' = 1' = 1$, woraus unsere Behauptung folgt. Ist aber $v = 0$, so folgt aus (1) auch $v' = 0$, mithin gilt der Satz: *die Null ist die einzige Zahl in A, deren Bild verschwindet.*

III. Bei der Herleitung des Satzes II sind nur die Gesetze (1, 3, 5), nicht die Gesetze (2, 4) benutzt, und wir wollen jetzt zeigen, dass die letzteren schon in den ersteren als nothwendige Folge enthalten sind. In der That, ersetzt man in (1), was offenbar erlaubt ist, die willkürliche Zahl u des Körpers A durch die ebenfalls in A enthaltenen Zahl $(u - v)$, so folgt $u' = (u - v') + v'$, also das Gesetz (2); ist ferner v, also (zufolge II) auch v' von Null verschieden, und ersetzt man u in (3) durch $(u : v)$, so folgt $u' = (u : v)'v'$, also durch Division mit v'das Gesetz (4), w. z. b. w. Hiermit haben wir die folgende, für spätere Beweise sehr nützliche Voraussetzung gewonnen: Um nachzuweisen, dass eine *Abbildung* φ eines Körpers A, durch welche jede in A enthaltene Zahl a in eine entsprechende Zahl $a' = a\varphi$ übergeht, eine *Permutation* von A ist, braucht man nur zu zeigen, dass sie den drei Gesetzen (1, 3, 5) gehorcht.

IV. Es ergiebt sich hieraus, dass das System $A' = A\varphi$ und allgemeiner jedes System $T' = T\varphi$, in welches irgend ein in A enthaltener *Körper* T durch die Permutation φ übergeht, wieder ein *Körper* ist. Bedenkt man nämlich, dass T' aus allen und nur solchen Zahlen $u', v' \dots$ besteht, welche Bilder von Zahlen $u, v \dots$ des Körpers T sind, so folgt aus den Grundgesetzen (1, 2, 3, 4) mit Rücksicht auf II, dass die aus je zwei Zahlen u', v' des Systems T' gebildeten Zahlen $u' \pm v'$, $u'v'$, $u' : v'$ ebenfalls Bilder von Zahlen $u \pm v$, uv, $u : v$ des Körpers T, also Zahlen des Systems T' sind, w. z. b. w. Ist ferner H ein in T enthaltener Körper, also $H < T$, so ist offenbar auch $H\varphi < T\varphi$.

V. Wir bemerken sodann, dass je zwei *verschiedene* Zahlen u, v des Körpers A auch *verschiedene* Bilder u', v' besitzen, weil $u' - v'$ nach (2) das Bild der von Null verschiedenen Zahl $u - v$, also zufolge II ebenfalls von Null verschieden ist. Mithin ist jede Permutation φ eines Körpers A *eindeutig umkehrbar* im obigen Sinne, und man erkennt leicht, dass die *inverse* Abbildung φ^{-1} eine Permutation von $A' = A\varphi$ ist; denn wenn u', v' zwei beliebige Zahlen in A', und u, v die ihnen entsprechenden Zahlen in A bedeuten, so gehen zufolge (1, 3, 5) die Zahlen $u' + v'$, uv und 1 des Körpers A' durch φ^{-1} in die Zahlen $u + v$, uv und 1 des Körpers A über, woraus (nach III) unsere Behauptung folgt. Je zwei Zahlen $a' = a\varphi$ und $a = a'\varphi^{-1}$ nennen wir *conjugierte* Zahlen. Ebenso ist jedes in A' enthaltene System von Zahlen das Bild

$T' = T\varphi$ eines völlig bestimmten Systems $T = T'\varphi^{-1}$ in A; wenn T' ein *Körper* in A' ist, so folgt (wie in IV), dass T auch ein *Körper* in A ist, und zwei solche Systeme oder Körper T, T' nennen wir ebenfalls *conjugiert.* Zugleich ist

$$(a\varphi)\varphi^{-1} = a, \ (T\varphi)\varphi^{-1} = T; \ (a'\varphi^{-1})\varphi = a', \ (T'\varphi^{-1})\varphi = T'. \tag{7}$$

Die Schlussbemerkung in IV können wir jetzt, indem wir die Permutation φ^{-1} des Körpers $A\varphi$ wirken lassen, in folgender Weise umkehren: sind die Körper H, T in A enthalten, so folgt aus $H\varphi < T\varphi$ auch $H < T$. Allgemein gilt folgender Satz:

VI. *Ist D der Durchschnitt, M das Product von mehreren Körpern T, die sämmtlich Divisoren von A sind, so ist $D\varphi$ der Durchschnitt, $M\varphi$ das Product der Körper $T\varphi$.* Da nämlich alle Körper $T\varphi$ Divisoren von $A\varphi$ sind, so gilt dasselbe (nach I und II in §. 160) sowohl von ihrem Durchschnitt wie von ihrem Product; mithin kann man, wie oben bewiesen ist, den ersteren $= H\varphi$, das letztere $= K\varphi$ setzen,wo H, K zwei vollständig bestimmte Körper in A sind. Aus dieser Definition von H, K folgt, wenn man T alle obigen Körper durchlaufen lässt, $H\varphi < T\varphi < K\varphi$, also auch $H < T < K$, und hieraus $H < D$, $M < K$. Andererseits ist $D < T < M$, also $D\varphi < T\varphi < M\varphi$, und nach der Definition von $H\varphi, K\varphi$ folgt $D\varphi < H\varphi, K\varphi < M\varphi$, also $D < H$, $K < M$. Aus der Vergleichung beider Doppel-Resultate ergiebt sich $H = D$, $K = M$, w. z. b. w.

VII. Wenn φ eine Permutation des Körpers A ist, so nennen wir ihr Gebiet A auch den *Körper von* φ, um dadurch auszudrücken, dass A der Inbegriff *aller* Zahlen a ist, für welche das Zeichen $a\varphi$ eine Bedeutung besitzt, während für jede außerhalb A liegende Zahl z das Zeichen $z\varphi$ sinnlos wird. Jede bestimmte Körper-Permutation φ besitzt dafür einen und nur einen bestimmten Körper A.[2]

VIII. Diejenige Abbildung φ eines Körpers A, durch welche jede seiner Zahlen *in sich selbst* übergeht, genügt offenbar den Bedingungen (1, 3, 5) und ist folglich eine Permutation; wir wollen sie die *identische Permutation von A* nennen; in diesem Fall ist $A\varphi = A$, also ist jeder Körper A mit sich selbst conjugiert, und zugleich ist $\varphi^{-1} = \varphi$. Aber man darf daraus, dass eine Permutation φ der Bedingung $\varphi^{-1} = \varphi$ genügt, keineswegs schließen, dass φ eine identische Permutation ist; z. B. besitzt der in §. 159 betrachtete Körper $T = R(i)$ außer seiner identischen noch eine zweite Permutation φ, durch welche jede in ihm enthaltene Zahl $x + yi$ in die conjugierte Zahl $(x + yi)\varphi = x - yi$ übergeht, und welche offenbar der Bedingung $\varphi^{-1} = \varphi$ genügt. Ganz dasselbe gilt, wenn man x, y nicht auf *rationale* Zahlen beschränkt, sondern alle *reellen* Zahlen durchlaufen lässt, von der durch $(x + yi)\varphi = x - yi$ definierten Permutation φ des Körpers Z *aller* Zahlen $z = x + yi$.

[2]Für eine ausführlichere Theorie der Körper-Permutationen, die hier nicht beabsichtigt ist, wird es vortheilhaft, den Körper der Permutation φ mit einem aus φ gebildeten Symbol, etwa mit φ^x zu bezeichnen.

IX. Wir haben in §. 160 gesehen, dass jeder Körper A auch den Körper aller *rationalen* Zahlen als Divisor enthält; ist nun φ wieder eine beliebige Permutation von A, so geht zufolge (5) die Zahl 1 durch φ *in sich selbst* über, und dasselbe gilt zufolge der Grundgesetze (1, 2, 3, 4) für *jede* rationale Zahl, weil sie durch eine endliche Anzahl von einfachen rationalen Operationen aus der Zahl 1 entsteht. Der Körper R der rationalen Zahlen besitzt daher keine andere, als seine *identische* Permutation.

X. Ist Φ ein System von Permutationen $\varphi_1, \varphi_2 \dots$ von Körpern $A_1, A_2 \dots$, so wollen wir eine in allen diesen Körpern, also auch in deren Durchschnitt enthaltene Zahl a *einwerthig, zweiwerthig* u. s. w. *in Bezug auf* Φ oder *zu* Φ nennen, je nachdem die Anzahl der *verschiedenen* Werthe, die sich unter den Bildern $a\varphi_1, a\varphi_2 \dots$ befinden $= 1, 2$ u. s. w. ist. Nach dem Obigen ist daher jede *rationale* Zahl *einwerthig* in Bezug auf jedes System Φ. Besteht das System Φ aus einer einzigen Permutation eines Körpers A, so ist natürlich jede in A enthaltene Zahl einwerthig zu Φ; allgemein aber gilt der folgende wichtige Satz:
Ist Φ ein System von n verschiedenen Permutationen $\varphi_1, \varphi_2 \dots \varphi_n$ desselben Körpers A, so giebt es in A unendlich viele Zahlen, welche n-werthig zu Φ sind.

Beweis Es genügt offenbar zu zeigen, dass es in A *mindestens eine* solche n-werthige Zahl a giebt; denn wenn x alle *rationalen Zahlen* durchläuft, so sind auch alle Zahlen $a + x$ in A enthalten und n-werthig zu Φ, weil zufolge (1), wenn φ irgend eine Permutation von A bedeutet stets $(a + x)\varphi = a\varphi + x\varphi = a\varphi + x$ ist. Sodann leuchtet ein, dass der Satz für den Fall $n = 2$ gilt, weil die Verschiedenheit der beiden Permutationen φ_1, φ_2 des Körpers A gerade darin besteht, dass es in A mindestens eine Zahl a giebt, für welche die beiden Bilder $a\varphi_1, a\varphi_2$ von einander verschieden sind. Für jede größere (endliche) Anzahl n von Permutationen beweisen wir den Satz durch vollständige Induction: Wir nehmen also an, es sei schon die Existenz einer Zahl a in A erwiesen, welche durch die $n - 1$ Permutationen $\varphi_2, \varphi_3 \dots \varphi_n$ in $n - 1$ verschiedene Zahlen $a\varphi_2, a\varphi_3 \dots a\varphi_n$ übergeht; falls nun $a\varphi_1$ von jedem dieser Werthe ebenfalls verschieden ist, so ist a wirklich n-werthig, also der Satz bestätigt. Im entgegengesetzten Falle stimmt das Bild $a\varphi_1$ mit einem, aber nur einem der übrigen $n - 1$ Bilder überein, wir dürfen annehmen, es sei $a\varphi_1 = a\varphi_2$; dann wählen wir aus A eine zweite Zahl b, welche durch φ_1, φ_2 in zwei *verschiedene* Zahlen $b\varphi_1, b\varphi_2$ übergeht, und betrachten alle Zahlen von der Form $y = ax + b$, welche durch beliebige *rationale* Zahlen x erzeugt werden und folglich demselben Körper A angehören; da x (nach VIII) durch jede Permutation in sich selbst übergeht, so folgt aus den Gesetzen (1, 3) allgemein $y\varphi_r = (a\varphi_r)x + b\varphi_r$, also auch

$$y\varphi_r - y\varphi_s = (a\varphi_r - a\varphi_s)x + (b\varphi_r - b\varphi_s),$$

wo r, s irgend eine Combination von zwei verschiedenen Zahlen aus der Reihe $1, 2 \dots n$ bedeutet. Für die Combination $r = 1, s = 2$ ergiebt sich, dass die Werthe $y\varphi_1, y\varphi_2$, wie auch x gewählt sein mag, verschieden sind, weil $a\varphi_1 = a\varphi_2$, aber $b\varphi_1$ von $b\varphi_2$ verschieden ist. Für jede der übrigen Combinationen r, s ist $a\varphi_r$ verschieden von $a\varphi_s$, und folglich giebt es entweder gar keine oder nur eine rationale Zahl x, für welche $y\varphi_r = y\varphi_s$ wird; schließt man, indem man alle Combinationen durchgeht, diese etwa vorhandenen Zahlen x aus, deren Anzahl gewiß $< \frac{1}{2}n(n-1)$ ist, so erzeugt jede andere rationale Zahl x gewiß eine Zahl y in A, welche durch die n Permutationen des Systems Φ in n verschiedene Zahlen übergeht, w. z. b. w.

XI. Hieraus ergiebt sich auch der folgende Satz:
Sind die n Permutationen $\varphi_1, \varphi_2 \dots \varphi_n$ desselben Körpers A von einander verschieden, so giebt es in A auch solche Systeme von n Zahlen $a_1, a_2 \dots a_n$, für welche die aus den n^2 Zahlen $a_r\varphi_s$ gebildete Determinante nicht verschwindet.

Beweis Wählt man (nach IX) aus A irgend eine Zahl a, welche durch die n Permutationen φ_s in n verschiedene Zahlen $a\varphi_s$ übergeht, so hat das aus den n Potenzen $a_r = a^{n-r}$ für $r = 1, 2 \dots n$ gebildete System die verlangte Eigenschaft. Zu folge (3) ist nämlich $a_r\varphi_s = (a\varphi_s)^{n-r}$, und die aus diesen Zahlen gebildete Determinante

$$\begin{vmatrix} (a\varphi_1)^{n-1}, & (a\varphi_1)^{n-2} & \dots a\varphi_1, & 1 \\ (a\varphi_2)^{n-1}, & (a\varphi_2)^{n-2} & \dots a\varphi_2, & 1 \\ \dots & \dots & \dots\dots & \dots \\ (a\varphi_n)^{n-1}, & (a\varphi_n)^{n-2} & \dots a\varphi_n, & 1 \end{vmatrix}$$

ist nach einem sehr bekannten Satze das Product aller derjenigen Differenzen $(a\varphi_r - a\varphi_s)$, in denen $r < s$ ist, also von Null verschieden, w. z. b. w.

Resultanten von Permutationen (§ 162.) 6

SUB Göttingen, Cod. Ms. Dedekind II 4
Bl. ohne Nummerierung

Die *Zusammensetzung* (Composition) von Körper-Permutationen, zu der wir jetzt übergehen, bildet nur einen speciellen Fall der Zusammensetzung von Abbildungen beliebiger Elementen-Systeme A. Geht jedes Element a eines Systems A durch eine Abbildung φ in ein Bild $a\varphi$ über, und ist ψ eine Abbildung des Systems $A\varphi$ aller dieser Elemente $a\varphi$, die hierbei in entsprechende Bilder $(a\varphi)\psi$ übergehen, so kann man eine neue Abbildung φ_1 *des ersten Systems* A dadurch definieren, dass man $a\varphi_1 = (a\varphi)\psi$ setzt. Wir nennen diese Abbildung φ_1 *die Resultante der Componenten* φ, ψ und bezeichnen sie durch das Symbol $\varphi\psi$, wobei der Einfluß der *linken* oder *ersten* Componente φ von dem der *rechten* oder *zweiten* Componente ψ durch die Stellung wohl zu unterscheiden ist. Die Definition dieser Resultante $\varphi\psi$ besteht also darin, dass das aus jedem Element a des Systems A erzeugte Bild

$$a(\varphi\psi) = (a\varphi)\psi \tag{1}$$

ist; man kann daher unbedenklich die Klammern weglassen und dieses Bild kurz durch $a\varphi\psi$ bezeichnen. Ebenso leuchtet ein, dass, wenn das System T ein Theil von A ist, das Bild $T(\varphi\psi) = (T\varphi)\psi$ ist und daher durch $T\varphi\psi$ bezeichnet werden darf. Während also $\varphi\psi$ und φ dasselbe Gebiet A haben, erzeugen $\varphi\psi$ und ψ dasselbe System $A(\varphi\psi) = (A\varphi)\psi = A\varphi\psi$. Ist ferner χ eine Abbildung dieses Systems $A\varphi\psi$, so ist die Resultante $\psi\chi$ eine Abbildung des durch φ erzeugten Systems $A\varphi$. Man kann daher wieder die Resultante $(\varphi\psi)\chi$ und die Resultante $\varphi(\psi\chi)$ bilden; beide sind, wie ihre ersten Componenten $\varphi\psi, \varphi$ Abbildungen des ersten Systems A, und aus der Definition (1) ergiebt sich

$$a\{(\varphi\psi)\chi\} = (a(\varphi\psi))\chi = ((a\varphi)\psi)\chi$$
$$a\{\varphi(\psi\chi)\} = (a\varphi)(\psi\chi) = ((a\varphi)\psi)\chi$$

K. Scheel, *Dedekinds Theorie der ganzen algebraischen Zahlen*,
https://doi.org/10.1007/978-3-658-30928-2_6

mithin stimmen diese beiden, auf verschiedene Art erklärten Resultanten vollständig mit einander überein. Hierin besteht das durch die Gleichung

$$(\varphi\psi)\chi = \varphi(\psi\chi) = \varphi\psi\chi \tag{2}$$

auszudrückende Associations-Gesetz für die Composition von Abbildungen. Sind ferner $\varphi_1, \varphi_2 \ldots \varphi_r, \varphi_{r+1} \ldots \varphi_n$ Abbildungen von Elementen-Systemen $A, A_1 \ldots A_{r-1}, A_r \ldots A_{n-1}$ der Art, dass $A_{r-1}\varphi_r = A_r$ ist, und wendet man dieselbe Schlußweise wie in §. 2 an, so ergiebt sich die vollständig bestimmte Bedeutung der aus dieser *Folge* oder *Kette* von n Componenten gebildeten Resultante $\varphi_1\varphi_2 \ldots \varphi_{n-1}\varphi_n$; sie ist, wie ihre erste Componente φ_1, eine Abbildung des Systems A, und erzeugt, wie ihre letzte Componente φ_n, das Bild $A_n = A_{n-1}\varphi_n$. Da die Componenten nicht mit einander vertauscht werden dürfen, und jede immer nur mit der nächstfolgenden zu einer Resultante verbunden werden kann, so ist die Anzahl der verschiedenen Herstellungsarten dieser Resultante das Product $(n-1)(n-2)\ldots 2.1$.

Kehren wir zu den beiden obigen Abbildungen φ, ψ der Systeme A, $A\varphi$ zurück, und nehmen wir jetzt ferner an, sie seien *eindeutig umkehrbar* (§. 161), so gilt dasselbe auch von ihrer Resultante $\varphi\psi$, weil nach dieser Annahme je zwei verschiedene Elemente a in A zwei verschiedene Bilder $a' = a\varphi$ in $A' = A\varphi$, und diese wieder zwei verschiedene Bilder $a'' = a'\psi = a(\varphi\psi)$ in $A'' = A'\psi = A(\varphi\psi)$ besitzen. Bildet man ferner nach §. 161 die zu $\varphi, \psi, \varphi\psi$ inversen Abbildungen φ^{-1}, ψ^{-1}, $(\varphi\psi)^{-1}$ der Systeme A, A', A'', so ergiebt sich leicht der Satz

$$(\varphi\psi)^{-1} = \psi^{-1}\varphi^{-1}; \tag{3}$$

da nämlich φ^{-1} eine Abbildung des durch ψ^{-1} erzeugten Systems $A' = A''\psi^{-1}$ ist, so hat die Resultante $\varphi^{-1}\psi^{-1}$ einen bestimmten Sinn, und sie ist ebenfalls, wie ihre erste Componente ψ^{-1}, eine Abbildung von A''; nun ist jedes bestimmte Element a'' von A'' das durch $\varphi\psi$ in der oben angegebenen Art erzeugte Bild $a(\varphi\psi)$ eines bestimmten Elementes a von A, also umgekehrt $a''(\varphi\psi)^{-1} = a$, und da andererseits $a''\psi^{-1} = a'$, $a = a'\varphi^{-1}$ ist, so folgt nach (1) auch $a''(\psi^{-1}\varphi^{-1}) = (a''\psi^{-1})\varphi^{-1} = a$, also die vollständige Übereinstimmung der beiden in (3) auftretenden Abbildungen, w. z. b. w.-

Wendet man das Vorhergehende auf eine *Permutation* φ des *Körpers* A und eine *Permutation* ψ *des Körpers* $A\varphi$ an und nimmt die Gesetze (1, 3, 5) in §. 161 zu erst für φ, dann für ψ in Anspruch, so leuchtet unmittelbar ein, dass dieselben Gesetze auch für die durch (1) definierte Resultante $\varphi\psi$ gelten, die mithin (nach III in §. 161) eine *Permutation des Körpers* A ist. Hieraus ergiebt sich zunächst der Satz:

Wenn zwei Körper A, A'' *mit einem dritten* A' *conjugiert sind, so sind sie auch mit einander conjugiert.*

Denn *zufolge* der Annahme giebt es (nach §. 161 V) eine Permutation φ von A, und eine Permutation ψ von A', für welche $A\varphi = A'$, und $A'\psi = A''$; mithin ist $A(\varphi\psi) = (A\varphi)\psi = A''$, w. z. b. w.

Da ferner jede Permutation (nach §. 161 V) eindeutig umkehrbar ist, so gilt auch der Satz (3), und wenn χ eine *Permutation* des Körpers $A\varphi\psi$ ist, so ist die in (2) auf doppelte Art dargestellte Abbildung $\varphi\psi\chi$ auch eine *Permutation* von A. Zugleich leuchtet die Wahrheit der folgenden Behauptungen ein.

I. Ist φ eine Permutation des Körpers A, so sind die Resultanten $\varphi\varphi^{-1}$, $\varphi^{-1}\varphi$ resp. die *identischen* Permutationen von A, $A\varphi$.

II. Ist φ die identische, und ψ eine beliebige Permutation desselben Körpers A, so ist $\varphi\psi = \psi$. Ist φ eine beliebige Permutation von A, und ψ die identische Permutation von $A\varphi$, so ist $\varphi\psi = \varphi$.

III. Ist φ eine Permutation von A, so kann jede Permutation ψ von $A\varphi$ auf eine einzige Weise in die Form $\psi = \varphi^{-1}\varphi_1$ gesetzt werden, wo φ_1 eine Permutation von A bedeutet, und zwar ist $\varphi_1 = \varphi\psi$.

IV. Ist φ eine Permutation von A, und sind ψ, ψ' Permutationen des Körpers $A\varphi$, so folgt aus $\varphi\psi = \varphi\psi'$ auch $\psi = \psi'$. Erzeugen zwei Permutationen φ, φ' des Körpers A denselben Körper $A\varphi = A\varphi'$, und ist ψ eine Permutation dieses letzteren Körpers, so folgt aus $\varphi\psi = \varphi'\psi$ auch $\varphi = \varphi'$.

Wir haben im Vorhergehenden die Resultante $\varphi\psi$ zweier Permutationen nur für den Fall erklärt, wo die zweite Componente ψ eine Permutation des durch die erste Componente φ erzeugten Körpers ist. Für manche Untersuchungen ist es aber sehr vortheilhaft, sich von dieser Bedingung gänzlich zu befreien und die Resultante $\varphi\psi$ auch für den allgemeinen Fall zu erklären, wo φ, ψ beliebige Permutationen von beliebigen Körpern A, B sind. Hierbei muss man sich durch die obige Definition (1) leiten lassen und zunächst fragen: für welche *Zahlen* a_1 hat das Zeichen $(a_1\varphi)\psi$ Sinn? Da φ nur auf Zahlen des Körpers A, ψ nur auf Zahlen des Körpers B wirkt, so muss $a_1\varphi$ in den beiden Körpern $A\varphi$, B also auch in ihrem Durchschnitt

$$B' = A\varphi - B \tag{4}$$

enthalten sein, und da $B' < A\varphi$ ist, so giebt es (nach §. 161. V) einen und nur einen in A enthaltenen Körper A_1, dessen Bild $A_1\varphi = B'$ ist; mithin muss die Zahl a_1 in diesem Körper

$$A_1 = B'\varphi^{-1} = (A\varphi - B)\varphi^{-1} \tag{5}$$

enthalten sein. Umgekehrt leuchtet ein, dass das Zeichen $(a_1\varphi)\psi$ für jede Zahl a_1 des Körpers A_1 wirklich eine bestimmte Bedeutung besitzt, weil $a_1\varphi$ in dem Körper B', also auch in dem Körper B der Permutation ψ enthalten ist. Definiert man nun die *Resultante* $\varphi\psi$ als Abbildung von A_1 durch

$$a_1(\varphi\psi) = (a_1\varphi)\psi \tag{6}$$

so ist in dieser Definition die frühere (wo $B = A\varphi$, also auch $B' = A\varphi$, $A_1 = A$ war) als specieller Fall enthalten, und durch dieselben Schlüsse wie damals ergiebt sich, dass $\varphi\psi$ eine *Permutation* von A_1 ist. Das Ergebnis dieser Untersuchung können wir daher wesentlich so ausdrücken: *Der Körper A_1 der Resultante $\varphi\psi$ ist Divisor des Körpers A ihrer ersten Componente φ und geht durch φ in einen Divisor B' des Körpers B der zweiten Componente*

ψ über; für jedes in A_1 enthaltene Zahlensystem C_1 gilt zufolge (6) das Gesetz

$$C_1(\varphi\psi) = (C_1\varphi)\psi \tag{7}$$

und folglich ist der durch $\varphi\psi$ erzeugte Körper

$$A_1(\varphi\psi) = (A_1\varphi)\psi = B'\psi = (A\varphi - B)\psi. \tag{8}$$

Im Folgenden wollen wir zeigen, dass auch nach dieser erweiterten Definition einer Resultanten die beiden Sätze (2, 3) für *beliebige Körper-Permutationen* φ, ψ, χ gültig bleiben. Die Beweise werden erheblich vereinfacht, wenn man jeder Permutation φ eines Körpers A eine auslöschende Kraft für jede *nicht* in A enthaltene Zahl zuschreibt und demgemäß, wenn C, B *beliebige Körper* sind, die Zeichen $C\varphi$, $B\varphi^{-1}$ durch

$$C\varphi = (C - A)\varphi, \ B\varphi^{-1} = (B - A\varphi)\varphi^{-1} \tag{9}$$

erklärt, während sie bisher nur dann eine Bedeutung besaßen, wenn $C < A$, $B < A\varphi$, also $C - A = C$, $B - A\varphi = B$ war. Auf Grund dieser Festsetzung können wir zunächst die oben in (5, 8) ausgedrückten Bestimmungen bequemer so aussprechen:
VI. *Sind A, B die Körper der Permutationen φ, ψ, so ist $B\varphi^{-1}$ der Körper ihrer Resultante $\varphi\psi$, und $(A\varphi)\psi$ ist der durch $\varphi\psi$ erzeugte Körper, also auch der Körper der Permutation $(\varphi\psi)^{-1}$.*

Hieraus folgt leicht der Beweis des *Satzes* (3). Ersetzt man nämlich φ und ψ, resp. durch ψ^{-1}, φ^{-1}, also B durch $A\varphi$, und φ^{-1} durch ψ, so folgt zunächst[1], dass die Resultante $\psi^{-1}\varphi^{-1}$ denselben Körper $(A\varphi)\psi$ hat wie $(\varphi\psi)^{-1}$, und wir haben daher nur noch zu zeigen, dass für jede Zahl dieses Körpers auch $u(\varphi\psi)^{-1} = u(\psi^{-1}\varphi^{-1})$ ist. Dies ergiebt sich daraus, dass jede solche Zahl u auf die in (6) dargestellte Art aus einer Zahl a_1 des Körpers $A_1 = B\varphi^{-1}$ entspringt; aus $u = a_1(\varphi\psi)$ folgt (nach §. 161. V) sofort $u(\varphi\psi)^{-1} = a_1$; überträgt man ferner das für die Resultante $\varphi\psi$ und die Zahl a_1 geltende Abbildungsgesetz (6) auf die Resultante $\psi^{-1}\varphi^{-1}$ und die Zahlen $u = (a_1\varphi)\psi$ so folgt $u(\psi^{-1}\varphi^{-1}) = (u\psi^{-1})\varphi^{-1}$, und da $u\psi^{-1} = a_1\varphi$ und $(a_1\varphi)\varphi^{-1} = a_1$ ist, so wird auch $u(\psi^{-1}\varphi^{-1}) = a_1$, w. z. b. w.

Der Beweis des *Satzes* (2) für je drei Permutationen φ, ψ, χ erfordert aber einige Vorbereitungen, weil manche früheren Sätze nach Einführung der Definition (9) gewisse Modifikationen erleiden.

Für jedes in A enthaltene Zahlensystem T galt, z. B. die Identität $(T\varphi)\varphi^{-1} = T$ (§. 161. V. (7)); wendet man aber dieselbe auf (9) an, so erhält man jetzt

$$(C\varphi)\varphi^{-1} = C - A, \ (B\varphi^{-1})\varphi = B - A\varphi, \tag{10}$$

und hieraus schließt man weiter, dass aus $C\varphi = B\varphi$ *nicht* $C = B$, sondern nur $C - A = B - A$ folgt. Dagegen gilt der *Satz*

[1] Will man die abkürzende Definition (9) *nicht* benutzen, so ergiebt sich diese Folgerung auch aus (5, 8), weil der in (4) definierte Körper B' ungeändert bleibt, wenn φ, ψ durch φ^{-1}, ψ^{-1} ersetzt werden.

$$(C - B)\varphi = C\varphi - B\varphi, \tag{11}$$

der früher (§. 161. VI) nur für den speciellen Fall $C < A$, $B < A$ bewiesen ist, jetzt allgemein für je zwei Körper C, B; dies ergiebt sich leicht, wenn man den genannten speciellen Fall auf die in A enthaltenen Körper $C - A$, $B - A$ anwendet und bedenkt, dass $(C - B) - A = (C - A) - (B - A)$ ist.

Aus der Definition (9) folgt daher auch $C\varphi = C\varphi - A\varphi$ (also $C\varphi < A\varphi$, was aber auch unmittelbar aus (9) und $C - A < A$ fließt); ersetzt man nun B in (11) durch $B\varphi^{-1}$ und beachtet (10), so erhält man $(C - B\varphi^{-1})\varphi = C\varphi - (B - A\varphi) = (C\varphi - A\varphi) - B$, also den *Satz*

$$(C - B\varphi^{-1})\varphi = C\varphi - B. \tag{12}$$

Nachdem diese, nur *eine* Permutation φ enthaltenden Sätze (10, 11, 12) abgeleitet sind, ergiebt sich leicht der folgende, für jeden Körper C und je zwei Permutationen φ, ψ geltende *Satz*

$$C(\varphi\psi) = (C\varphi)\psi. \tag{13}$$

Bedeutet nämlich B wieder der Körper von ψ, so ist (nach V) $A_1 = B\varphi^{-1}$ der Körper von $\varphi\psi$, mithin $C(\varphi\psi) = C_1(\varphi\psi)$, wo $C_1 = C - A_1 = C - B\varphi^{-1}$ ein Divisor von A_1 ist; zufolge (7, 12) wird daher $C(\varphi\psi) = (C_1\varphi)\psi = (C\varphi - B)\psi = (C\varphi)\psi$, w. z. b. w. Zugleich leuchtet ein, dass man den Körper (13) kurz durch $C\varphi\psi$, also auch den durch $\varphi\psi$ erzeugten Körper (8) durch $A\varphi\psi$ bezeichnen darf.

Aus dem Vorhergehenden folgt nun auch der Beweis des *Satzes* (2) für beliebige Permutationen φ, ψ, χ von Körpern A, B, C. Ersetzt man in VI die Permutationen φ, ψ resp. durch $\varphi\psi$, χ, also B durch C, φ^{-1} durch $(\varphi\psi)^{-1} = \psi^{-1}\varphi^{-1}$, so erhält man für den Körper der Resultante $(\varphi\psi)\chi$ den Ausdruck $C(\psi^{-1}\varphi^{-1})$; da ferner nach derselben Regel $C\psi^{-1}$ der Körper von $\psi\chi$, also $(C\psi^{-1})\varphi^{-1}$ der von $\varphi(\psi\chi)$ ist, so folgt aus dem Satze (13), dass beide Seiten in (2) *denselben Körper* $C\psi^{-1}\varphi^{-1}$ haben, den wir mit E bezeichnen wollen. Als Körper der Resultante $(\varphi\psi)\chi$ ist E zufolge V Divisor des Körpers von $\varphi\psi$, und $E(\varphi\psi) = (E\varphi)\psi$ ist Divisor des Körpers C von χ; für jede in E enthaltene Zahl e gilt daher nach dem Gesetze (6) die Abbildung

$$e((\varphi\psi)\chi) = (e(\varphi\psi))\chi = ((e\varphi)\psi)\chi;$$

als Körper der Resultante $\varphi(\psi\chi)$ ist E Divisor des Körpers A von φ, und $E\varphi$ ist Divisor des Körpers von $\psi\chi$, mithin

$$e(\varphi(\psi\chi)) = (e\varphi)(\psi\chi) = ((e\varphi)\psi)\chi,$$

also geht jede Zahl e des Körpers E durch beide Permutationen $(\varphi\psi)\chi$, $\varphi(\psi\chi)$ in *dieselbe Zahl* $((e\varphi)\psi)\chi$ über, w. z. b. w.

Ersetzt man φ, ψ durch die Permutationen $\varphi\psi$, χ, also B durch C, φ^{-1} durch $(\varphi\psi)^{-1} = \psi^{-1}\varphi^{-1}$, so erhält man den Ausdruck $C(\psi^{-1}\varphi^{-1})$ für den Körper von $(\varphi\psi)\chi$; da ferner nach derselben Regel $C\psi^{-1}$ der Körper von $\psi\chi$ also $(C\psi^{-1})\varphi{-}1$ der Körper von $\varphi(\psi\chi)$

ist, so folgt aus dem Satze (13), dass beide Seiten in (2) *denselben Körper* $C\psi^{-1}\varphi^{-1}$ haben, den wir mit E bezeichnen wollen. Als Körper der Resultante $(\varphi\psi)\chi$ ist E Divisor des Körpers von $\varphi\psi$, und $E(\varphi\psi) = (E\varphi)\psi$ ist Divisor des Körpers C. Für jede in E enthaltene Zahl e ist daher (zufolge (6))

$$e((\varphi\psi)\chi) = (e(\varphi\psi))\chi = ((e\varphi)\psi)\chi;$$

als Körper der Resultante $\varphi(\psi\chi)$ ist E Divisor des Körpers A und $E\varphi$ ist Divisor des Körpers von $\psi\chi$, mithin

$$e(\varphi(\psi\chi) = (e\varphi)(\psi\chi) = ((e\varphi)\psi)\chi,$$

also geht jede Zahl e des Körpers E durch beide Permutationen $(\varphi\psi)\chi$, $\varphi(\psi\chi)$ in dieselbe Zahl $((e\varphi)\psi)\chi$ über, w.z.b.w.

Multipla und Divisoren von Permutationen (§ 163.) 7

SUB Göttingen, Cod. Ms. Dedekind II 3.2
Bl. 262, 264–265, 267

Ausser der eben beschriebenen Zusammensetzung benachbarter Permutationen haben wir nun noch die ebenso wichtigen Beziehungen zu betrachten, welche zwischen den Permutationen eines Körpers und denen seiner Divisoren stattfinden. Ist der Körper A ein Divisor des Körpers M, und π eine Permutation des letzteren, so ist in ihr immer eine *vollständig bestimmte* Abbildung φ von A enthalten, welche darin besteht, dass für jede in A, also auch in M enthaltene Zahl a das Bild $a\varphi = a\pi$ ist, und es leuchtet aus den Grundgesetzen in §. 161 unmittelbar ein, dass diese Abbildung φ eine *Permutation* von A ist; wir wollen sie den auf *A bezüglichen Divisor* von π, und umgekehrt π ein *Multiplum von* φ nennen. Da φ (wie eben bemerkt) eine Permutation von A ist, so ist $A\varphi = A\pi$ ein Körper (zufolge S. 458) und zwar Divisor von $M\pi$. Und da π^{-1} eine Permutation von $M\pi$ ist (zufolge S. 458–459), so giebt es einen auf $A\varphi = A\pi$ bezüglichen Divisor φ_1 von π^{-1}, welcher dadurch definiert ist, dass für jede in $A\varphi$ enthaltene Zahl $a\varphi = a\pi$ das Bild $(a\varphi)\varphi_1 = (a\pi)\varphi_1 = (a\pi)\pi^{-1} = a$ ist; mithin ist $\varphi_1 = \varphi^{-1}$, also ist φ^{-1} Divisor von π^{-1}.

Wenn $A = M$ ist, so ist natürlich auch $\varphi = \pi$; in jedem anderen Falle, d. h. wenn A ein *echter* Divisor von M ist, wird man aber φ von π streng unterscheiden müssen[1]. Ist π wieder ein Divisor einer Permutation ρ, so leuchtet ein, dass φ auch ein Divisor von ρ ist. Ist π die identische Permutation von M, so ist φ die identische Permutation von A. Die einzige – nämlich die identische – Permutation des Körpers R der rationalen Zahlen ist (nach §. 161) gemeinsamer Divisor aller Körper-Permutationen. Allgemein gilt der folgende Fundamentalsatz:

Bedeutet Π irgend ein System von Permutationen π beliebiger Körper M, so bildet die Gesammtheit A aller zu Π einwerthigen Zahlen a einen Körper, der ein gemeinsamer

[1] Auf diese Unterscheidung brauchte in der oben citierten Schrift (§. 2) kein Gewicht gelegt zu werden.

K. Scheel, *Dedekinds Theorie der ganzen algebraischen Zahlen*,
https://doi.org/10.1007/978-3-658-30928-2_7

Divisor der Körper M ist; die Permutationen π haben alle einen und denselben auf A bezüglichen Divisor φ, und jeder gemeinsame Divisor ψ der Permutationen π ist Divisor dieser Permutation φ.

Denn das Wesen einer zu Π *einwerthigen* Zahl a besteht (nach §. 161) darin, dass die den sämmtlichen Permutationen π entsprechenden Bilder $a\pi$ einen und denselben Werth besitzen, mithin folgt aus den Grundgesetzen (in §. 161), dass die Summen, Differenzen, Producte und Quotienten von je zwei solchen einwerthigen Zahlen u, v ebenfalls einwerthig zu Π sind; also ist A ein Körper. Definiert man ferner die Abbildung φ von A, indem man $a\varphi = a\pi$ setzt, so ist φ offenbar der auf A bezügliche Divisor von jeder einzelnen Permutation π. Wenn endlich eine Permutation ψ eines Körpers B gemeinsamer Divisor der Permutationen π, und b irgend eine Zahl in B ist, so muss $b\psi$ mit jedem der Bilder $b\pi$ übereinstimmen, d. h. b ist eine zu Π einwerthige Zahl; folglich ist B Divisor von A, und zugleich ψ Divisor von φ, was zu beweisen war.

Da dieser Körper A, welcher ein gemeinsamer, aber keineswegs immer der grösste gemeinsame Divisor der Körper M ist, durch das System Π vollständig bestimmt ist, so wollen wir sagen, A *gehöre* zu Π oder sei der *zu Π gehörige* Körper, oder wir wollen kurz *A den Körper des Systems Π* nennen, und man sieht sofort, dass diese Ausdrucksweise, falls Π nur aus einer einzigen Permutation besteht, vollständig mit der in §. 161 eingeführten übereinstimmt. Die Permutation φ kann unbedenklich der *grösste* gemeinsame Divisor der Permutation π genannt werden; der Kürze halber wollen wir aber φ auch den *Rest* des Systems Π oder der Permutation π nennen.

Bezeichnet man, wenn G irgend ein System von Zahlen g ist, mit $[G]$ den (auf S. 454 definierten) *kleinsten Körper M*, welcher das System G enthält (ohne die auf S. 454–455 beschriebene *Construction* von M zu benutzen, auf welche S. 465, Z. 6–8 Bezug genommen wird), so gilt folgender *Satz*[2]: *Ist π eine Permutation des Körpers $[G]$, so ist $[G]\pi = [G\pi]$.* Beweis: Da das System $G\pi$ in $[G]\pi$ enthalten ist, so ist der Körper $[G\pi]$ zufolge seiner Definition (S. 454) ein *Divisor* des Körpers $[G]\pi$ und besitzt folglich (S. 463) eine in der Permutation π' von $[G]\pi$ als Divisor enthaltene Permutation ρ, durch welche er in einen Divisor $[G\pi]\rho = [G\pi]\pi^{-1}$ des Körpers $([G]\pi)\pi^{-1} = [G]$ übergeht; da nun andererseits das System $G = (G\pi)\pi^{-1}$ gewiss in dem Körper $[G\pi]\pi^{-1}$ enthalten ist, so ist der Körper $[G]$ zufolge seiner Definition (S. 454) auch Divisor von $[G\pi]\pi^{-1}$, und folglich (S. 453–454) ist $[G] = [G\pi]\pi^{-1}$, also auch $[G]\pi = [G\pi]$, w. z. b. w.

Versteht man nun, wenn ein (endliches oder unendliches) System von Körpern $A, B \ldots$ gegeben ist, unter G das System aller derjenigen Zahlen g, welche in mindestens einem der Körper $A, B \ldots$ enthalten sind (S. 455, Z. 13 von unten), so ist der Körper $[G]$ deren Product $AB \ldots$; ist ferner π eine Permutation von $[G]$, so besteht das System $G\pi$ offenbar aus allen denjenigen Zahlen $g\pi$, welche in mindestens einem der Körper $A\pi, B\pi \ldots$ enthalten sind, und folglich (S. 455) ist $[G\pi]$ deren Product $(A\pi)(B\pi)\ldots$; mithin ergiebt sich der (auf

[2]Derselbe gilt offenbar allgemeiner für jede Permutation π eines Körpers, der das System G, also auch den Körper $[G]$ enthält; Beweis: $[G\pi] < [G]\pi; [G] = [(G\pi)\pi^{-1}] < [G\pi]\pi^{-1}$, also $[G]\pi < [G\pi]$, w. z. b. w.

S. 465 für zwei Körper A, B ... ausgesprochene) *Satz: Ist π eine Permutation des Körper-Productes AB ..., so ist $(AB\ldots)\pi = (A\pi)(B\pi)\ldots = (A\varphi)(B\psi)\ldots$, wo $\varphi, \psi \ldots$ die auf $A, B \ldots$ bezüglichen Divisoren von π bedeuten.*

Ganz anders verhält es sich dagegen mit der Existenz eines *gemeinsamen Multiplum* von gegebenen Permutationen; denn es leuchtet z. B. ein, dass zwei *verschiedene* Permutationen eines und desselben Körpers gewiss kein gemeinsames Multiplum haben. Hierauf gründet sich eine sehr wichtige Unterscheidung: die Permutationen φ, ψ ... sollen *einig* (harmonisch) oder *uneinig* heissen, je nachdem sie ein gemeinsames Multiplum besitzen oder nicht. Beschränken wir uns auf die Betrachtung von *zwei einigen* Permutationen φ, ψ der Körper A, B, und bezeichnen mit ρ ein gemeinsames Multiplum von φ, ψ, so ist der zu ρ gehörige Körper ein gemeinsames Multiplum von A, B und folglich auch von AB; bedeutet ferner a jede in A, b jede in B enthaltene Zahl, und π den auf AB bezüglichen Divisor von ρ, so ist $a\varphi = a\rho = a\pi$, $b\psi = b\rho = b\pi$, und folglich ist π ebenfalls ein gemeinsames Multiplum von φ, ψ. Um auch hier die Beweisführung unabhängig von der auf S. 454 beschriebenen *Construction* des Körpers $[G] = R(G)$ zu gestalten, kann man folgende Betrachtungen anstellen:

Definition: Eine *Abbildung* σ eines beliebigen Systems G von Zahlen g soll eine *Permutation von G* heissen, wenn es einen, dies System enthaltenden Körper H, und eine Permutation ρ von H giebt, welche für alle Zahlen g der Bedingung $g\rho = g\sigma$ genügt. Hieraus folgt: Da G in H enthalten, also $[G]$ (zufolge S. 454) Divisor von H ist, so wird, wenn π den auf $[G]$ bezüglichen Divisor von ρ bedeutet (S. 463), $g\pi = g\rho$, also auch $g\pi = g\sigma$, d. h. *jede Permutation σ eines Zahlsystems G ist in einer Permutation π des Körpers $[G]$ enthalten* (und umgekehrt ist offenbar in jeder Permutation π von $[G]$ eine Permutation σ von G enthalten). Aber es gilt auch der *Satz: Es giebt nur eine einzige Permutation π von $[G]$, in welcher eine gegebene Permutation σ von G enthalten ist.* Denn wenn π' eine Permutation von $[G]$ ist, welche ebenfalls der Bedingung $g\pi' = g\sigma$ genügt, so ist auch $g\pi = g\pi'$, mithin ist das System G in dem *Körper* A aller zu π, π' *einwerthigen* Zahlen a enthalten (Fundamental-Satz S. 464), und folglich (S. 454) ist der Körper $[G]$ Divisor von A, und da (zufolge S. 464) auch A Divisor von $[G]$ ist, so ist $A = [G]$; also sind *alle* Zahlen in $[G]$ einwerthig zu π, π', mithin $\pi = \pi'$, (zufolge S. 460, Z. 1–6), w. z. b. w. Da nun jede bestimmte Zahl m des Körpers AB (nach §. 160) durch eine endliche Menge von Zahlen a, b rational darstellbar ist, und das Bild $m\pi$ (nach den Grundgesetzen jeder Permutation) auf dieselbe Weise aus den Bildern $a\pi$, $b\pi$, also aus den Zahlen $a\varphi$, $b\psi$ abgeleitet wird, so ergiebt sich, dass die Permutation π des Productes AB durch die Permutationen φ, ψ der Factoren A, B *vollständig bestimmt,* also gänzlich unabhängig von der Auswahl der obigen Permutation ρ ist. Diese Permutation π, welche folglich Divisor von jedem gemeinsamen Multiplum ρ der Permutationen φ, ψ ist, kann daher ihr *kleinstes* gemeinsames Multiplum oder kürzer ihre *Union*[3] genannt werden.

[3]Ich würde das Wort *Product* vorziehen, wenn dasselbe nicht von manchen Schriftstellern schon bei der Zusammensetzung von Substitutionen in dem Sinne benutzt wäre, wofür ich oben (§. 162) den ebenfalls gebräuchlichen Namen *Resultante* gewählt habe.

Umgekehrt, wenn π eine Permutation eines Productes AB, und φ, ψ die auf A, B bezüglichen Divisoren von π bedeuten, so sind diese Permutationen φ, ψ offenbar einig, und π ist ihre Union. Zugleich leuchtet ein, dass $(AB)\pi = (A\pi)(B\pi) = (A\varphi)(B\psi)$ und dass π^{-1} die Union von φ^{-1}, ψ^{-1} ist.

Diesen Satz kann man auch in der folgenden, für spätere Folgerungen geeigneteren Form aussprechen: *Ist der Körper A Divisor des Körpers M, sind ferner π, π_1 (benachbarte) Permutationen von M, $M\pi$, und φ, φ_1 die benachbarten auf A, $A\varphi$ bezüglichen Divisoren von π,π_1, so ist $\varphi\varphi_1$ der auf A bezügliche Divisor von $\pi\pi_1$.* Denn jede in A enthaltene Zahl a geht durch φ in $a\varphi = a\pi$, und diese durch φ_1 in $(a\varphi)\varphi_1 = (a\pi)\pi_1 = a(\varphi\varphi_1) = a(\pi\pi_1)$ über, w. z. b. w.

Sind ausserdem φ_1, ψ_1 zwei einige Permutationen der Körper $A\varphi$, $B\psi$, und π_1 ihre Union, so erkennt man leicht, dass die Resultanten $\varphi\varphi_1$, $\psi\psi_1$ ebenfalls einig sind, und dass die Resultante $\pi\pi_1$ ihre Union ist.

Aus dem Begriff der *Einigkeit* der Permutationen folgen mehrere Sätze unmittelbar, die ihrer beständigen Anwendung wegen ausgesprochen zu werden verdienen:

1. Jede Permutation ist mit sich selbst einig (weil sie Multiplum (und auch Divisor) von sich selbst ist).
2. Jede Permutation φ ist einig mit jedem Divisor und jedem Multiplum von φ.
3. Sind φ, ψ einige Permutationen so ist auch jeder Divisor φ' von φ einig mit jedem ψ' von ψ (weil jedes gemeinsame Multiplum von φ, ψ auch gemeinsames Multiplum von φ', ψ' ist).
4. Ist die Permutation φ des Körpers A einig mit der Permutation π des Körpers M, und A Divisor von M, so ist auch φ Divisor von π (denn die Union π' von φ, π ist ebenfalls eine Permutation von M, wie π, und da π Divisor von π', so ist $\pi' = \pi$; und da φ Divisor von π', so ist φ Divisor von π, w. z. b. w.), und wenn $A = M$, so ist auch $\varphi = \pi$. Dieser *letzte* Satz kann auch so ausgesprochen werden:
5. Zwei verschiedene Permutationen φ, φ' desselben Körpers A sind uneinig. Dies folgt *unmittelbar* daraus, dass jede Permutation π eines Multiplums M von A nur einen *einzigen* auf A bezüglichen Divisor φ besitzt. Und hieraus ergiebt sich auch wieder der *erste Theil von 4.* auf folgende Weise: Zufolge 3. ist φ auch einig mit dem auf A bezüglichen Divisor φ' von π, mithin $= \varphi'$, w. z. b. w.

Die *Ausdrucksweise* wird erleichtert, wenn die Bezeichnungen

$$A < M,\ M > A;\ \varphi < \pi,\ \pi > \varphi$$

benutzt werden; ausserdem ist es zweckmässig, wenn φ eine Permutation (Abbildung) des Körpers (Systems) A bedeutet, mit

$$\varphi^0$$

die *identische* Permutation desselben Körpers A zu bezeichnen. Der obige Hülfssatz 4. nimmt z. B. folgende Form an:

4'. Sind φ, π einige Permutationen, und ist $\varphi^0 < \pi^0$ (d. h. zugleich: ist der Körper von φ Divisor des Körpers von π), so ist auch $\varphi < \pi$. Umgekehrt folgt aus $\varphi < \pi$ stets $\varphi^0 < \pi^0$.

Zu den obigen Bemerkungen ist noch *nachzutragen* die aus ihr fliessende Folgerung: *Sind die Permutationen φ, φ' des Körpers A resp. einig mit den Permutationen ψ, ψ' des Körpers B, so ist die Permutation $\varphi^{-1}\varphi'$ des Körpers $A\varphi$ einig mit der Permutation $\psi^{-1}\psi'$ des Körpers $B\psi$.* Denn wenn π die Union von φ, ψ, und π' die Union von φ', ψ' bedeutet, so sind π, π' Permutationen von AB, also $\pi^{-1}\pi'$ eine Permutation von $(AB)\pi = (A\pi)(B\pi) = (A\varphi)(B\psi)$, und da $\varphi^{-1}\varphi'$, $\psi^{-1}\psi'$ resp. die auf $A\varphi$, $B\psi$ bezüglichen Divisoren von $\pi^{-1}\pi'$ sind, so sind sie *einig,* w. z. b. w.

Auf diesen Betrachtungen, die genau ebenso für Systeme von mehr als zwei, ja von unendlich vielen *einigen* Permutationen gelten, beruht endlich noch der folgende Begriff. Ein System von beliebigen (einigen oder uneinigen) Permutationen

$$\varphi_1,\ \varphi_2,\ \varphi_3 \dots$$

und ein System von correspondirenden Permutationen

$$\varphi_1',\ \varphi_2',\ \varphi_3' \dots$$

sollen *conjugirte* Systeme heissen, wenn je zwei correspondirende Glieder φ_r, φ_r' Permutationen eines und desselben Körpers A_r sind, und wenn zugleich die resultirenden Permutationen

$$\varphi_1^{-1}\varphi_1',\ \varphi_2^{-1}\varphi_2',\ \varphi_3^{-1}\varphi_3' \dots$$

einig sind. Aus dem Vorhergehenden ergiebt sich dann sofort der Satz, dass zwei mit einem dritten conjugirte Systeme von Permutationen auch mit einander conjugirt sind. Der Nutzen, welchen diese und die früher entwickelten Begriffe gewähren, würde freilich erst bei einer ausführlicheren, ins Einzelne gehenden Darstellung der Algebra deutlich erkennbar werden.

7.1 Zusätze zu den Paragraphen 160 bis 163

SUB Göttingen, Cod. Ms. R. Dedekind II 3.2
Bl. 233–236, 239–240, 242, 244–247, 255–259, 273

Zu §. 160 (S. 452–456)

Zweckmässige Neuerungen. Man bezeichne mit $A - B$ den grössten gemeinsamen Divisor oder *Durchschnitt,* mit $A + B$ das kleinste gemeinsame Multiplum der beiden Körper A, B; das letztere, welches in §. 160 als *Product AB* benannt und bezeichnet wird, ist dann die *Summe* von A, B zu nennen. Das System aller Körper bildet in Bezug auf die beiden Operationen $\pm$ eine *Dualgruppe,* d. h. es gelten die Fundamentalgesetze

$$\begin{aligned} &A - B = B - A,\ (A - B) - C = A - (B - C) && (-)\\ &A + B = B + A,\ (A + B) + C = A + (B + C) && (+)\\ &A - (A + B) = A = A + (A - B). && (\pm)\end{aligned}$$

Ersetzt man B in $(\pm)$ durch $A - B$ und $A + B$, so folgt unmittelbar

$$A - A = A = A + A \tag{1}$$

Jede der vier gleichwerthigen Aussagen

$$D < M,\ D = D - M,\ M > D,\ M = M + D \tag{2}$$

drückt aus, dass der Körper D Divisor des Körpers M, M Multiplum von D ist.
Sätze:

$$\text{Aus } D < A,\ A < M \text{ folgt } D < M. \tag{3}$$

$$\text{Aus } D < M',\ D < M'' \text{ folgt } D < M' - M''. \tag{4}$$

$$\text{Aus } D' < M,\ D'' < M \text{ folgt } D' + D'' < M. \tag{5}$$

$$\text{Aus } D' < M',\ D' < M'',\ D'' < M',\ D'' < M'' \text{ folgt } D' + D'' < M' - M''. \tag{6}$$

Diese ohnehin einleuchtenden Sätze ergeben sich auch durch Rechnung aus den Fundamentalgesetzen und aus der Definition (2). Zufolge der beiden Annahmen in (3) ist $D = D - A$, $A = A - M$, mithin $D = D - (A - M) = (D - A) - M = D - M$, w. z. b. w. Zufolge der beiden Annahmen in (4) ist $D = D - M' = D - M''$, mithin $D = (D - M') - M'' = D - (M' - M'')$, w. z. b. w. Zufolge beiden Annahmen in (5) ist $M = M + D' = M + D''$, mithin $M = (M + D') + D'' = M + (D' + D'')$, w. z. b. w. Aus den vier Annahmen in (6) folgt nach (4) auch $D' < M' - M''$, $D'' < M' - M''$ und hieraus nach (5) der Satz (6).

Für drei beliebige Körper A, B, C gelten die Sätze:

$$A - B < A,\ A < A + C,\ A - B < A + C. \tag{7}$$

$$\{A - (B + C)\} + (B - C) < \{A + (B - C)\} - (B + C). \tag{8}$$

Die beiden ersten Sätze in (7) folgen unmittelbar aus $(\pm)$ und der Definition (2), und hieraus ergiebt sich der dritte Satz nach (3). Um (8) zu beweisen, setze man

$$D' = B - C, \; M' = B + C, \; D'' = A - M', \; M'' = A + D',$$

dann sind zufolge (7) die vier Annahmen des Satzes (6) erfüllt, mithin ist $D'' = +D' < M'' - M'$, w. z. b. w. Es kommt vor, dass die linke Seite in (8) ein *echter* Divisor der rechten ist, d. h. in der Dualgruppe der Körper herrscht das *Modulgesetz nicht*. Ein einfaches Beispiel hierfür ergiebt sich aus der folgenden Tabelle

	R	Q	Q_1	Q_2	U	V	W	P	T	U_1	V_1	W_1	U_2	V_2	W_2	S
R		Q	Q_1	Q_2	U	V	W	P	T	U_1	V_1	W_1	U_2	V_2	W_2	S
Q	R		P	P	T	T	T	P	T	S	S	S	S	S	S	S
Q_1	R	R		P	U_1	V_1	W_1	P	S	U_1	V_1	W_1	S	S	S	S
Q_2	R	R	R		U_2	V_2	W_2	P	S	S	S	S	U_2	V_2	W_2	S
U	R	R	R	R		T	T	S	T	U_1	S	S	U_2	S	S	S
V	R	R	R	R	R		T	S	T	S	V_1	S	S	V_2	S	S
W	R	R	R	R	R	R		S	T	S	S	W_1	S	S	W_2	S
P	R	Q	Q_1	Q_2	R	R	R		S	S	S	S	S	S	S	S
T	R	Q	R	R	U	V	W	Q		S	S	S	S	S	S	S
U_1	R	R	Q_1	R	U	R	R	Q_1	U		S	S	S	S	S	S
V_1	R	R	Q_1	R	R	V	R	Q_1	V	Q_1		S	S	S	S	S
W_1	R	R	Q_1	R	R	R	W	Q_1	W	Q_1	Q_1		S	S	S	S
U_2	R	R	R	Q_2	U	R	R	Q_2	U	U	R	R		S	S	S
V_2	R	R	R	Q_2	R	V	R	Q_2	V	R	V	R	Q_2		S	S
W_2	R	R	R	Q_2	R	R	W	Q_2	W	R	R	W	Q_2	Q_2		S
S	R	Q	Q_1	Q_2	U	V	W	P	T	U_1	V_1	W_1	U_2	V_2	W_2	

Erklärung der Zeichen: R Körper der rationalen Zahlen; U, V, W drei conjugirte anormale cubische Körper; $T = U + V = U + V + W$ Normalkörper vom Grade 6; Q der in T enthaltene quadratische Körper; Q_1 ein von Q verschiedener quadratischer Körper; $P = Q + Q_1 = Q + Q_1 + Q_2$ Normalkörper vom Grade 4, wo Q_2 der dritte in P enthaltene quadratische Körper; $S = P + T$ Normalkörper vom Grade 12; $U_1 = U + Q_1$, $V_1 = V + Q_1$, $W_1 = W + Q_1$, $U_2 = U + Q_2$, $V_2 = V + Q_2$, $W_2 = W + Q_2$ sechs Körper vom Grade 6. Die leeren Diagonalfelder, in welchen sich die Zeile X mit der Spalte X kreuzt, sind durch $X = X \pm X$ auszufüllen und das Kreuzungsfeld der Zeile X mit der Spalte Y enthält den Körper $X - Y$ oder $X + Y$, je nachdem es unterhalb oder oberhalb der leeren Diagonalen liegt. Hiernach ist z. B. der Körper

$$\{V_2 - (U + U_1)\} + (U - U_1) = (V_2 - U_1) + U = R + U = U$$

ein *echter* Divisor des Körpers

$$\{V_2 + (U - U_1)\} - (U + U_1) = (V_2 + U) - U_1 = S - U_1 = U_1;$$

die *fünf* Körper R, U, U_1, V_2, S bilden eine Dualgruppe, in welcher das *Modulgesetz nicht gilt.*

Zu §§. 161–163 (S. 456–466)

Im Folgenden wird durch $A < B$ oder auch $B > A$ ausgedrückt, dass das System A ein *Theil* des Systems B ist; aus $A < B$ und $B < C$ folgt $A < C$; aus $A < B$ und $A > B$ folgt $A = B$.

Zusätze zu §. 161 (S. 456–461)

Im Folgenden bedeutet durchgängig $\pi = (\pi^{-1})^{-1}$ eines Permutation eines Körpers $P = (P\pi)\pi^{-1}$; das Zeichen $A\pi$ hat nur dann Sinn, wenn $A < P$. Sätze:

1. Aus $A < P$ folgt $A\pi < P\pi$ und $(A\pi)\pi^{-1} = A$.
2. Sind A, B Theile von P, so folgt aus jeder der beiden Aussagen $A < B$, $A\pi < B\pi$ die andere, und aus $A\pi = B\pi$ folgt $A = B$.
3. Jeder Theil A' von $P\pi$ ist (nur auf eine Weise) darstellbar in der Form $A' = A\pi$, wo $A < P$, und zwar ist $A = A'\pi^{-1}$.
4. Ist der Körper A Divisor von P, so ist $A\pi$ ein Körper.
5. Sind die Körper A, B Divisoren von P, so ist $(A \pm B)\pi = A\pi \pm B\pi$, wo $A - B$ den grössten gemeinsamen Divisor, $A + B$ das kleinste gemeinsame Multiplum von A, B bedeutet. Beweis (durch Rechnung). Da $A\pi$, $B\pi$ also auch $A\pi \pm B\pi$ Divisoren von $P\pi$ sind, so kann man (nach 3, 4) $A\pi - B\pi = D'\pi$, $A\pi + B\pi = M'\pi$ setzen, wo D', M' Divisoren von P sind; dann ist $D'\pi < A\pi$, $D'\pi < B\pi$, $M'\pi > A\pi$, $M'\pi > B\pi$, mithin (nach 2) $D' < A$, $D' < B$, $M' > A$, $M' > B$, also *erstens* $D' < A - B$, $M' > A + B$. Andererseits ist $A - B < A$, $A - B < B$, $A + B > A$, $A + B > B$, mithin (nach 2) $(A-B)\pi < A\pi$, $(A-B)\pi < B\pi$, $(A+B)\pi > A\pi$, $(A+B)\pi > B\pi$, also $(A - B)\pi < A\pi - B\pi = D'\pi$, $(A + B)\pi > A\pi + B\pi = M'\pi$, mithin (nach 2) *zweitens* $A - B < D'$, $A + B > M'$. Folglich *drittens* $D' = A - B$, $M' = A + B$, w. z. b. w.

Bemerkungen Der Satz $A\pi - B\pi = (A - B)\pi$ ergiebt sich auch unmittelbar (ohne Rechnung) aus den Begriffen; denn $A\pi - B\pi$ ist der Inbegriff aller Zahlen von der Form $a\pi = b\pi$, wo a, b Zahlen in A, B bedeuten, und da hieraus auch folgt, dass $a = b$ in $A - B$ enthalten ist, so leuchtet der Satz ein. Ebenso ergiebt sich auch $A\pi + B\pi = (A + B)\pi$, wenn man den Satz *zuzieht,* dass jede Zahl in $A + B$ durch eine endliche Anzahl einfacher rationaler Operationen aus Zahlen der Körper A, B gebildet ist. Aber auch *ohne* diese Zuziehung gleich so:

6. *Satz.* Ist D der Durchschnitt, M die Summe (Product) beliebiger Divisoren A von P, so ist $D\pi$ der Durchschnitt, $M\pi$ die Summe aller Körper $A\pi$.

Beweis Alle Körper $A\pi$, also auch ihr Durchschnitt und ihre Summe sind (nach 1) Divisoren von $P\pi$; die beiden letzteren sind daher (nach 3) von der Form $D'\pi$, $M'\pi$. Aus $D'\pi < A\pi < M'\pi$ folgt (nach 2) auch $D' < A < M'$, also *erstens* $D' < D$, $M < M'$. Aus $D < A < M$ folgt (nach 2) auch $D\pi < A\pi < M\pi$, also $D\pi < D\pi'$, $M'\pi < M\pi$, also (nach 2) *zweitens* $D < D'$, $M' < M$. Also *drittens* $D' = D$, $M' = M$, w. z. b. w.

Zusätze zu §. 162 (S. 461–463)

Sind α, β resp. Permutationen der Körper A, B so ist in §. 162 das Symbol $\alpha\beta$ nur für den Fall erklärt, dass $A\alpha = B$ ist; es ist aber sehr zweckmässig, dem Symbol $\alpha\beta$ eine in *allen* Fällen gültige Bedeutung beizulegen. Da das Zeichen $(a\alpha)\beta$ nur dann Sinn hat, *erstens* wenn die Zahl a in A, also $a\alpha$ in $A\alpha$, und wenn *zweitens* die Zahl $a\alpha$ in B, also auch in $A\alpha - B$, enthalten ist, so setze man

$$A\alpha - B = A_1\alpha = B_1, \; A_1 = B_1\alpha^{-1} = (A\alpha - B)\alpha^{-1}$$

wo die beiden Körper A_1, B_1 resp. Divisoren von A, B sind (vergl. die obigen Bemerkungen zu §. 161), und *definiere* die *Abbildung* $\alpha\beta$ des Körpers A_1 durch

$$a_1(\alpha\beta) = (a_1\alpha)\beta,$$

wo a_1 jede Zahl in A_1 bedeutet.

Sätze:

1'. Die Abbildung $\alpha\beta = \alpha_1$ ist eine *Permutation* des Körpers A_1. Denn wenn u, v irgend zwei Zahlen in A_1 bedeuten, so sind sie auch in A enthalten, mithin ist $(u + v)\alpha = u\alpha + v\alpha$, $(uv)\alpha = (u\alpha)(v\alpha)$, und da $u\alpha$, $v\alpha$ in $A_1\alpha = B_1$, also auch in B enthalten sind, so folgt

$$(u + v)\alpha_1 = ((u + v)\alpha)\beta = (u\alpha + v\alpha)\beta = (u\alpha)\beta + (v\alpha)\beta = u\alpha_1 + v\alpha_1,$$
$$(uv)\alpha_1 = ((uv)\alpha)\beta = ((u\alpha)(v\alpha))\beta = ((u\alpha)\beta)((v\alpha)\beta) = (u\alpha_1)(v\alpha_1),$$

w. z. b. w.

Zusatz: Zugleich ist $A_1\alpha_1 = A_1(\alpha\beta) = (A_1\alpha)\beta = B_1\beta = (A\alpha - B)\beta$.

2'. Für je drei Körper-Permutationen α, β, γ gilt das Associationsgesetz $(\alpha\beta)\gamma = \alpha(\beta\gamma)$. *Beweis:* Sind α, β, γ resp. Permutationen von A, B, C, so sind $\alpha_1 = \alpha\beta$, $\beta_2 = \beta\gamma$, $\alpha_2 = \alpha_1\gamma = (\alpha\beta)\gamma$, $\alpha_3 = \alpha\beta_2 = \alpha(\beta\gamma)$ resp. Permutationen der durch

$$A_1\alpha = A\alpha - B, \; B_2\beta = B\beta - C, \; A_2\alpha_1 = A_1\alpha_1 - C, \; A_3\alpha = A\alpha - B_2$$

definirten Körper A_1, B_2, A_2, A_3, und wenn a_1, b_2, a_2, a_3 resp. beliebige Zahlen dieser Körper bedeuten, so ist

$$a_1\alpha_1 = (a_1\alpha)\beta;\ b_2\beta_2 = (b_2\beta)\gamma\ a_2\alpha_2 = (a_2\alpha_1)\gamma = ((a_2\alpha)\beta)\gamma;$$
$$a_3\alpha_3 = (a_3\alpha)\beta_2 = ((a_3\alpha)\beta)\gamma;$$

mithin kommt der zu beweisende Satz $\alpha_2 = \alpha_3$ auf die Identität $A_2 = A_3$ zurück, und diese ergiebt sich so. Da $A_1\alpha < B$, so folgt $A_1\alpha_1 = (A_1\alpha)\beta < B\beta$, also

$$A_1\alpha_1 - B\beta = A_1\alpha_1.$$

Da $B_2 = B - B_2$, so ist

$$A_3\alpha = A\alpha - (B - B_2) = (A\alpha - B) - B_2 = A_1\alpha - B_2,$$

also $A_3 < A$, und da ausserdem $A_1\alpha$, B_2 Divisoren von B sind, so ist

$$A_3\alpha_1 = (A_3\alpha)\beta = (A_1\alpha - B_2)\beta = (A_1\alpha)\beta - B_2\beta = A_1\alpha_1 - (B\beta - C)$$
$$= (A_1\alpha_1 - B\beta) - C = A_1\alpha_1 - C = A_2\alpha_1,$$

mithin $A_3 = A_2$, w. z. b. w.

3'. Ist α eine Permutation von A, so sind $\alpha\alpha^{-1}, \alpha^{-1}\alpha$ resp. die identischen Permutationen von A, $A\alpha$. Denn in der obigen Definition von $\alpha\beta$wird mit $\beta = \alpha^{-1}$ zugleich $B = A\alpha$, $A_1\alpha = A\alpha - A\alpha = A\alpha$, $A_1 = A$; $a(\alpha\alpha^{-1}) = (a\alpha)\alpha^{-1} = a$.

4'. Für je zwei Körper-Permutationen α, β gilt das Gesetz $(\alpha\beta)^{-1} = \beta^{-1}\alpha^{-1}$. *Beweis:* Sind α, β resp. Permutationen von A, B, so ist $\alpha_1 = (\alpha\beta)$ Permutation von $A_1 = (A\alpha - B)\alpha^{-1}$, und für jede Zahl a_1 in A_1 ist $a_1\alpha_1 = (a_1\alpha)\beta$. Ersetzt man hierin α, β durch β^{-1}, α^{-1}, so gehen A, B resp. in $B\beta$, $A\alpha$ über, und folglich ist $\beta^{-1}\alpha^{-1}$ eine Permutation des Körpers $((B\beta)\beta^{-1} - A\alpha)\beta = (B - A\alpha)\beta = (A_1\alpha)\beta = A_1\alpha_1$, also des durch α_1 erzeugten Körpers; jede Zahl dieses Körpers ist von der Form $a_1\alpha_1 = (a_1\alpha)\beta$ und geht durch $\beta^{-1}\alpha^{-1}$ in $((a_1\alpha_1)\beta^{-1})\alpha^{-1} = (a_1\alpha)\alpha^{-1} = a_1$ über; mithin ist $\beta^{-1}\alpha^{-1}$ die inverse Permutation von α_1, w. z. b. w.

Bemerkung Wendet man das Associationsgesetz 2' *nicht* an (wie auch im Beweis von 4'), sondern nur die allgemeine Definition von $\alpha_1 = \alpha\beta$, so ergiebt sich, dass $\alpha_4 = (\alpha\beta)\beta^{-1} = \alpha_1\beta^{-1}$ eine Permutation des Körpers $(A_1\alpha_1 - B\beta)\alpha_1^{-1} = (A_1\alpha_1)\alpha_1^{-1} = A_1$ ist, weil $A_1\alpha_1 - B\beta = A_1\alpha_1$; und zwar ist $a_1\alpha_4 = (a_1\alpha_1)\beta^{-1} = ((a_1\alpha)\beta)\beta^{-1} = a_1\alpha$, also $A_1\alpha_4 = A_1\alpha = A\alpha - B$; Dasselbe würde auch aus dem Associationsgesetz 2' folgen, nämlich $\alpha_4 = (\alpha\beta)\beta^{-1} = \alpha(\beta\beta^{-1}) = \alpha\beta^0$, wo β^0 (nach 3') die identische Permutation von B ist; denn nach der Definition ist $\alpha\beta^0$ eine Permutation von $(A\alpha - B)\alpha^{-1} = A_1$, und $a_1(\alpha\beta^0) = (a_1\alpha)\beta^0 = a_1\alpha$, wie eben. Endlich ergiebt sich aus der Definition, dass $\alpha_5 = \alpha_4\alpha^{-1} = (\alpha_1\beta^{-1})\alpha^{-1} = ((\alpha\beta)\beta^{-1})\alpha^{-1}$ eine Permutation von

$$(A_1\alpha_4 - A\alpha)\alpha_4^{-1} = (A_1\alpha_4)\alpha_4^{-1} = A_1, \quad \text{und} \quad a_1\alpha_5 = (a_1\alpha_4)\alpha^{-1} = (a_1\alpha)\alpha^{-1} = a_1$$

ist.

5'. Aus dem Associationsgesetz 2' ergiebt sich bekanntlich, dass, wenn man aus einer gegebenen *Folge* von n Permutationen $\alpha_1, \alpha_2 \ldots \alpha_n$ ein beliebiges Paar benachbarter (hier im gewöhnlichen Sinne: auf einander folgender) Permutationen α_r, α_{r+1} durch ihre Resultante (oder Product) $\alpha_r\alpha_{r+1}$ ersetzt, und in derselben Weise fortfährt, schliesslich immer dieselbe Permutation erscheint, welche deshalb ohne Klammern durch $\alpha_1\alpha_2 \ldots \alpha_n$ bezeichnet werden darf und auf $\Pi(n-1)$ verschiedene Arten durch $(n-1)$ einfache Zusammensetzungen gebildet werden kann. Sind die n gegebenen Permutationen α_r alle $= \alpha$, so kann ihr Product durch α^n bezeichnet und *Potenz* genannt werden; dann ist $\alpha^1 = \alpha$, und für je zwei *natürliche* Zahlen m, n gelten die Sätze:

$$\alpha^m\alpha^n = \alpha^{m+n}, \quad (\alpha^m)^n = \alpha^{mn}.$$

Unter α^0 soll immer die *identische* Permutation des Körpers von α verstanden werden; zufolge 3' ist daher immer

$$\alpha^0 = \alpha\alpha^{-1}, \quad (\alpha^{-1})^0 = \alpha^{-1}\alpha.$$

Da (auch §. 161) stets $(\alpha^{-1})^{-1} = \alpha$ ist, so folgt hieraus und aus 4', dass $(\alpha^0)^{-1} = (\alpha\alpha^{-1})^{-1} = (\alpha^{-1})^{-1}\alpha^{-1} = \alpha\alpha^{-1} = \alpha^0$, also der ohnehin für jede *identische* Permutation $\varepsilon = \alpha^0$ einleuchtende Satz

$$(\alpha^0)^{-1} = \alpha^0; \quad \varepsilon^{-1} = \varepsilon.$$

Bedeutet n immer eine *natürliche* Zahl, so folgt aus 2', 4' (und 5') auch

$$(\alpha_1\alpha_2 \ldots \alpha_{n-1}\alpha_n)^{-1} = \alpha_n^{-1}\alpha_{n-1}^{-1} \ldots \alpha_2^{-1}\alpha_1^{-1},$$

also auch $(\alpha^n)^{-1} = (\alpha^{-1})^n$; man darf daher *definieren:*

$$\alpha^{-n} = (\alpha^n)^{-1} = (\alpha^{-1})^n,$$

und zwar gilt dies auch für den einzigen Fall $n = 1$, für welchen das Zeichen α^{-n} schon vorher eine Bedeutung hatte. Ersetzt man α durch α^{-1}, so folgt

$$(\alpha^{-1})^{-n} = (\alpha^{-n})^{-1} = \alpha^n.$$

Ersetzt man α in der obigen Definition durch α^m, wo m eine *natürliche* Zahl bedeutet, so folgt

$$(\alpha^m)^{-n} = (\alpha^{mn})^{-1} = \alpha^{-mn} = (\alpha^{-m})^n,$$

und wenn man hierin α durch α^{-1} ersetzt

$$(\alpha^{-m})^{-n} = (\alpha^{-mn})^{-1} = \alpha^{mn} = (\alpha^m)^n.$$

Mithin gilt für je zwei *von Null verschiedene* ganze rationale Zahlen u, v der Satz

$$(\alpha^u)^v = \alpha^{uv}.$$

Da oben α^0 als die identische Permutation des Körpers von α definiert ist, so ist $\alpha^0 = \beta^0$ gleichbedeutend mit der Aussage, dass α, β Permutationen *desselben* Körpers sind; und da α^0,α denselben Körper haben, so ist $(\alpha^0)^0 = \alpha^0$. Aus dem Satze $\alpha^0 = \alpha\alpha^{-1}$ ist oben schon $(\alpha^0)^{-1} = \alpha^0$ abgeleitet; ersetzt man nun in demselben Satze α durch α^0, so folgt $(\alpha^0)^0 = \alpha^0(\alpha^0)^{-1}$, also

$$(\alpha^0)^2 = \alpha^0 \quad \text{oder} \quad \varepsilon^2 = \varepsilon$$

für jede *identische* Permutation ε, was ja auch unmittelbar einleuchtet. (Das ε eine identische Permutation ist, wird zunächst durch $\varepsilon = \varepsilon^0$ ausgedrückt oder, weil allgemein $\alpha^0 = \alpha\alpha^{-1}$ ist; durch $\varepsilon = \varepsilon\varepsilon^{-1}$; hieraus folgt nach 4', weil allgemein $(\alpha^{-1})^{-1} = \alpha$ ist, $\varepsilon^{-1} = (\varepsilon\varepsilon^{-1})^{-1} = (\varepsilon^{-1})^{-1}\varepsilon^{-1} = \varepsilon\varepsilon^{-1} = \varepsilon$, also $\varepsilon^{-1} = \varepsilon$; hieraus weiter $\varepsilon = \varepsilon\varepsilon^{-1} = \varepsilon\varepsilon$, also $\varepsilon^2 = \varepsilon$, wie eben. Es ist zu bemerken, dass umgekehrt aus $\varepsilon^2 = \varepsilon$ auch wieder $\varepsilon = \varepsilon^0$ folgt, wie sich leicht aus der Definition von $\alpha\beta$ beweisen lässt; denn der Körper A von ε ist auch der von ε^2, auch für jede Zahl a in A $a\varepsilon^2 = (a\varepsilon)\varepsilon = a\varepsilon$, also $a\varepsilon = a$, also ε die identische Permutation von A, w. z. b. w. Dagegen folgt aus $\varepsilon^{-1} = \varepsilon$ *nicht* nothwendig $\varepsilon = \varepsilon^0$; in diesem Falle bilden ε^0, ε eine Gruppe zweiten Grades (im Sinne von §. 166), und wenn B deren Körper bedeutet, A den von ε, so ist $(A, B) = 2$, $(B, A) = 1$; umgekehrt, wenn zwei Körper A, B in dieser Beziehung stehen, und ε die mit der identischen Permutation von B einige nichtidentische Permutation von A bedeutet, so ist $\varepsilon = \varepsilon^{-1}$, aber ε nicht $= \varepsilon^0$). Ist ε eine *identische* Permutation, *e irgend* eine ganze Zahl, so ist daher

$$\varepsilon^e = \varepsilon$$

Ist α Permutation des Körpers A, und $\alpha^0 = \alpha\alpha^{-1}$ wieder die identische Permutation von A, so folgt aus der Definition von $\alpha\beta$ leicht

$$\alpha^0\alpha = \alpha = \alpha\alpha^{-1}\alpha, \quad \text{also auch} \quad \alpha^0\alpha^n = \alpha^n$$

für jede natürliche Zahl n (incl. $n = 0$). Ersetzt man ferner α in dem für je zwei natürliche Zahlen m, n, geltenden Satz $\alpha^m\alpha^n = \alpha^{m+n}$ durch α^{-1}, so folgt aus der Definition von α^{-n} auch $\alpha^{-m}\alpha^{-n} = \alpha^{-(m+n)} = \alpha^{(-m)+(-n)}$, also gilt der Satz

$$\alpha^u\alpha^v = \alpha^{u+v} \quad \text{für} \quad uv > 0.$$

Dagegen ist $\alpha\alpha^0$ *keineswegs* allgemein $= \alpha$. *Wenn aber* $A\alpha = A$, was nach dem Obigen vollständig durch $(\alpha^{-1})^0 = \alpha^0$ ausgedrückt werden kann, *so gelten die beiden Sätze*

$$\alpha^u\alpha^v = \alpha^{u+v}, \quad (\alpha^u)^v = \alpha^{uv}$$

für je zwei ganze rationale Zahlen u, v.

6'. Ist $\mathfrak{A}$ ein System von Körperpermutationen α, ebenso $\mathfrak{B}$ ein System von Permutationen β, so soll $\mathfrak{A}\mathfrak{B}$ das System aller in der Form $\alpha\beta$ darstellbaren Permutationen bedeuten. Aus dem Satze 2' folgt dann das *allgemeinere* Associationsgesetz $(\mathfrak{A}\mathfrak{B})\mathfrak{C} = \mathfrak{A}(\mathfrak{B}\mathfrak{C})$. Versteht man unter $\mathfrak{A}^{-1}$ das System der Permutationen α^{-1}, so ist $(\mathfrak{A}\mathfrak{B})^{-1} = \mathfrak{B}^{-1}\mathfrak{A}^{-1}$.

Zusätze zu §. 163 (S. 463–466).

1". *Definition.* Die Permutation δ des Körpers D heisst ein *Divisor* der Permutation μ des Körpers M, und gleichzeitig heisst μ *Multiplum* von δ, in Zeichen $\delta < \mu$, $\mu > \delta$, wenn erstens $D < M$ und zweitens $d\delta = d\mu$ ist, wo d jede Zahl des Körpers D bedeutet. Zugleich ist $D\delta = D\mu < M\mu$.

2". Aus $\delta < \mu$ folgt $\delta^{-1} < \mu^{-1}$.

3". Sind α, β, γ Permutationen, so folgt aus $\alpha < \beta$ und $\beta < \gamma$ auch $\alpha < \gamma$. Aus $\alpha < \beta$ und $\beta < \alpha$ folgt $\alpha = \beta$. Immer ist $\alpha < \alpha$.

4". Ist der Körper D der Divisor des Körpers M, und μ eine Permutation von M, so giebt es eine und nur eine Permutation δ von D, welche Divisor von μ ist. Denn die Abbildung δ von D ist durch das für jede Zahl d in D geltende Gesetz $d\delta = d\mu$ vollständig bestimmt, und sie ist zugleich eine Permutation von D; δ heisse der auf D bezügliche Divisor von μ.

5". Aus $\delta < \mu$ folgt $\delta = \delta^0\mu = \mu(\delta^{-1})^0$. Denn (nach 1" und der Definition von $\alpha\beta$) ist $\delta^0\mu$ eine Permutation des Körpers $(D\delta^0 - M)(\delta^0)^{-1} = (D - M)\delta^0 = D\delta^0 = D$, und für jede Zahl d in D ist $d(\delta^0\mu) = (d\delta^0)\mu = d\mu = d\delta$, also $\delta^0\mu = \delta$. Ebenso ist $\mu(\delta^{-1})^0$ eine Permutation des Körpers $(M\mu - D\delta)\mu^{-1} = (D\delta)\mu^{-1} = D$, und für jede Zahl d in D ist $d(\mu(\delta^{-1})^0) = (d\mu)(\delta^{-1})^0 = (d\delta)(\delta^{-1})^0 = d\delta$, also $\mu(\delta^{-1})^0 = \delta$.

6". *Ist ε eine identische, und μ irgend eine Permutation, so sind $\varepsilon\mu$ und $\mu\varepsilon$ Divisoren von μ.* Denn wenn $\mathscr{E}$, M die Körper von ε, μ bedeuten, so ist $\varepsilon\mu$ Permutation von $(\mathscr{E}\varepsilon - M)\varepsilon^{-1} = (\mathscr{E} - M)\varepsilon = \mathscr{E} - M < M$, und für jede Zahl d in $\mathscr{E} - M < \mathscr{E}$ ist $d(\varepsilon\mu) = (d\varepsilon)\mu = d\mu$, also ist $\varepsilon\mu$ der auf $\mathscr{E} - M$ bezügliche Divisor von μ. Ebenso ist $\mu\varepsilon$ eine Permutation des Körpers $(M\mu - \mathscr{E})\mu^{-1} < M$, und für jede Zahl d' dieses Körpers ist $d'(\mu\varepsilon) = (d'\mu)\varepsilon = d'\mu$, also ist $\mu\varepsilon$ der auf diesen Körper bezügliche Divisor von μ. (*Am besten sind 5", 6" umzustellen!*).

7". *Sind α, β, α_1, β_1 Permutationen, so folgt aus $\alpha_1 < \alpha$ und $\beta_1 < \beta$ auch $\alpha_1\beta_1 < \alpha\beta$.* *Erster* Beweis: zufolge 5" kann man $\alpha_1 = \varepsilon\alpha$, $\beta_1 = \beta\varepsilon_1$ setzen, wo ε, ε_1 identische Permutationen bedeuten, und zufolge 6" ist $\alpha_1\beta_1 = (\varepsilon\alpha)(\beta\varepsilon_1) = \varepsilon(\alpha\beta)\varepsilon_1 < \varepsilon(\alpha\beta) < \alpha\beta$, w. z. b. w. *Zweiter* Beweis: sind α, β, α_1, β_1 Permutationen von A, B, A_1, B_1, so ist $A_1 < A$, $B_1 < B$, und für je zwei Zahlen a_1, b_1 in A_1, B_1 ist $a_1\alpha_1 = a_1\alpha$, $b_1\beta_1 = b_1\beta$, also auch $A_1\alpha_1 = A_1\alpha < A\alpha$; die Körper U, U_1 von $\alpha\beta$, $\alpha_1\beta_1$ sind bestimmt durch $U\alpha = A\alpha - B$, $U_1\alpha_1 = A_1\alpha_1 - B_1$, und für je zwei Zahlen u, u_1 in U, U_1 ist $u(\alpha\beta) = (u\alpha)\beta$, $u_1(\alpha_1\beta_1) = (u_1\alpha_1)\beta_1$; nun ist $U_1 < A_1 < A$, also

$U_1\alpha_1 = U_1\alpha = A_1\alpha - B_1 < A\alpha - B = U\alpha$, also $U_1 < U$, ferner $u_1\alpha_1 = u_1\alpha$, $U_1\alpha_1 = U_1\alpha < B_1$, also $u_1(\alpha_1\beta_1) = (u_1\alpha)\beta_1 = (u_1\alpha)\beta = u_1(\alpha\beta)$, w. z. b. w.

8". *Rest* oder *Durchschnitt* α_1 eines Systems $\mathfrak{A}$ von Permutationen α von Körpern A (wie D. S. 464): der Körper A_1 von α_1 ist der Inbegriff aller derjenigen (im grössten gemeinsamen Divisor oder Durchschnitt U aller in A enthaltenen) Zahlen a_1, welche *einwerthig zu* $\mathfrak{A}$ sind, d. h. durch alle Permutationen α in einem und demselben Werth $a_1\alpha = a_1\alpha_1$ übergehen. A_1 ist wirklich ein Körper, und α_1 eine vollständig bestimmte Permutation von A_1.

9". Der Durchschnitt α_1 von Permutationen α ist (zufolge 1") gemeinsamer Divisor aller α, und jeder gemeinsame Divisor aller α ist Divisor von α_1 (daher Ausdruck: α_1 ist der *grösste* gemeinsame Divisor aller α).

10". Ist α_1 der Durchschnitt des Systems $\mathfrak{A}$ von Permutationen α, so ist α_1^{-1} der Durchschnitt des Systems $\mathfrak{A}^{-1}$ der Permutationen α^{-1} (folgt unmittelbar aus 9" und 2").

11". Sind α_1, β_1 die Durchschnitte der Systeme $\mathfrak{A}$, $\mathfrak{B}$ von Permutationen α, β, so ist $\alpha_1\beta_1$ der Durchschnitt des Systems $\mathfrak{A}\mathfrak{B}$ aller Permutationen $\alpha\beta$. *Beweis.* Es sei $\delta = \alpha_1\beta_1$, ferner μ der Durchschnitt von $\mathfrak{A}\mathfrak{B}$, und A_1, B_1, D, M seien die Körper von α_1, β_1, δ, μ. Dann ist *erstens* $D\alpha_1 = A_1\alpha_1 B_1$, und für jede Zahl d in D ist $d\delta = (d\alpha_1)\beta_1$. *Zweitens:* da μ Divisor von allen $\alpha\beta$ ist, so wird, wenn m irgend eine Zahl in M bedeutet, $m\mu = m(\alpha\beta) = (m\alpha)\beta$ unabhängig von α, β; wählt man eine bestimmte Permutation β und lässt α das System $\mathfrak{A}$ durchlaufen, so folgt zunächst, dass $m\alpha$ unabhängig von α, mithin $M < A_1$, $M\alpha_1 < A_1\alpha_1$, $m\alpha = m\alpha_1$, $m\mu = (m\alpha_1)\beta$ ist; lässt man jetzt β das System $\mathfrak{B}$ durchlaufen, so folgt $M\alpha_1 < B_1$, $m\mu = (m\alpha_1)\beta_1$; aus $M\alpha_1 < A_1\alpha_1$, $M\alpha_1 < B_1$ folgt $M\alpha_1 < A_1\alpha_1 - B_1 = D\alpha_1$, also $M < D$, und da für jede Zahl m in M auch $m\mu = (m\alpha_1)\beta_1 = m\delta$ ist, so folgt $\mu < \delta$ (hierbei ist nur benutzt, dass μ ein gemeinsamer Divisor aller $\alpha\beta$ ist). *Drittens:* Da $\alpha_1 < \alpha$, $\beta_1 < \beta$, also (nach 7") auch $\delta = \alpha_1\beta_1 < \alpha\beta$ ist für alle α, β, so ist (nach 9") auch $\delta < \mu$. *Viertens:* aus $\mu < \delta$ und $\delta < \mu$ folgt (nach 3") auch $\mu = \delta$, w. z. b. w.

Bemerkung Der Satz gilt natürlich für jede endliche Anzahl von Permutations-Systemen $\mathfrak{A}, \mathfrak{B}, \mathfrak{C} \ldots$; sind $\alpha_1, \beta_1, \gamma_1 \ldots$ ihre Durchschnitte, so ist $\alpha_1\beta_1\gamma_1 \ldots$ der von $\mathfrak{A}\mathfrak{B}\mathfrak{C} \ldots$.

12". Bezeichnet man den Durchschnitt von zwei Permutationen α, β mit $\alpha - \beta$, so ist offenbar $\alpha - \alpha = \alpha$, $\alpha - \beta = \beta - \alpha$, ferner $(\alpha - \beta) - \gamma = \alpha - (\beta - \gamma)$, $\alpha - \beta < \alpha$, und aus $\delta < \alpha$, $\delta < \beta$ folgt $\delta < \alpha - \beta$. Die Aussage $\delta < \mu$ ist gleichbedeutend mit $\delta - \mu = \delta$. Und (nach 11") ist $(\alpha - \beta)\gamma = \alpha\gamma - \beta\gamma$, $\gamma(\alpha - \beta) = \gamma\alpha - \gamma\beta$.

13". *Definition* (D. S. 464). Ein System $\mathfrak{A}$ von Permutationen α heisst *einig,* wenn alle α ein gemeinsames Multiplum π besitzen. Bezeichnet man mit A die Körper der Permutation α, mit P den Körper von π, so ist $A < P$, also auch $M < P$, wo M die Summe (das Product) aller Körper A bedeutet. Ist μ der auf M bezügliche Divisor von π (vergl. 4"), so ist $m\mu = m\pi$ für jede Zahl m in M, also auch $a\mu = a\pi$, wo a jede Zahl des Körpers A einer Permutation α bedeutet; aus $\alpha < \pi$ folgt aber (nach 1") auch $a\alpha = a\pi$, also $a\alpha = a\mu$, mithin $\alpha < \mu$. Der auf M bezügliche Divisor

μ von π ist daher ebenfalls ein gemeinsames Multiplum aller α. Ist nun μ' (statt μ' kann *jedes* gemeinsame Multiplum π' aller α betrachtet werden, besser!) ebenfalls eine Permutation von M und zwar gemeinsames Multiplum aller α, so sei $\delta = \mu - \mu'$ ($\delta = \mu - \pi'$) der Durchschnitt von μ, μ' (μ, π'), und D sei der Körper von δ, d. h. der Inbegriff aller in M enthaltenen Zahlen d, welche einwerthig zu μ, μ' (μ, π') sind, also der Bedingung $d\mu = d\mu'$ ($d\mu = d\pi'$) genügen (vergl. 8"), mithin gewiss $D < M$; da nun $\alpha < \mu$ und $\alpha < \mu'$ ($\alpha < \pi'$), so ist (nach 9" oder 12") auch $\alpha < \delta$, also $A < D$, also $M < D$, also $D = M$; mithin ist $m\mu = m\mu'$ ($= m\pi'$) für jede Zahl m in M, also $\mu = \mu'$ ($\mu < \pi'$) (dieser Beweis setzt, abweichend von dem in D. S. 465, die in D. §. 160 beschriebene Construction des Körpers M *nicht* voraus). Es gilt daher der *Satz:* Ist M die Summe (das Product) der Körper A der *einigen* Permutationen α, so giebt es eine und nur eine Permutation μ von M, welche gemeinsames Multiplum aller α ist; jedes gemeinsame Multiplum π aller α ist Multiplum von μ; deshalb kann μ das *kleinste* gemeinsame Multiplum oder die *Summe* oder die *Union* aller α genannt werden, oder auch die *Summe des Systems* $\mathfrak{A}$.

14". Ist M die Summe (das Product) von Körpern A, und μ eine Permutation von M, so ist μ die Summe (Union) aller auf die Körper A bezüglichen Divisoren α von μ (unmittelbare Folge von 13").

15". *Warnung.* Daraus, dass je zwei von drei Permutationen α, β, γ ein einiges System bilden, darf *nicht* geschlossen werden, dass das System aller drei Permutationen α, β, γ ein einiges ist.
Beispiel: Sind A, B zwei verschiedene quadratische Körper, so enthält ihre Summe (Product) $M = A + B = A + C = B + C$ noch einen dritten quadratischen Divisor C; die drei nicht identischen Permutationen α, β, γ von A, B, C sind uneinig, je zwei von ihnen einig.

16". Eine erforderliche, aber nicht hinreichende Bedingung für die Einigkeit eines Systems $\mathfrak{A}$ von Permutationen α besteht darin, dass der Durchschnitt U ihrer Körper A zugleich der Körper A_1 ihres Durchschnitts α_1 ist (vergl. 8"). Denn immer ist $A_1 < U$; wenn aber das System $\mathfrak{A}$ einig ist, wenn also (nach 13") die Permutationen α ein gemeinsames Multiplum π besitzen, so ist für jede Zahl u in U, weil sie in jedem Körper A enthalten ist, $u\alpha = u\pi$, also $u\alpha$ unabhängig von α, also u einwerthig zu $\mathfrak{A}$, also u in A_1 enthalten, also $U < A_1$, also auch $U = A_1$, w. z. b. w. Dass aber diese erforderliche Bedingung $U = A_1$ nicht hinreichend für die Einigkeit von $\mathfrak{A}$ ist, lehrt das Beispiel in 15"; der Durchschnitt des Systems α, β, γ ist die (identische) Permutation des Körpers der rationalen Zahlen, welcher zugleich der Durchschnitt der Körper A, B, C ist; trotzdem ist das System α, β, γ kein einiges.

17". Jedes Theil eines einigen Systems $\mathfrak{A}$ von Körper-Permutationen α ist ein einiges System und dessen Summe ist Divisor der Summe von $\mathfrak{A}$ (selbstverständlich).

18". Jede einzelne Permutation α bildet ein einiges System. Jedes System, das nur aus Wiederholungen derselben Permutation α besteht, ist ein einiges System (selbstverständlich).

19". Ist $\mathfrak{A}$ ein einiges System von Permutationen α, ebenso $\mathfrak{B}$ ein einiges System von Permutationen β, so bilden auch alle Permutationen $\alpha\beta$ ein einiges System $\mathfrak{AB}$ (vergl. 6'), und wenn μ, ν, ρ die Summen der drei Systeme $\mathfrak{A}, \mathfrak{B}, \mathfrak{AB}$ bedeuten, so ist $\rho < \mu\nu$. – Denn (nach 7") folgt aus $\alpha < \mu$, $\beta < \nu$ auch $\alpha\beta < \mu\nu$, mithin ist $\mathfrak{AB}$ ein einiges System, und (nach 13") ist $\rho < \mu\nu$, w. z. b. w.

Bemerkung Dass ρ im Allgemeinen *nicht* $= \mu\nu$ ist, lehrt das Beispiel des biquadratischen Körpers $M = A + B = A + C = B + C = A + B + C$, welcher drei verschiedene quadratische Körper A, B, C enthält; sind α, β, γ resp. *beliebige* Permutationen von A, B, C, so bilden z. B. α, γ ein einiges System $\mathfrak{A}$, dessen Summe μ eine Permutation von M ist; ferner bildet β für sich ein einiges System $\mathfrak{B}$, dessen Summe $\nu = \beta$ ist; da nun $A\alpha = A$ etc. ist, so folgt leicht, dass $\alpha\beta$ wie $\gamma\beta$ die (identische) Permutation des Körpers R der rationalen Zahlen ist (weil z. B. $(A\alpha - B)^{-1}\infty = (A - B)\alpha^{-1} = R\alpha^{-1} = R$ ist), also ist auch die Summe ρ des aus $\alpha\beta, \gamma\beta$ bestehenden einigen Systems $\mathfrak{AB}$ dieselbe Permutation von R; dagegen folgt aus $M\mu = M$, dass $\mu\nu$ eine Permutation des Körpers $(M\mu - B)\mu^{-1} = (M - B)\mu^{-1} = B\mu^{-1} = B$ ist; mithin ist ρ *verschieden* von $\mu\nu$, w. z. b. w.

20". Sind α, β, π Permutationen der Körper A, B, P, ist ferner $\delta = \alpha - \beta$ (der Durchschnitt von α, β) eine Permutation von D, so ist

$\alpha\pi = \beta\pi$ gleichbedeutend mit $A\alpha - P = B\beta - P = D\delta - P$
$\pi\alpha = \pi\beta$ " " $A - P\pi = B - P\pi = D - P\pi$

Beweis Für jede Zahl d in D ist $d\alpha = d\beta = d\delta$; der Körper C von $\delta\pi$ ist Divisor von D (nach Definition), mithin

$$C\delta = C\alpha = C\beta = D\delta - P;$$

allgemein ist ferner (nach 11" oder 12")

$$\delta\pi = (\alpha - \beta)\pi = \alpha\pi - \beta\pi.$$

Aus der *Annahme* $\alpha\pi = \beta\pi$ folgt daher $\delta\pi = \alpha\pi - \alpha\pi = \alpha\pi = \beta\pi$, mithin (nach Def.) auch $C\alpha = A\alpha - P$, $C\beta = B\beta - P$ also wirklich $A\alpha - P = B\beta - P = D\delta - P$ folgt nach dem Obigen $A\alpha - P = C\alpha$, $B\beta - P = C\beta$, mithin ist C auch der Körper von $\alpha\pi$ und von $\beta\pi$, und da für jede Zahl c in C auch $c\alpha = c\beta = c\delta$, also auch $c(\alpha\pi) = (c\alpha)\pi = (c\delta)\pi = (c\beta)\pi = c(\beta\pi)$ ist, so folgt auch $\alpha\pi = \beta\pi$, w. z. b. w.

Die zweite Behauptung folgt aus der ersten, weil die Aussage $\pi\alpha = \pi\beta$ gleichbedeutend mit der Aussage $\alpha^{-1}\pi^{-1} = \beta^{-1}\pi^{-1}$ ist.

Bemerkung Die Aussage $\alpha\pi = \beta\pi$ ist auch gleichbedeutend mit $\alpha\pi^0 = \beta\pi^0$, und die Aussage $\pi\alpha = \pi\beta$ gleichbedeutend mit $(\pi^{-1})^0\alpha = (\pi^{-1})^0\beta$.

21". Die Aussage $\alpha\beta = \beta$ ist gleichbedeutend mit $\alpha\beta^0 = \beta^0$ und mit $\beta^0 < \alpha$, und die Aussage $\alpha\beta = \alpha$ gleichbedeutend mit $(\alpha^{-1})^0\beta = (\alpha^{-1})^0$ und mit $(\alpha^{-1})^0 < \beta$.

Zusatz zu §§. 161–163

Die vorstehenden Zusätze lassen sich noch vereinfachen durch einige neue Bezeichnungen und Definitionen.

1"'. *Definition* Ist α eine Permutation des Körpers A, so soll $A = \alpha x$ gesetzt werden.

2"'. *Satz:* Immer ist

$$(\alpha^{-1})^x = \alpha^x\alpha; \quad (\alpha^{-1})^x\alpha^{-1} = \alpha^x; \quad (\alpha^x\alpha)\alpha^{-1} = \alpha^x.$$

Denn α^{-1} ist eine Permutation des durch α erzeugten Körpers $\alpha^x\alpha$, woraus die erste Gleichung folgt; ersetzt man α durch α^{-1}, so ergiebt sich die zweite Gleichung, und durch Combination beider die dritte.

3"'. *Definition.* Ist α eine Körperpermutation, so hatte bisher das Zeichen $H\alpha$ nur dann einen Sinn, wenn H ein Theil des Körpers α^x war. Wir wollen jetzt, wenn H ein *beliebiger Körper* ist, definiren:

$$H\alpha = (H - \alpha^x)\alpha$$

4"'. *Satz.* Ist H ein Körper, α eine Körperpermutation, so ist

$$H\alpha < \alpha^x\alpha, \quad (H\alpha)\alpha^{-1} = H - \alpha^x.$$

Denn weil $H - \alpha^x < \alpha^x$, so folgt die erste Aussage aus der Definition 3"'; für jede Zahl a des Körpers α^x ist ferner $(a\alpha)\alpha^{-1} = a$ (nach Definition von α^{-1}), also ist auch $((H - \alpha^x)\alpha)\alpha^{-1} = H - \alpha^x$, und zufolge 3"' ist dies die zweite zu beweisende Gleichung.

5"'. *Satz.* Sind H, K Körper, α eine Permutation, so ist

$$H\alpha = K\alpha \text{ gleichbedeutend mit } H - \alpha^x = K - \alpha^x.$$

Denn aus $H\alpha = K\alpha$ folgt $(H\alpha)\alpha^{-1} = (K\alpha)\alpha^{-1}$, also nach 4"' auch $H - \alpha^x = K - \alpha^x$; umgekehrt folgt aus dieser Gleichung $(H - \alpha^x)\alpha = (K - \alpha^x)\alpha$, also nach 3"' auch $H\alpha = K\alpha$, w. z. b. w.

6"'. *Satz.* Sind H, K Körper, α eine Permutation, so ist

$$(H - K)\alpha = H\alpha - K\alpha.$$

Da nämlich $(H - K) - \alpha^x = (H - \alpha^x) - (K - \alpha^x)$ ist, so folgt aus 3"'

$$(H - K)\alpha = \{(H - \alpha^x) - (K - \alpha^x)\}\alpha,$$

und da $H - \alpha^x$, $K - \alpha^x$ Divisoren von α^x sind, so gilt der Satz 5, also ist

$$(H - K)\alpha = (H - \alpha^x)\alpha - (K - \alpha^x)\alpha,$$

worin nach 3''' der zu beweisende Satz besteht.

7'''. *Satz.* Sind H, K Körper, α eine Permutation, so ist die Aussage $(H+K)\alpha = H\alpha + K\alpha$ gleichbedeutend mit der Aussage $(H+K) - \alpha^x = (H - \alpha^x) + (K - \alpha^x)$. Da nämlich $(H - \alpha^x)$, $(K - \alpha^x)$ Theile von α^x sind, so ist nach Satz 5 jedenfalls (zufolge 3''')

$$\{(H - \alpha^x) + (K - \alpha^x)\}\alpha = (H - \alpha^x)\alpha + (K - \alpha^x)\alpha = H\alpha + K\alpha,$$

unsere erste Aussage ist also gleichbedeutend mit

$$(H + K)\alpha = \{(H - \alpha^x) + (K - \alpha^x)\}\alpha,$$

also nach 5''' gleichbedeutend mit

$$(H + K) - \alpha^x = \{(H - \alpha^x) + (K\alpha^x)\} - \alpha^x,$$

und da die rechte Seite offenbar $= (H - \alpha^x) + (K - \alpha^x)$ ist, weil $(H - \alpha^x)$ und $(K - \alpha^x)$ Divisoren von α^x sind, so ist unser Satz bewiesen.

Zusatz. Sind H, K selbst Divisoren von α^x, also auch $H+K$, so ist die zweite Aussage offenbar erfüllt, und folglich gilt auch die erste Aussage $(H + K)\alpha = H\alpha + K\alpha$; dies ist offenbar wieder der Satz 5.

8'''. *Satz.* Sind α, β Permutationen, so ist

$$\beta^x\alpha^{-1} < \alpha^x \quad \text{und} \quad (\beta^x\alpha^{-1})\alpha = \alpha^x\alpha - \beta^x.$$

Dies folgt unmittelbar aus 4''', wenn dort H, α resp. durch β^x, α^{-1} ersetzt wird mit Rücksicht auf 2'''.

9'''. *Definition* und *Satz* (geänderte Darstellung der Definition von $\alpha\beta$). Sind α, β beliebige Permutationen, und ist u eine beliebige Zahl des Körpers $\beta^x\alpha^{-1}$, so ist u nach 8''' in α^x enthalten, mithin hat $u\alpha$ eine bestimmte Bedeutung, und da $u\alpha$ nach 8''' in β^x enthalten ist, so hat auch $(u\alpha)\beta$ eine bestimmte Bedeutung[4]. Man kann daher eine *Abbildung* $\alpha\beta$ des Körpers $\beta^x\alpha^{-1}$ *definiren* durch

$$u(\alpha\beta) = (u\alpha)\beta.$$

Diese Abbildung $\alpha\beta$ ist eine *Permutation* des Körpers $\beta^x\alpha^{-1}$; denn wenn v ebenfalls eine Zahl in $\beta^x\alpha^{-1}$ ist, so gilt dasselbe von $u + v$ und uv, und man erhält

[4]Das Zeichen $(u\alpha)\beta$ hat dann und *nur* dann Sinn, wenn die Zahl u in α^x, also $u\alpha$ in $\alpha^x\alpha$, und wenn $u\alpha$ auch in β^x, also $u\alpha$ in $\alpha^x\alpha - \beta^x = (\alpha^{-1})^x - \beta^x$, also wenn $(u\alpha)\alpha^{-1} = u$ in $\{(\alpha^{-1})^x - \beta^x\}\alpha^{-1} = \beta^x\alpha^{-1}$ enthalten ist.

$$(u+v)(\alpha\beta) = ((u+v)\alpha)\beta = (u\alpha + v\alpha)\beta = (u\alpha)\beta + (v\alpha)\beta = u(\alpha\beta) + v(\alpha\beta)$$
$$(uv)(\alpha\beta) = ((uv)\alpha)\beta = ((u\alpha)(v\alpha))\beta = ((u\alpha)\beta)((v\alpha)\beta) = (u(\alpha\beta))(v(\alpha\beta)),$$

w. z. b. w. Der Körper dieser Permutation $\alpha\beta$ ist also

$$(\alpha\beta)^x = \beta^x\alpha^{-1}, \quad \text{also nach 8''' auch} \quad (\alpha\beta)^x < \alpha^x,$$

und hieraus folgt nach 8''' und 3'''

$$(\alpha\beta)^x\alpha = (\beta^x\alpha^{-1})\alpha = \alpha^x\alpha - \beta^x, \quad \text{und} \quad (\alpha\beta)^x(\alpha\beta) =$$
$$((\alpha\beta)^x\alpha)\beta = (\alpha^x\alpha - \beta^x)\beta = (\alpha^x\alpha)\beta.$$

10'''. *Satz.* Sind α, β Permutationen, und H ein Körper, so ist

$$H(\alpha\beta) = (H\alpha)\beta.$$

Denn nach 3''' ist zunächst

$$H(\alpha\beta) = (H - (\alpha\beta)^x)(\alpha\beta).$$

und aus der Definition 9''' von $\alpha\beta$ folgt, weil $H - (\alpha\beta)^x$ Divisor von $(\alpha\beta)^x = \beta^x\alpha^{-1}$ ist,

$$H(\alpha\beta) = ((H - (\alpha\beta)^x)\alpha)\beta;$$

nach 6''', 9''',6''', 3''' ist aber

$$(H - (\alpha\beta)^x)\alpha = H\alpha - (\alpha\beta)^x\alpha = H\alpha - (\alpha^x\alpha - \beta^x) = (H\alpha - \alpha^x\alpha) - \beta^x$$
$$= (H - \alpha^x)\alpha - \beta^x = H\alpha - \beta^x,$$

also wird (zufolge 3''') $H(\alpha\beta) = (H\alpha - \beta^x)\beta = (H\alpha)\beta$, w. z. b. w.

11'''. *Satz.* Sind α, β Permutationen, so ist

$$(\alpha\beta)^{-1} = \beta^{-1}\alpha^{-1}.$$

Denn nach 2''', 9''' ist

$$((\alpha\beta)^{-1})^x = (\alpha\beta)^x(\alpha\beta) = (\alpha^x\alpha)\beta,$$

und nach 9''', 2''' ist

$$(\beta^{-1}\alpha^{-1})^x = (\alpha^{-1})^x\beta = (\alpha^x\alpha)\beta,$$

mithin haben die beiden Permutationen $(\alpha\beta)^{-1}$ und $\beta^{-1}\alpha^{-1}$ denselben Körper $(\alpha\beta)^x(\alpha\beta)$. Jede Zahl v dieses Körpers ist von der Form $v = u(\alpha\beta) = (u\alpha)\beta$, wo u jede Zahl des Körpers $(\alpha\beta)^x = \beta^x\alpha^{-1}$ bedeutet. Diese Zahl $v = u(\alpha\beta)$ geht durch $(\alpha\beta)^{-1}$ in $(u(\alpha\beta))(\alpha\beta)^{-1} = u$ über, und dieselbe Zahl $v = (u\alpha)\beta$ geht durch

$\beta^{-1}\alpha^{-1}$ über in $((u\alpha)\beta)(\beta^{-1}\alpha^{-1}) = (((u\alpha)\beta)\beta^{-1})\alpha^{-1} = (u\alpha)\alpha^{-1} = u$[5], mithin ist wirklich $(\alpha\beta)^{-1} = \beta^{-1}\alpha^{-1}$, w. z. b. w.

12'''. *Satz.* Sind α, β, γ Permutationen, so ist

$$(\alpha\beta)\gamma = \alpha(\beta\gamma).$$

Denn nach 9''', 11'''

$$((\alpha\beta)\gamma)^x = \gamma^x(\alpha\beta)^{-1} = \gamma^x(\beta^{-1}\alpha^{-1}),$$

und nach 9''', 10''' ist

$$(\alpha(\beta\gamma))^x = (\beta\gamma)^x\alpha^{-1} = (\gamma^x\beta^{-1})\alpha^{-1} = \gamma^x(\beta^{-1}\alpha^{-1}),$$

also haben beide Permutationen $(\alpha\beta)\gamma$ und $\alpha(\beta\gamma)$ denselben Körper, und wenn u irgend eine Zahl dieses Körpers bedeutet, so ist nach 9'''

$$u((\alpha\beta)\gamma) = (u(\alpha\beta))\gamma = ((u\alpha)\beta)\gamma = (u\alpha)(\beta\gamma) = u(\alpha(\beta\gamma)),$$

also geht u durch jede der beiden Permutationen $(\alpha\beta)\gamma$ und $\alpha(\beta\gamma)$ in dieselbe Zahl $((u\alpha)\beta)\gamma$ über, w. z. b. w.

13'''. *Identische Permutationen. – Satz:* Ist α eine Permutation, so ist das Product $\alpha\alpha^{-1}$, welches immer mit α^0 bezeichnet werden soll, die *identische* Permutation von α^x (D. §. 161. S. 459 und §. 162. S. 462). Denn nach 9''', 2''', 4''' ist

$$(\alpha\alpha^{-1})^x = (\alpha^{-1})^x\alpha^{-1} = (\alpha^x\alpha)\alpha^{-1} = \alpha^x - \alpha^x = \alpha^x,$$

und für jede Zahl a in α^x ist (wie in 4''') $a(\alpha\alpha^{-1}) = (a\alpha)\alpha^{-1} = a$, also ist immer

$$\alpha^0 = \alpha\alpha^{-1}; \quad (\alpha^0)^x = \alpha^x; \quad a\alpha^0 = a; \quad \alpha^x\alpha^0 = \alpha^x,$$

14'''. *Satz.* Immer ist

$$(\alpha^0)^{-1} = \alpha^0$$

Denn nach 13''', 11''' ist $(\alpha^0)^{-1} = (\alpha\alpha^{-1})^{-1} = (\alpha^{-1})^{-1}\alpha^{-1} = \alpha\alpha^{-1} = \alpha^0$.

15'''. *Satz.* Immer ist

$$\alpha^0\alpha = \alpha, \quad \text{also auch} \quad \alpha^{-1}\alpha^0 = \alpha^{-1} \quad \text{zufolge 11''', 14'''.}$$[6]

Denn nach 9''', 14''', 13''' ist

$$(\alpha^0\alpha)^x = \alpha^x(\alpha^0)^{-1} = \alpha^x\alpha^0 = \alpha^x,$$

[5] $u(\beta^{-1}\alpha^{-1}) = (u\beta^{-1})\alpha^{-1} = (u\alpha)\alpha^{-1} = u$.
[6] $[\alpha\alpha^{-1}\alpha = \alpha]$, $[(\alpha^{-1})^0\alpha^{-1} = \alpha^{-1}$, $\alpha(\alpha^{-1})^0 = \alpha]$.

und $a(\alpha^0\alpha) = (a\alpha^0)\alpha = a\alpha$, w. z. b. w.

16'''. Immer ist

$$\alpha^0\alpha^0 = \alpha^0.$$

Denn nach 9'''

$$(\alpha^0\alpha^0)^x = (\alpha^0)^x(\alpha^0)^{-1} = \alpha^x\alpha^0 = \alpha^x,$$

und für jede Zahl a in α^x ist $a(\alpha^0\alpha^0) = (a\alpha^0)\alpha^0 = a\alpha^0 = a$, w. z. b. w. Oder auch so: nach 13''', 12''', 15''' ist $\alpha^0\alpha^0 = \alpha^0(\alpha\alpha^{-1}) = (\alpha^0\alpha)\alpha^{-1} = \alpha\alpha^{-1} = \alpha^0$, w. z. b. w. Oder auch so: $\alpha^0\alpha^0 = (\alpha\alpha^{-1})\alpha^0 = \alpha(\alpha^{-1}\alpha^0) = \alpha\alpha^{-1} = \alpha^0$.

17'''. *Satz* (Umkehrung von 16'''): Ist ε eine Permutation, und $\varepsilon\varepsilon = \varepsilon$, so ist $\varepsilon = \varepsilon^0$ eine identische Permutation. Denn nach 13''', 12''', 15''' folgt aus $\varepsilon = \varepsilon\varepsilon$ auch

$$\varepsilon^0 = \varepsilon\varepsilon^{-1} = (\varepsilon\varepsilon)\varepsilon^{-1} = \varepsilon(\varepsilon\varepsilon^{-1}) = \varepsilon\varepsilon^0 = \varepsilon, \text{ w. z. b. w.}$$

Bemerkung Dagegen ist 14''' *nicht charakteristisch* für identische Permutationen, d. h. aus $\varepsilon^{-1} = \varepsilon$ folgt *nicht* $\varepsilon = \varepsilon^0$, sondern nur $\varepsilon\varepsilon = \varepsilon\varepsilon^{-1} = \varepsilon^0$, und (nach 2''') auch $\varepsilon^x\varepsilon = \varepsilon^x$.

18'''. *Satz.* Sind α, μ Permutationen, und ist $\mu^x = \alpha^x\alpha = (\alpha^{-1})^x$, so giebt es eine und nur eine Permutation α_1 von α^x, welche der Bedingung $\mu = \alpha^{-1}\alpha_1$ genügt, und zwar ist $\alpha_1 = \alpha\mu$.

Beweis Setzt man $\alpha_1 = \alpha\mu$, so ist $\alpha_1^x = \mu^x\alpha^{-1} = (\alpha^x\alpha)\alpha^{-1} = \alpha^x$, also α_1 eine Permutation von α^x; ferner ist $\alpha^{-1}\alpha_1 = \alpha^{-1}(\alpha\mu) = (\alpha^{-1}\alpha)\mu = \mu^0\mu = \mu$ (zufolge 15'''). Umgekehrt: wenn $\mu = \alpha^{-1}\alpha_1$ und $\alpha_1^x = \alpha^x$, so folgt $\alpha\mu = \alpha(\alpha^{-1}\alpha_1) = (\alpha\alpha^{-1})\alpha_1 = \alpha^0\alpha_1 = \alpha_1^0\alpha_1 = \alpha_1$, w. z. b. w.

Irreducibele Systeme. Endliche Körper (§ 164.) 8

SUB Göttingen, Cod. Ms. Dedekind II 3.2
Bl. 373–374

Für die genaue Untersuchung der Verwandtschaft zwischen den verschiedenen Körpern – und hierin besteht der eigentlich Gegenstand der heutigen Algebra – bildet der folgende Begriff[1] die allgemeinste und zugleich einfachste Grundlage:

Ein System T von m Zahlen $\omega_1, \omega_2 \ldots, \omega_m$ heisst *reducibel in Bezug auf einen Körper* A, wenn es m Zahlen $a_1, a_2 \ldots, a_n$ in A giebt, die der Bedingung

$$a_1\omega_1 + a_2\omega_2 + \ldots + a_m\omega_m = 0$$

genügen und nicht alle verschwinden; im entgegengesetzten Falle heisst das System T *irreducibel* nach A. Je nachdem der erstere oder letztere Fall stattfindet, werden wir auch sagen, die m Zahlen $\omega_1, \omega_2 \ldots, \omega_m$ seien voneinander *abhängig* oder *unabhängig* (in Bezug auf A).

Ist A ein Divisor des Körpers K, so leuchtet ein, dass jedes in Bezug auf A reducibele System auch reducibel nach K, und jedes nach K irreducibele System auch irreducibel in Bezug auf A ist. Bei den zunächst folgenden Bemerkungen werden aber alle Systeme T immer auf einen und denselben Körper A bezogen, und es wird deshalb erlaubt sein, diese Beziehung unerwähnt zu lassen.

Jedes irreducibele System besteht aus lauter von einander und von Null verschiedenen Zahlen, und ein aus einer einzigen Zahl bestehendes System ist dann und nur dann irreducibel, wenn diese Zahl von Null verschieden ist.

[1] Vergl. *Dirichlet: Verallgemeinerung eines Satzes aus der Lehre von den Kettenbrüchen nebst einigen Anwendungen auf die Theorie der Zahlen.* (Berliner Monatsberichte, April 1842, oder Dirichlet's Werke, Bd. 1, S. 633).

K. Scheel, *Dedekinds Theorie der ganzen algebraischen Zahlen*,
https://doi.org/10.1007/978-3-658-30928-2_8

Ein reducibeles oder irreducibeles Sytem behält diesen Charakter, wenn die Zahlen desselben mit einem Beliebigen gemeinsamen, von Null verschiedenen Factor multiplicirt werden.

Fügt man zu einem reducibelen Systeme noch eine oder mehrere Zahlen hinzu, so bleibt das System reducibel; jeder Theil eines irreducibelen Systems ist irreducibel.

Von besonderem Interesse ist die folgende Anwendung des obigen Begriffes. Wir sagen, eine Zahl θ sei *algebraisch in Bezug auf den Körper A*, wenn sie die Wurzel einer endlichen algebraischen Gleichung von der Form

$$\theta^n + a_1\theta^{n-1} + \ldots + a_{n-1}\theta + a_n = 0$$

ist, deren Coeffizienten a_r dem Körper A angehören. Dieselbe Eigenschaft können wir jetzt so aussprechen, dass die $n + 1$ Potenzen $\theta^n, \theta^{n-1} \ldots \theta$, 1 ein nach A irreducibeles System bilden. Unter allen positiven Exponenten n, für welche diese Reducibilität besteht, muss es nun einen *kleinsten* n geben, in der Weise, dass das System der n Potenzen $\theta^{n-1} \ldots \theta$, 1 irreducibel ist, aber durch Hinzufügung von θ^n reducibel wird; diese natürliche Zahl n wollen wir den Grad der Zahl θ in Bezug auf A nennen, und wir sagen kurz, θ sei eine (algebraische) Zahl n ten Grades in Bezug auf A. Ist $n = 1$, so ist θ offenbar in A enthalten, und umgekehrt ist jede Zahl des Körpers A algebraisch vom ersten Grad in Bezug auf A.

Kehren wir jetzt zu dem allgemeinen Falle zurück und nehmen wir an, das obige System der m Zahlen $\omega_1, \omega_2 \ldots \omega_m$ (die nicht alle verschwinden) sei reducibel, so wird offenbar ein Theil dieses Systems, der etwa aus den n Zahlen $\omega_1, \omega_2 \ldots \omega_n$ bestehen mag, irreducibel sein, während jede der übrigen $m - n$ Zahlen $\omega_{n+1}, \omega_{n+2} \ldots \omega_m$ mit jenen ein reducibeles System bildet. Wir wollen nun allgemein mit ω *jede* Zahl bezeichnen, welche von den Zahlen $\omega_1, \omega_2 \ldots \omega_n$ *abhängig* ist, d. h. welche mit diesen Zahlen ein reducibeles System bildet; es leuchtet ein, dass jede solche Zahl ω stets und nur auf eine *einzige* Art in der Form

$$\omega = h_1\omega_1 + h_2\omega_2 + \ldots + h_n\omega_n \tag{1}$$

darstellbar ist, wo die Coefficienten $h_1, h_2 \ldots h_n$ Zahlen des Körpers A bedeuten, und dass umgekehrt jede in dieser Form darstellbare Zahl abhängig ist von den n Zahlen $\omega_1, \omega_2 \ldots \omega_n$. Die Gesammtheit Ω aller dieser Zahlen ω nennen wir eine *Schaar* (in Bezug auf A); das System der n bestimmten Zahlen $\omega_1, \omega_2 \ldots \omega_n$ heisst eine (irreducibele) *Basis* der Schaar Ω, und diese n Zahlen ω_r selbst heissen die *Glieder* oder *Elemente* dieser Basis. Zu jeder in Ω enthaltenen Zahl ω gehören dann n völlig bestimmte Zahlen $h_1, h_2 \ldots h_n$ des Körpers A, die in der Darstellung (1) von ω auftreten und die *Coordinaten* von ω in Bezug auf diese Basis heissen sollen. Die charakteristischen Eigenschaften einer solchen Schaar Ω sind die folgenden:

I. *Die Zahlen in Ω reproduciren sich durch Addition und Subtraction, d. h. die Summen und Differenzen von je zwei solchen Zahlen sind ebenfalls Zahlen in Ω.*
II. *Jedes Product aus einer Zahl in Ω und einer Zahl in A ist eine Zahl in Ω.*

III. *Es gibt n von einander unabhängige Zahlen in Ω, aber je $n+1$ solche Zahlen sind voneinander abhängig.*

Nur der zweite Theil dieser letzten Eigenschaft bedarf noch einer Begründung, und wir dürfen dabei annehmen, dass sie für jede ähnliche Schaar, deren Basis aus weniger als n Gliedern besteht, schon bewiesen sei. Nimmt man nun $n+1$ beliebige Zahlen $\alpha, \alpha_1, \alpha_2 \ldots \alpha_n$ aus Ω, so sind sie, falls eine von ihnen, z. B. $\alpha = 0$ ist, gewiss von einander abhängig; im entgegengesetzten Falle dürfen wir voraussetzen, dass z. B. die erste Coordinate der Zahl α nicht verschwindet; dann kann man offenbar n Zahlen $c_1, c_2 \ldots c_n$ in A so bestimmen, dass die erste Coordinate von jeder der n Zahlen

$$\alpha_1 + c_1\alpha\,, \quad \alpha_2 + c_2\alpha \ \ldots \ \alpha_n + c_n\alpha$$

verschwindet[2]; diese n Zahlen gehören dann einer Schaar an deren Basis aus nur $n-1$ Zahlen $\omega_2, \omega_3 \ldots \omega_n$ besteht, und sind folglich von einander abhängig; es giebt daher n Zahlen $a_1, a_2 \ldots a_n$ in A, die nicht alle verschwinden, und welche der Bedingung

$$a_1(\alpha_1 + c_1\alpha) + a_2(\alpha_2 + c_2\alpha) + \ldots + a_n(\alpha_n + c_n\alpha) = 0$$

genügen, und da auch die Summe $a = a_1c_1 + a_2c_2 + \ldots + a_nc_n$ in A enthalten ist, so folgt hieraus, dass die $n+1$ Zahlen $\alpha, \alpha_1, \alpha_2 \ldots \alpha_n$ wirklich von einander abhängig sind, was zu beweisen war.

Umgekehrt, wenn ein Zahlensystem Ω die obigen drei Eigenschaften I, II, III besitzt, so folgt aus der letzten, dass, nachdem man n von einander unabhängige Zahlen $\omega_1, \omega_2 \ldots \omega_n$ aus Ω gewählt hat, jede in Ω enthaltene Zahl ω gewiss von der Form (1) ist; sodann folgt aus II und I, dass auch jede in der Form (1) enthaltene Zahl ω dem System Ω angehört. Also sind wirklich diese drei Eigenschaften charakteristisch für die aus allen Zahlen ω von der Form (1) bestehenden Schaar Ω.

Zugleich leuchtet hieraus ein, dass jedes aus n solchen Zahlen ω bestehende irreducibele System ebenfalls als eine Basis von Ω angesehen und benutzt werden kann; mit jedem Uebergange von einer Basis zu einer anderen ist offenbar eine Transformation der Coordinaten aller Zahlen ω verbunden, ähnlich wie in der analytischen Geometrie. Auf die Auswahl einer solchen neuen Basis bezieht sich der folgende wichtige Satz, von dem wir, wenn auch erst später, oft Gebrauch zu machen haben werden.

IV. *Ein beliebiges System von n Zahlen der Schaar Ω ist reducibel oder irreducibel, je nachdem die aus ihren Coordinaten gebildete Determinante verschwindet oder nicht verschwindet.*

Um dies zu beweisen, betrachten wir ein beliebiges System von n Zahlen $\alpha_1, \alpha_2 \ldots \alpha_n$, die in Ω enthalten, also von der Form

[2] Im Falle $n = 1$ ist hierdurch allein die Behauptung schon erwiesen.

$$\alpha_r = a_{r,1}\omega_1 + a_{r,2}\omega_2 + \ldots a_{r,n}\omega_n$$

sind, und bezeichnen mit a die aus den Coordinaten $a_{r,s}$ gebildete Determinante. Bilden nun diese n Zahlen α_r ein reducibeles System, so giebt es n Zahlen $x_1, x_2 \ldots x_n$ in A, die nicht alle verschwinden und die der Bedingung

$$x_1\alpha_1 + x_2\alpha_2 + \ldots + x_n\alpha_n = 0$$

genügen; ersetzt man hierin die n Zahlen α_r durch die vorstehenden Ausdrücke, so müssen, weil die n Zahlen ω_s von einander unabhängig sind, die in A enthaltenen n Summen

$$a_{1,s}x_1 + a_{2,s}x_s + \ldots + a_{n,s}x_s = 0$$

sein, und hieraus folgt bekanntlich, dass jedes der Producte $ax_1, ax_2 \ldots ax_n$, also auch a selbst verschwindet. Bilden aber die n Zahlen α_r ein irreducibeles System, also auch eine neue Basis von Ω, so sind die n Zahlen ω_s darstellbar in der Form

$$\omega_s = b_{1,s}\alpha_1 + b_{2,s}\alpha_2 + \ldots + b_{n,s}\alpha_n$$

wo wieder alle Coefficienten $b_{r,s}$, deren Determinante wir mit b bezeichnen, in A enthalten sind. Substituirt man diese Darstellung der Zahlen ω_s in den obigen Ausdruck für α_r, so folgt, dass jede der in A enthaltenen n^2 Summen

$$a_{r,1}b_{s,1} + a_{r,2}b_{s,2} + \ldots + a_{r,n}b_{s,n} = 1 \text{ oder } = 0$$

ist, je nachdem r, s gleich oder verschieden sind; nach dem bekannten Satze über die Multiplication der Determinanten folgt hieraus $ab = 1$, mithin ist a von Null verschieden, was zu beweisen war. –

Wir wenden uns nun zu der wichtigen Frage: wann ist eine solche, durch die Eigenschaften I, II, III charakterisirte Schaar Ω ein *Körper?* Soll dies der Fall sein, so müssen alle Producte $\omega_r\omega_s$ aus je zwei Elementen der Basis ebenfalls in Ω enthalten, also muss

$$\omega_r\omega_s = a_r^{r,s}\omega_1 + a_2^{r,s}\omega_2 + \ldots + a_n^{r,s}\omega_n$$

sein, wo alle Coefficienten $a_m^{r,s}$ Zahlen des Körpers A bedeuten[3] Sind diese Bedingungen erfüllt, so leuchtet ein, dass die Zahlen ω der Schaar Ω sich nicht nur (zufolge I) durch Addition und Subtraction, sondern auch durch Multiplication reproduciren; ist ferner α eine beliebige, aber von Null verschiedene Zahl in Ω, so bilden die n Producte $\alpha\omega_r$ gewiss ein irreducibeles System und da sie ebenfalls in Ω enthalten sind, so können sie als eine neue Basis von Ω dienen; mithin ist jede Zahl ω auch darstellbar in der Form:

---

[3]Zufolge der allgemeinen Gesetze $\omega_r\omega_s = \omega_s\omega_r$ und $(\omega_r\omega_s)\omega_t = \omega_r(\omega_s\omega_t)$ müssen diese Coefficienten gewisse Bedingungen erfüllen, die wir aber hier nicht weiter zu verfolgen brauchen. Vergl. §. 159 der *zweiten* Auflage (1871) dieses Werkes und meinen Aufsatz *Zur Theorie der aus n Haupteinheiten gebildeten complexen Grössen* (Nachrichten von der Göttinger Ges. d. W. 1885. S. 141).

$$\omega = \alpha(k_1\omega_1 + k_2\omega_2 + \ldots + k_n\omega_n),$$

wo die n neuen Coordinaten k_r wieder dem Körper A angehören und folglich ist auch jeder Quotient von zwei Zahlen ω, α der Schaar Ω wieder eine Zahl in Ω. Wir haben daher folgenden Satz gewonnen:

V. *Die erforderlichen und hinreichenden Bedingungen dafür, dass die Schaar Ω ein Körper ist, bestehen darin, dass alle Producte aus zwei Elementen einer Basis von Ω wieder in Ω enthalten sind.*

Jede Basis der Schaar Ω nennen wir nun auch eine Basis des Körpers Ω in Bezug auf A. Da dieser Körper Ω gewiss die Zahl 1 enthält, so ergiebt sich aus II der Satz:

VI. *Ist die Schaar Ω ein Körper, so ist A ein Divisor von Ω.*

Da ferner, wenn ω eine beliebige Zahl dieses Körpers Ω bedeutet, auch alle Potenzen ω^2, $\omega^3 \ldots$ in Ω enthalten sind, so bilden zufolge III die $n+1$ Zahlen $\omega^n, \omega^{n-1} \ldots \omega, 1$ gewiss ein reducibeles System, was wir so aussprechen können:

VII. *Ist die Schaar Ω ein Körper, so ist jede darin enthaltene Zahl algebraisch in Bezug auf A und zwar höchstens vom Grade n.*

Wir betrachten jetzt zwei Körper A, B und nehmen an, es gebe n Zahlen $\omega_1, \omega_2 \ldots \omega_n$ in B, die ein nach A irreducibeles System bilden, aber jedes System von $n+1$ Zahlen des Körpers B sei reducibel; da jeder Theil eines irreducibelen Systems ebenfalls irreducibel ist, so kann es nur eine einzige solche Anzahl n geben; in diesem Falle sagen wir, der Körper B sei *endlich* und vom *Grade n* in Bezug auf A, und bezeichnen dies durch die Gleichung[4]

$$(B, A) = n. \tag{2}$$

Ist nun A ein Divisor des Körpers K, also $A < K$, so ist jedes System von $n+1$ Zahlen in B auch reduzibel in Bezug auf K, und folglich $(B, K) \leq (B, A)$.

Zunächst leuchtet ein, dass der Fall $n = 1$ dann und nur dann eintritt, wenn B Divisor von A ist; die beiden Gleichungen

$$(B, A) = 1, \quad AB = A$$

sind daher gleichbedeutend. Für einen beliebigen Grad n ergiebt sich, dass B in der Schaar Ω enthalten ist, welche aus allen Zahlen ω von der Form (1) besteht, und da alle Producte $\omega_r\omega_s$ in B, mithin auch in Ω enthalten sind, so ist Ω (nach V, VI) ein Körper, und zwar ein Multiplum von AB; da ferner jede Zahl ω rational aus Zahlen h_r des Körpers A und Zahlen

[4] In dieser Bedeutung habe ich das Symbol (B, A) zuerst benutzt auf S. 21 der Literaturzeitung im Jahrgang 18 von Schlömlich's Zeitschrift für Mathematik und Physik (1873).

ω_r des Körpers B gebildet und folglich in AB enthalten ist, so ergiebt sich, dass Ω auch ein Divisor von AB, mithin $\Omega = AB$ ist. Wir können also folgenden Satz aussprechen:

VIII. *Ist B ein Körper n^{ten} Grades in Bezug auf den Körper A, so ist auch*

$$(AB, A) = (B, A) = n$$

und jedes nach A irreducibele System von n Zahlen in B oder in AB bildet eine Basis der Schaar AB in Bezug auf A.

Zugleich ergiebt sich (aus VII), dass alle Zahlen in AB, also auch alle Zahlen in B *algebraisch* in Bezug auf A sind, und zwar *höchstens* vom Grade n; dass es in B auch Zahlen n^{ten} Grades giebt, könnte zwar schon jetzt bewiesen werden, doch wollen wir, weil dies später (in §. 165, VI) sich ganz von selbst ergeben wird, für jetzt darauf verzichten und nur die folgende Umkehrung beweisen:

IX. *Ist θ eine algebraische Zahl n^{ten} Grades in Bezug auf A, und B der Körper $R(\theta)$, welcher aus allen durch θ rational darstellbaren Zahlen besteht, also $AB = A(\theta)$, so ist $(B, A) = n$, und die n Potenzen $\theta^{n-1}, \theta^{n-2} \ldots \theta, 1$ bilden eine Basis von $A(\theta)$ in Bezug auf A.*

Hierzu betrachten wir die Schaar Ω aller Zahlen ω von der Form

$$\omega = h_1\theta^{n-1} + h_2\theta^{n-2} + \ldots + h_{n-1}\theta + h_n,$$

deren Coordinaten h_r beliebige Zahlen in A sind. Da (nach Annahme) die Potenz θ^n in Ω enthalten ist, so gilt dasselbe (nach II, I) von $h_1\theta^n$ und von jedem Producte $\omega\theta$, also auch von allen höheren Potenzen $\theta^{n+1}, \theta^{n+2} \ldots$; mithin sind alle Producte aus je zwei Gliedern der Basis ebenfalls in Ω enthalten, und folglich ist Ω (nach V) ein Körper. Da dieser Körper Ω ein Multiplum von A ist und die Zahl θ enthält, so ist er auch ein Multiplum von $A(\theta)$ und folglich $= A(\theta)$, weil umgekehrt jede Zahl ω gewiss in $A(\theta)$ enthalten ist. Der Körper $A(\theta)$ oder AB ist daher vom Grade n in Bezug auf A, und dasselbe gilt folglich auch von B, was zu beweisen war.

Hieran knüpfen wir die folgenden Bemerkungen. Bedeutet t eine *Variabele,* und bezeichnen wir mit $F(t)$, $f(t)$, $f_1(t)$, $f_2(t) \ldots$ ausschliesslich solche ganze Functionen von t, deren Coefficienten im Körper A enthalten sind, so sind die Summen, Differenzen, Producte derselben ebenfalls solche Functionen, und durch Division von $f_1(t)$ durch $f(t)$ entspringt eine Identität von der Form $f_1(t) = f(t)f_2(t) + F(t)$, wo der Rest $F(t)$ von niedrigerem Grade als $f(t)$, oder identisch $= 0$ wird, falls $f_1(t)$ durch $f(t)$ theilbar ist. Hat nun θ dieselbe Bedeutung wie im vorstehenden Satze, so giebt es eine und nur eine Function n^{ten} Grades

$$f(t) = t^n + a_1t^{n-1} + \ldots + a_{n-1}t + a_n \tag{3}$$

welche zugleich mit $t - \theta$ verschwindet und folglich durch die Zahl θ (und A) vollständig bestimmt ist. Bezeichnet man mit $F(t)$ jede Function, deren Grad $< n$ ist, so wird nur dann

$F(\theta) = 0$, wenn identisch $F(t) = 0$ ist. Ist daher $f_1(\theta) = 0$, so muss $f_1(t)$ *durch* $f(t)$ *theilbar* sein. Die Function $f(t)$ selbst kann durch keine Function $F(t)$ theilbar sein, weil aus $f(t) = F(t)F_1(t)$ und $f(\theta) = 0$ entweder $F(\theta) = 0$ oder $F_1(\theta) = 0$ folgen würde was unmöglich ist. Eine solche Function $f(t)$, deren Coefficienten in A enthalten sind, und welche durch keine ähnliche Function niedrigeren Grades theilbar ist, heisst *irreducibel* oder eine *Primfunction* in Bezug auf A, und ebenso heisst auch die *Gleichung* $f(\theta) = 0$ *irreducibel*. Der Körper $A(\theta)$ besteht aus allen Zahlen ω von der Form $F(\theta)$, und jede solche Zahl ω kann auch nur auf eine einzige Weise in der Form $F(\theta)$ dargestellt werden.

Hierauf gehen wir zur Betrachtung von drei Körpern A, B, C über und stellen folgenden Satz[5] auf:

X. *Ist B endlich in Bezug auf A, und C endlich in Bezug auf AB, so ist auch BC endlich in Bezug auf A, und*

$$(BC, A) = (C, AB)(B, A) \tag{4}$$

Bilden nämlich, wenn $(B, A) = n$ und $(C, AB) = p$ gesetzt wird, die n Zahlen ω_r in B ein irreducibeles System nach A, und die p Zahlen τ_s in C ein irreducibeles System nach AB, so bilden, wie man leicht sieht, die np Producte $\omega_r\tau_s$ eine irreducibele Basis des Körpers ABC in Bezug auf A, was zu beweisen war.

Am häufigsten tritt der Fall auf, wo B Multiplum von A und zugleich Divisor von C, also $AB = B$, $BC = C$, und folglich

$$(C, A) = (C, B)(B, A) \tag{5}$$

ist. Ausserdem folgt aus dem Satze X, dass jedes Product aus zwei oder mehreren, in Bezug auf A endlichen Körpern wieder ein solcher Körper ist. Sind nun θ, η irgend zwei *algebraische* Zahlen in Bezug auf A, so sind (nach IX) die Körper $R(\theta)$, $R(\eta)$ endlich in Bezug auf A, und folglich gilt dasselbe von ihrem Producte $R(\theta, \eta)$; mithin sind auch die in dem letzteren enthaltene Summe, die Differenz, das Product und der Quotient von θ, η *algebraisch* in Bezug auf A, und folglich ist der Inbegriff aller in Bezug auf A algebraischen Zahlen ein *Körper*. Dieser Körper besitzt eine noch viel weiter gehende Reproduction seiner Zahlen, als diejenige durch die *rationalen* Operationen; es gilt nämlich der Satz:

XI. *Ist H der Körper aller in Bezug auf den Körper A algebraischen Zahlen, so ist jede in Bezug auf H algebraische Zahl in H* enthalten.

Beweis: Ist die Zahl η algebraisch in Bezug auf H, so genügt sie einer Gleichung

$$\eta^m + \theta_1\eta^{m-1} + \ldots + \theta_{m-1}\eta + \theta_m = 0,$$

[5] Vergl. das vorhergehende Citat.

deren m Coefficienten θ Zahlen in H, also algebraisch in Bezug auf A sind; mithin ist jeder der m Körper $A(\theta)$ ein endliches Multiplum von A, und dasselbe gilt folglich von ihrem Producte B. Da die m Coefficienten θ in B enthalten sind, so ist η auch algebraisch in Bezug auf B und folglich ist der Körper $C = B(\eta)$ ein endliches Multiplum von B, also (zufolge (5)) auch von A. Mithin sind alle Zahlen des Körpers auch algebraisch in Bezug auf A, also in H enthalten, w. z. b. w.

Es ist vortheilhaft, dem Symbol (B, A) auch dann eine Bedeutung beizulegen und zwar $(B, A) = 0$ zu setzen[6], wenn B *nicht* endlich in Bezug auf A ist. Hierdurch erreicht man nämlich, wie der Leser leicht finden wird, dass die in den beiden Gleichungen (2), (4) enthaltenen Sätze, *ohne jede Voraussetzung* für beliebige Körper A, B, C gelten. Vertauscht man nun die letzteren mit einander, so erhält man gewisse Reciprocitäten und andere Beziehungen, wie z. B.

$$(B, C)(C, A)(A, B) = (C, B)(A, C)(B, A) \tag{6}$$

deren tiefere Bedeutung aber erst durch die nachfolgenden Untersuchungen erkannt werden kann.

[6] Wenn man es vorzieht, so mag man $(B, A) = \infty$ setzen, was im Wesentlichen denselben Erfolg hat.

9 Permutationen endlicher Körper (§ 165.)

SUB Göttingen, Cod. Ms. Dedekind II 3.2
Bl. 219, 224

Wir verbinden jetzt die in den vorhergehenden Paragraphen erklärten Begriffe mit einander und nehmen an, der Körper A sei ein Divisor des Körpers M, und π sei eine Permutation des letzteren; der Kürze wegen bezeichnen wir, wenn ω irgend eine Zahl in M bedeutet, mit ω' die conjugirte Zahl $\omega\pi$. Bilden nun die in M enthaltenen m Zahlen $\omega_1, \omega_2 \ldots \omega_m$ ein nach A *reducibeles* System T, giebt es also m Zahlen $a_1, a_2 \ldots a_m$ in A, die der Bedingung

$$a_1\omega_1 + a_2\omega_2 + \ldots + a_m\omega_m = 0$$

genügen und nicht alle verschwinden, so folgt hieraus, weil $0' = 0$ ist, auch

$$a_1'\omega_1' + a_2'\omega_2' + \ldots + a_m'\omega_m' = 0,$$

und da einer von Null verschiedenen Zahl a in A immer eine von Null verschiedene Zahl a' in $A\pi$ entspricht, so ist das in $M\pi$ enthaltene, aus den m Zahlen $\omega_1'\ \omega_2' \ldots \omega_m'$ bestehende System $T\pi$ *reducibel* in Bezug auf $A\pi$. Da ferner jede Zahl ω' des Körpers $M\pi$ durch die inverse Permutation π^{-1} in eine Zahl ω des Körpers M übergeht, so ist umgekehrt das System T gewiss reducibel nach A, wenn das System $T\pi$ reducibel nach $A\pi$ ist. Wir können daher folgenden Satz aussprechen:

I. *Ist der Körper M ein Multiplum des Körpers A, und π eine Permutation von M, so wird, je nachdem das in M enthaltene System T reducibel oder irreducibel nach A ist, das System $T\pi$ auch reducibel oder irreducibel nach $A\pi$ sein.*

Wenden wir dies auf den Fall an, wo M das Product der beiden Körper A, B ist, so ergiebt sich unmittelbar der Satz:

K. Scheel, *Dedekinds Theorie der ganzen algebraischen Zahlen*,
https://doi.org/10.1007/978-3-658-30928-2_9

II. *Ist π eine Permutation des Productes AB der beiden Körper A, B, so ist*

$$(B, A) = (B\pi, A\pi)$$

Der Satz II kann auch so ausgesprochen werden:

II'. *Ist die Permutation φ des Körpers A einig mit der Permutation ψ des Körpers B, so ist*

$$(B, A) = (B\psi, A\varphi).$$

Hierauf schreiten wir zum Beweise des folgenden Fundamentalsatzes:

III. *Ist der Körper B endlich in Bezug auf den Körper A, und φ eine Permutation von A, so ist der Grad (B, A) die Anzahl aller derjenigen verschiedenen Permutationen π des Productes AB, welche Multipla von φ sind. Zugleich ist A der Körper und φ der Rest des Systems Π dieser Permutation π.*

Derselbe leuchtet für den Fall $(B, A) = 1$ unmittelbar ein, weil dann B ein Divisor von A, also $AB = A$, mithin nothwendig $\pi = \varphi$ sein muss. Um ihn allgemein zu beweisen, wenden wir die vollständige Induction an; wir nehmen an er sei schon für alle Fälle bewiesen, wo der Grad $(B, A) < n$ ist, und zeigen, dass er dann auch für $(B, A) = n$ gilt.

Hierbei müssen wir *zwei Fälle* unterscheiden, deren *erster* dann eintritt, wenn es einen dritten Körper K giebt, der ein *echter* Divisor von AB und zugleich ein *echtes* Multiplum von A ist. Setzen wir $(AB, K) = p$, $(K, A) = q$, so ist (nach den Sätzen VIII und X in §. 164) $n = (B, A) = (AB, A) = (AB, K)(K, A) = pq$, und da K verschieden von AB und A ist, so ist jeder der beiden Grade $p, q > 1$ und folglich auch $< n$. Nach unserer Annahme giebt es daher q und nur q verschiedene Permutationen

$$\chi_1, \chi_2 \dots \chi_q$$

des Körpers $AK = K$, welche Multipla von φ sind, und wenn χ_r irgend eine dieser Permutationen ist, so giebt es p und nur p verschiedene Permutationen

$$\pi_{r,1}, \pi_{r,2} \dots \pi_{r,p}$$

des Körpers $ABK = AB$, welche Multipla von χ_r sind, und jede dieser Permutationen $\pi_{r,s}$ ist (nach §. 165) zugleich Multiplum von φ. Da ferner jeder Permutation π des Körpers AB, welche Multiplum von φ ist, immer eine und nur eine Permutation χ von K entspricht, welche Divisor von π und folglich ebenfalls Multiplum von φ ist, so sind die oben erhaltenen n Permutationen $\pi_{r,s}$, welche den q Werthen r und den p Werthen s entsprechen, alle von einander verschieden, und ausser diesen n Permutationen $\pi_{r,s}$ kann es keine andere Permutation π von AB geben, die ein Multiplum von φ wäre. Also ist in diesem Falle unser Satz über die *Anzahl* der Permutationen π bewiesen.

Im entgegengesetzten *zweiten* Falle, wo es keinen Körper K von der obigen Beschaffenheit giebt, wählen wir aus B (oder auch aus AB) eine nicht in A enthaltene Zahl θ, was stets möglich ist, weil $n > 1$, also B nicht Divisor von A ist. Dann muss der aus A durch Adjunction von θ erzeugte Körper $A(\theta) = AB$ sein, weil er Divisor von AB und zugleich Multiplum von A, aber verschieden von A ist, und die in Bezug auf A algebraische Zahl θ ist (nach IX in §. 164) gewiss vom Grade $n = (B, A)$; der Körper $A(\theta)$ besteht aus allen Zahlen α von der Form

$$\alpha = F(\theta) = x_1\theta^{n-1} + x_2\theta^{n-2} + \ldots + x_{n-1}\theta + x_n, \tag{1}$$

wo die n Coefficienten oder Coordinaten x willkürliche Zahlen in A bedeuten, und zwar ist jede Zahl α nur auf eine einzige Art so darstellbar, weil die n Potenzen $\theta^{n-1} \ldots \theta, 1$ ein nach A irreducibeles System bilden. Die Zahl θ ist die Wurzel einer bestimmten, nach A irreducibelen Gleichung

$$f(\theta) = \theta^n + a_1\theta^{n-1} + a_2\theta^{n-2} + \ldots + a_{n-1}\theta + a_n = 0, \tag{2}$$

deren Coefficienten a_r zugleich die Coordinaten der Zahl $-\theta^n$ sind[1].

Wir suchen nun alle etwa vorhandenen Permutationen π dieses Körpers $A(\theta)$, welche Multipla von der gegebenen Permutation φ des Körpers A sind. Der Einfachheit halber setzen wir, wenn x irgend eine Zahl in A bedeutet, die aus ihr durch φ erzeugte, also gegebene Zahl

$$x\varphi = x' \tag{3}$$

dann muss, weil π ein Multiplum von φ sein soll, auch

$$x\pi = x' \tag{4}$$

sein, da alle Zahlen α des Körpers AB rational aus Zahlen x und der einzigen Zahl θ gebildet sind, so wird die Permutation π vollständig bestimmt sein, sobald auch $\theta\pi$ bekannt ist; setzen wir der Kürze halber diese Zahl

$$\theta\pi = \eta, \tag{5}$$

so folgt aus (1) und (2), dass jede in der Form (1) dargestellte Zahl α durch π in die zugehörige Zahl

$$\alpha\pi = \mathfrak{F}(\eta) = x'_1\eta^{n-1} + x'_2\eta^{n-2} + \ldots + x'_{n-1}\eta + x'_n \tag{6}$$

übergeht, und dass η eine Wurzel der bestimmten Gleichung

$$\mathfrak{f}(\eta) = \eta^n + a'_1\eta^{n-1} + a'_2\eta^{n-2} + \ldots + a'_{n-1}\eta + a'_n = 0 \tag{7}$$

[1] Es ist gut, zu bemerken, dass alles Folgende für *jeden* solchen Körper $A(\theta)$ gilt, der aus einer Zahl θ vom Grade n entspringt.

sein muss. Umgekehrt, wenn η eine bestimmte Wurzel dieser Gl. (7) bedeutet, so ist, weil jede Zahl α des Körpers $A(\theta)$ stets und nur auf eine einzige Weise in der Form (1) darstellbar ist, durch das Gesetz (6), worin (4) und (5) als specielle Fälle enthalten sind, eine *Abbildung* π dieses Körpers vollständig bestimmt, und wir wollen jetzt beweisen, dass dieselbe wirklich eine *Permutation* ist. Hierzu brauchen wir (nach §. 161) nur zu zeigen, dass für je zwei Zahlen α, β des Körpers AB die beiden Gesetze

$$(\alpha + \beta)\pi = \alpha\pi + \beta\pi \tag{8}$$

$$(\alpha\beta)\pi = (\alpha\pi)(\beta\pi) \tag{9}$$

gelten. Bezeichnet man mit y_r die Coordinaten von β, so sind $x_r + y_r$ diejenigen von $\alpha + \beta$; da nun φ eine Permutation von A, also $(x_r + y_r)' = x'_r + y'_r$ ist, so ergiebt sich aus (6) unmittelbar das Gesetz (8). Da dasselbe natürlich auch für Summen von mehr als zwei Gliedern gilt, und da jede Zahl β eine Summe von Producten ist, deren Factoren theils in A enthalten, theils $= \theta$ sind, so erkennt man leicht, dass das Gesetz (9) nur noch für die beiden Fälle zu beweisen ist, wo β entweder eine beliebige Zahl y des Körpers A oder $= \theta$ ist. Da nun die Coordinaten yx_r des Productes αy durch die Permutation φ in $(yx_r)' = y'x'_r$ übergehen, so folgt aus (6) der erste Fall $(\alpha y)\pi = (\alpha\pi)y'$, und ebenso leicht ergiebt sich der zweite Fall $(\alpha\theta)\pi = (\alpha\pi)\eta$, wenn man bedenkt, dass zufolge (2), (6), (7) auch $(\theta^n)\pi = \eta^n$ ist. Hiermit ist der Beweis geliefert, dass jeder Wurzel η der Gl. (7) wirklich eine durch (6) definirte *Permutation* π des Körpers AB entspricht, welche ein Multiplum von φ ist[2].

Zugleich folgt aus dem Satze I, dass die n Potenzen $\eta^{n-1} \ldots \eta, 1$ ein *irreducibeles* System in Bezug auf den Körper $A\pi = A\varphi$ bilden. Nun giebt es nach dem zuerst von *Gauss* bewiesenen Hauptsatze der Algebra im Allgemeinen n verschiedene Wurzeln η der Gl. (7), und ihre Anzahl ist bekanntlich nur dann kleiner als n, wenn wenigstens eine dieser Zahlen η zugleich der Bedingung

$$\mathfrak{f}(\eta) = n\eta^{n-1} + (n-1)a'_1\eta^{n-2} + (n-2)a'_2\eta^{n-3} + \ldots + a'_{n-1} = 0$$

genügt; da dies aber mit der eben bewiesenen Irreducibilität im Widerspruch stehen würde, so hat die Gl. (7) wirklich n verschiedene Wurzeln η, und es giebt folglich genau *n verschiedene* Permutationen π des Körpers AB, welche Multipla von φ sind, was zu beweisen war.

Nachdem hiermit der Satz III, soweit er von der *Anzahl* der Permutationen π handelt, allgemein bewiesen ist, können wir auch seinen letzten Theil leicht erledigen. Denn wenn K den *Körper*, und χ den *Rest* des Systems Π bedeutet, so besteht K (nach §. 163) aus allen zu Π einwerthigen Zahlen, ist also Multiplum von A und Divisor von AB, und seine

[2] Bedeuten (wie in §. 164) $f(t), F(t), f_1(t) \ldots$ ganze Functionen der *Variabelen t*, deren Coefficienten c in A enthalten sind, und gehen aus ihnen resp. die Functionen $\mathfrak{f}(t), \mathfrak{F}(t), \mathfrak{f}_1(t) \ldots$ dadurch hervor, dass jeder Coefficient c durch $c' = c\varphi$ ersetzt wird, so folgen, weil φ eine *Permutation* von A ist, aus den Identitäten $F(t) + F_1(t) = F_2(t)$, $F(t)F_1(t) = f(t)f_1(t) + F_3(t)$ immer die Identitäten $\mathfrak{F}(t) + \mathfrak{F}_1(t) = \mathfrak{F}_2(t)$, $\mathfrak{F}(t)\mathfrak{F}_1(t) = \mathfrak{f}(t)\mathfrak{f}_2(t) + \mathfrak{F}_3(t)$. Hierin liegt offenbar ein Beweis der Gesetze (8) und (9), von welchem der oben im Text gegebene nur eine Umschreibung ist.

Permutation χ ist Multiplum von φ; setzt man wieder $(AB, K) = p$, $(K, A) = q$, so ist $n = pq$, und nach dem schon bewiesenen Theile des Satzes ist p die genaue Anzahl derjenigen verschiedenen Permutationen von AB, welche Multipla von χ sind; unter diesen befinden sich aber gewiss die n Permutationen π, und folglich ist $p \geqq n$, mithin $p = n$, $q = 1$, $K = A$, $\chi = \varphi$, was zu beweisen war.

Nachdem der Fundamentalsatz III vollständig bewiesen ist, bemerken wir zunächst, dass die auf B bezüglichen Divisoren ψ der n Permutationen π ebenfalls von einander verschieden sind, weil (nach §. 163) jede Permutation π des Productes AB umgekehrt durch ihre auf A, B bezüglichen Divisoren φ, ψ vollständig bestimmt ist. Der Körper des Systems Ψ dieser n mit φ einigen Permutationen ψ ist, wie unmittelbar einleuchtet, der grösste gemeinsame Divisor D von A, B, und der Rest von Ψ ist der auf D bezügliche Divisor von φ.

Ist ferner φ' ebenfalls eine Permutation von A, also $\varphi^{-1}\varphi$ eine Permutation von $A\varphi$, und Π' das System derjenigen n Permutationen π' von AB, welche Multipla von φ' sind, so sind, wenn π eine bestimmte Permutation in Π bedeutet, die n Permutationen $\pi^{-1}\pi'$ des Körpers $(AB)\pi$ verschieden und zugleich Multipla von $\varphi^{-1}\varphi'$ (nach §. 163), und da der Körper $(AB)\pi$ zufolge II vom Grade n in Bezug auf $A\varphi$ ist, so kann es zufolge III ausser diesen n Permutationen $\pi^{-1}\pi'$, durch welche $(AB)\pi$ in die n Körper $(AB)\pi'$ übergeht, und deren Complex zweckmässig durch $\pi^{-1}\Pi'$ bezeichnet wird, keine andere Permutation von $(AB)\pi$ geben, die zugleich Multiplum von $\varphi^{-1}\varphi'$ wäre; es ist also $A\varphi$ der Körper, $\varphi^{-1}\varphi'$ der Rest des Systems $\pi^{-1}\Pi'$.

Von jetzt ab wollen wir nur noch den speciellen Fall betrachten, in welchem φ die *identische* Permutation von A ist; dann sind in den Systemen Π, Ψ offenbar auch die *identischen* Permutationen von AB, B enthalten; A ist der Inbegriff aller Zahlen in AB, welche durch jede Permutation π *in sich selbst* übergehen, und ebenso ist D der Inbegriff aller Zahlen in B, welche durch jede Permutation ψ in sich selbst übergehen. Bedeutet nun T irgend eine in AB enthaltene Reihe von n Zahlen $\omega_1, \omega_2 \ldots \omega_n$, und sind $\pi_1, \pi_2 \ldots \pi_n$ die in einer bestimmten Folge geordneten Permutationen in Π, so wollen wir die aus den n^2 Elementen $\omega_r\pi_s$ gebildete Determinante

$$\begin{vmatrix} \omega_1\pi_1, & \omega_2\pi_1 & \ldots & \omega_n\pi_1 \\ \omega_1\pi_2, & \omega_2\pi_2 & \ldots & \omega_n\pi_2 \\ \ldots & \ldots & \ldots & \ldots \\ \omega_1\pi_n, & \omega_2\pi_n & \ldots & \omega_n\pi_n \end{vmatrix} = (T) \tag{10}$$

setzen und kurz die *Determinante des Systems T* nennen. Dann gilt folgender Satz:

IV. *Die erforderliche und hinreichende Bedingung dafür, dass das System T irreducibel nach A ist und folglich eine Basis von AB bildet, besteht darin, dass die Determinante (T) nicht verschwindet; und der Quotient von je zwei solchen Determinanten (T) ist in A enthalten.*

Denn wenn T *irreducibel* ist, so kann jede Zahl α der Schaar AB in der Form

$$\alpha = x_1\omega_1 + x_2\omega_2 + \ldots + x_n\omega_n \tag{11}$$

dargestellt werden, wo die Zahlen x_r die in A enthaltenen Coordinaten von α bedeuten, und folglich ist zugleich

$$\alpha\pi_s = x_1(\omega_1\pi_s) + x_2(\omega_2\pi_s) + \ldots + x_n(\omega_n\pi_s). \tag{12}$$

Ist nun U ein System von n solchen Zahlen $\alpha_1, \alpha_2 \ldots \alpha_n$ und $a_{r,s}$ die s^{te} Coordinate von α_r, so ist

$$\begin{aligned} \alpha_r &= a_{r,1}\omega_1 + a_{r,2}\omega_s + \ldots + a_{r,n}\omega_n \\ \alpha_r\pi_s &= a_{r,1}(\omega_1\pi_s) + a_{r,2}(\omega_2\pi_s) + \ldots + a_{r,n}(\omega_n\pi_s) \end{aligned} \tag{13}$$

und folglich nach dem bekannten Satze der Determinanten-Theorie

$$(U) = a(T), \tag{14}$$

wo a die aus den Coordinaten $a_{r,s}$ gebildete Determinante

$$a = \begin{vmatrix} a_{1,1}, & a_{1,2} & \ldots & a_{1,n} \\ a_{2,1}, & a_{2,2} & \ldots & a_{2,n} \\ \ldots & \ldots\ldots\ldots & & \\ a_{n,1}, & a_{n,2} & \ldots & a_{n,n} \end{vmatrix} \tag{15}$$

bedeutet, also in A enthalten ist. Da nun nach einem früheren Satze (am Schlusse von §. 161) in AB gewiss ein System U existirt, dessen Determinante (U) nicht verschwindet, so folgt aus (14), dass (T) von Null verschieden ist[3]. Wenn aber zweitens T *reducibel* ist, so giebt es n Zahlen x_r in A, welche nicht sämmtlich verschwinden, für welche aber die Summe α in (11), also auch alle n Summen $\alpha\pi_s$ in (12) verschwinden, und hieraus folgt bekanntlich, dass auch $(T) = 0$ ist, was zu beweisen war.

Unter der in Bezug auf A genommenen *Norm* des Körpers B verstehen wir das Product P der n conjugirten Körper $B\pi$ oder $B\psi$, in welche B durch die n Permutationen ψ des Systems Ψ übergeht; da unter diesen sich auch die identische Permutation von B befindet, so ist die Norm P immer ein Multiplum von B. Offenbar ist AP zugleich die Norm von AB, weil $A\pi = A$, also $(AB)\pi = A(B\psi)$ ist, und aus dem Beweise des vorhergehenden Satzes ergiebt sich leicht der folgende:

V. *Ist P die Norm des Körpers B in Bezug auf A, und Q der grösste gemeinsame Divisor von P und A, so ist $(B, A) = (B, Q)$.*

Denn wenn man aus B ein nach A irreducibeles System T von n Zahlen $\omega_1, \omega_2 \ldots \omega_n$ wählt, so ist jede Zahl α des Körpers B in der Form (11) darstellbar; da nun die Determinante (T) nicht verschwindet, und da alle in (12) auftretenden Zahlen $\alpha\pi$, $\omega_r\pi$ in P enthalten sind, so gilt dasselbe von den Coordinaten x_r, welche mithin gewiss dem Körper Q angehören; das

---

[3] Man vergleiche hiermit den Satz IV in §. 164.

nach A, und folglich auch nach Q irreducibele System T wird daher durch Hinzufügung jeder in B enthaltenen Zahl α reducibel nach Q, und folglich ist $(B, Q) = n$, was zu beweisen war.

Bedeutet ferner θ eine beliebige Zahl in AB, und T das System der n Potenzen θ^{n-1}, $\theta^{n-2} \ldots \theta$, 1, so ist die Determinante (T), wie wir schon früher (am Schlusse von §. 161) bemerkt haben, das Product der sämmtlichen Differenzen $\theta\pi_r - \theta\pi_s$, wo $r < s$, und folglich wird das System T stets und nur dann *irreducibel* nach A, wenn θ eine N*-werthige* Zahl zu Π ist; da nun jede in AB enthaltene Zahl (nach §. 164, VIII) algebraisch in Bezug auf A und höchstens vom Grade n ist, so folgt hieraus, dass *jede* n*-werthige Zahl* θ *und keine andere vom Grade* n ist. Da ferner das System Ψ aus n verschiedenen Permutationen ψ des Körpers B besteht, so giebt es in B (nach §. 161) unendlich viele Zahlen θ, welche n-werthig zu Ψ, also auch zu Π sind, und wir können daher folgenden Satz aussprechen:

VI. *Ist* B *ein Körper* n^{ten} *Grades in Bezug auf* A, *so giebt es in* B *auch unendlich viele Zahlen* θ *vom Grade* n *in Bezug auf* A, *und zugleich ist* $A(\theta) = AB$.

Wenn umgekehrt ein Körper B aus lauter Zahlen besteht, die algebraisch in Bezug auf A sind, und deren Grade eine endliche Höhe nicht überschreiten, so ergiebt sich aus den vorhergehenden Sätzen ohne Schwierigkeit, dass B *endlich* in Bezug auf A ist. Ein anderes, ebenfalls charakteristisches Kriterium dieser Endlichkeit besteht darin, dass die *Anzahl* aller der verschiedenen Körper K, welche Multipla von A und zugleich Divisoren von AB sind, *endlich* ist. Wir wollen hier aber nur auf den einen Theil dieses Satzes eingehen, indem wir wieder annehmen, B sei vom Grade n in Bezug auf A, und mit Π das System der n Permutationen π von AB bezeichnen, welche Multipla der *identischen* Permutation φ von A sind; setzt man $(AB, K) = p$, $(K, A) = q$, so ist $n = pq$, und K ist (nach VI) von der Form $A(\alpha)$, wo α eine in K, also auch in AB enthaltene Zahl vom Grade q bedeutet, und umgekehrt erzeugt jede Zahl α in AB einen solchen Körper $K = A(\alpha)$. Nun giebt es (nach III) q verschiedene Permutationen χ von K, welche Multipla von φ sind, und durch welche α in q verschiedene Werthe $\alpha\chi$ übergeht; jede bestimmte solche Permutation χ ist wieder der Rest eines Systems Π' von p Permutationen π',welche einen und denselben Werth $\alpha\pi' = \alpha\chi$erzeugen, und das System Π besteht aus diesen q Complexen Π'. Da nun umgekehrt K durch jeden einzelnen Complex Π' als zugehöriger Körper (nach §. 163) vollständig bestimmt ist, so leuchtet ein, dass die Anzahl solcher Körper K endlich ist, weil ein endliches System Π auch nur eine endliche Anzahl von Theilen Π' besitzt.– Auf den Beweis der Umkehrung, welcher zwar nicht schwierig ist, aber doch einige Hülssätze erfordert, müssen wir der Kürze halber hier verzichten.

Für die Algebra bildet nun die vollständige Bestimmung aller dieser Körper K und die Untersuchung ihrer gegenseitigen Beziehungen die wichtigste Aufgabe, deren Lösung von

Lagrange[4] begonnen und endlich von *Galois*[5] zu einem systematischen Abschluss durch die *Theorie der Gruppen* gebracht ist. Obgleich wir auf die letztere selbst nicht näher eingehen können, so wollen wir doch von unserem Standpuncte aus noch andeuten, worin diese Zurückführung besteht.

[4] *Réflexions sur la résolution algébrique des équations* (Mém. de l'Acad. de Berlin. 1770, 1771. – OEuvres de L. Tome III).

[5] *Sur les conditions de résolubilité des équations par radicaux* (Liouville's Journal, t. XI, 1846).

10 Gruppen von Permutationen (§ 166.)

SUB Göttingen, Cod. Ms. Dedekind II 3.2
Bl. 223–224

Ein System Π von n verschiedenen Körper Permutationen π heisst eine *Gruppe*, wenn jede mit jeder zusammensetzbar, und wenn die Resultante immer in Π enthalten ist.

Aus dieser Erklärung folgt zunächst, dass die in einer Gruppe Π enthaltenen Permutationen π sich alle auf einen und denselben Körper beziehen, und das dieser Korper M durch jede Permutation π in sich selbst übergeht. Bedeutet ferner π' eine bestimmte dieser n Permutationen, während π sie alle durchläuft, so sind die n Resultanten $\pi\pi'$ (nach §. 162) alle verschieden, mithin ist ihr Complex identisch mit Π; es giebt daher, wenn π', π'' zwei bestimmte Permutationen sind, immer eine und nur eine Permutation π, welche der Bedingung $\pi\pi' = \pi''$ genügt. Nimmt man $\pi' = \pi''$, so ergiebt sich, dass in Π auch die *identische* Permutation von M enthalten ist. Auf diesen Eigenschaften einer Gruppe beruht der folgende Fundamentalsatz:

I. *Besteht eine Gruppe Π aus n verschiedenen Permutationen π des Körpers M, und ist A der Körper von Π, so ist $(M, A) = n$, und der Rest von Π ist die identische Permutation von A.*

Um dies zu beweisen, wählen wir (nach §. 161) aus M ein System von n Zahlen α_r so aus, dass die aus den n^2 Zahlen $\alpha_r\pi$ gebildete Determinante nicht verschwindet; dann giebt es, wenn ω irgend eine bestimmte Zahl in M bedeutet, ein und nur ein System von n Zahlen x_r, welche den n linearen Gleichungen

$$\omega\pi = x_1(\alpha_1\pi) + x_2(\alpha_2\pi) + \ldots + x_n(\alpha_n\pi) \tag{1}$$

genügen; da alle hier auftretenden Zahlen $\omega\pi$, $\alpha\pi$ in M enthalten sind, so gilt dasselbe auch von diesen n Zahlen x_r, und folglich entspringt, wenn π' eine bestimmte Permutation in Π

K. Scheel, *Dedekinds Theorie der ganzen algebraischen Zahlen*,
https://doi.org/10.1007/978-3-658-30928-2_10

bedeutet, aus dem vorstehenden System (1) das folgende

$$\omega\pi\pi' = (x_1\pi')(\alpha_1\pi\pi') + (x_2\pi')(\alpha_2\pi\pi') + \ldots + (x_n\pi')(\alpha_n\pi'),$$

welches, weil $\pi\pi'$ zugleich mit π das ganze System Π durchläuft, auch in der Form

$$\omega\pi = (x_1\pi')(\alpha_1\pi) + (x_2\pi')(\alpha_2\pi) + \ldots + (x_n\pi')(\alpha_n\pi)$$

dargestellt werden kann; durch Vergleichung mit (1) ergiebt sich hieraus $x_r\pi' = x_r$, und folglich sind die n Zahlen x_r in dem Körper A enthalten, welcher (nach §. 163) aus allen zu Π einwerthigen Zahlen besteht. Da unter den Permutationen π sich auch die identische Permutation von M befindet, so folgt aus (1), dass jede Zahl ω des Körpers M in der Form

$$\omega = x_1\alpha_1 + x_2\alpha_2 + \ldots + x_n\alpha_n$$

darstellbar ist, wo die Coefficienten x_r dem Körper A angehören; mithin ist M endlich in Bezug auf A, und zwar $(M, A) \leqq n$; da es aber n *verschiedene* Permutationen π von M giebt, welche Multipla der identischen Permutation von A sind, so folgt (nach §. 165, III), dass $(M, A) = n$, und dass das System der n Zahlen α_r *irreducibel* nach A ist, was zu beweisen war.

Bildet nun ein Theil der Gruppe Π ebenfalls eine Gruppe Π', welche aus p Permutationen π' besteht, so ist der zu Π' gehörige Körper A' Divisor von M und Multiplum von A, weil jede zu Π einwerthige Zahl auch einwerthig zu Π' ist, und zugleich ist $n = pq$, wo $p = (M, A)$, $q = (A', A)$; bezeichnet man ferner, wenn π eine bestimmte Permutation in Π bedeutet, π' aber alle Permutationen der Gruppe Π' durchläuft, mit $\Pi'\pi$ den Complex der p Resultanten $\pi'\pi$, und mit φ' den Rest von $\Pi'\pi$, so besteht die Gruppe Π aus q verschiedenen Complexen $\Pi'\pi$, und deren Reste φ' stimmen überein mit denjenigen q Permutationen des Körpers A', welche Multipla der identischen Permutation von A sind, Umgekehrt, wenn ein Körper A' Divisor von M und Multiplum von A ist, so bilden, wie man leicht sieht, diejenigen Permutationen von M, welche Multipla der identischen Permutation von A' sind, eine in Π enthaltene Gruppe Π', und A' ist der zu Π' gehörige Körper. Ist ferner Π'' ebenfalls eine in Π enthaltene Gruppe, und A'' der zugehörige Körper, so bilden die den beiden Gruppen Π', Π'' gemeinsamen Permutationen wieder eine Gruppe; und der zugehörige Körper ist das Product $A'A''$.

Hieraus erkennt man, dass die vollständige Bestimmung aller dieser Körper A', $''\ldots$ und die Untersuchung ihrer gegenseitigen Beziehungen vollständig erledigt wird durch die Bestimmung aller in der Gruppe Π enthaltenen Gruppen Π', $\Pi''\ldots$, und diese Aufgabe gehört in die allgemeine[1] Theorie der Gruppen.

Nun lässt sich der allgemeine Fall (§. 165), wo $(B, A) = n > 0$, und wo es sich um die Bestimmung aller Körper handelt, die Multipla von A und zugleich Divisoren von AB

---

[1] Schon in meinen Göttinger Vorlesungen (1857–1858) habe ich diese Theorie in der Weise vorgetragen, dass sie für Gruppen Π von *beliebigen Elementen* π gilt.

sind, leicht auf den eben besprochenen zurückführen. Bedeutet φ wieder die *identische* Permutation von A, und Π das System der n Permutationen π von AB, welche Multipla von φ sind, so haben wir schon bemerkt, dass die Norm von B, d. h. das Product P der n Körper $B\pi$, ein Multiplum von B ist. Wenn nun $P = B$, also B seine eigene Norm ist, soll B ein *Normalkörper* in Bezug auf A heissen; dieser Fall tritt stets und auch nur[2] dann ein, wenn alle Körper $B\pi$ identisch mit B sind, und offenbar ist dann auch AB normal in Bezug auf A. Ist nun das Letztere der Fall – was, wie wir doch bemerken wollen, auch eintreten kann, ohne dass B normal in Bezug auf A ist[3] –, so überzeugt man sich leicht, dass Π eine *Gruppe* ist, und dass Alles, was oben von dem Körper M gesagt ist, für diesen Körper AB gilt. Ist aber AB (und folglich auch B) nicht normal in Bezug auf A, so ist doch immer die Norm P von B und folglich auch AP normal in Bezug auf A; ist nämlich $\varkappa$ eine bestimmte Permutation von AP und zwar Multiplum von φ, so sind (nach §. 165) die auf die n Körper $AB\pi$ bezüglichen Divisoren von $\varkappa$ von der Form $\pi^{-1}\pi'$, wo π' gleichzeitig mit π alle in Π enthaltenen Permutationen durchläuft[4], und folglich ist $(AP)\varkappa = AP$, d. h. AP (und ebenso auch P) ist normal in Bezug auf A, das System X aller Permutationen $\varkappa$ ist eine Gruppe, φ deren Rest, und die obigen Principien gelten für den Körper $M = AP$.

Hieraus folgt beiläufig auch noch der wichtige Satz, dass, wenn ω irgend eine in AB enthaltene Zahl bedeutet, jede aus den n Zahlen $\omega\pi$ auf rationale und *symmetrische* Weise abgeleitete Zahl gewiss in A enthalten ist, weil sie offenbar *einwerthig* zu X ist.

---

[2]Zunächst folgt allerdings nur, dass jeder Körper $B\pi$ Divisor von B sein muss; da aber (nach §. 164) jede Zahl ω in B *algebraisch* in Bezug auf A ist, und da die Zahlen der unendlichen Kette $\omega, \omega' = \omega\pi$, $\omega'' = \omega'\pi$, $\omega''' = \omega''\pi \ldots$ in B enthalten und Wurzeln einer und derselben, nach A irreducibelen Gleichung sind, so müssen in ihr Wiederholungen von der Form $\omega^{(r)} = \omega^{(r+s)}$ auftreten, wo $s > 0$, und da aus $\alpha\pi = \beta\pi$ stets $\alpha = \beta$ folgt, so ergiebt sich $\omega = \omega^{(s)}$, und folglich ist jede in B enthaltene Zahl ω auch in $B\pi$ enthalten, also $B\pi = B$. – Um diese Betrachtung in das rechte Licht zu setzen, bemerken wir noch Folgendes. Sind τ, τ' irgend zwei *transcendente,* d. h. nicht algebraische Zahlen in Bezug auf A, so geht der Körper $A(\tau)$ durch unendlich viele Permutationen, welche Multipla der identischen Permutation von A sind, in $A(\tau')$ über, und unter ihnen ist eine einzige π, für welche $\tau\pi = \tau'$ wird; nimmt man nun z. B. $\tau' = \tau^2$, so leuchtet leicht ein, dass der mit $A(\tau)$ conjugierte Körper $A(\tau^2)$ ein *echter* Divisor von $A(\tau)$ ist.

[3]Bemerkung: Ist B normal nach A, so gilt dasselbe offenbar auch von AB; aber dies darf *nicht* umgekehrt werden. Ist z. B. A ein cubischer, aber nicht normaler Körper (in Bezug auf den Rationalkörper R), so geht er durch seine beiden nicht-identischen Permutationen in zwei von A und von einander verschiedene Körper B, C über; dann ist $(B, A) = 2 = (AB, A)$, und $AB = AC = BC = ABC$ normal in Bezug auf A; aber durch die beiden mit der identischen Permutation φ von A einigen Permutationen φ_1, φ_2 von B (deren eine ψ_1 identisch ist) geht B in $B\psi_1 = B$ und $B\psi_2 = C$ über, also ist B *nicht* normal in Bezug auf A.

[4]Denn wählt man aus AB irgend eine n-werthige Zahl θ, so müssen die n verschiedenen, in AP enthaltenen Zahlen $\theta\pi$ durch die Permutation $\varkappa$ (nach §. 161) auch in n verschiedene Bilder $\theta\pi'$ übergehen, und folglich sind auch die n Permutationen n' verschieden; die Permutation $\varkappa$ erzeugt also eine gewisse Vertauschung (Permutation) der n Werthe $\theta\pi$ unter einander.

II. *Satz: Sind π, π' Permutationen eines Körpers P, durch welche er in sich selbst übergeht, und welche mit der identischen Permutation φ des Körpers A einig sind, so ist auch $\pi\pi'$ eine solche Permutation von P.*

Denn jedenfalls ist $\pi\pi'$ eine Permutation von P, und $P(\pi\pi') = (P\pi)\pi' = P\pi' = P$. Bedeutet ferner ρ die Union von φ, π, ebenso ρ' die von φ, π, so ist $(AP)\rho = (A\rho)(P\rho) = (A\varphi)(P\pi) = AP$, und folglich ρ ein linker Nachbar von ρ', also $\rho\rho'$ eine Permutation AP; die auf A und P bezüglichen Divisoren von $\rho\rho'$ sind $\varphi\varphi = \varphi$ und $\pi\pi'$, also ist $\pi\pi'$ einig mit φ, w. z. b. w.

11 Spuren, Normen, Discriminanten (§ 167.)

Wir bezeichnen wieder mit φ die *identische* Permutation eines Körpers A, mit B einen in Bezug auf A endlichen Körper vom Grade n, mit Π das System der n verschiedenen Permutationen π von AB, welche Multipla von φ sind, und führen folgende Begriffe ein. Ist α eine beliebige Zahl in AB, so verstehen wir unter ihrer *Spur* $S(\alpha)$ die Summe, unter ihrer *Norm* $N(\alpha)$ das Product der n mit α conjugirten Zahlen $\alpha\pi$; da (nach §. 161) das Bild $\alpha\pi$ einer von Null verschiedenen Zahl α niemals verschwindet, so ist nur dann $N(\alpha) = 0$, wenn $\alpha = 0$ ist. Ist x eine einwerthige, also in A enthaltene Zahl, so ergiebt sich

$$S(x) = nx,\ S(x\alpha) = xS(\alpha) \tag{1}$$

$$N(x) = x^n,\ N(x\alpha) = x^n N(\alpha), \tag{2}$$

und wenn β ebenfalls eine in AB enthaltene Zahl ist, so folgt aus den Gesetzen $(\alpha \pm \beta)\pi = \alpha\pi \pm \beta\pi$ und $(\alpha\beta)\pi = (\alpha\pi)(\beta\pi)$, dass

$$S(\alpha \pm \beta) = S(\alpha) \pm S(\beta) \tag{3}$$

$$N(\alpha\beta) = N(\alpha)N(\beta), \tag{4}$$

dass also die Spur einer Summe von Zahlen gleich der Summe ihrer Spuren, und die Norm eines Productes gleich dem Producte aus den Normen der Factoren ist.

Bedeutet T irgend ein System von n Zahlen $\omega_1, \omega_2 \ldots \omega_n$ in AB, so haben wir schon (in §. 165, (10)) die aus den n^2 Zahlen $\omega_r\pi_s$ gebildete Determinante mit (T) bezeichnet, und wir wollen jetzt das *Quadrat* von (T), welches von der Reihenfolge der Zahlen ω_r und der Permutationen π_s gänzlich unabhängig ist, die *Discriminante* des Systems T nennen und kurz mit ΔT oder $\Delta(\omega_1, \omega_2 \ldots \omega_n)$ bezeichnen; dieselbe ist (nach §. 165, IV) stets und nur dann von Null verschieden, wenn das System T *irreducibel* ist und folglich eine *Basis* von AB bildet; und wenn ein System U von n Zahlen $\alpha_1, \alpha_2 \ldots \alpha_n$ mit T durch n Gleichungen von der Form

K. Scheel, *Dedekinds Theorie der ganzen algebraischen Zahlen*,
https://doi.org/10.1007/978-3-658-30928-2_11

$$\alpha_r = a_{r,1}\omega_1 + a_{r,2}\omega_2 + \cdots + a_{r,n}\omega_n \tag{5}$$

verbunden ist, wo alle Coefficienten $a_{r,s}$ in A enthalten sind, so folgt

$$(U) = a(T), \ \Delta U = a^2 \Delta T, \tag{6}$$

wo a die aus diesen Coefficienten $a_{r,s}$ gebildete *Determinante* bedeutet (§. 165, (13) bis (15)).

Zwischen den Determinanten (T), den Spuren und Normen bestehen ferner die folgenden Beziehungen. Bezeichnet man das System der n Producte $\alpha\omega_1, \alpha\omega_2 \ldots \alpha\omega_n$ kurz mit αT, so folgt aus $(\alpha\omega_r)\pi_s = (\alpha\pi_s)(\omega_r\pi_s)$, dass die zugehörige Determinante

$$(\alpha T) = N(\alpha)(T) \tag{7}$$

ist. Wenn ferner U ein System von n Zahlen α_r, und V ein System von n Zahlen β_s ist, so folgt bekanntlich aus

$$S(\alpha_r\beta_s) = (\alpha_r\pi_1)(\beta_s\pi_1) + \cdots + (\alpha_r\pi_n)(\beta_s\pi_n),$$

dass das Product

$$(U)(V) = \begin{vmatrix} S(\alpha_1\beta_1) \ldots S(\alpha_1\beta_n) \\ \cdots\cdots\cdots \\ S(\alpha_n\beta_1) \ldots S(\alpha_n\beta_n) \end{vmatrix} \tag{8}$$

und folglich die Discriminante

$$\Delta T = \begin{vmatrix} S(\omega_1\omega_1) \ldots S(\omega_1\omega_n) \\ \cdots\cdots\cdots \\ S(\omega_n\omega_1) \ldots S(\omega_n\omega_n) \end{vmatrix} \tag{9}$$

ist.

Aus der Schlussbemerkung des vorigen Paragraphen folgt unmittelbar, dass alle Spuren und Normen *Zahlen des Körpers A* sind, und da (nach §. 165, VI) alle Zahlen des Körpers AB rational durch die des Körpers A und durch eine einzige n-werthige Zahl θ darstellbar sind, so folgt dasselbe (ohne Zuziehung von (8) und (9)) auch für jedes Product von zwei Determinanten (T), also auch für jede Discriminante ΔT, weil diese Grössen ebenfalls *symmetrisch* aus den n conjugirten Zahlen $\theta\pi$ gebildet sind. Es ist aber von Wichtigkeit, diese Voraussagungen der allgemeinen Theorie durch die Rechnung zu bestätigen. Zu diesem Zwecke wählen wir aus AB ein *irreducibeles* System T von n Zahlen ω_r; dann ergiebt sich schon aus (6) und (7), dass die Norm $N(\alpha)$ als Quotient der beiden Determinanten (αT) und (T) gewiss in A enthalten ist. Wir wollen dies etwas näher ausführen. Da T eine Basis von AB bildet, so kann man

$$\alpha = x_1\omega_1 + x_2\omega_2 + \cdots + x_n\omega_n \tag{10}$$

und ebenso

$$\alpha\omega_r = x_{r,1}\omega_1 + x_{r,2}\omega_2 + \cdots + x_{r,n}\omega_n \tag{11}$$

setzen, wo die Coordinaten x_r und $x_{r,s}$ sämmtlich in A enthalten sind, und zufolge (6) und (7) ist die aus den letzteren[1] gebildete Determinante

$$\sum \pm x_{1,1}x_{2,2}\ldots x_{n,n} = N(\alpha). \tag{12}$$

Jeder Zahl α entspricht nun, wenn t eine *Variabele* bedeutet, eine ganze Function n^{ten} Grades

$$f(t) = \prod(t - \alpha\pi) = t^n + a_1 t^{n-1} + \cdots + a_{n-1}t + a_n, \tag{13}$$

wo sich das Productzeichen $\prod$ auf alle n Permutationen π bezieht. Dieselbe ist offenbar dadurch völlig bestimmt, dass für *jeden in A enthaltenden Werth t*

$$f(t) = N(t - \alpha) \tag{14}$$

wird; ersetzt man aber in (11) die Zahl α durch $\alpha - t$, so bleiben die Coordinaten $x_{r,s}$ ungeändert mit Ausnahme derjenigen $x_{r,r}$, welche in der Diagonale liegen und durch $x_{r,r} - t$ zu ersetzen sind, und folglich entspringt aus (12) die Gleichung

$$\begin{vmatrix} x_{1,1} - t \cdots x_{1,n} \\ \cdots\cdots\cdots \\ x_{n,1} \cdots x_{n,n} - t \end{vmatrix} = (-1)^n f(t), \tag{15}$$

welche identisch für *jeden* Werth von t gilt, weil auch die linke Seite eine ganze Function n^{ten} Grades von t ist; mithin sind *die Coefficienten a_r der Function $f(t)$ in A enthalten.* Dies gilt also inbesondere von der Spur

$$S(\alpha) = x_{1,1} + x_{2,2} + \cdots + x_{n,n} = -a_1 \tag{16}$$

und zufolge (8) und (9) auch von allen Producten $(U)(V)$ und von allen Discriminanten ΔT, was zu beweisen war.

Ist α eine n-werthige und folglich (nach §. 165) eine Zahl n^{ten} Grades in Bezug auf A, so ist die zugehörige *Function $f(t)$ irreducibel* in Bezug auf A, d.h. sie kann nicht in Factoren niedrigeren Grades zerlegt werden, deren Coefficienten ebenfalls in A enthalten sind (§. 164); allgemein, wenn α eine q-werthige Zahl ist, so ist (nach §. 165) $n = pq$, und $f(t)$ ist die p^{te} Potenz einer irreducibelen Function vom Grade q. Da die Function $f(t)$, also auch ihre Derivirte $f'(t)$ durch die Zahl α vollständig bestimmt ist, so gehört zu jeder Zahl α eine bestimmte Zahl α^*, welche durch

$$\alpha^* = f'(\alpha) = n\alpha^{n-1} + \cdots + \alpha_{n-1} \tag{17}$$

[1] Diese sind offenbar homogene lineare Functionen der n Coordinaten x_r, und die Coefficienten dieser Functionen sind die Coordinaten der Producte $\omega_r\omega_s$. Vergl. §. 182.

definirt wird und ebenfalls in AB enthalten ist, und wenn π eine bestimmte Permutation in Π bedeutet, so folgt aus (13), dass

$$\alpha^*\pi = f'(\alpha\pi) = \prod{}'(\alpha\pi - \alpha\pi') \tag{18}$$

ist, wo das Productzeichen $\prod'$ sich auf alle $n-1$ von π verschiedenen Permutationen π' bezieht, und hieraus ergiebt sich

$$N(\alpha^*) = (-1)^{1/2n(n-1)}\prod{}''(\alpha\pi_r - \alpha\pi_s)^2, \tag{19}$$

wo die Multiplication $\prod''$ auf alle Combinationen r, s auszudehnen ist, in denen $r < s$ ist. Offenbar ist die Zahl α^* dann und nur dann von Null verschieden, wenn α eine n-werthige, also eine Zahl n^{ten} Grades ist, und folglich das aus den n Potenzen $\alpha^{n-1}, \alpha^{n-2}\dots\alpha, 1$ bestehende System T_α eine *Basis* von AB bildet. In dieser Annahme folgt aus

$$f(\alpha) = \alpha^n + a_1\alpha^{n-1} + \cdots + a_n = 0, \tag{20}$$

dass a_r die r^{te} Coordinate der Zahl $-\alpha^n$ ist; bedeuten ferner x, y willkürliche Variabele, so können wir

$$\frac{f(x) - f(y)}{x - y} = f_1(x)y^{n-1} + f_2(x)y^{n-2} + \cdots + f_n(x) \tag{21}$$

setzen, wo

$$f_r(x) = x^{r-1} + a_1x^{r-2} + \cdots + a_{r-2}x + a_{r-1},$$

und hieraus entspringt wieder ein bestimmtes System U_α von n Zahlen $\alpha_1, \alpha_2 \cdots \alpha_n$, welche durch

$$\alpha_r = f_r(\alpha) = \alpha^{r-1} + a_1\alpha^{r-2} + \cdots + a_{r-2}\alpha + a_{r-1} \tag{22}$$

definirt sind und den Bedingungen

$$\alpha_1 = 1;\ \alpha_{r+1} = \alpha\alpha_r;\ 0 = \alpha\alpha_n + a_n \tag{23}$$

genügen. Da die aus ihren Coordinaten gebildete Determinante $= (-1)^{1/2n(n-1)}$ ist, so folgt aus (6):

$$(U_\alpha) = (-1)^{1/2n(n-1)}(T_\alpha). \tag{24}$$

Wählt man ferner irgend zwei Permutationen π, π' und setzt $x = \alpha\pi$, $y = \alpha\pi'$, so ergiebt sich aus (21), dass die Summe

$$(\alpha_1\pi)(\alpha^{n-1}\pi') + (\alpha_2\pi)(\alpha^{n-2}\pi') + \cdots + (\alpha_n\pi)(1\pi') \tag{25}$$

$$= \alpha^*\pi \text{ oder } = 0$$

ist, je nachdem π, π' gleich oder verschieden sind; lässt man π und π' unabhängig von einander alle n Permutationen durchlaufen, und bildet man die Determinante aus den entsprechenden n^2 Summen, so ist dieselbe bekanntlich das Product aus den Determinanten (U_α), (T_α), und man erhält daher

$$(U_\alpha)(T_\alpha) = N(\alpha^*), \tag{26}$$

also mit Rücksicht auf (24) auch

$$N(\alpha^*) = (-1)^{1/2n(n-1)} \Delta T_\alpha; \tag{27}$$

da nach einem sehr bekannten, schon öfter (z.B. in §. 161) von uns benutzten Satze die Determinante (T_α) gleich dem Producte aller Differenzen $\alpha\pi_r - \alpha\pi_s$ ist, wo $r < s$, so stimmt (27) völlig mit (19) überein.

Das Vorhergehende hängt nahe zusammen mit der folgenden allgemeinen Betrachtung[2]. Bedeutet wieder T irgend ein *irreducibeles* System von n Zahlen ω_r, so giebt es, weil die in (9) dargestellte Discriminante ΔT von Null verschieden ist, immer ein und nur ein System T' von n correspondierenden Zahlen ω'_r, welche den n linearen Gleichungen

$$\omega_r = S(\omega_r\omega_1)\omega'_1 + S(\omega_r\omega_2)\omega'_2 + \cdots + S(\omega_r\omega_n)\omega'_n \tag{28}$$

genügt und offenbar ebenfalls in AB enthalten ist, weil dies von allen anderen hier auftretenden Zahlen ω_r, $S(\omega_r\omega_s)$ gilt. Setzt man diese Ausdrücke (28) in die Gleichung (10) ein, so geht die letztere mit Rücksicht auf (1) und (3) in die Gleichung

$$\alpha = S(\alpha\omega_1)\omega'_1 + S(\alpha\omega_2)\omega'_2 + \cdots + S(\alpha\omega_n)\omega'_n \tag{29}$$

über, in welcher umgekehrt die Gleichungen (28) als specielle Fälle enthalten sind. Zugleich leuchtet ein, dass das System T' ebenfalls eine Basis von AB bildet, und dass die ihr entsprechenden *Coordinaten* einer beliebigen Zahl α die n Spuren $S(\alpha\omega_r)$ sind. Wir wollen T' die *zu T complementäre* Basis oder das *Complement von T* nennen, wobei wohl zu beachten ist, dass jedem Elemente ω_r der Basis T ein bestimmtes Element ω'_r der Basis T' entspricht. Setzt man nun $\alpha = \omega'_n$, so ergiebt sich aus (29), dass

$$S(\omega_r\omega'_s) = 1 \text{ oder } = 0 \tag{30}$$

ist, je nachdem r, s gleich oder verschieden sind, und aus (8) folgt daher

$$(T)(T') = 1, \ \Delta T.\Delta T' = 1. \tag{31}$$

Umgekehrt, wenn zwei Systeme T und T' von je n Zahlen ω_r und ω'_r des Körpers AB den n^2 Gleichungen (30) genügen, so folgt zunächst aus (31), dass beide Systeme Basen von AB sind; jede Zahl α in AB ist daher von der Form

[2] Vergl. meine Abhandlungen *Ueber die Discriminanten endlicher Körper* (1882, Bd. 29 der Abhandlung der Ges. d. Wissensch. zu Göttingen).

$$\alpha = y_1\omega'_1 + y_2\omega'_2 + \cdots y_n\omega'_n,$$

wo die Coefficienten y_r in A enthalten sind; multiplicirt man mit ω_r, so ergiebt sich mit Rücksicht auf (1), (3) und (30), dass $y_r = S(\alpha\omega_r)$ ist; mithin gilt (29), also auch (28), und folglich ist T' das Complement von T. Da aber die Gleichungen (30) durchaus symmetrisch in Bezug auf die beiden Systeme T und T' sind, so ist zugleich T *das Complement von* T'. Aus denselben Gleichungen (30) und aus der Bedeutung einer Spur ergiebt sich ferner nach bekannten Sätzen, dass $\omega'_r\pi_s.(T)$ der Coefficient des Elementes $\omega_r\pi_s$ in der Determinante (T) ist; zugleich folgt, dass auch die Summe

$$(\omega_1\pi)(\omega'_1\pi') + \cdots + (\omega_n\pi)(\omega'_n\pi') = 1 \text{ oder } = 0 \tag{32}$$

ist, je nachdem die Permutationen π, π' gleich oder verschieden sind, und umgekehrt folgt (30) aus (32). Nimmt man für π und π' die identische Permutation von AB, so ergiebt sich die Beziehung

$$\omega_1\omega'_1 + \omega_2\omega'_2 + \cdots + \omega_n\omega'_n = 1 \tag{33}$$

welche man auch auf anderem Wege aus (29) und (16) ableiten kann.

Vergleicht man die Gleichungen (25) mit (32), so ergiebt sich, dass das dort mit U_α bezeichnete System $= \alpha^* T'_\alpha$ ist, wo T'_α das Complement des dortigen Systems T_α bedeutet; hieraus folgt zugleich mit Rücksicht auf (30), dass

$$S\left(\frac{\alpha_r\alpha^{n-s}}{\alpha^*}\right) = 1 \text{ oder } = 0 \tag{34}$$

ist, je nachdem r, s gleich oder verschieden sind; das Letztere ergiebt sich aber auch unmittelbar aus dem bekannten Satze über die Zerlegung echt gebrochener Functionen mit dem Nenner $f(t)$ in Partialbrüche.

Durch Vertauschung von T mit T' ergiebt sich aus (29), dass jede Zahl α auch in der Form

$$\alpha = S(\alpha\omega'_1)\omega_1 + S(\alpha\omega'_2)\omega_2 + \cdots S(\alpha\omega'_n)\omega_n \tag{35}$$

darstellbar, also $S(\alpha\omega'_s)$ die s^{te} Coordinate von α in Bezug auf die Basis T ist. Verstehen wir jetzt unter $\alpha_1, \alpha_2 \ldots \alpha_n$ nicht mehr die in (22) definirten Zahlen, sondern die in (5) dargestellten Elemente einer *beliebigen* Basis U, so ist die Zahl $a_{r,s} = S(\alpha_r\omega'_s)$ die r^{te} Coordinate von ω'_s in Bezug auf die Basis U'; hieraus ergiebt sich, dass gleichzeitig mit den n Gleichungen (5) auch die n Gleichungen

$$\omega'_s = a_{1,s}\alpha'_1 + a_{2,s}\alpha'_2 + \cdots + a_{n,s}\alpha'_n \tag{36}$$

gelten.

Zum Schlusse der in den §§. 160 bis 167 enthaltenen Darstellung algebraischer Grundlagen bemerken wir, dass in dem weiteren Verlaufe des vorliegenden Werkes der Körper, auf welchen sich die Begriffe der reducibelen und irreducibelen Systeme, der algebraischen

Zahlen, der endlichen Körper u.s.w. beziehen, ausschliesslich *der Körper R der rationalen Zahlen* sein wird. Ein System von m Zahlen $\omega_1, \omega_2 \dots \omega_m$ heisst daher *reducibel*, wenn es m rationale Zahlen $a_1, a_2 \dots a_m$ giebt, die der Bedingung $a_1\omega_1 + a_2\omega_2 + \cdots + a_m\omega_m = 0$ genügen und nicht alle verschwinden; im entgegengesetzten Falle heisst das System schlechthin *irreducibel*. Eine Zahl θ heisst *algebraisch*[3] und vom Grade n, wenn die n Potenzen $1, \theta, \theta^2 \dots \theta^{n-1}$ ein irreducibeles System bilden, das durch Hinzufügung von θ^n reducibel wird. Aus jeder solchen Zahl θ entspringt ein *endlicher Körper $R(\theta)$*, und umgekehrt ist jeder endliche Körper n^{ten} Grades von dieser Form; er besitzt, weil es nur eine einzige Permutation von R giebt, n und nur n verschiedene Permutationen, von denen eine die identische Permutation ist.

11.1 Zusätze zu den Paragraphen 165 und 167

SUB Göttingen, Cod. Ms. R. Dedekind II 3.2
Bl. 219-227, 376

Zu §. 165 (S. 475-482)

Der Satz III und eine Verallgemeinerung wird zweckmässig in folgende Theile III', III'', III''', III'''' zerlegt:

III'. *Ist φ eine Permutation des Körpers A, und θ eine nach A algebraische Zahl n^{ten} Grades, so ist n auch die Anzahl aller verschiedenen, mit φ einigen Permutationen des Körpers* $A(\Theta)$.

[3] Aus dem Satze X in §. 164 und dessen unmittelbaren Folgerungen geht hervor, dass der Inbegriff $\mathfrak{A}$ aller dieser algebraischen Zahlen ein (nicht endlicher) Körper, und dass jede in Bezug auf $\mathfrak{A}$ algebraische Zahl nothwendig in $\mathfrak{A}$ selbst enthalten ist. Dass aber mit $\mathfrak{A}$ das Reich aller Zahlen noch nicht erschöpft ist, dass es also noch andere, sogenannte *transcendente* Zahlen giebt, ist meines Wissens zuerst von *Liouville* bewiesen (*Sur des classes très-étendues de quantités dont la valeur n'est ni algébrique, ni même réductible à des irrationnelles algébriques.* Journal de Math. t. XVI, 1851). Einen anderen Beweis findet man in der Abhandlung von *G. Cantor*: *Ueber eine Eigenschaft des Inbegriffes aller reellen algebraischen Zahlen* (Crelle's Journal, Bd. 77, 1874). Dann hat *Ch. Hermite* (in der Abhandlung *Sur la fonction exponentielle*, 1874) zuerst den strengen Beweis geliefert, dass die Basis e des natürlichen Logarithmensystems eine transcendente Zahl ist, und durch die hieran sich anschliessenden Untersuchungen von *Lindemann* (*Ueber die Zahl π*; Math. Annalen, Bd. 20) und *Weierstrass* (Sitzungsberichte der Berliner Ak. 1885) ist endlich der allgemeinere Satz bewiesen, dass, wenn α irgend welche verschiedene Zahlen in $\mathfrak{A}$ durchläuft, die entsprechenden Potenzen e^{α} immer ein nach $\mathfrak{A}$ irreducibeles System bilden, woraus als specieller Fall die Transcendenz der Ludolph'schen Zahl π, also auch die vorher noch nicht erwiesene Unmöglichkeit der Quadratur des Cirkels hervorgeht. Vergl. auch *Hurwitz*: *Ueber arithmetische Eigenschaften gewisser transcendenter Functionen* (Math. Annalen, Bdde. 22 und 32), ferner die neuesten, sehr einfachen Beweise für die Transcendenz der Zahlen e und π von *Hilbert* und *Hurwitz* (Nachr. v. d. Göttinger Ges. d. W., 1893).

Der Beweis ist genau so zu führen, wie auf S. 476. Z. 20 - S. 478. Z. 15; der dort nur angedeutete Beweis des Gesetzes (9) ist so auszuführen: Ist y eine Zahl in A, so ist

$$\alpha y = yx_1\theta^{n-1} + \ldots + yx_n,$$

folglich nach der Definition (1,6) von π

$$(\alpha y)\pi = (yx_1)'\eta^{n-1} + \ldots + (yx_n)' = y'(x_1'\eta^{n-1} + \ldots + x_n') = (\alpha\pi)y' \qquad (9')$$

Zufolge (2) und der Definition (1,6) und (7) ist

$$(\theta^n)\pi = (-a_1)'\eta^{n-1} + \ldots + (-a_n)' = \eta^n\ , \qquad (9'')$$

also zufolge (9′), wenn x_1 in A enthalten ist,

$$(x_1\theta^n)\pi = x_1'\eta^n;$$

aus

$$\alpha\theta = x_1\theta^n + (x_2\theta^{n-1} + \ldots + x_n\theta)$$

und (8) und (1, 6), folgt daher

$$(\alpha\theta)\pi = x_1'\eta^n + (x_2'\eta^{n-1} + \ldots + x_n'\eta) = (\alpha\pi)\eta. \qquad (9''')$$

Nun Behauptung: für jede (nicht negative) ganze Zahl r ist

$$(\alpha y\theta^r)\pi = (\alpha\pi)y'\eta^r; \qquad (9'''')$$

denn dies gilt zufolge (9′) für $r = 0$, und wenn es für ein bestimmtes r gilt, und α durch $\alpha\theta$ ersetzt wird, so folgt aus (9′′′′), dass es auch für die folgende Zahl $r + 1$, also allgemein gilt. Ist nun

$$\beta = y_1\theta^{n-1} + \ldots + y_n, \quad \text{also } \beta\pi = y_1'\eta^{n-1} + \ldots + y_n',$$

so ist

$$\alpha\beta = \alpha y_1\theta^{n-1} + \ldots + \alpha y_n,$$

also nach (8) und ((9′′′′)

$$(\alpha\beta)\pi = (\alpha y_1\theta^{n-1})\pi + \ldots + (\alpha y_n)\pi$$

$$= (\alpha\pi)(y_1'\eta^{n-1} + \ldots + y_n') = (\alpha\pi)(\beta\pi), \qquad (9)$$

w. z. b. w.

Hierauf:

III". *Ist der Körper M ein endliches Multiplum des Körpers A, und φ eine Permutation von A, so ist der Grad (M, A) zugleich die Anzahl aller verschiedenen, mit φ einigen Permutationen π von M.*

Beweis (wie in III) durch vollständige Induction. Der Satz gilt offenbar für den Fall $(M, A) = 1$, also $M = A, \pi = \varphi$; und wenn er für alle Fälle $(M, A) < n$ bewiesen ist, so soll gezeigt werden, dass er auch für den Fall $(M, A) = n$ gilt, wo $n > 1$. *Erster* Fall (S. 475 Z. 14 von unten - S. 476 Z. 11): es giebt einen dritten Körper K, der ein *echter* Divisor von M und zugleich ein *echtes* Multiplum von A ist; $n = pq$, wo $p = (M, K), q = (K, A)$ beide > 1, also auch beide $< n$ sind. Es giebt folglich genau q verschiedene mit φ einige Permutationen

$$\chi_1, \chi_2 \dots \chi_q$$

von K[4], und wenn χ_r eine bestimmte von ihnen bedeutet, so giebt es genau p verschiedene mit χ_r einige Permutationen

$$\pi_{r,1}, \pi_{r,2} \dots \pi_{r,p}$$

von M. Da A Divisor von K, und K Divisor von M ist, so ist (nach Hülfssatz 4[5]) χ_r Multiplum von φ, ebenso $\pi_{r,s}$ Multiplum von χ_r, also auch von φ, mithin ist jede Permutation $\pi_{r,s}$ einig mit φ. Umgekehrt wenn π eine mit φ einige Permutation von M (also Multiplum von φ) ist, so ist (nach Hülfssatz 3[6], auch unmittelbar einleuchtend) auch der auf K bezügliche Divisor von π einig mit φ und folglich $= \chi_r$, wo r völlig bestimmt, und da π auch mit χ_r einig ist, so ist $\pi = \pi_{r,s}$, wo auch s völlig bestimmt ist. Mithin sind diese Permutationen $\pi_{r,s}$, welche den q Werthen r und den p Werthen s entsprechen, alle voneinander verschieden, und ausser ihnen giebt es keine mit φ einige Permutation π von M; die Anzahl aller π ist daher $= pq = n$, w.z.b.w. - *Zweiter* Fall (S. 476-478): Es giebt keinen solchen dritten Körper K. Man wähle aus M, da $n > 1$ ist, nach Belieben eine in A nicht enthaltene Zahl θ, so ist $A(\theta)$ ein von A verschiedenes Multiplum von A und zugleich Divisor von M, folglich $A(\theta) = M$, und da $(M, A) = n$, so ist θ (zufolge §. 164. VIII, IX auf S. 471-472) eine algebraische Zahl n^{ten} Grades in Bezug auf A, und nach dem vorhergehenden Satz III' gilt unser Satz III" auch für diesen Fall, w.z.b.w.

III"'. *Ist der Körper M ein endliches Multiplum des Körpers A, und Π das System der mit der Permutation φ von A einigen Permutationen π von M, so ist A der Körper und φ der Rest von Π.*

---

[4] Als besonderen *Satz* irgendwo (wohl schon in §. 163) vorauszuschicken: Ist der Körper K Divisor von M und Multiplum von A, und φ eine Permutation von A, so findet man alle mit φ einigen Permutationen π von M und jede nur einmal, wenn man zunächst alle verschiedenen mit φ einigen Permutationen χ von K, hierauf jede mit einer Permutation χ einige Permutation π von M bildet.

[5] [Satz 4" in den Zusätzen zu §. 163]

[6] [Satz 3" in den Zusätzen zu §. 163]

Denn (wie S. 478. Z. 18-27) wenn K den Körper, und χ den Rest von Π bedeutet, so besteht K (nach §. 163, S. 464) aus allen zu Π einwerthigen Zahlen, ist also Multiplum von A (weil $a\varphi = a\pi$ für jede in A enthaltene Zahl a und für jede in Π enthaltene Permutation π) und Divisor von M, und χ ist als Divisor von π einig mit φ, also (nach Hülfssatz 4[7]) Multiplum von φ (Kürzer: φ ist als gemeinsamer Divisor aller π auch Divisor von dem Reste χ von Π, nach S. 464). Setzt man $(M, K) = p$, $(K, A) = q$, so ist $(M, A) = pq$ (nach III") die Anzahl aller verschiedenen π in Π, und p die Anzahl aller verschiedenen, mit χ einigen Permutationen von M; unter diesen letzteren befinden sich aber gewiss die pq Permutationen π (weil sie Multipla von χ sind), und folglich ist $q = 1$, $K = A$, $\chi = \varphi$, w.z.b.w.

III"". *Ist der Körper B endlich in Bezug auf den Körper A, und φ eine Permutation von A, so ist der Grad (B, A) zugleich die Anzahl aller verschiedenen, mit φ einigen Permutationen ψ von B. Der Körper des Systems Ψ dieser Permutationen ψ ist der grösste gemeinsame Divisor D von A, B, und der Rest von Ψ ist der auf D bezügliche Divisor χ von φ.*

Denn wenn man $M = AB$ setzt, so ist $(M, A) = (B, A)$, also M ein endliches Multiplum von A, und folglich (nach III") ist (B, A) die Anzahl aller verschiedenen, mit φ einigen Permutationen π von M, und φ ist (nach III"') der Rest. Jede solche Permutation π hat einen bestimmten, auf B bezüglichen Divisor ψ, welcher mit φ einig, also in Ψ enthalten ist, und umgekehrt ist durch jede in Ψ enthaltene Permutation ψ und φ deren Union als eine mit φ einige Permutation π von M vollständig bestimmt; mithin ist (B, A) die Anzahl aller verschiedenen ψ. Nun sei χ' der Rest von Ψ, und D' der Körper von Ψ, also auch der von χ', so ist D' Divisor von B. Da jede Permutation π Multiplum von einer Permutation ψ, also auch von χ' ist, so ist χ' gemeinsamer Divisor aller π, also auch ihres Restes φ, mithin ist D' auch Divisor von A und folglich auch von D. Nun ist χ' einig mit χ (weil beide Divisoren von φ), und da D' Divisor von D, so ist auch χ' *Divisor von* χ (nach Hülfssatz 4[8]). Andererseits: χ ist als Divisor von φ einig mit jeder Permutation φ (weil φ mit ψ einig ist), und da der Körper D von χ Divisor des Körpers B von ψ ist, so ist (Hülfssatz 4.) χ *Divisor* von allen ψ, also auch *von deren Rest* χ! Folglich $\chi' = \chi$, $D' = D$, w.z.b.w. - Den letzten Theil kann man auch so darstellen: Jede in D' enthaltene, d.h. jede zu Ψ einwerthige Zahl b des Körpers B ist auch in M enthalten und einwerthig zu Π (weil $b\psi = b\pi$), folglich in A, also auch in D enthalten, mithin D' Divisor von D; umgekehrt ist jede in D enthaltene Zahl δ, weil D Divisor von A ist, einwerthig zu Π, und weil δ auch in B enthalten, also $\delta\psi = \delta\pi$ ist, auch einwerthig zu Ψ, also in D' enthalten, mithin $D' = D$, w.z.b.w.

Der Satz III"" schliesst offenbar die vorhergehenden Sätze III', III", III"' in sich (S. 478 Z. 4 von unten - S. 479. Z. 5). Hierzu kommt (S. 479. Z. 6-18) der *Satz*

[7] [Satz 4" in den Zusätzen zu §. 163]

[8] [Satz 4" in den Zusätzen zu §. 163]

II'''''. *Sind φ, φ' Permutationen des Körpers A, ist ferner ψ eine mit φ einige Permutation des in Bezug auf A endlichen Körpers B, und durchläuft ψ' alle mit φ' einigen Permutationen von B, so durchläuft $\psi^{-1}\psi'$ alle mit $\varphi^{-1}\varphi'$ einigen Permutationen des Körpers $B\psi$.*

Denn zunächst ist $(B, A) = (B\psi, A\varphi)$ zufolge des obigen Satzes II', und folglich ist (B, A) auch die Anzahl aller verschiedenen, mit der Permutation $\varphi^{-1}\varphi'$ von $A\varphi$ einigen Permutationen von $B\psi$; zu diesen gehört aber jede Permutation $\psi^{-1}\psi'$; da nun (B, A) auch die Anzahl aller verschiedenen ψ' (zufolge III''''), also auch (zufolge §. 162. S. 462-463) die aller verschiedenen $\psi^{-1}\psi'$ ist, so kann es ausser den letzteren keine mit $\varphi^{-1}\varphi'$ einige Permutation von $B\psi$ geben, w.z.b.w. - Bedeutet Ψ' das System aller ψ', so kann das System aller $\psi^{-1}\psi'$ mit $\psi^{-1}\Psi'$ bezeichnet werden. Bezeichnet man, wenn B ein Körper, φ eine Permutation ist, mit (B, φ) das System aller mit φ einigen Permutationen von B, so würde $\Psi' = (B, \varphi')$, und der Satz würde die Form $(B\psi, \varphi^{-1}\varphi') = \psi^{-1}(B, \varphi')$ annehmen.

Oder: $(B\psi)^{\varphi^{-1}\varphi'} = \psi^{-1}B^{\varphi'}$, wenn das Symbol (B, φ) durch B^{φ} ersetzt wird.

Im Folgenden (S. 479-482) wird angenommen, dass $\varphi = \varphi^0$ die *identische* Permutation von A ist, und dass

$$\varphi_1, \varphi_2 \dots \varphi_n, \quad \text{wo } n = (B, a),$$

die mit φ einigen Permutationen von B sind; unter diesen befindet sich auch dic identische Permutation ψ von B, und zufolge des obigen Satzes II' ist allgemein

$$(B\psi_r, A) = n,$$

und zufolge III'''' sind

$$\psi_r^{-1}\psi_1, \psi_1^{-1}\psi_2 \dots \psi_r^{-1}\psi_n$$

die mit φ einigen Permutationen des Körpers $B\psi_r$. Das Product

$$P = (B\psi_1)(B\psi_2)\dots(B\psi_n)$$

heisst (S. 480) die *Norm von B nach A* und ist (zufolge §. 164. S. 473 unten) ebenfalls endlich in Bezug auf A; es sei jetzt *Π das Systems aller mit φ einigen Permutationen π von P.*

Jetzt sei φ' irgend eine Permutation von A, ψ' eine bestimmte mit φ' einige Permutation von B, und Ψ' das System aller solchen Permutationen

$$\psi_1', \psi_2' \dots \psi_n',$$

deren Anzahl $n = (B, A) = (B\psi', A\varphi')$ ist. Dann ist $\varphi'^{-1}\varphi'$ die identische Permutation von $A\varphi'$, und (nach III'''') ist

$$\psi'^{-1}\psi_1', \psi'^{-1}\psi_2' \dots \psi'^{-1}\psi_n' = \psi'^{-1}\Psi'$$

das System aller mit ihr einigen Permutationen von $B\psi'$. Mithin ist, weil $(B\psi')\psi'^{-1}\ \psi'_r = B\psi'_r$, das Product

$$B\psi'_1 . B\psi'_2 \ldots B\psi'_n = P'$$

die *Norm von* $B\psi'$ *nach* $A\varphi'$, wie auch ψ' aus Ψ' gewählt sein mag. Nun sei Π' das System aller mit φ' einigen Permutationen π' von P. Der auf den Divisor $B\psi_r$ von P bezügliche Divisor einer solchen Permutation π' ist ebenfalls einig mit $\varphi' = \varphi^{-1}\varphi'$, also (nach III'''') eine bestimmte der n Permutationen $\psi_r^{-1}\Psi'$, etwa $\psi_r^{-1}\psi'_{r'}$, und folglich ist π' die Union von n Permutationen

$$\psi_1^{-1}\psi'_1, \psi_2^{-1}\psi'_2 \ldots \psi_r^{-1}\psi'_r, \ldots \psi_n^{-1}\psi'_{n'}.$$

Wählt man wieder aus B eine zu ψ_1, ψ_2 zweiwerthige Zahl θ, so gehen die in P enthaltenen, verschiedenen Zahlen $\theta\psi_1$, $\theta\psi_2$ durch π' in zwei verschiedene Zahlen $(\theta\psi_1)\pi' = (\theta\psi_1)\psi_1^{-1}\psi'_{1'} = \theta\psi'_{r'}$, $(\theta\psi_2)\pi' = (\theta\psi_2)\psi_2^{-1}\psi'_{2'} = \theta\psi'_{2'}$ über, mithin ist $\psi'_{1'}$ von $\psi'_{2'}$ (also $1'$ von $2'$) verschieden, und folglich ist das System aller $\psi'_{r'}$ identisch mit Ψ'; und da $(B\psi_r)\pi' = (B\psi_r)\psi_r^{-1}\psi'_{r'} = B\psi'_{r'}$, so folgt

$$P\pi' = P';$$

die Norm P *geht durch alle mit* φ' *einigen Permutationen* π' *in dieselbe Norm* P' *über.*

Zu §. 165 (S. 482, Z. 1-17)

Satz: Ist der Körper B ein endliches Multiplum des Körpers A, so giebt es nur eine endliche Anzahl von Körpern K, die der Bedingung $A < K < B$ *genügen.*

Beweis: $n = (B, A) = (B, K)(K, A) = pq$; $p = (B, K)$, $q = (K, A)$

Aus $(B, K) = p$ folgt: es giebt p verschiedene Permutationen ψ' von B, die Multipla der identischen Permutation χ von K sind, und K *ist der Körper des Systems* Ψ' der p Permutationenψ', und dadurch eindeutig bestimmt; alle diese ψ sind aber auch Multipla der identischen Permutation φ von A (aus $\psi' > \chi$ und $\chi > \varphi$ folgt $\psi' > \varphi$); es giebt aber genau n verschiedene Permutationen ψ von B von der Art $\psi > \varphi$; also ist Ψ' ein Theil des Systems Ψ dieser n Permutationen ψ. Es giebt aber nur eine endliche Anzahl Theile Ψ' eines endlichen Systems Ψ, mithin auch nur eine endliche Anzahl von Köpern K, w. z. b. w.

Zu §. 166 (S. 485)

Hieraus[9] folgt (Behauptung in §. 166. S. 485. Z. 7), dass das System Π eine Gruppe ist; der Körper von Π (ist nach [§. 165] III'''') der grösste gemeinsame Theiler Q von A, P (vergl. §. 165. S. 481. V), und der Rest von Π ist die identische Permutation von Q. Mithin

III. *Satz: Ist* β *irgend eine Zahl in B, so ist jede aus den n conjugirten Zahlen* $\beta\psi_r$ *auf rationale und symmetrische Weise gebildete Zahl b in Q enthalten.*

[9][Satz II in §. 166]

Denn das System β der n Zahlen $\beta\psi_r$ geht durch eine in Π enthaltene Permutation π in das System der Zahlen $(\beta\psi_r)\pi = (\beta\psi_r)\psi_r^{-1}\psi_{r'} = \beta\psi_{r'}$ über, welches im Complex mit (β) übereinstimmt, mithin ist $b\pi = b$ einwerthig zu Π, also in Q enthalten, w.z.b.w.

Zu §. 167 (S. 486-488)

Zufolge des eben bewiesenen Satzes[10] sind

$$\left.\begin{array}{r}\text{die } \textit{Spur } S(\beta) = \beta\psi_1 + \beta\psi_2 + \ldots \beta\psi_n \\ \text{und die } \textit{Norm} N(\beta) = \beta\psi_1 . \beta\psi_2 \ldots \beta\psi_n\end{array}\right\} \textit{Definitionen.}$$

Zahlen des Körpers Q, also auch in A enthalten. Bei beiden Begriffen muss eigentlich immer der Körper B, als dessen Zahl β betrachtet wird, und der Körper A, in Bezug auf welchen die Spur oder Norm genommen wird, genannt werden; statt $S(\beta)$, $N(\beta)$ würde vollständig $S(\beta, B, A)$, $N(\beta, B, A)$ zu setzen sein.[11]

Ist T ein System von n Zahlen $\beta_1, \beta_2 \ldots \beta_n$ in B, so ist die aus den n^2 Zahlen $\beta_s\psi_r$ gebildete Determinante (T) in P enthalten (S. 479. (10)); bedeutet π eine mit φ einige Permutation von P, so ist $(T)\pi$ die aus den n^2 Zahlen $\beta_s\psi_r\pi = (\beta_s\psi_r)\psi_r^{-1}\psi_{r'} = \beta_s\psi_{r'}$ gebildete Determinante, also $= \pm(T)$, wo das obere oder untere Zeichen gilt, je nachdem die Permutation

$$\pi = \begin{pmatrix} \psi_1, \psi_2 \ldots \psi_n \\ \psi_{1'}, \psi_{2'} \ldots \psi_{n'} \end{pmatrix} = \begin{pmatrix} 1, 2 \ldots n \\ 1', 2' \ldots n' \end{pmatrix}$$

positiv (gerade) oder negativ (ungerade) ist; die *Discriminante* $\Delta(T) = (T)^2$ des Systems (T) ist daher einwerthig zu Π, mithin *in Q, also auch in A enthalten* (§. 167. S. 486-488).

Aus dem Vorhergehenden ergeben sich zugleich die in Bezug auf $A\varphi'$ genommene Spur und Norm irgend einer in $B\psi'$ enthaltenen Zahl $\beta\psi'$ in der Form (weil $(\beta\psi')\psi'^{-1}\psi'_r = \beta\psi'_r$ ist)

$$S(\beta\psi', B\psi', A\varphi') = \beta\psi'_1 + \beta\psi'_2 + \ldots + \beta\psi'_n$$
$$N(\beta\psi', B\psi', A\varphi') = \beta\psi'_1 . \beta\psi'_2 \ldots \beta\psi'_n .$$

Da nun die Zahlen $S(\beta, B, A)$, $N(\beta, B, A)$ in A enthalten und aus den in den n Körpern $B\psi_r$, also auch in P enthaltenen Zahlen $\beta\psi_r$ gebildet sind, und da φ', π' einige Permutationen von A, P sind, so folgt (als Wirkung einer gem. Multipl. von φ', π')

$$S(\beta, B, A)\varphi' = (\beta\psi_1)\pi' + (\beta\psi_2)\pi' + \ldots + (\beta\psi_n)\pi' \quad [= \sum \beta\psi'_{r'} = \sum \beta\psi'_r$$
$$N(\beta, B, A)\varphi' = (\beta\psi_1)\pi' . (\beta\psi_2)\pi' \ldots (\beta\psi_n)\pi' \quad [= \prod \beta\psi'_{r'} = \prod \beta\psi'_r$$

[10][Satz III in den Zusätzen zu §. 166]

[11]Zu bemerken: $\left.\begin{smallmatrix} S \\ N \end{smallmatrix}\right\} (\beta, B, A) = \left.\begin{smallmatrix} S \\ N \end{smallmatrix}\right\} (\beta, AB, A)$.

und da $(\beta\psi_r)\pi' = (\beta\psi_r)\psi_r^{-1}\psi'_{r'} = \beta\psi'_{r'}$ ist, so folgen die Sätze[12]:

$$S(\beta, B, A)\varphi' = S(\beta\psi', B\psi', A\varphi') = \sum\nolimits^r \beta\psi'_r$$
$$N(\beta, B, A))\varphi' = N(\beta\psi', B\psi', A\varphi')_r = \prod\nolimits^r \beta\psi'_r,$$

weil das System der n Permutationen $\psi'_{r'}$ mit dem System Ψ' der ψ'_r übereinstimmt; und hier bedeutet ψ' eine *beliebige* in Ψ' enthaltene, d.h. *mit* φ' *einige Permutation von* B.

Hat ferner T die obige Bedeutung, so ist $T\psi'$ das System der n Zahlen $\beta_1\psi', \beta_2\psi' \ldots \beta_n\psi'$ in $B\psi'$, und wenn (wie früher bei Ψ) eine bestimmte Reihenfolge (Nummerierung) der in Ψ' enthaltenen Permutationen ψ'_r festgesetzt ist, so ist $(T\psi')$ – was deutlicher durch $(T\psi', B\psi', A\varphi')$ bezeichnet werden sollte (sowie (T) durch (T, B, A)) – die aus den n^2 Zahlen $(\beta_s\psi')\psi'^{-1}\psi'_r = \beta_s\psi'_r$ gebildete Determinante

$$(T\psi', B\psi', A\varphi') = |\beta_s\varphi'_r|$$

und die Determinante

$$\Delta(T\psi', B\psi', A\varphi') = |\beta_s\psi'_r|^2$$

(unabhängig von der Wahl von ψ' aus Ψ', ebenso wie bei Spur und Norm). Aus

$$\Delta(T, B, A) = |\beta_s\psi_r|^2$$

folgt dann als Wirkung eines gemeinsamen Multiplums der einigen Permutationen φ', π' von A, P, weil $(\beta_s\psi_r)\pi' = (\beta_s\varphi_r)\psi_r^{-1}\psi'_{r'} = \beta_s\psi'_{r'}$ ist, und weil das System der $\psi'_{r'}$ mit Ψ' übereinstimmt, der *Satz*:

$$\Delta(T, B, A)\varphi' = \Delta(T\psi', B\psi', A\varphi');$$

wo ψ' *eine beliebige Permutation in* Ψ' *bedeutet.*

Ferner *Satz*: *Ist der Körper* A *Divisor von* M *und Multiplum von* C, ω *eine Zahl in* M, *und setzt man die in* A *enthaltenen Zahlen*

$$S(\omega, M, A) = a, \quad N(\omega, M, A) = p,$$

so ist

$$S(\omega, M, C) = S(a, A, C), \quad N(\omega, M, C) = N(p, A, C).$$

Denn wenn φ_r alle (A, C) mit der identischen Perm. χ von C einigen Perm. von A durchläuft, so ist (nach Definition)

---

12 Am besten *erst* beweisen : $\frac{S}{N}(\beta, B, A)\varphi' = \frac{\sum}{\prod}(\beta\psi'_r)$, (an sich wichtig!)

dann : $\frac{S}{N}(\beta\psi', B\psi', A\varphi') = \frac{\sum}{\prod}(\beta\psi'_r)$.

$$S(a, A, C) = \sum^r a\varphi_r\,, \quad N(p, A, C) = \prod^r p\varphi_r.$$

Durchläuft $\pi_{r,s}$ alle (M, A) mit φ_r einigen Permutationen von M, so ist

$$\begin{aligned} a\varphi_r &= \sum\nolimits^s \omega\pi_{r,s}, & p\varphi_r &= \prod\nolimits^s \omega\pi_{r,s}\,, \text{ also} \\ S(a, A, C) &= \sum\nolimits^{r,s} \omega\pi_{r,s}, & N(p, A, C) &= \prod\nolimits^{r,s} \omega\pi_{r,s}\,, \\ &= S(\omega, M, C), & &= N(\omega, M, C)\,, \end{aligned}$$

weil die (allen r und allen s entsprechenden) $(M, C) = (M, A)(A, C)$ verschiedenen $\pi_{r,s}$ alle mit χ einigen Permutationen von M bilden; w.z.b.w.

Verbindet man die hier ausgesprochenen Sätze $(1, 2, 3, 4)$[13] mit den in den Bemerkungen[14] bewiesenen, so ergiebt sich Folgendes:

Satz: Ist der Körper C Divisor von A, β eine Zahl des Körpers B, und

$$S(\beta, B, A) = a\,, \quad N(\beta, B, A) = p\,, \quad (A, BC) = m,$$

so ist

$$\begin{aligned} S(\beta, AB, C) &= S(a, A, C) = mS(\beta, B, C) \\ N(\beta, AB, C) &= N(p, A, C) = (N(\beta, B, C))^m. \end{aligned}$$

Der *Beweis* folgt durch doppelte Anwendung des letzten Satzes. Denn setzt man $M = AB$, $A' = BC$, so ist sowohl A wie A' ein Divisor von M und Multiplum von C. Durch die Anwendung auf A ergiebt sich, wenn man dort ω durch β ersetzt,

$$\begin{aligned} S(\beta, AB, A) &= S(\beta, B, A) = a \\ N(\beta, AB, A) &= N(\beta, B, A) = p \end{aligned}$$

also unmittelbar

$$S(\beta, AB, C) = S(a, A, C)\,, \quad N(\beta, AB, C) = N(p, A, C).$$

Um die Anwendung desselben Satzes auf den Zwischenkörper $A' = BC$ durchzuführen, setze man

$$a' = S(\beta, M, A')\,, \quad p' = N(\beta, M, A'),$$

so wird

$$S(\beta, M, C) = S(a', A', C)\,, \quad N(\beta, M, C) = N(p', A', C)$$

Nun ist aber zufolge §. 167. (1, 2)

[13] [(1), (2), (3), (4) in §.167]

[14] [Zusätze zu §. 167]

$$a' = S(\beta, AB, BC) = m\beta$$
$$p' = N(\beta, AB, BC) = \beta m$$

also zufolge §. 167 (1, 4)

$$S(a', A', C) = S(m\beta, BC, C) = mS(\beta, B, C)$$
$$N(p', A', C) = N(\beta^m, BC, C) = (N(\beta, B, C))^m$$

mithin

$$S(\beta, AB, C) = mS(\beta, B, C), \quad N(\beta, AB, C) = (N(\beta, B, C))^m,$$

worin der zweite Theil besteht. In dem aus der Vergleichung folgenden (obigen) Satze

$$S(a, A, C) = mS(\beta, B, C)$$
$$N(p, A, C) = (N(\beta, B, C))^m$$

ist offenbar der letzte Satz wieder enthalten, wenn B als Multiplum von A, also $m = (A, BC) = 1$ vorausgesetzt wird (oder allgemeiner A als Divisor von BC).

12 Moduln (§ 168.)

Wir wenden uns jetzt zu einer anderen allgemeinen Untersuchung, welche eine wichtige Grundlage unserer Zahlentheorie bildet und auch auf andere Theile der Mathematik sich mit Nutzen anwenden lässt. Sie beruht auf dem folgenden einfachen Begriffe:

Ein System $\mathfrak{a}$ von beliebigen reellen oder complexen Zahlen soll ein *Modul* heissen, wenn dieselben sich durch Subtraction reproducieren, d.h. wenn die Differenzen von je zwei solchen Zahlen demselben System $\mathfrak{a}$ angehören.

Zufolge dieser Erklärung ist jeder Zahlkörper (§. 160) gewiss auch ein Modul; aber wir wollen von vornherein bemerken, dass in der folgenden allgemeinen Theorie auf diesen Umstand nicht das geringste Gewicht zu legen ist, weil diejenigen besonderen Moduln, welche wir später (§. 172) ausschließlich zu betrachten haben, niemals zugleich Körper sind.

In jedem Modul $\mathfrak{a}$ ist die Zahl *Null* enthalten; denn wenn α irgend eine Zahl in $\mathfrak{a}$ bedeutet, so muss auch die Differenz $\alpha - \alpha$ in $\mathfrak{a}$ enthalten sein. Zugleich leuchtet ein, dass die Zahl Null für sich allein schon einen Modul, den Modul 0, bildet.

Hieraus folgt weiter, dass mit α auch stets die entgegengesetzte Zahl $-\alpha = 0 - \alpha$ in $\mathfrak{a}$ enthalten ist. Sind ferner α_1, α_2 und folglich auch $-\alpha_2$ Zahlen in $\mathfrak{a}$, so gilt dasselbe von der Differenz $\alpha_1 - (-\alpha_2)$, d.h. von der *Summe* $\alpha_1 + \alpha_2$, und ebenso von jeder aus mehreren Zahlen das Moduls $\mathfrak{a}$ gebildeten Summe. Die Zahlen eines Moduls reproduciren sich daher nicht bloss durch Subtraction, sondern auch durch Addition[1], und folglich besteht jeder von 0 verschiedene Modul immer aus unendlich vielen verschiedenen Zahlen; denn wenn α in $\mathfrak{a}$ enthalten ist, so müssen auch alle Zahlen von der Form $x\alpha$ in $\mathfrak{a}$ enthalten sein, wo x alle ganzen rationalen Zahlen durchläuft.

Hieran schließt sich die Bemerkung, dass jedes endliche oder unendliche System T von Zahlen α, falls es nicht selbst schon ein Modul ist, durch Hinzufügung der Zahlen $-\alpha$

[1] In §. 161 der *zweiten* Auflage dieses Werkes (1871), wo der Begriff des Moduls zuerst in der Zahlentheorie eingeführt ist, und ebenso in §. 165 der *dritten* Auflage (1879) war diese Eigenschaft in die Erklärung selbst aufgenommen.

K. Scheel, *Dedekinds Theorie der ganzen algebraischen Zahlen*,
https://doi.org/10.1007/978-3-658-30928-2_12

und aller Summen von mehreren Zahlen $\pm\alpha$ offenbar zu einem Modul $\mathfrak{a}$ ergänzt wird; diesen, durch das System T vollständig bestimmten Modul $\mathfrak{a}$ kann man zweckmässig durch das Symbol $[T]$ bezeichnen, und wir wollen T *eine Basis* des Moduls $\mathfrak{a}$ nennen. Zugleich leuchtet ein, dass jeder Modul $\mathfrak{d}$, welcher alle Zahlen α des Systems T enthält, auch alle Zahlen des Moduls $[T]$ enthalten muss.

Ist T ein *endlich* System, welches aus den n Zahlen $\alpha_1, \alpha_2 \ldots \alpha_n$ besteht, so bezeichnen wir den zugehörigen Modul $\mathfrak{a}$ durch das Symbol

$$[\alpha_1, \alpha_2 \ldots \alpha_n];$$

derselbe besteht offenbar aus allen Zahlen von der Form

$$x_1\alpha_1 + x_2\alpha_2 + \ldots + x_n\alpha_n,$$

wo $x_1, x_2 \ldots x_n$ willkürliche ganze rationale Zahlen bedeuten. Jeden solchen Modul $\mathfrak{a}$ wollen wir einen *endlichen* Modul nennen; die n Zahlen $\alpha_1, \alpha_2 \ldots \alpha_n$ heissen die *Elemente* oder *Glieder* seiner Basis, und $\mathfrak{a}$ selbst heisst danach ein *n-gliedriger* Modul. Offenbar ist es stets erlaubt, diese Basis in der Weise abzuändern, dass man zu ihren Gliedern noch irgend welche in dem Modul $\mathfrak{a}$ enthaltene Zahlen als neue Glieder hinzufügt; derselbe Modul $\mathfrak{a}$ ist daher auch ein $(n+1)$-gliedriger Modul[2]. Der eingliedrige Modul [1], *den wir immer durch $\mathfrak{z}$ bezeichnen wollen,* ist nichts Anderes als das System aller ganzen rationalen Zahlen; ebenso ist [2] oder auch [2, 6, 10] das System aller geraden Zahlen, und der zweigliedrige Modul $[1, i]$ ist das System aller ganzen complexen Zahlen von *Gauss* (§. 159).

[2]Erst später (§. 172) kann es zweckmässig erscheinen, diese Ausdrucksweise abzuändern.

Theilbarkeit der Moduln. Modul-Gruppen. (§ 169.) 13

SUB Göttingen, Cod. Ms. Dedekind II 3.2
Bl. 279, 300, 312–320

Sehr häufig wird, wie dies schon in der vorstehenden Betrachtung geschehen ist, der Fall auftreten, dass alle Zahlen eines Moduls $\mathfrak{m}$ auch in einem Modul $\mathfrak{n}$ enthalten sind; dann heißt $\mathfrak{m}$ *theilbar durch* $\mathfrak{n}$, oder wir sagen, $\mathfrak{m}$ sei ein *Vielfaches* oder *Multiplum* von $\mathfrak{n}$, $\mathfrak{n}$ sei ein *Theiler* oder *Divisor* von $\mathfrak{m}$, oder $\mathfrak{n}$ *gehe auf in* $\mathfrak{m}$. Diese Übertragung der in der rationalen Zahlentheorie (§. 3) für zwei einzelne Zahlen m, n üblichen Ausdrucksweise auf unsere Zahlen-Systeme $\mathfrak{m}$, $\mathfrak{n}$ mag auf den ersten Blick Anstoß erregen, weil das Vielfache $\mathfrak{m}$ in Wahrheit einen *Theil* des Theilers $\mathfrak{n}$ bildet, doch wird dieselbe in der Folge sich hinreichend rechtfertigen, und sie ist unvermeidlich, wenn das am Schluß von §. 159 gesteckte Ziel durch die hier vorzubereitende Theorie der *Ideale* erreicht werden soll. Man darf also die beiden Worte Theil und Theiler niemals mit einander verwechseln. Es ist ferner wohl zu beachten, dass, während die Theilbarkeit der *Zahlen* m, n auf dem Begriff des Productes beruht (§. 3), die Theilbarkeit der Moduln $\mathfrak{m}$, $\mathfrak{n}$ in gar keiner Beziehung zu der Multiplication steht.

Diese Theilbarkeit des Moduls $\mathfrak{m}$ durch den Modul $\mathfrak{n}$ wollen wir symbolisch auf doppelte Weise durch

$$\mathfrak{m} > \mathfrak{n} \text{ oder } \mathfrak{n} < \mathfrak{m} \tag{1}$$

ausdrücken[1], was eine große Erleichterung gewährt. Benutzt man zugleich die in §. 168 erklärte Bezeichnung der endlichen Moduln, so kann z. B. in der Theorie der ganzen rationalen Zahlen die Theilbarkeit der Zahl m durch die Zahl n, welche bisher durch kein besonderes Symbol oder nur durch die Kongruenz $m \equiv 0 \pmod{n}$ ausgedrückt wurde, jetzt durch

[1] Diese und die später folgenden Zeichen $\mathfrak{a}+\mathfrak{b}$, $\mathfrak{a}-\mathfrak{b}$ habe ich zuerst benutzt in der Festschrift: Ueber die Anzahl der Ideal-Classen in den verschiedenen Ordnungen eines endlichen Körpers (Braunschweig 1877).

K. Scheel, *Dedekinds Theorie der ganzen algebraischen Zahlen*,
https://doi.org/10.1007/978-3-658-30928-2_13

$[m] > [n]$ dargestellt werden, weil jede in $[m]$ enthaltene, also durch m theilbare Zahl auch durch n theilbar, also in $[n]$ enthalten ist.

Allgemein bemerken wir, dass der Modul $\mathfrak{o}$ ein gemeinsames Vielfaches, und das System *aller* Zahlen ein gemeinsamer Theiler aller Moduln ist. Der in §. 168 betrachtete Modul $\mathfrak{m} = [M]$ ist theilbar durch jeden Modul $\mathfrak{n}$, welcher alle Zahlen der Basis M enthält. Ist jeder der Moduln $\mathfrak{a}_1, \mathfrak{a}_2, \mathfrak{a}_3 \ldots$ durch den zunächst folgenden theilbar, also $\mathfrak{a}_1 > \mathfrak{a}_2$, $\mathfrak{a}_2 > \mathfrak{a}_3 \ldots$, so ist jeder auch ein Multiplum von allen folgenden, was wir kurz durch

$$\mathfrak{a}_1 > \mathfrak{a}_2 > \mathfrak{a}_3 \ldots \tag{2}$$

bezeichnen. Jeder Modul $\mathfrak{a}$ ist durch sich selbst theilbar, in Zeichen

$$\mathfrak{a} > \mathfrak{a} \quad \mathfrak{a} < \mathfrak{a} \tag{3}$$

und wenn jeder der beiden Moduln $\mathfrak{m}$, $\mathfrak{n}$ durch den anderen theilbar, also

$$\mathfrak{m} > \mathfrak{n} > \mathfrak{m} \tag{4}$$

ist, so folgt $\mathfrak{m} = \mathfrak{n}$, d. h. $\mathfrak{m}$ und $\mathfrak{n}$ sind nur äußerlich verschiedene Zeichen für einen und denselben Modul.
Wenn dagegen $\mathfrak{m}$ theilbar durch $\mathfrak{n}$, aber verschieden von $\mathfrak{n}$ ist, so soll $\mathfrak{n}$ ein *echter* Theiler von $\mathfrak{m}$, und $\mathfrak{m}$ ein *echtes* Vielfaches von $\mathfrak{n}$ heißen; es giebt dann in $\mathfrak{n}$ mindestens eine und folglich, wie leicht zu sehen, auch unendlich viele Zahlen, die nicht in $\mathfrak{m}$ enthalten sind.

Sind a, b irgend zwei Moduln, und bedeutet α jede Zahl in a, ebenso β jede Zahl in b so bezeichnen wir mit

$$a + b \tag{5}$$

das System aller in der Form $\alpha + \beta$ darstellbaren Zahlen; dasselbe ist ebenfalls ein *Modul,* weil die Differenz von je zwei solchen Zahlen $\alpha_1 + \beta_1, \alpha_2 + \beta_2$, nämlich $(\alpha_1 - \alpha_2) + (\beta_1 - \beta_2)$ wieder in $a + b$ enthalten ist. Dieser Modul, den wir kurz die *Summe* der beiden Moduln a, b nennen, ist offenbar symmetrisch aus a, b gebildet, d. h. es ist

$$a + b = b + a, \tag{6}$$

und er ist ein gemeinsamer Theiler von a, b, weil er alle Zahlen $\alpha + 0$ des Moduls a und alle Zahlen $0 + \beta$ des Moduls b enthält; in unserer Symbolik ist daher

$$a > a + b. \tag{7}$$

Ist ferner der Modul n irgend ein gemeinsamer Theiler von a, b, so sind alle Zahlen α, β, also auch alle Zahlen $\alpha + \beta$ in n enthalten, mithin ist n ein Theiler von $a + b$, d. h.

$$\text{aus } n < a \text{ und } n < b \text{ folgt } n < a + b \tag{8}$$

Aus diesem Grunde nennen wir der Analogie wegen die Summe $a + b$ auch den *größten* gemeinsamen Theiler von a, b, obgleich er unter allen Moduln n den kleinsten Zahleninhalt besitzt.

Ist $m > n$, so ist der Satz (8) zufolge (3) anwendbar auf die Annahme $a = m$, $b = n$ und giebt $n < m + n$, und da nach (7) auch $n > m + n$, so folgt $m + n = n$; umgekehrt, wenn $m + n = n$ ist, so folgt aus (7) auch $m > n$. Mithin sind die beiden Aussagen

$$m > n \text{ und } m + n = n \tag{9}$$

gleichbedeutend, und zufolge (3) ergiebt sich hieraus

$$a + a = a, \tag{10}$$

was übrigens auch unmittelbar aus dem Begriffe der Summe $a+b$ folgt. Aus diesem Begriffe ergiebt sich auch der Satz:

$$\text{aus } a > a' \text{ und } b > b' \text{ folgt } a + b > a' + b'; \tag{11}$$

denn jede Zahl α in a ist auch in a', und jede Zahl β in b ist auch in b' enthalten, und folglich ist jede Zahl $\alpha + \beta$ des Moduls $a + b$ auch in $a' + b'$ enthalten, w. z. b. w.
Außer dem commutativen Gesetz (6) gilt für die Moduloperation + auch das associative

$$(a + b) + c = a + (b + c); \tag{12}$$

dies folgt unmittelbar aus $(\alpha + \beta) + \gamma = \alpha + (\beta + \gamma)$, wo α, β, γ beliebige Zahlen der Moduln a, b, c bedeuten. Wendet man hierauf die in §. 2 vorgetragende Schlußweise an, so ergiebt die völlig bestimmte Bedeutung der in beliebiger Ordnung gebildeten Summe

$$\sum a = a_1 + a_2 + \cdots + a_n \tag{13}$$

von beliebigen Moduln a, deren Anzahl *endlich* ist; diese Summe ist der größte gemeinsame Theiler aller n Moduln a, d. h. *sie geht in jedem Modul a auf und ist zugleich theilbar durch jeden gemeinsamen Theiler aller a*. Offenbar ist z. B.

$$[\alpha_1, \alpha_2 \ldots \alpha_n] = [\alpha_1] + [\alpha_2] + \cdots + [\alpha_n], \tag{14}$$

und die Summe von unseren endlichen Moduln ist wieder ein endlicher Modul.

Der Begriff der Summe $\sum a$ oder des größten gemeinsamen Theilers von beliebigen Moduln a läßt sich aber von vornherein auch so erklären, dass er einen vollständig bestimmten Sinn und zwar die eben ausgespochenen Bedeutung behält, mag die Anzahl der Moduln a endlich oder *unendlich* groß sein, welcher letztere Fall auch bei unseren Untersuchungen gelegentlich auftreten wird.

Hierzu gelangt man sofort durch die in §. 168 betrachtete Bildung des Moduls $[A]$ aus einer gegebenen Basis A; in der That, nimmt man in A jede und nur jede solche Zahl α auf, welche wenigstens in einem der Moduln a enthalten ist, so besteht der zugehörige Modul $[A]$ aus diesen Zahlen α und allen endlichen Summen mehrerer Zahlen α, und es leuchtet ein, dass dieser Modul $[A]$, den wir wieder durch $\sum a$ bezeichnen, im obigen Sinne auch der größte gemeinsame Theiler aller Moduln a ist.

Ein besonderer Fall, welcher uns später (§§. 172, 173) wirklich begegnen wird, ist der, wo die Moduln a eine einfach unendliche Reihe $a_1, a_2, a_3 \ldots$ von der Art bilden, dass jeder Modul a_n durch den nächsten a_{n+1} und also durch alle folgenden theilbar ist. Dann ist $[A] = A$; bedeuten nämlich ϱ, δ irgend zwei Zahlen in A, so gehört ϱ einem Modul a_r, ebenso δ einem Modul a_s an, und da beide Moduln durch a_{r+s} theilbar sind, so sind ϱ und δ auch Zahlen dieses Moduls a_{r+s}, also ist auch ihre Differenz $\varrho - \delta$ in a_{r+s} und folglich auch in A enthalten, weil jede in einem der Moduln a enthaltene Zahl nach der obigen Vorschrift auch in die Basis A aufgenommen sein soll; mithin besitzt diese Basis A die charakteristische Eigenschaft eines *Moduls,* und hieraus folgt (nach §. 168), dass $[A] = A$ ist, wie behauptet war. Offenbar kann der größte gemeinsame Theiler $[A]$ oder $\sum a$ in diesem Falle zweckmäßig durch a_∞ bezeichnet werden.

Ist z. B. $a_n = [2^{-n}]$, so besteht a_n aus allen rationalen Zahlen, welche, auf die kleinste Benennung gebracht, zum Nenner eine Potenz von 2 haben, deren Exponent $\leq n$ ist; offenbar ist a_{n+1} ein *echter* Theiler von a_n; der größte gemeinsame Theiler a_∞ aller dieser Moduln a_n ist der Inbegriff aller derjenigen rationalen Zahlen, deren Nenner irgend eine Potenz von 2 ist; alle Moduln a_n sind endliche, eingliedrige Moduln, aber a_∞ ist kein endlicher Modul.

Dem Begriffe der Summe von beliebig vielen Moduln a steht dualistisch gegenüber der Begriff ihres Durchschnitts[2]; wir verstehen darunter das System ϑ aller derjenigen Zahlen δ, welche (wie z. B. die Zahl 0) allen Moduln a gemeinsam angehören, deren jede also in jedem dieser Moduln a enthlten ist. Da, wenn δ_1, δ_2 zwei solche Zahlen in ϑ sind, auch ihre Differenz $\delta_1 - \delta_2$ in jedem Modul a und folglich auch in ϑ enthalten sein muss, so ist ϑ ein *Modul* und zwar ein gemeinsames Vielfaches dieser Moduln a. Da ferner jedes gemeinsame Vielfache m der Moduln a nur aus solchen Zahlen besteht, welche in jedem dieser Moduln a und folglich in ϑ enthalten sind, so ist $m > \vartheta$; aus diesem Grunde nennen wir der Analogie wegen den Durchschnitt ϑ auch das *kleinste* gemeinsame Vielfache der Moduln a, obgleich ϑ unter allen Moduln m den größten Zahleninhalt besitzt.

Bezeichnet man den Durchschnitt zweier Moduln a, b durch das Symbol

$$a - b, \tag{15}$$

so entsprechen den Sätzen (6) bis (12) die folgenden, deren Beweise wir dem Leser überlassen dürfen:

$$a - b = b - a \tag{16}$$

[2]Dieser zweckmäßige, geometrischen Vorstellungen entlehnte Name ist, wenn ich nicht irre, in ähnlichem Sinne zuerst von *E.Study* benutzt, es bedeutet dasselbe, was von *E.Schröder* in seiner Algebra der Logik das *Product* und von mir (in der Schrift: Was sind und was sollen die Zahlen?) die *Gemeinheit* von beliebigen Systemen von Elementen genannt ist.

$$a < a - b \tag{17}$$

$$\text{aus } m > a \text{ und } m > b \text{ folgt } m > a - b \tag{18}$$

$$\begin{gathered}\text{Identität der beiden Aussagen}\\ m > n \text{ und } m - n = m\end{gathered} \tag{19}$$

$$a - a = a \tag{20}$$

$$\text{aus } a > a' \text{ und } b > b' \text{ folgt } a - b > a' - b' \tag{21}$$

$$(a - b) - c = a - (b - c). \tag{22}$$

Daraus entspringen durch Combinationen noch die folgenden, oft zu gebrauchenden Sätze. Aus (2, 7, 17) folgt

$$b + a < a < a - b; \tag{23}$$

aus (9, 19) folgt die Identität der beiden Aussagen

$$m + n = n,\ m - n = m. \tag{24}$$

Die Sätze (8, 18) kann man verallgemeinern und in den folgenden zusammenfassen: Ist jeder der Moduln $n_1, n_2, n_3 \ldots$ ein Theiler von jedem der Moduln $m_1, m_2 \ldots$, so ist

$$n_1 - n_2 - n_3 - \ldots < m_1 + m_2 \ldots \tag{25}$$

denn jeder der Moduln n ist ein gemeinsamer Theiler aller Moduln m, also auch ein Theiler von deren Summe; die letztere ist daher ein gemeinsames Vielfaches aller Moduln n, mithin auch ein Vielfaches von deren Durchschnitt, w. z. b. w.

Aus (9, 17) und ebenso aus (7,19) folgt endlich noch

$$(b - a) + a = a,\ a - (a + b) = a. \tag{26, 27}$$

Bevor wir weitergehen, wollen wir bemerken, dass alles Bisherige aus den sechs *Grundgesetzen* (6, 12, 16, 22, 26, 27) ableitbar ist, wenn man die Theilbarkeitszeichen $>$, $<$ auf Grund dieser Gesetze folgendermaßen *erklärt.* Zunächst folgt allein aus (26, 27) die Identität der beiden Aussagen (24); gilt nämlich die erstere Aussage, so folgt die letztere aus (27), wenn man $a = m$, $b = n$ setzt; gilt aber die letztere, so folgt die erstere aus (26), wenn man $a = n$, $b = m$ setzt. Erklärt man hierauf die in doppelter Weise (1) symbolisch auszudrückende *Theilbarkeit* des Elementes m durch das Element als gleichbedeutend mit (24), so folgen aus den genannten Grundgesetzen, wie der Leser ohne Mühe finden wird, alle anderen bisher mit Nummern bezeichneten Sätze[3]. Ganz anders verhält es sich aber mit dem folgenden Satze, der aus diesen Gesetzen allein *nicht* ableitbar ist, sondern eine wesentliche Ergänzung der Modultheorie bildet:

Ist der Modul m theilbar durch den Modul n, also $m > n$, so gilt für jeden Modul a die Transformation

$$m + (a - n) = (m + a) - n. \tag{28}$$

Um dies zu beweisen, bezeichnen wir den Modul linker Hand mit y, den rechter Hand mit q, und wir haben zu zeigen (4), dass jeder durch den anderen theilbar ist. Die Theilbarkeit $y > q$ ergiebt sich aus dem Satze (25), weil nach unserer Annahme und zufolge (7, 17, 23) jeder der beiden Moduln m, $a - n$ durch jeden der beiden Moduln $m + a$, n theilbar ist. Um aber die Theilbarkeit $q > y$ darzuthun, genügen die früheren Sätze durchaus nicht, sondern es ist erforderlich, noch einmal auf den Begriff des Moduls zurückzugehen und die in q enthaltenen Zahlen zu betrachten. Da jede solche Zahl gleichzeitig in $m + a$ und n enthalten ist, so ist sie von der Form $\mu + \alpha = \gamma$, wo μ, α, γ resp. in m, a, n enthalten sind; da nun $m > n$, also μ auch in n enthalten ist, so gilt dasselbe von der Zahl $\alpha = \gamma - \mu$, welche folglich auch in $a - n$ enthalten ist, und hieraus folgt, dass die Zahl $\mu + \alpha$ wirklich in y enthalten ist, w. z. b. w.

Dass umgekehrt, wenn drei Moduln m, a, n die Gl. (28) erfüllen, auch $m > n$ ist, leuchtet unmittelbar aus (7,17) ein.

Die Bedingung $m > n$ ist zufolge (23) immer erfüllt, wenn man $m = b - c$, $n = b + c$ setzt; man erhält daher den für *drei beliebige* Moduln a, b, c geltenden Satz

$$(b - c) + (a - (b + c)) = (b + c) - (a + (b - c)), \tag{29}$$

und man sieht leicht, dass hieraus rückwärts wieder der Satz (28) folgt.

Es wird wohl Niemandem der in unserer Untersuchung herrschende *Dualismus* entgangen sein. Offenbar bleibt das System der oben genannten sechs Grundgesetze ungeändert, wenn die beiden Zeichen $+$ und $-$ mit einander vertauscht werden, und mit dieser Vertauschung ist zufolge (9, 19) die gleichzeitige Vertauschung der Zeichen $>$, $<$ nothwendig verbunden; zugleich leuchtet ein, dass auch der ergänzende Transformationssatz (28) ungeändert bestehen bleibt, weil die Bedingung $m > n$ in $m < n$ übergeht. Ist daher auf Grund dieser sieben Gesetze die Wahrheit eines Satzes S allgemein bewiesen, in welchem es sich um Verknüpfungen von Moduln durch die Operationen $\pm$ und um Annahmen oder Behauptungen handelt, die durch die Zeichen $\lessgtr$ ausgedrückt werden, so ist hiermit auch die Wahrheit des Satzes S' bewiesen, der aus S durch die genannten gleichzeitigen Verknüpfungen hervorgeht. Diese Sätze treten also immer paarweise auf, aber es kann auch geschehen (wie z. B. in (29)), dass der Satz S' mit dem Satze S identisch ist.

---

[3]Eine genauere Untersuchung der Tragweite der obigen Grundgesetze findet man in meinen beiden Aufsätzen: Über Zerlegungen von Zahlen durch ihre grössten gemeinsamen Theiler (in der Festschrift zur Naturforscherversammlung 1897 in Braunschweig) und Ueber die von drei Moduln erzeugte Dualgruppe (in den Math. Annalen Bd. 53. 1900).

Producte und Quotienten von Moduln. Ordungen (§ 170.)

14

SUB Göttingen, Cod. Ms. Dedekind II 3.2
Bl. 333–336, 343

Während die eben betrachteten Modulbildungen auf dem Begriffe der *Theilbarkeit* beruhten, gehen wir jetzt zu der hiervon durchaus unabhängigen *Multiplication* der Moduln über. Sind $\mathfrak{a}$, $\mathfrak{b}$ zwei beliebige Moduln, und bedeutet α jede Zahl in $\mathfrak{a}$, ebenso β jede Zahl in $\mathfrak{b}$, so verstehen wir unter dem *Producte* $\mathfrak{ab}$ *der Factoren* $\mathfrak{a}$, $\mathfrak{b}$ den Inbegriff aller Zahlen μ, welche als ein Product $\alpha\beta$ oder als Summe von mehreren solchen Producten $\alpha\beta$ darstellbar sind. Da auch jede Zahl $-\alpha$ in $\mathfrak{a}$ enthalten ist, so leuchtet ein, dass jede Differenz von zwei Zahlen μ ebenfalls eine solche Zahl μ, dass also das Product $\mathfrak{ab}$ wieder ein *Modul* ist; aber man darf, wie kaum bemerkt zu werden braucht, das Product $\mathfrak{ab}$ nicht mit einem *Vielfachen* von $\mathfrak{a}$, $\mathfrak{b}$ verwechseln.

Aus dieser Erklärung ergiebt sich ohne Weiteres, dass

$$\mathfrak{ab} = \mathfrak{ba} \tag{1}$$

$$(\mathfrak{ab})\mathfrak{c} = \mathfrak{a}(\mathfrak{bc}) \tag{2}$$

ist; wir bezeichnen dieses letztere Product kurz mit $\mathfrak{abc}$, und aus der schon oft angewendeten Schlussweise (§. 2) geht hervor, dass das mit $\mathfrak{a}_1\mathfrak{a}_2\ldots\mathfrak{a}_m$ zu bezeichnende Product aus m beliebigen Moduln $\mathfrak{a}_1$, $\mathfrak{a}_2\ldots\mathfrak{a}_m$ eine vollständig bestimmte, von der Anordnung der auf einander folgenden Multiplicationen gänzlich unabhängige Bedeutung hat. Man könnte dieses Product auch unmittelbar als den Modul $[T]$ erklären (§. 168), dessen Basis T aus allen Producten $\alpha_1\alpha_2\ldots\alpha_m$ besteht, wo $\alpha_1, \alpha_2\ldots\alpha_m$ resp. beliebige Zahlen der Moduln $\mathfrak{a}_1$, $\mathfrak{a}_2\ldots\mathfrak{a}_m$ bedeuten. Sind alle diese m Moduln mit einander identisch $= \mathfrak{a}$, so bezeichnen wir ihr Product mit $\mathfrak{a}^m$, und nennen es die m^{te} *Potenz* von $\mathfrak{a}$; m heisst der *Exponent* derselben, und wir dehnen diese Erklärung auch auf den Fall $m = 1$ aus, indem wir $\mathfrak{a}^1 = \mathfrak{a}$ setzen; dann gelten allgemein die Sätze

K. Scheel, *Dedekinds Theorie der ganzen algebraischen Zahlen*,
https://doi.org/10.1007/978-3-658-30928-2_14

$$\mathfrak{a}^r\mathfrak{a}^s = \mathfrak{a}^{r+s},\ (\mathfrak{a}^r)^s = \mathfrak{a}^{rs},\ (\mathfrak{a}\mathfrak{b})^r = \mathfrak{a}^r\mathfrak{b}^r. \tag{3}$$

Wir bemerken zunächst, dass ein Product aus zwei oder mehreren Moduln dann und nur dann $= 0$ ist, wenn unter den Factoren sich auch der Modul Null befindet. Sodann leuchtet ein, dass, wenn $\mathfrak{z}$ wieder das System [1] aller ganzen rationalen Zahlen bedeutet, immer

$$\mathfrak{a}\mathfrak{z} = \mathfrak{a} \tag{4}$$

ist; und zwar ist $\mathfrak{z}$ auch der einzige Modul $\mathfrak{b}$, welcher als Factor *jeden* Modul $\mathfrak{a}$ ungeändert lässt, weil $\mathfrak{b}\mathfrak{z} = \mathfrak{b} = \mathfrak{z}$ sein muss.

Sehr häufig wird der Fall auftreten, wo der eine Factor $\mathfrak{b}$ eines Productes $\mathfrak{a}\mathfrak{b}$ ein eingliedriger Modul $[\eta]$ ist; dann setzen wir zur Abkürzung das Product

$$\mathfrak{a}[\eta] = \mathfrak{a}\eta = \eta\mathfrak{a} \tag{5}$$

dasselbe besteht offenbar aus allen Producten $\alpha\eta$, wo α alle Zahlen in $\mathfrak{a}$ durchläuft, und insbesondere ist stets

$$[\eta] = \mathfrak{z}[\eta]. \tag{6}$$

Ferner ergiebt sich, dass das Product $(\mathfrak{a}\eta)\eta_1 = (\mathfrak{a}\eta_1)\eta = \mathfrak{a}(\eta\eta_1)$ ist und deshalb kurz durch $\mathfrak{a}\eta\eta_1$ bezeichnet werden darf.

Sodann leuchtet ein, dass ein Product aus zwei oder mehreren *endlichen* Moduln (§. 168) wieder ein *endlicher* Modul ist; bilden z. B. die m Zahlen α_r eine Basis von $\mathfrak{a}$, und die n Zahlen β_s eine Basis von $\mathfrak{b}$, so bilden die mn Producte $\alpha_r\beta_s$ eine Basis des Productes $\mathfrak{a}\mathfrak{b}$. Insbesondere ist

$$\eta[\alpha_1, \alpha_2 \ldots \alpha_m] = [\eta\alpha_1, \eta\alpha_2 \ldots \eta\alpha_m]. \tag{7}$$

Nach diesen, allein auf die Multiplication der Moduln bezüglichen Bemerkungen lassen wir zunächst einige Sätze folgen, in welchen es sich um eine Verbindung mit dem Begriffe der *Theilbarkeit* handelt:

I. *Ist* $\mathfrak{a} > \mathfrak{a}'$, *so ist auch* $\mathfrak{a}\mathfrak{b} > \mathfrak{a}'\mathfrak{b}$, *und wenn ausserdem* $\mathfrak{a} > \mathfrak{b}$ *ist, so ist* $\mathfrak{a}\mathfrak{b} > \mathfrak{a}'\mathfrak{b}'$.

Denn weil jede Zahl α des Moduls $\mathfrak{a}$ auch in $\mathfrak{a}'$, und jede Zahl β des Moduls $\mathfrak{b}$ auch in $\mathfrak{b}'$ enthalten ist, so ist jedes Product $\alpha\beta$ und folglich auch jede Summe solcher Producte $\alpha\beta$ zugleich in $\mathfrak{a}'\mathfrak{b}'$ enthalten, was zu beweisen war.

Mit Rücksicht auf (4), oder auch unmittelbar aus den Begriffen selbst, ergiebt sich der besondere Satz:

II. *Ist die Zahl* 1 *in dem Modul* $\mathfrak{o}$ *enthalten, also* $\mathfrak{z} > \mathfrak{o}$, *so ist allgemein* $\mathfrak{a} > \mathfrak{a}\mathfrak{o}$.

Wir wollen noch bemerken, dass umgekehrt aus der Theilbarkeit von $\mathfrak{ab}$ durch $\mathfrak{a}'\mathfrak{b}$ *nicht* allgemein die Theilbarkeit von $\mathfrak{a}$ durch $\mathfrak{a}'$ folgt[1]; doch ist dies offenbar der Fall, wenn $\mathfrak{b}$ ein von Null verschiedener eingliedriger Modul $[\eta]$ ist, d. h. es besteht der Satz:

III. *Ist η eine von Null verschiedene Zahl, und $\mathfrak{a}\eta > \mathfrak{a}'\eta$, so ist $\mathfrak{a} > \mathfrak{a}'$; und aus $\mathfrak{a}\eta = \mathfrak{a}'\eta$ folgt $\mathfrak{a} = \mathfrak{a}'$.*

Von der grössten Wichtigkeit ist aber der folgende Satz:

IV. *Sind $\mathfrak{a}$, $\mathfrak{b}$, $\mathfrak{c}$ drei beliebige Moduln, so ist immer*

$$(\mathfrak{a} + \mathfrak{b})\mathfrak{c} = \mathfrak{ac} + \mathfrak{bc}. \tag{8}$$

Bezeichnen wir den Modul linker Hand mit $\mathfrak{p}$, den rechter Hand mit $\mathfrak{q}$, so haben wir zu zeigen, dass $\mathfrak{p} > \mathfrak{q}$, und $\mathfrak{q} > \mathfrak{p}$ ist. Das Letztere folgt ohne Weiteres aus dem Satze I; da nämlich $\mathfrak{a} + \mathfrak{b}$ ein gemeinsamer Theiler von $\mathfrak{a}$, $\mathfrak{b}$ ist, so muss das Product $\mathfrak{p}$ auch ein gemeinsamer Theiler der Producte $\mathfrak{ac}$, $\mathfrak{bc}$, also ein Theiler von deren grösstem gemeinsamen Theiler $\mathfrak{q}$ sein. Um aber das Erstere zu beweisen, müssen wir alle in den Moduln $\mathfrak{a}$, $\mathfrak{b}$, $\mathfrak{c}$ enthaltenen Zahlen α, β, γ betrachten; nun ist jede Zahl des Productes $\mathfrak{p}$ ein Product $(\alpha + \beta)\gamma$ oder eine Summe von mehreren solchen Producten, und da $(\alpha + \beta)\gamma = \alpha\gamma + \beta\gamma$ die Summer einer in $\mathfrak{ac}$ enthaltenen Zahl $\alpha\gamma$ und einer in $\mathfrak{bc}$ enthaltenen Zahl $\beta\gamma$ ist, so ist jedes Product $(\alpha + \beta)\gamma$ und folglich jede Zahl des Moduls $\mathfrak{p}$ in der Summe $\mathfrak{q}$ der Moduln $\mathfrak{ac}$, $\mathfrak{bc}$ enthalten, d. h. $\mathfrak{p} < \mathfrak{q}$, was zu beweisen war.

Wir bemerken, dass es keinen ebenso bestimmten Satz für das kleinste gemeinsame Vielfache giebt; aus dem Satze I folgt lediglich, dass

$$(\mathfrak{a} - \mathfrak{b})\mathfrak{c} > \mathfrak{ac} - \mathfrak{bc} \tag{9}$$

ist, und mehr lässt sich im Allgemeinen nicht beweisen[2]. Wenn aber $\mathfrak{c}$ z. B. ein eingliedriger Modul $[\eta]$ ist, so ergiebt sich leicht

$$(\mathfrak{a} - \mathfrak{b})\eta = \mathfrak{a}\eta - \mathfrak{b}\eta. \tag{10}$$

Satz

$$(\mathfrak{a} + \mathfrak{b})(\mathfrak{a} - \mathfrak{b}) > \mathfrak{ab}$$

.

[1]Nimmt man z. B. $\mathfrak{a} = [1]$, $\mathfrak{a}' = [i]$, $\mathfrak{b} = [1, i]$, wo $i^2 = -1$, so ist $\mathfrak{ab} = \mathfrak{a}'\mathfrak{b} = \mathfrak{b}$, aber keiner der beiden Moduln $\mathfrak{a}$, $\mathfrak{a}'$ ist durch den anderen theilbar.

[2]Ist z. B. $\mathfrak{a} = [1]$, $\mathfrak{b} = [i]$, $\mathfrak{c} = [1, i]$, wo $i^2 = -1$, so ist $\mathfrak{a} - \mathfrak{b} = (\mathfrak{a} - \mathfrak{b})\mathfrak{c} = 0$, hingegen $\mathfrak{ac} = \mathfrak{bc} = \mathfrak{ac} - \mathfrak{bc} = \mathfrak{c}$.

Beweis Zufolge (8) ist $(\mathfrak{a}+\mathfrak{b})(\mathfrak{a}-\mathfrak{b}) = \mathfrak{a}(\mathfrak{a}-\mathfrak{b}) + \mathfrak{b}(\mathfrak{a}-\mathfrak{b})$, und da $\mathfrak{a}-\mathfrak{b} > \mathfrak{b}$ also I $\mathfrak{a}(\mathfrak{a}-\mathfrak{b}) > \mathfrak{ab}$, und ebenso $(\mathfrak{a}-\mathfrak{b}) > \mathfrak{a}$, also $\mathfrak{b}(\mathfrak{a}-\mathfrak{b}) > \mathfrak{ba}$, so ist $(\mathfrak{a}+\mathfrak{b})(\mathfrak{a}-\mathfrak{b}) > \mathfrak{ab}+\mathfrak{ba}$, w. z. b. w.

Der Satz IV lässt sich, wie man leicht erkennt, auf Producte von beliebig vielen Factoren (in endlicher Anzahl) ausdehnen, deren jeder eine Summe von beliebig vielen (auch unendlich vielen) Moduln ist; als specieller Fall ergiebt sich z. B. wieder, dass jedes Product aus zwei endlichen Moduln $\sum[\alpha_r]$ und $\sum[\beta_s]$ ebenfalls endlicher Modul $\sum[\alpha_r\beta_s]$ ist. Zugleich leuchtet ein, dass sehr viele Identitäten der gewöhnlichen Buchstabenrechnung, in denen nur die Addition und Multiplication der *Zahlen* auftritt, sich unmittelbar auf unsere *Moduln* übertragen lassen. So ist z. B.:

$$\begin{aligned}(\mathfrak{a}+\mathfrak{b}_1)(\mathfrak{a}+\mathfrak{b}_2)\ldots(\mathfrak{a}+\mathfrak{b}_m) \\ = \mathfrak{a}^n + \mathfrak{c}_1\mathfrak{a}^{n-1} + \mathfrak{c}_2\mathfrak{a}^{n-2} + \ldots + \mathfrak{c}_{n-1}\mathfrak{a} + \mathfrak{c}_n,\end{aligned} \tag{11}$$

wo $\mathfrak{c}_1, \mathfrak{c}_2 \ldots \mathfrak{c}_{n-1}, \mathfrak{c}_n$ die einfachsten, auf symmetrische Weise aus $\mathfrak{b}_1, \mathfrak{b}_2 \ldots \mathfrak{b}_n$ gebildeten Moduln (Summen von Producten) bedeuten. Allein viele dieser Sätze erleiden doch, weil $\mathfrak{a}+\mathfrak{a} = \mathfrak{a}$ und *nicht* $= 2\mathfrak{a}$ ist, eine wesentliche Aenderung. Sind z. B. in der vorstehenden Gleichung die *n* Moduln $\mathfrak{b}_1, \mathfrak{b}_2 \ldots \mathfrak{b}_n$ alle $= \mathfrak{b}$, so wird $\mathfrak{c}_r = \mathfrak{b}^r$, und man erhält

$$(\mathfrak{a}+\mathfrak{b})^n = \mathfrak{a}^n + \mathfrak{a}^{n-1}\mathfrak{b} + \mathfrak{a}^{n-2}\mathfrak{b}^2 + \ldots + \mathfrak{b}^n. \tag{12}$$

Unter diesen, der Modultheorie eigenthümlichen Identitäten müssen wir wenigstens eine hier noch besonders hervorheben, weil sie uns später (§. 173) von sehr grossem Nutzen sein wird, nämlich

$$(\mathfrak{a}+\mathfrak{b}+\mathfrak{c})(\mathfrak{bc}+\mathfrak{ca}+\mathfrak{ab}) = (\mathfrak{b}+\mathfrak{c})(\mathfrak{c}+\mathfrak{a})(\mathfrak{a}+\mathfrak{b}). \tag{13}$$

Ihre Wahrheit ergiebt sich unmittelbar durch Auflösung aller Klammern, worauf beide Producte dieselbe Form

$$\mathfrak{abc} + \mathfrak{ab}^2 + \mathfrak{ac}^2 + \mathfrak{bc}^{+}\mathfrak{ba}^2 + \mathfrak{ca}^2 + \mathfrak{cb}^2$$

annehmen. Das Charakteristische dieses Satzes[3] besteht darin, dass ein und derselbe Modul auf zwei wesentlich verschiedene Arten als Product von Factoren dargestellt wird, und das

[3]Derselbe ist nur ein specieller Fall des folgenden allgemeinen, nicht ganz leicht zu beweisenden Satzes, in welchem wir die oben in (11) gebrauchte Bezeichnung beibehalten: Wenn $n > r > 0$, so ist das Product aller Summen von je $(r+1)$ mit verschiedenen Zeigern behafteten Moduln aus der Reihe $\mathfrak{b}_1, \mathfrak{b}_2 \ldots \mathfrak{b}_N$ identisch mit dem Producte

$$\mathfrak{c}_1^{e_1}\mathfrak{c}_2^{e_2}\ldots\mathfrak{c}_{n-r}^{e_{n-r}},$$

wo die Exponenten die Binomialcoefficienten

$$e_s = \frac{\prod(n-1-s)}{\prod(r-1)\prod(n-r-s)}$$

eine Summe von *drei* beliebigen Moduln $\mathfrak{a}$, $\mathfrak{b}$, $\mathfrak{c}$ durch Multiplication mit einem Modul, dessen Zahlen auf *rationale* Weise aus denen von $\mathfrak{a}$, $\mathfrak{b}$, $\mathfrak{c}$ gebildet sind, in ein Product verwandelt wird, dessen Factoren die Summen von je *zwei* dieser Moduln sind.

Wir wenden uns endlich zu einer letzten Art von Modulbildung, der *Division*. Unter dem *Quotienten*

$$\frac{\mathfrak{b}}{\mathfrak{a}} \text{ oder } \mathfrak{b} : \mathfrak{a}$$

zweier Moduln, des *Nenners* $\mathfrak{a}$ und des *Zählers* $\mathfrak{b}$ verstehen wir den Inbegriff $\mathfrak{n}$ aller derjenigen Zahlenν (z. B. 0), für welche $\mathfrak{a}\nu > \mathfrak{b}$ wird. Sind ν_1, ν_2 solche Zahlen, während α jede Zahl in $\mathfrak{a}$ bedeutet, so sind alle Producte $\alpha\nu_1$, $\alpha\nu_2$, also auch alle Producte $\alpha(\nu_1 - \nu_2)$ in dem Modul $\mathfrak{b}$ enthalten, also ist $\mathfrak{a}(\nu_1 - \nu_2) > \mathfrak{b}$, und folglich gehört die Differenz $\nu_1 - \nu_2$ ebenfalls dem Quotienten $\mathfrak{n}$ an, welcher mithin ein *Modul* ist[4]. Offenbar ist jede der beiden Aussagen

$$\mathfrak{a}\mathfrak{m} > \mathfrak{b} \text{ und } \mathfrak{m} > \frac{\mathfrak{b}}{\mathfrak{a}} \qquad (14', 14'')$$

eine Folge der anderen, mithin könnte der Quotient $\mathfrak{n}$ auch erklärt werden als der grösste gemeinsame Theiler (die Summe) aller der Moduln $\mathfrak{m}$, welche der Bedingung $\mathfrak{a}\mathfrak{m} > \mathfrak{b}$ genügen.

Die Aussage (14″) ist erfüllt durch $\mathfrak{m} = \frac{\mathfrak{b}}{\mathfrak{a}}$, mithin *Satz:*

$$\mathfrak{a}\left(\frac{\mathfrak{b}}{\mathfrak{a}}\right) > \mathfrak{b} \qquad (16')$$

Die Aussage (14′) ist erfüllt durch $\mathfrak{b} = \mathfrak{a}\mathfrak{m}$, mithin *Satz:*

$$\mathfrak{m} > \frac{\mathfrak{a}\mathfrak{m}}{\mathfrak{a}},\ \mathfrak{b} > \frac{\mathfrak{a}\mathfrak{b}}{\mathfrak{a}} \qquad (16'')$$

Satz Aus $\mathfrak{m} > \mathfrak{n}$ folgt

$$\frac{\mathfrak{m}}{\mathfrak{a}} > \frac{\mathfrak{n}}{\mathfrak{a}},\ \frac{\mathfrak{a}}{\mathfrak{n}} > \frac{\mathfrak{a}}{\mathfrak{m}} \qquad (15)$$

Satz Ist $\mathfrak{a}$ ein Factor von $\mathfrak{b}$, also $\mathfrak{b} = \mathfrak{a}\mathfrak{m}$, so ist auch

$$\mathfrak{a}\left(\frac{\mathfrak{b}}{\mathfrak{a}}\right) = \mathfrak{b}. \qquad (16''')$$

Beweis Aus der Annahme $\mathfrak{m} > \frac{\mathfrak{b}}{\mathfrak{a}}$, mithin

$$\mathfrak{b} = \mathfrak{a}\mathfrak{m} = \mathfrak{a}\left(\frac{\mathfrak{b}}{\mathfrak{a}}\right),\ \mathfrak{b} > \mathfrak{a}\left(\frac{\mathfrak{b}}{\mathfrak{a}}\right)$$

---

bedeuten. Für $r = 1$ wird dieses Product $= \mathfrak{c}_1\mathfrak{c}_2 \ldots \mathfrak{c}_{n-2}\mathfrak{c}_{n-1}$, und hieraus folgt unser obiger Satz (13) für $n = 3$.

[4] Ist der Nenner $\mathfrak{a} = 0$, so ist der Quotient der Inbegriff aller Zahlen.

woraus (16‴) durch Vergleich mit (16′)

Satz Ist $\mathfrak{a}$ der Nenner eines Bruchs $\mathfrak{m} = \frac{\mathfrak{b}}{\mathfrak{a}}$, so ist

$$\mathfrak{m} = \frac{\mathfrak{am}}{\mathfrak{a}} \tag{16''''}$$

Beweis Aus der Annahme folgt $\mathfrak{am} > \mathfrak{b}$, mithin nach (15)

$$\mathfrak{m} = \frac{\mathfrak{b}}{\mathfrak{a}} < \frac{\mathfrak{am}}{\mathfrak{a}}, \ \mathfrak{m} > \frac{\mathfrak{am}}{\mathfrak{a}},$$

woraus (16⁗) durch Vergleich mit (16‴). Ist $\mathfrak{m}$ ein Bruch $\frac{\mathfrak{b}}{\mathfrak{a}}$ mit dem Nenner $\mathfrak{a}$, so ist $\mathfrak{am} > \mathfrak{b}$, also

$$\mathfrak{m} = \frac{\mathfrak{b}}{\mathfrak{a}} \overset{(15)}{<} \frac{\mathfrak{am}}{\mathfrak{a}} \overset{(16)}{<} \mathfrak{m}, \ \text{also}\ \mathfrak{m} = \frac{\mathfrak{am}}{\mathfrak{a}}$$

Satz Die erforderliche und hinreichende Bedingung, welche $\mathfrak{a}$, $\mathfrak{b}$ erfüllen müssen, damit

$$\text{aus}\ \frac{\mathfrak{b}}{\mathfrak{a}} > \frac{\mathfrak{c}}{\mathfrak{a}}\ \text{immer}\ \mathfrak{b} > \mathfrak{c}\ \text{folgt},$$

besteht in (16‴).

Beweis Die Prämisse ist nach (14) äquivalent mit $\mathfrak{a}\left(\frac{\mathfrak{b}}{\mathfrak{a}}\right) > \mathfrak{c}$ und wird folglich durch $\mathfrak{c} = \mathfrak{a}\left(\frac{\mathfrak{b}}{\mathfrak{a}}\right)$ erfüllt; soll hieraus immer $\mathfrak{b} > \mathfrak{c}$ folgen, so ist *erforderlich* $\mathfrak{b} > \mathfrak{a}\left(\frac{\mathfrak{b}}{\mathfrak{a}}\right)$, woraus (16‴) durch Vergleich mit (16′) folgt. *Umgekehrt:* ist (16‴) erfüllt, so folgt aus der Prämisse wirklich $\mathfrak{c} < \mathfrak{a}\left(\frac{\mathfrak{b}}{\mathfrak{a}}\right) = \mathfrak{b}$, also $\mathfrak{c} < \mathfrak{b}$, w. z. b. w.

Satz Die erforderliche und hinreichende Bedingung, welche $\mathfrak{a}$, $\mathfrak{m}$ erfüllen müssen, damit

$$\text{aus}\ \mathfrak{ab} > \mathfrak{am}\ \text{immer}\ \mathfrak{b} > \mathfrak{m}\ \text{folgt},$$

besteht in (16⁗).

Beweis Die Prämisse ist (nach (14)) äquivalent mit $\mathfrak{b} > \frac{\mathfrak{am}}{\mathfrak{a}}$ und wird folglich durch $\mathfrak{a} = \frac{\mathfrak{am}}{\mathfrak{a}}$ erfüllt; soll hieraus $\mathfrak{b} > \mathfrak{m}$ folgen, so ist *erforderlich* $\frac{\mathfrak{am}}{\mathfrak{a}} > \mathfrak{m}$, woraus (16⁗) durch Vergleich mit (16″) folgt. *Umgekehrt:* ist (16⁗) erfüllt, so folgt aus der Prämisse wirklich $\mathfrak{b} > \frac{\mathfrak{am}}{\mathfrak{m}} > \mathfrak{m}$, w. z. b. w.

Zusatz Aus $\frac{\mathfrak{b}}{\mathfrak{a}} > \frac{\mathfrak{c}}{\mathfrak{a}}$ folgt $\frac{\mathfrak{b}}{\mathfrak{a}} = \frac{\mathfrak{b}-\mathfrak{c}}{\mathfrak{a}}$, und umgekehrt.

Beweis Denn aus der Prämisse folgt zunächst $\mathfrak{a}\left(\frac{\mathfrak{b}}{\mathfrak{a}}\right) > \mathfrak{a}\left(\frac{\mathfrak{c}}{\mathfrak{a}}\right) > \mathfrak{c}$, und da auch $\mathfrak{a}\left(\frac{\mathfrak{b}}{\mathfrak{a}}\right) > \mathfrak{b}$, so ist $\mathfrak{a}\left(\frac{\mathfrak{b}}{\mathfrak{a}}\right) > \mathfrak{b} - \mathfrak{c}$, also $\frac{\mathfrak{b}}{\mathfrak{a}} > \frac{\mathfrak{b}-\mathfrak{c}}{\mathfrak{a}}$, und da $\mathfrak{b} - \mathfrak{c} > \mathfrak{b}$, so ist (15) auch $\frac{\mathfrak{b}-\mathfrak{c}}{\mathfrak{a}} > \frac{\mathfrak{b}}{\mathfrak{a}}$, w. z. b. w.

Zusatz Aus $\frac{\mathfrak{a}}{\mathfrak{c}} > \frac{\mathfrak{a}}{\mathfrak{b}}$ folgt $\frac{\mathfrak{b}}{\mathfrak{a}} = \frac{\mathfrak{b}-\mathfrak{c}}{\mathfrak{a}}$, und umgekehrt.

Beweis Denn aus der Prämisse folgt zunächst $\mathfrak{a}\left(\frac{\mathfrak{b}}{\mathfrak{a}}\right) > \mathfrak{b}\left(\frac{\mathfrak{a}}{\mathfrak{b}}\right) > \mathfrak{a}$, und da $\mathfrak{c}\left(\frac{\mathfrak{a}}{\mathfrak{c}}\right) > \mathfrak{a}$, so ist auch $(\mathfrak{b} + \mathfrak{c})\left(\frac{\mathfrak{a}}{\mathfrak{c}}\right) > \mathfrak{a}$, also $\frac{\mathfrak{a}}{\mathfrak{c}} > \frac{\mathfrak{a}}{\mathfrak{b}+\mathfrak{c}}$; da aber $\mathfrak{b} + \mathfrak{c} < \mathfrak{b}$, so ist $\frac{\mathfrak{a}}{\mathfrak{b}+\mathfrak{c}} > \frac{\mathfrak{a}}{\mathfrak{b}}$, w. z. b. w.

Diese *beiden Zusätze* sind aber nur *spezielle* Fälle der beiden Sätze

$$\frac{\mathfrak{b} - \mathfrak{c}}{\mathfrak{a}} = \frac{\mathfrak{b}}{\mathfrak{a}} - \frac{\mathfrak{c}}{\mathfrak{a}}; \qquad \frac{\mathfrak{a}}{\mathfrak{b} + \mathfrak{c}} = \frac{\mathfrak{a}}{\mathfrak{b}} - \frac{\mathfrak{a}}{\mathfrak{c}} \tag{18}$$

Ferner ergiebt sich

$$\frac{\mathfrak{a}}{\mathfrak{b} - \mathfrak{c}} < \frac{\mathfrak{a}}{\mathfrak{b}} + \frac{\mathfrak{a}}{\mathfrak{c}}; \qquad \frac{\mathfrak{b} + \mathfrak{c}}{\mathfrak{a}} < \frac{\mathfrak{b}}{\mathfrak{a}} + \frac{\mathfrak{c}}{\mathfrak{a}}. \tag{19}$$

In den Untersuchungen, auf welche wir uns *hier* beschränken müssen, wird vorzugsweise der besondere Fall auftreten, wo Zähler und Nenner eines Quotienten mit einander identisch sind. Wenn $\mathfrak{a}$ ein beliebiger Modul ist, so setzen wir

$$\mathfrak{a}^0 = \frac{\mathfrak{a}}{\mathfrak{a}} \tag{20}$$

und nennen $\mathfrak{a}^0$ die *Ordnung von* $\mathfrak{a}$; nach (14) ist dann jede der beiden Aussagen

$$\mathfrak{a}\mathfrak{m} > \mathfrak{a} \text{ und } \mathfrak{m} > \mathfrak{a}^0 \tag{21}$$

eine Folge der anderen. Hieraus ergiebt sich nach (4) zunächst

$$\mathfrak{z} > \mathfrak{a}^0, \text{ also allgemein } \mathfrak{b} > \mathfrak{b}\mathfrak{a}^0, \tag{22}$$

d. h. in jeder Ordnung sind alle ganzen rationalen Zahlen enthalten. Da mithin $\mathfrak{a} > \mathfrak{a}\mathfrak{a}^0$, und zufolge (21) auch $\mathfrak{a}\mathfrak{a}^0 > \mathfrak{a}$ ist, so ergiebt sich

$$\mathfrak{a}\mathfrak{a}^0 = \mathfrak{a}, \tag{23}$$

und hieraus ebenso leicht

$$\frac{\mathfrak{a}}{\mathfrak{a}^0} = \mathfrak{a}. \tag{24}$$

Aus (22, 23) ergiebt sich der Satz:

$$\text{Aus } \mathfrak{c}^0 > \mathfrak{a}^0 \text{ folgt } \mathfrak{a}\mathfrak{c}^0 = \mathfrak{a} \tag{23'}$$

Denn nach (22) ist $\mathfrak{a} > \mathfrak{a}\mathfrak{c}^0$, nach der Prämisse ist $\mathfrak{a}\mathfrak{c}^0 > \mathfrak{a}\mathfrak{a}^0$, und da nach (23) $\mathfrak{a}\mathfrak{a}^0 = \mathfrak{a}$, so folgt $\mathfrak{a} > \mathfrak{a}\mathfrak{c}^0 > \mathfrak{a}\mathfrak{a}^0 = \mathfrak{a}$, also (23′), w. z. b. w.

Aus (23) folgt $\mathfrak{a}\mathfrak{a}^0\mathfrak{a}^0 = \mathfrak{a}$, also nach (21) auch $\mathfrak{a}^0\mathfrak{a}^0 > \mathfrak{a}^0$, und da aus (22) ebenso $\mathfrak{a}^0 > \mathfrak{a}^0\mathfrak{a}^0$ folgt, so ist

$$\mathfrak{a}^0\mathfrak{a}^0 = \mathfrak{a}^0, \tag{25}$$

mithin reproduciren sich die Zahlen einer jeden Ordnung nicht bloss durch Addition und Subtraction, sondern auch durch *Multiplication.*

Umgekehrt, wenn ein Modul $\mathfrak{o}$ die Zahl 1 enthält, und wenn seine Zahlen sich durch Multiplication reproduciren, wenn also

$$\mathfrak{z} > \mathfrak{o}, \ \mathfrak{o}^2 > \mathfrak{o} \tag{26}$$

ist, so folgt leicht, dass $\mathfrak{o}$ eine *Ordnung,* nämlich

$$\mathfrak{o} = \mathfrak{o}^0 \tag{27}$$

ist; denn zufolge der zweiten Annahme (26) ist $\mathfrak{o} > \mathfrak{o}^0$ und aus der ersten folgt durch Multiplication mit $\mathfrak{o}^0$ und mit Rücksicht auf (23) auch $\mathfrak{o}^0 > \mathfrak{o}$, woraus sich (27) ergiebt.

Da nun zufolge (22), (25) jede Ordnung $\mathfrak{a}^0$ die beiden Eigenschaften (26) besitzt, so folgt

$$(\mathfrak{a}^0)^0 = \mathfrak{a}^0, \tag{28}$$

und ebenso findet man, dass das kleinste gemeinsame Vielfache $\mathfrak{a}^0 - \mathfrak{b}^0$ von zwei Ordnungen $\mathfrak{a}^0, \mathfrak{b}^0$, und ihr Product $\mathfrak{a}^0\mathfrak{b}^0$, welches auch $= (\mathfrak{a}^0 + \mathfrak{b}^0)^2$ und $< \mathfrak{a}^0 + \mathfrak{b}^0$ ist, wieder Ordnungen sind[5]. Offenbar ist

$$\mathfrak{a}\mathfrak{b} = \mathfrak{a}^0(\mathfrak{a}\mathfrak{b}) = \mathfrak{b}^0(\mathfrak{a}\mathfrak{b}) = \mathfrak{a}^0\mathfrak{b}^0(\mathfrak{a}\mathfrak{b}), \tag{29}$$

und aus (14), (16), (22), (23) folgt ebenso

$$\frac{\mathfrak{a}}{\mathfrak{b}} = \mathfrak{a}^0\left(\frac{\mathfrak{b}}{\mathfrak{a}}\right) = \mathfrak{b}^0\left(\frac{\mathfrak{b}}{\mathfrak{a}}\right) = \mathfrak{a}^0\mathfrak{b}^0\left(\frac{\mathfrak{b}}{\mathfrak{a}}\right), \tag{30}$$

mithin

$$\mathfrak{a}^0 + \mathfrak{b}^0 > \mathfrak{a}^0\mathfrak{b}^0 > (\mathfrak{a}\mathfrak{b})^0, \ \mathfrak{a}^0\mathfrak{b}^0 > \left(\frac{\mathfrak{b}}{\mathfrak{a}}\right)^0. \tag{31}$$

[5] Setzt man $\mathfrak{a}^0 - \mathfrak{b}^0 = \mathfrak{o}$, so ist zufolge (23): $\mathfrak{z} > \mathfrak{a}^0, \mathfrak{z} > \mathfrak{b}^0$, also $\mathfrak{z} > \mathfrak{a} - \mathfrak{b} = \mathfrak{o}$; ferner ist $\mathfrak{o} > \mathfrak{a}^0$, $\mathfrak{o}^2 > \mathfrak{a}^0\mathfrak{a}^0 = \mathfrak{a}^0$ nach (27), ebenso $\mathfrak{o}^2 > \mathfrak{b}^0$, also $\mathfrak{o}^2 > \mathfrak{a}^0 - \mathfrak{b}^0 = \mathfrak{o}$, mithin ist $\mathfrak{o}$ eine *Ordnung* (nach 26, 27), w. z. b. w.

Setzt man $\mathfrak{a}^0\mathfrak{b}^0 = \mathfrak{o}$, so folgt aus (22) $\mathfrak{z}^2 > \mathfrak{o}$, und da (nach (4)) $\mathfrak{z}^2 = \mathfrak{z}$ ist, so ist $\mathfrak{z} > \mathfrak{o}$; ferner ist nach (25) $\mathfrak{o}^2 = \mathfrak{a}^0\mathfrak{a}^0\mathfrak{b}^0\mathfrak{b}^0 = \mathfrak{a}^0\mathfrak{b}^0 = \mathfrak{o}$, mithin $\mathfrak{o}$ eine *Ordnung.*

$$\left.\begin{aligned}&(\mathfrak{a}+\mathfrak{b})(\mathfrak{a}^0-\mathfrak{b}^0)=\mathfrak{a}(\mathfrak{a}^0-\mathfrak{b}^0)+\mathfrak{b}(\mathfrak{a}^0-\mathfrak{b}^0)\\&>\mathfrak{a}\mathfrak{a}^0+\mathfrak{b}\mathfrak{b}^0=\mathfrak{a}+\mathfrak{b};\ \text{also}\ \mathfrak{a}^0-\mathfrak{b}^0>(\mathfrak{a}+\mathfrak{b})^0\\&(\mathfrak{a}-\mathfrak{b})(\mathfrak{a}^0-\mathfrak{b}^0)>\mathfrak{a}(\mathfrak{a}^0-\mathfrak{b}^0)-\mathfrak{b}(\mathfrak{a}^0-\mathfrak{b}^0)\\&>\mathfrak{a}\mathfrak{a}^0-\mathfrak{b}\mathfrak{b}^0=\mathfrak{a}-\mathfrak{b};\ \text{also}\ \mathfrak{a}^0-\mathfrak{b}^0>(\mathfrak{a}-\mathfrak{b})^0\end{aligned}\right\}\ \text{also}$$

$$\mathfrak{a}^0-\mathfrak{b}^0>(\mathfrak{a}+\mathfrak{b})^0-(\mathfrak{a}-\mathfrak{b})^0$$

Da $\mathfrak{a}^0-\mathfrak{b}^0>\mathfrak{a}^0+\mathfrak{b}^0$, so folgt aus (31) auch

$$\mathfrak{a}^0-\mathfrak{b}^0>\mathfrak{a}^0\mathfrak{b}^0$$

Aber in welchen Beziehungen stehen die drei Ordnungen $\mathfrak{a}^0\mathfrak{b}^0$, $(\mathfrak{a}+\mathfrak{b})^0$, $(\mathfrak{a}-\mathfrak{b})^0$? Setzt man ferner $\mathfrak{a}^0+\mathfrak{b}^0=\mathfrak{n}$, so wird

$$\mathfrak{n}^2=\mathfrak{a}^0+\mathfrak{a}^0\mathfrak{b}^0+\mathfrak{b}^0=\mathfrak{a}^0\mathfrak{b}^0;\ \mathfrak{n}^3=(\mathfrak{a}^0+\mathfrak{b}^0)\mathfrak{a}^0\mathfrak{b}^0=\mathfrak{a}^0\mathfrak{b}^0=\mathfrak{n}^2$$

Ist ferner $\mathfrak{z}>\mathfrak{a}^0-\mathfrak{b}^0>\mathfrak{a}^0+\mathfrak{b}^0=\mathfrak{n}$, so folgt durch Multiplication mit $\mathfrak{n}^0$

$$\mathfrak{z}>\mathfrak{n}^0>\mathfrak{n}>\mathfrak{n}^2=\mathfrak{n}^3$$

Allgemeiner Satz Das *Product* von n Ordnungen ist zugleich die n^{te} und jede höhere Potenz ihrer *Summe:*

$$\mathfrak{o}_1\mathfrak{o}_2\ldots\mathfrak{o}_n=(\mathfrak{o}_1+\mathfrak{o}_2+\ldots\mathfrak{o}_n)^m\quad\text{für } m\geq n,$$

wo $\mathfrak{o}_1,\mathfrak{o}_2\ldots\mathfrak{o}_n$ beliebige Ordnungen.

Beweis durch vollständige Induction in Bezug auf n.

Es liegt nun nahe, den Begriff der Potenz eines Moduls $\mathfrak{a}$ auch auf den Fall *negativer* Exponenten auszudehnen, indem man

$$\mathfrak{a}^{-n}=\frac{\mathfrak{a}^0}{\mathfrak{a}^n}\tag{32}$$

setzt, wenn $n>0$ ist. Allein es ist *im Allgemeinen* unmöglich, die Gesetze der Multiplication und Division von Zahlenpotenzen auf die Modulpotenzen zu übertragen; vielmehr zerfallen die Moduln hinsichtlich ihres Verhaltens zu ihrer Ordnung in zwei wesentlich verschiedene Arten. Aus (16) und (30) folgt jedenfalls

$$\mathfrak{a}\mathfrak{a}^{-1}>\mathfrak{a}^0,\ \mathfrak{a}^0\mathfrak{a}^{-1}=\mathfrak{a}^{-1},\ \mathfrak{a}^0>(\mathfrak{a}^{-1})^0,\ \mathfrak{a}>(\mathfrak{a}^{-1})^{-1};\tag{33}$$

wir wollen aber $\mathfrak{a}$ einen *eigentlichen* Modul nennen,

$$\text{wenn } \mathfrak{a}\mathfrak{a}^{-1}=\mathfrak{a}^0,\tag{34}$$

oder, was nach (4), (23), (33) hiermit gleichwerthig ist,

$$\text{wenn } \mathfrak{z} > \mathfrak{a}\mathfrak{a}^{-1} \tag{34'}$$

ist. Aus dieser Erklärung ergeben sich die folgenden Sätze.

V. *Ein Modul $\mathfrak{a}$ ist gewiss (und auch nur dann) ein eigentlicher Modul, wenn er ein Factor seiner Ordnung $\mathfrak{a}^0$ ist, d. h. wenn es einen Modul $\mathfrak{n}$ giebt, welcher der Bedingung $\mathfrak{a}\mathfrak{n} = \mathfrak{a}^0$ genügt; und hieraus folgt $\mathfrak{a}^{-1} = \mathfrak{n}\mathfrak{a}^0$.*

Denn nach (23) ist $\mathfrak{a}(\mathfrak{n}\mathfrak{a}^0) = \mathfrak{a}^0$, also $\mathfrak{n}\mathfrak{a}^0 > \mathfrak{a}^{-1}$, und aus (33) folgt $\mathfrak{a}^{-1} = \mathfrak{a}^0\mathfrak{a}^{-1} = \mathfrak{n}\mathfrak{a}\mathfrak{a}^{-1} > \mathfrak{n}\mathfrak{a}^0$; mithin ist $\mathfrak{a}^{-1} = \mathfrak{n}\mathfrak{a}^0$, und folglich $\mathfrak{a}\mathfrak{a}^{-1} = \mathfrak{n}\mathfrak{a}\mathfrak{a}^0 = \mathfrak{n}\mathfrak{a} = \mathfrak{a}^0$, was zu beweisen war.

VI. *Ist $\mathfrak{a}$ ein eigentlicher Modul, so gilt dasselbe von $\mathfrak{a}^{-1}$ und es ist*

$$(\mathfrak{a}^{-1})^0 = \mathfrak{a}^0, \ (\mathfrak{a}^{-1})^{-1} = \mathfrak{a}. \tag{35}$$

Denn da nach (31) die Ordnung eines Productes ein Theiler von der Ordnung jedes Factors ist, so folgt aus (34) mit Rücksicht auf (28), dass $\mathfrak{a}^0 > (\mathfrak{a}^{-1})^0$, und hieraus mit Rücksicht auf (33), dass $\mathfrak{a}^0 = (\mathfrak{a}^{-1})^0$ ist. Da nun zufolge (34) der Modul $\mathfrak{a}^{-1}$ ein Factor seiner Ordnung $\mathfrak{a}^0$ ist, so ist er zufolge V ein eigentlicher Modul, und zugleich ergiebt sich die zweite Gl. (35), was zu beweisen war.

VII. *Ist $\mathfrak{a}$ ein eigentlicher, $\mathfrak{b}$ ein beliebiger Modul, so ist*

$$\frac{\mathfrak{a}\mathfrak{b}}{\mathfrak{a}} = \mathfrak{b}\mathfrak{a}^0, \quad \frac{\mathfrak{b}\mathfrak{a}^0}{\mathfrak{a}} = \mathfrak{b}\mathfrak{a}^{-1}. \tag{36}$$

Diese beiden Sätze gehen aus einander hervor, wenn man $\mathfrak{b}$ durch $\mathfrak{b}\mathfrak{a}^{-1}$ oder durch $\mathfrak{b}\mathfrak{a}$ ersetzt und (34), (33), (23) berücksichtigt. Bezeichnet man die linke und rechte Seite der ersten Gleichung resp. mit $\mathfrak{p}$ und $\mathfrak{q}$, so ist zufolge (17) immer $\mathfrak{q} > \mathfrak{p}$. Ist aber $\mathfrak{a}$ ein eigentlicher Modul (34), so ist zufolge (22) $\mathfrak{p} > \mathfrak{p}\mathfrak{a}\mathfrak{a}^{-1}$ und da nach (16) $\mathfrak{p}\mathfrak{a} > \mathfrak{b}\mathfrak{a}$, also $\mathfrak{p}\mathfrak{a}\mathfrak{a}^{-1} > \mathfrak{b}\mathfrak{a}\mathfrak{a}^{-1}$ ist, so folgt $\mathfrak{p} - \mathfrak{q}$, mithin $\mathfrak{p} = \mathfrak{q}$, was zu beweisen war.

VIII. *Sind $\mathfrak{a}$, $\mathfrak{b}$ eigentliche Moduln, so gilt dasselbe von ihrem Producte $\mathfrak{a}\mathfrak{b}$, und es ist*

$$(\mathfrak{a}\mathfrak{b})^0 = \mathfrak{a}^0\mathfrak{b}^0, \quad (\mathfrak{a}\mathfrak{b})^{-1} = \mathfrak{a}^{-1}\mathfrak{b}^{-1}. \tag{37}$$

Die erste Gleichung ergiebt sich aus dem zweiten Satze (17), wenn man $\mathfrak{c} = \mathfrak{a}\mathfrak{b}$ setzt und den ersten Satz (36) zweimal anwendet. Da ferner $\mathfrak{a}\mathfrak{a}^{-1} = \mathfrak{a}^0$, $\mathfrak{b}\mathfrak{b}^{-1} = \mathfrak{b}^0$, mithin $(\mathfrak{a}\mathfrak{b})(\mathfrak{a}^{-1}\mathfrak{b}^{-1}) = (\mathfrak{a}^0\mathfrak{b}^0)(\mathfrak{a}\mathfrak{b})^0$, also das Product $\mathfrak{a}\mathfrak{b}$ ein Factor seiner Ordnung $(\mathfrak{a}\mathfrak{b})^0$ ist, so ist es nach V ein eigentlicher Modul, und zugleich ergiebt sich mit Rücksicht auf (33), dass $(\mathfrak{a}\mathfrak{b})^{-1} = (\mathfrak{a}\mathfrak{b})^0(\mathfrak{a}^{-1}\mathfrak{b}^{-1}) = \mathfrak{a}^0\mathfrak{b}^0\mathfrak{a}^{-1}\mathfrak{b}^{-1} = \mathfrak{a}^{-1}\mathfrak{b}^{-1}$ ist, was zu beweisen war.

Ist die Ordnung des *eigentlichen* Moduls $\mathfrak{c}$ ein gemeinsames Vielfaches der Ordnungen von $\mathfrak{a}$, $\mathfrak{b}$, ist also

$$\mathfrak{c}\mathfrak{c}^{-1} = \mathfrak{c}^0 > \mathfrak{a}^0 - \mathfrak{b}^0,$$

so ist (vergl. (9) auf S. 504 und (19) auf S. 504)

$$(\mathfrak{a} - \mathfrak{b})\mathfrak{c} = \mathfrak{a}\mathfrak{c} - \mathfrak{b}\mathfrak{c} \tag{39}$$

und

$$\frac{\mathfrak{a} + \mathfrak{b}}{\mathfrak{c}} = \frac{\mathfrak{a}}{\mathfrak{c}} + \frac{\mathfrak{b}}{\mathfrak{c}} \tag{40}$$

Beweis von (39): y linke, q rechte Seite. Nach (9) auf S. 502 ist immer $y > q$; ersetzt man hierin $\mathfrak{n}$, $\mathfrak{b}$, $\mathfrak{c}$ resp. durch $\mathfrak{a}\mathfrak{c}$, $\mathfrak{b}\mathfrak{c}$, $\mathfrak{c}^{-1}$, so folgt nach (38) und (23′) auch

$$q\mathfrak{c}^{-1} > \mathfrak{a}\mathfrak{c}^0 - \mathfrak{b}\mathfrak{c}^0 = \mathfrak{a} - \mathfrak{b},\ q\mathfrak{c}^0 > (\mathfrak{a} - \mathfrak{b})\mathfrak{c} = y,$$

und da (22) immer $q > q\mathfrak{c}^0$, so folgt $q > y$, also $y = q$, w. z. b. w.

Beweis von (40): Zufolge (38, 23′) ist $\mathfrak{a}\mathfrak{c}^0 = \mathfrak{a}$, $\mathfrak{b}\mathfrak{c}^0 = \mathfrak{b}$, $(\mathfrak{a} + \mathfrak{b})\mathfrak{c}^0 = \mathfrak{a} + \mathfrak{b}$, und da $\mathfrak{c}$ ein eigentlicher Modul ist, so folgt nach (36")

$$\frac{\mathfrak{a} + \mathfrak{b}}{\mathfrak{c}} = \frac{(\mathfrak{a} + \mathfrak{b})\mathfrak{c}^0}{\mathfrak{c}} = (\mathfrak{a} + \mathfrak{b})\mathfrak{c}^{-1} = \mathfrak{a}\mathfrak{c}^{-1} + \mathfrak{b}\mathfrak{c}^{-1}$$

$\frac{\mathfrak{a}}{\mathfrak{c}} = \frac{\mathfrak{a}\mathfrak{c}^0}{\mathfrak{c}} = \mathfrak{a}\mathfrak{c}^{-1}$, $\frac{\mathfrak{b}}{\mathfrak{c}} = \frac{\mathfrak{b}\mathfrak{c}^0}{\mathfrak{c}} = \mathfrak{b}\mathfrak{c}^{-1}$, w.z.b.w

Mit Hülfe dieser Sätze wird man leicht finden, dass die Multiplication und Division *aller* Potenzen eines eigentlichen Moduls, ebenso aller eigentlichen Moduln, welche *dieselbe* Ordnung haben, genau nach denselben Regeln geschieht, wie bei Producten und Quotienten von Zahlen.

14.1 Zusatz zum Paragraphen 170

SUB Göttingen, Cod. Ms. R. Dedekind II 3.2
Bl. 161–162

Zu §. 170

Den Sätzen über eigentliche Moduln in §. 170 kann man noch die folgenden hinzufügen:

IX. *Ist der Modul a ein Factor einer Ordnung σ, so ist $a\sigma$ ein eigentlicher Modul von der Ordnung σ.*

Da a und folglich (weil $\sigma^2 = \sigma$) auch das Product $a\sigma = a_1$ ein Factor von σ ist, so ist nach (31) die Ordnung $a_1^0 > \sigma^0$, d. h. $a_1^0 > \sigma$ zufolge (28); da ausserdem $a_1\sigma = a\sigma^2 = a\sigma = a_1$, so ist auch $\sigma > a_1^0$, mithin $a_1^0 = \sigma$; zugleich ist a_1 Factor seiner Ordnung σ und folglich (nach V) ein eigentlicher Modul, w. z. b. w.

X. *Ist e eine natürliche Zahl, und a^e ein eigentlicher Modul, so sind auch alle folgenden Potenzen a^{e+1}, a^{e+2} ... eigentliche Moduln von der Ordnung $\sigma = (a^e)^0 = (a^{e+1})^0 = (a^{e+2})^0 = \ldots$*[6]

Da nämlich a^e und folglich (weil $e \geq 1$) auch a ein Factor der Ordnung σ ist, so ist (nach IX) das Product $a_1 = a\sigma$ ein eigentlicher Modul der Ordnung σ, und dasselbe gilt (nach VIII) von allen Potenzen $a_1^s = a^s\sigma$, also (weil $a^e\sigma = a^e$ ist) auch von allen denjenigen Potenzen a^s, deren Exponent $s \geq e$ ist, w. z. b. w.

Zusatz (1). Zugleich ist (nach VII, weil $a^e = a^e\sigma$)

$$\frac{a^e}{a^{e+1}} = a^e(a^{e+1})^{-1};\ a.\frac{a^e}{a^{e+1}} = \sigma.$$

XI. *Genügen die Moduln a, b den Bedingungen*

$$z > ab,\ a^{n+1}b = a^n,\ b^{m+1}a = b^m,$$

wo $m \geq 0$ und $n \geq 0$, so sind a^n, b^m eigentliche Moduln derselben Ordnung σ; dasselbe gilt von den Moduln $a\sigma$, $b\sigma$, und zwar ist

$$ab\sigma = \sigma,\ (a\sigma)^{-1} = b\sigma,\ (b\sigma)^{-1} = a\sigma.$$

Setzt man nämlich zur Abkürzung

$$(a^n)^0 = a_0,\ (b^m)^0 = b_0,$$

so ist $a^n a_0 = a^n$, $b^m b_0 = b^m$ (zufolge (23)), also auch

$$a^s a_0 = a^s,\ b^s b_0 = b^s,$$

wenn $s \geq n$ und $s \geq m$ ist. Aus den Annahmen folgt nun zunächst nach (21)

$$z > ab > a_0,\ z > ab > b_0,$$

und hieraus durch Multiplication mit a_0, b_0 auch

$$aba_0 = a_0,\ abb_0 = b_0,$$

---

[6]Besser a_0 statt σ.

weil $za_0 = a_0^2 = a_0$, $zb_0 = b_0^2 = b_0$ ist. Erhebt man nun zur s^{ten} Potenz (wo s positiv und $\geq m, \geq n$) und bedenkt, dass $a^s = a_0$, $a^s a_0 = a^s$, $b_0^s = b_0$, $b^s b_0 = b^s$ ist, so ergiebt sich

$$a^s b^s = a_0 = b_0 = \sigma,$$

$$ab\sigma = \sigma.$$

Da nun die Moduln a^n, b^m Factoren von a^s, b^s, also auch von ihrer Ordung σ sind, so sind sie eigentliche Moduln; und da a, b Factoren von σ sind, so sind (zufolge IX) $a\sigma$, $b\sigma$ eigentliche Moduln der Ordung σ, woraus das Übrige folgt, w. z. b. w.

Vorbemerkung zu X. Ist a irgend ein Modul, so ist $a^0 > (a^2)^0 > (a^3)^0 > \ldots$, weil aus $a^s.(a^s)^0 = a^s$ auch $a^{s+1}(a^s)^0 = a^{s+1}$, also $(a^s)^0 > (a^{s+1})0$ folgt.

Der *grösste gemeinsame Theiler* a_0 aller dieser Potenz-Ordungen $(a^s)^0$ besteht aus allen denjenigen Zahlen, welche in mindestens einer Ordung $(a^s)^0$ (folglich auch in allen folgenden $(a^{s+1})^0 \ldots$) enthalten sind (vergl. D. §. 169, S. 497) und ist selbst eine *Ordung,* sind nämlich ϱ, σ irgend zwei Zahlen in a_0, und findet sich ϱ in $(a^r)^0$, σ in $(a^s)^0$, so finden sich beide Zahlen in $(a^{r+s})^0$, und da dies eine Ordnung ist, so ist auch das Product $\varrho\sigma$ in derselben, mithin auch in a_0 enthalten; also ist $(a_0)^2 > a_0$; da ausserdem $z > a^0 > a_0$ ist, so ist a_0 eine *Ordnung* (D. §. 170, S. 505). Man kann sie die *Grenz-Ordnung* des Moduls a nennen. Offenbar ist $(a^s)_0 = a_0$.

Zusatz (2) zu X. Giebt es, wie dort angenommen wird, unter den Potenzen $a, a^2, a^3 \ldots$ einen *eigentlichen* Modul a^e, so ist offenbar die Grenzordnung $a_0 = (a^e)^0$, also

$$a^e(a^e)^{-1} = a_0.$$

Hieraus ergiebt sich noch Folgendes. Setzt man

$$c = a^{e-1}(a^e)^{-1}, \quad \text{also } ac = a_0 \;\; c > \frac{a_0}{a}$$

und bedenkt, dass (zufolge D. §. 170. VI. S. 506) der Modul $(a^e)^{-1}$ dieselbe Ordnung a_0 besitzt, so folgt

$$ca_0 = c;$$

multipliciert man nun den allgemeinen Satz

$$a\left(\frac{a_0}{a}\right) > a_0$$

mit c, so ergiebt sich

$$a_0\left(\frac{a_0}{a}\right) > c,$$

und da $z > a_0$, also

$$\frac{a_0}{a} > a_0\left(\frac{a_0}{a}\right), \quad \text{also } \frac{a_0}{a} > c$$

ist, so folgt mit Rücksicht auf die obige umgekehrte Theilbarkeit der Satz [Vergl. Zusatz (1)]

$$\frac{a_0}{a} = a^{e-1}(a^e)^{-1}; \; a\left(\frac{a_0}{a}\right) = a_0. \qquad (X')$$

Es ist ausserdem wichtig, dass alle Zahlen in a_0 *rational* aus denen von a^e, also auch aus denen von a gebildet sind.

Congruenzen und Zahlclassen (§ 171.) 15

SUB Göttingen, Cod. Ms. Dedekind II 3.2
Bl.35, 363-364

Wir gehen nun zu derjenigen Betrachtung über, die uns veranlasst hat, für die hier untersuchten Zahlengebiete den Namen *Moduln* zu wählen, obgleich derselbe schon in so vielen anderen Bedeutungen gebraucht wird. Wenn $\mathfrak{m}$ ein beliebiger Modul ist, so nennen wir zwei Zahlen α, β *congruent nach* $\mathfrak{m}$, wenn ihre Differenz $\alpha - \beta$ in $\mathfrak{m}$ enthalten ist, und wir bezeichnen dies durch die *Congruenz*

$$\alpha \equiv \beta \text{ (mod.}\mathfrak{m}), \tag{1}$$

in welcher offenbar die beiden Zahlen α, β, deren jede auch ein *Rest* der anderen heisst, stets mit einander vertauscht werden dürfen. Wir nennen dagegen die Zahlen $\alpha, \beta, \gamma \ldots$ *incongruent nach* $\mathfrak{m}$, wenn keine von ihnen mit einer der übrigen congruent ist[1] Aus dem Begriffe eines Moduls und aus den früheren Sätzen folgt, dass man beliebig viele solche Congruenzen, die sich auf einen und denselben Modul $\mathfrak{m}$ beziehen, addiren und subtrahiren darf, wie Gleichungen; auch darf man beide Seiten einer solchen Congruenz mit derselben ganzen rationalen Zahl allgemeiner mit jeder in der *Ordnung* $\mathfrak{m}^0$ des Moduls $\mathfrak{m}$ enthaltenen Zahl multipliciren. Aus der Congruenz zweier Zahlen in Bezug auf einen Modul $\mathfrak{m}$ folgt auch ihre Congruenz in Bezug auf jeden Theiler von $\mathfrak{m}$, und wenn eine Congruenz in Bezug auf mehrere Moduln gilt, so gilt sie auch für deren kleinstes gemeinsames Vielfaches.

Ferner leuchtet ein, dass jede Zahl sich selbst congruent, und dass zwei mit einer dritten Zahl γ congruente Zahlen α, β auch einander congruent sind; denn wenn $\alpha - \gamma$, $\beta - \gamma$

[1] Der von Gauss zuerst eingeführte Begriff der Congruenz bildet offenbar einen besonderen Fall des obigen; denn wenn a, b, m ganze rationale Zahlen sind, so ist die Congruenz $a \equiv b$ (mod. m) gleichbedeutend mit der Congruenz der Zahlen a, b nach dem Modul $[m] = m[1]$; und wenn a, b, μ ganze Zahlen des Körpers J sind (§. 159), so ist die Congruenz $\alpha \equiv \beta$ (mod. μ) gleichbedeutend mit der Congruenz der Zahlen α, β nach dem Modul $[\mu, \mu i] = \mu[1, i]$.

K. Scheel, *Dedekinds Theorie der ganzen algebraischen Zahlen*,
https://doi.org/10.1007/978-3-658-30928-2_15

Zahlen des Moduls $\mathfrak{m}$ sind, so ist auch ihre Differenz $\alpha - \beta$ in $\mathfrak{m}$ enthalten. Hierauf beruht die Möglichkeit, *alle* Zahlen in Bezug auf einen Modul $\mathfrak{m}$ in *Zahlclassen* einzutheilen, in der Weise, dass je zwei beliebige Zahlen in dieselbe oder in verschiedene Classen aufgenommen werden, je nachdem sie congruent oder incongruent sind; ist α eine bestimmte Zahl, während μ alle Zahlen des Moduls $\mathfrak{m}$ durchläuft, so bilden die Zahlen $\alpha + \mu$ eine solche Classe, die wir mit $\alpha + \mathfrak{m}$ oder $\mathfrak{m} + \alpha$ bezeichnen wollen und man kann α oder jede andere dieser Zahlen als *Repräsentant* oder auch als *Rest der Classe* ansehen. Die Gleichung $\mathfrak{m} + \alpha = \mathfrak{m} + \beta$ ist gleichbedeutend mit der Congruenz (1); findet sie *nicht* statt, so sind die Classen $\alpha + \mathfrak{m}$, $\beta\mathfrak{m}$ verschieden und besitzen keine einzige gemeinsame Zahl. Offenbar bildet der Modul $\mathfrak{m}$ selbst die durch die Zahl 0 repräsentirte Classe.

Auf diesem Begriffe beruhen die folgenden Betrachtungen. Ist $\mathfrak{a}$ ein *Theiler* von $\mathfrak{m}$, und α' eine bestimmte Zahl in $\mathfrak{a}$, so sind alle Zahlen der Classe $\alpha' + \mathfrak{m}$ auch in $\mathfrak{a}$ enthalten, und folglich *besteht* der Modul $\mathfrak{a}$ aus einer endlichen oder unendlichen Anzahl verschiedener Classen $\alpha' + \mathfrak{m}$, von denen je zwei keine gemeinsame Zahl besitzen. Ist ferner ρ eine beliebige Zahl, so besteht zugleich die auf den Modul $\mathfrak{a}$ bezügliche Classe $\rho + \mathfrak{a}$ aus den sämmtlichen entsprechenden, ebenfalls verschiedenen Zahlclassen $(\rho + \alpha') + \mathfrak{m}$.

Allgemeiner, sind $\mathfrak{a}$, $\mathfrak{b}$ zwei beliebige Moduln, deren kleinstes gemeinsames Vielfaches $\mathfrak{a} - \mathfrak{b}$ zur Abkürzung mit $\mathfrak{m}$ bezeichnet werden möge, und ist α' eine bestimmte Zahl in $\mathfrak{a}$, so bilden alle diejenigen in $\mathfrak{a}$ enthaltenen Zahlen α, welche $\equiv \alpha' \pmod{\mathfrak{b}}$ sind, die auf $\mathfrak{m}$ bezügliche, durch α' repräsentirte Classe $\alpha' + \mathfrak{m}$; da nämlich $\alpha - \alpha'$ sowohl in $\mathfrak{a}$ als auch in $\mathfrak{b}$ enthalten ist, so ist $\alpha = \alpha' + \mu$, wo μ eine Zahl des Moduls $\mathfrak{m}$ bedeutet, und umgekehrt, wenn μ in $\mathfrak{m}$, also auch in $\mathfrak{a}$ und $\mathfrak{b}$ enthalten ist, so ist die Summe $\alpha = \alpha' + \mu$ in $\mathfrak{a}$ enthalten und zugleich $\equiv \alpha' \pmod{\mathfrak{b}}$. Wählt man daher aus jeder der verschiedenen Classen $\alpha' + \mathfrak{m}$, aus denen $\mathfrak{a}$ besteht, einen bestimmten Rest α' aus, so besitzt das System aller dieser in $\mathfrak{a}$ enthaltenen Zahlen α' offenbar die charakteristische Eigenschaft, dass jede beliebige in $\mathfrak{a}$ enthaltene Zahl α mit einer, aber auch nur mit einer einzigen Zahl α' congruent ist nach dem Modul $\mathfrak{b}$; ein solches System von Zahlen α' nennen wir daher ein *Repräsentanten-System* oder ein *Restsystem von $\mathfrak{a}$ nach $\mathfrak{b}$*. Ist die *Anzahl* dieser in $\mathfrak{a}$ enthaltenen, nach $\mathfrak{b}$ incongruenten Zahlen α' *endlich*, so wollen wir dieselbe durch das Symbol

$$(\mathfrak{a}, \mathfrak{b})$$

bezeichnen[2], und dies ist zugleich die Anzahl der Classen $\alpha' + \mathfrak{m}$, aus denen $\mathfrak{a}$ besteht; ist sie aber *unendlich*, so ist es zweckmässig, unter dem Symbol $(\mathfrak{a}, \mathfrak{b})$ die Zahl *Null* zu verstehen, weil dann die meisten Sätze allgemein gültig bleiben[3] Ist $(\mathfrak{a}, \mathfrak{b}) = 1$, sind also alle Zahlen α des Moduls $\mathfrak{a}$ einander congruent, mithin alle $\alpha \equiv 0 \pmod{\mathfrak{b}}$, so ist $\mathfrak{a}$ *theilbar* durch $\mathfrak{b}$, und aus dieser Theilbarkeit folgt umgekehrt $(\mathfrak{a}, \mathfrak{b}) = 1$.

---

[2] Dasselbe habe ich zuerst in §. 169 der zweiten Auflage benutzt. Sollten die Moduln $\mathfrak{a}$, $\mathfrak{b}$ zugleich Körper sein, was aber bei unseren Untersuchungen niemals vorkommen wird, so würde die dem Symbol $(\mathfrak{a}, \mathfrak{b})$ jetzt beigelegte Bedeutung von der in §. 164 wohl zu unterscheiden sein.

[3] Vergl. z. B. die Sätze im folgenden §. 172.

Aus dem Obigen leuchtet unmittelbar ein, dass dieselben Zahlen α' zugleich ein Restsystem von $\mathfrak{a}$ nach $\mathfrak{m}$ bilden, und folglich ist in allen Fällen

$$(\mathfrak{a}, \mathfrak{b}) = (\mathfrak{a}, \mathfrak{a} - \mathfrak{b}). \tag{2}$$

Dieselben Zahlen α' bilden aber auch ein Restsystem von $\mathfrak{a} + \mathfrak{b}$ nach $\mathfrak{b}$, d.h. $\mathfrak{a} + \mathfrak{b}$ besteht aus den sämmtlichen Classen $\mathfrak{a}' + \mathfrak{b}$, und folglich ist

$$(\mathfrak{a}, \mathfrak{b}) = (\mathfrak{a} + \mathfrak{b}, \mathfrak{b}); \tag{3}$$

denn die Zahlen α' sind auch in $\mathfrak{a} + \mathfrak{b}$ enthalten und incongruent nach $\mathfrak{b}$, und jede in $\mathfrak{a} + \mathfrak{b}$ enthaltene Zahl $\alpha + \beta$ ist $\equiv \alpha$ (mod. $\mathfrak{b}$), also auch congruent mit einer der Zahlen α', was zu beweisen war.
Auf dieselbe Weise ergiebt sich, dass, wenn η eine *von Null verschiedene Zahl* ist, die Producte $\eta\alpha'$ ein Restsystem von $\mathfrak{a}\eta$ nach $\mathfrak{b}\eta$ bilden, und folglich ist

$$(\mathfrak{a}\eta, \mathfrak{b}\eta) = (\mathfrak{a}, \mathfrak{b}). \tag{4}$$

Ist ferner $\mathfrak{a}$ ein *Theiler* von $\mathfrak{b}$, und $\mathfrak{b}$ ein *Theiler* von $\mathfrak{c}$, also $(\mathfrak{b}, \mathfrak{a}) = (\mathfrak{c}, \mathfrak{b}) = 1$, so bilden, wenn α' ein Restsystem von $\mathfrak{a}$ nach $\mathfrak{b}$, und β ein Restsystem von $\mathfrak{b}$ nach $\mathfrak{c}$ durchläuft, die sämmtlichen Summen $\alpha' + \beta'$ ein Restsystem von $\mathfrak{a}$ nach $\mathfrak{c}$, und folglich ist

$$(\mathfrak{a}, \mathfrak{c}) = (\mathfrak{a}, \mathfrak{b})(\mathfrak{b}, \mathfrak{c}), \text{ wenn } \mathfrak{a} < \mathfrak{b} < \mathfrak{c}. \tag{5}$$

Denn $\mathfrak{a}$ besteht aus allen Classen $\alpha' + \beta'$, und jede dieser Classen wieder aus den, allen β' entsprechenden Classen $(\alpha' + \beta') + \mathfrak{c}$, mithin besteht $\mathfrak{a}$ aus allen Classen $(\alpha' + \beta') + \mathfrak{c}$, wo α' und β' alle ihre Werthe durchlaufen.

$\mathfrak{a}, \mathfrak{b}$ heissen *verwandt*, wenn $(\mathfrak{a} + \mathfrak{b}, \mathfrak{a} - \mathfrak{b}) > 0$, also $(\mathfrak{a}, \mathfrak{b}) > 0$ *und* $(\mathfrak{b}, \mathfrak{a}) > 0$.
Satz. Ist $\mathfrak{a}$ mit $\mathfrak{b}$ und mit $\mathfrak{c}$ verwandt, so ist auch $\mathfrak{b}$ mit $\mathfrak{c}$ verwandt.
Zu diesen Sätzen, durch deren Verbindung sich viele andere[4] ableiten lassen, fügen wir noch

[4]Bezugnahme auf S. 499 Anmerkung
Aus den in dieser Gruppe geltenden Theilbarkeiten ergiebt sich, dass man eine Classenzahl δ symmetrisch auf 12 verschiedene Arten, nämlich durch

$$\left.\begin{aligned}\delta &= (a'', a') = (b'', b') = (c'', c') = (\delta', a_0) = (\delta', b_0) = (\delta', c') \\ &= (a_1, a_2) = (b_1, b_2) = (c_1, c_2) = (a_0, \delta_1) = (b_0, \delta_1) = (c_0, \delta_1)\end{aligned}\right\} \tag{1}$$

definieren [kann]. In ähnlicher Weise kann man

$$a' = (\delta'''', a''') = (b''', c'') = (c''', b'') = (a'', \delta') = (a', a_0) = (a, a_1) \tag{2}$$

$$a_1 = (a_3, \delta_4) = (c_2, b_3) = (b_2, c_3) = (\delta_1, a_2) = (a_0, a_1) = (a', a) \tag{3}$$

setzen, woraus durch Vertauschung von a mit b oder mit c noch vier Classenzahlen b', b_1, c', c_1 entstehen. Dann ergiebt sich z. B. aus $a''' < c'' < c' < c$

$$(b, c) = (a''', c) = (a''', c'')(c'', c')(c', c),$$

die folgenden hinzu.

1. I. *Sind* $\mathfrak{a}, \mathfrak{b}$ *zwei beliebige Moduln, so genügt jede in* $\mathfrak{a}$ *enthaltene Zahl* α *der Congruenz*

$$(\mathfrak{a}, \mathfrak{b})\alpha \equiv 0 \; (\text{mod. } \mathfrak{a} - \mathfrak{b}), \tag{6}$$

also ist $(\mathfrak{a}, \mathfrak{b})\mathfrak{a} > \mathfrak{a} - \mathfrak{b}$ *und folglich auch*[5]

$$(\mathfrak{a}, \mathfrak{b})\mathfrak{a} - (\mathfrak{b}, \mathfrak{a})\mathfrak{b} > \mathfrak{a} - \mathfrak{b}. \tag{6'}$$

---

also die erste der sechs folgenden Gleichungen

$$\left.\begin{aligned}(b, c) = b'\delta c_1,\ (c, a) = c'\delta a_1,\ (a, b) = a'\delta b_1\\ (c, b) = c'\delta b_1,\ (a, c) = a'\delta c_1,\ (b, a) = b'\delta a_1\end{aligned}\right\} \tag{4}$$

aus der die übrigen durch Vertauschungen von a, b, c folgen. Hieraus folgt auch der schon in der *zweiten* Auflage dieses Werkes (S. 490) angeführte Satz

$$(b, c)(c, a)(a, b) = (c, b)(a, c)(b, a), \tag{5}$$

welcher sich aber auch leicht auf kürzerem Wege beweisen lässt.
Setzt man zur Abkürzung

$$a = a'\delta a_1,\ b = b'\delta b_1,\ c = c'\delta c_1$$

so ergiebt sich aus $a'' < a' < a < a_1 < a_2$

$$(a'', a_1) = (a'', a')(a', a)(a, a_1) = \delta a_1 a' = a$$
$$(a', a_2) = (a', a)(a, a_1)(a_1, a_2) = a_1 a'\delta = a$$

und folglich

$$(b, a)(a, c) = a(b, c),\ (c, a)(a, b) = a(c, b), \tag{6}$$

wo

$$a = a'\delta a_1 = (a'', a_1) = (a', a_2); \tag{7}$$

durch Elimination von a aus (6) folgt wieder (5).
[5] Allgemein ergeben sich die beiden Sätze

$$(\mathfrak{a}, \mathfrak{m})\mathfrak{a} + (\mathfrak{b}, \mathfrak{m})\mathfrak{b} + (\mathfrak{c}, \mathfrak{m})\mathfrak{c} + \ldots > \mathfrak{m}$$

$$\frac{\mathfrak{a}}{(\mathfrak{n}, \mathfrak{a})} - \frac{\mathfrak{b}}{(\mathfrak{n}, \mathfrak{b})} - \frac{\mathfrak{c}}{(\mathfrak{n}, \mathfrak{c})} \ldots > \mathfrak{n}$$

wo $\mathfrak{m}$ das kleinste gemeinsame Vielfache, und $\mathfrak{n}$ der grösste gemeinsame Theiler der Moduln $\mathfrak{a}, \mathfrak{b}, \mathfrak{c} \ldots$ bedeutet. Es verdient noch bemerkt zu werden, dass diese Theilbarkeiten in Identitäten übergehen, wenn $\mathfrak{a}, \mathfrak{b}, \mathfrak{c} \ldots$ mit einander verwandte *zweigliedrige* Moduln sind.

Dies leuchtet, wenn $(\mathfrak{a}, \mathfrak{b}) = 0$ ist, unmittelbar ein. Ist aber $(\mathfrak{a}, \mathfrak{b}) = \mathfrak{n} > 0$, und durchläuft α' ein Restsystem von $\mathfrak{a}$ nach $\mathfrak{a} - \mathfrak{b}$, während α eine bestimmte Zahl in $\mathfrak{a}$ bedeute, so bilden die $\mathfrak{n}$ Zahlen $\alpha + \alpha'$, weil sie in $\mathfrak{a}$ enthalten und incongruent nach $\mathfrak{a} - \mathfrak{b}$ sind, ebenfalls ein solches Restsystem; jede dieser Zahlen $\alpha + \alpha'$ ist daher mit einer der Zahlen α', umgekehrt jede der letzteren mit einer der ersteren congruent; mithin ist auch die Summe σ der Zahlen α' congruent der Summe $\mathfrak{n}\alpha + \sigma$, woraus (6) folgt, was zu beweisen war.

II. *Ist $\mathfrak{c} > \mathfrak{a}$, und $(\mathfrak{a}, \mathfrak{c}) > 0$, so giebt es nur eine endliche Anzahl solcher Moduln $\mathfrak{b}$, welche $> \mathfrak{a}$ und zugleich $< \mathfrak{c}$ sind*[6].

Da nämlich jeder solche Modul $\mathfrak{b}$ aus gewissen Zahlclassen $\beta' + \mathfrak{c}$ bestehen muss, welche in $\mathfrak{a}$ enthalten sind, und unter denen sich immer $\mathfrak{c}$ selbst befindet, und da die Anzahl m aller in $\mathfrak{a}$ enthaltenen Classen $\alpha' + \mathfrak{c}$ endlich, nämlich $= (\mathfrak{a}, \mathfrak{c})$ ist, so kann die Anzahl der Moduln $\mathfrak{b}$ höchstens gleich 2^{m-1} sein, was zu beweisen war.

Wir schliessen diese Betrachtungen mit der Verallgemeinerung zweier in §. 25 und §. 11 bewiesenen Sätze.

III. *Sind ρ, σ gegebene Zahlen, und $\mathfrak{a}$, $\mathfrak{b}$ irgend zwei Moduln, so haben die beiden gleichzeitigen Congruenzen*

$$\omega \equiv \rho \text{ (mod. } \mathfrak{a}), \ \omega \equiv \sigma \text{ (mod. } \mathfrak{b}) \tag{7}$$

stets und nur dann gemeinsame Wurzeln ω, wenn

$$\rho \equiv \sigma \text{ (mod. } \mathfrak{a} + \mathfrak{b}) \tag{8}$$

ist, und alle diese Wurzeln, d. h. alle den beiden Classen $\mathfrak{a} + \rho$, $\mathfrak{b} + \sigma$ gemeinsamen Zahlen ω bilden eine bestimmte Classe in Bezug auf den Modul $\mathfrak{a} - \mathfrak{b}$.

In der That, wenn eine Zahl ω den Congruenzen (7) genügt, so sind die Zahlen $\omega - \rho$, $\omega - \sigma$, also auch ihre Differenz in $\mathfrak{a} + \mathfrak{b}$ enthalten, d. h. die Bedingung (8) ist erfüllt. Umgekehrt, wenn dies der Fall ist, so giebt es zufolge der Definition von $\mathfrak{a} + \mathfrak{b}$ eine Zahl α in $\mathfrak{a}$ und eine Zahl β in $\mathfrak{b}$, deren Summe $\alpha + \beta = \rho + \sigma$ ist, und dann erfüllt die Zahl $\omega = \rho - \alpha = \sigma + \beta$ die Congruenzen (7). Genügt ferner ω'' denselben Congruenzen (7), so ist $\omega' - \omega$ in $\mathfrak{a}$ und $\mathfrak{b}$, also in $\mathfrak{a} - \mathfrak{b}$ enthalten, mithin $\omega' \equiv \omega$ (mod. $\mathfrak{a} - \mathfrak{b}$), und umgekehrt leuchtet ein, dass

[6]Dass auch die Umkehrung dieses Satzes wahr ist, wird man leicht beweisen, z. B. durch die Betrachtung aller Moduln von der Form $\mathfrak{c}$, $\mathfrak{c}+[\alpha]$, $\mathfrak{c}+[2\alpha]$, $\mathfrak{c}+[3\alpha]\ldots$, wo α jede beliebige Zahl in $\mathfrak{a}$ bedeutet. Man kann auch von dem Begriffe eines *unmittelbaren* oder *nächsten* Theilers von $\mathfrak{c}$ ausgehen; so soll ein echter Theiler $\mathfrak{b}$ von $\mathfrak{c}$ heissen, wenn es ausser $\mathfrak{b}$ und $\mathfrak{c}$ keinen Modul giebt, der $> \mathfrak{b}$ und zugleich $< \mathfrak{c}$ ist; die erforderliche und hinreichende Bedingung hierfür besteht darin, dass $(\mathfrak{b}, \mathfrak{c})$ eine *Primzahl* ist. Man vergleiche hiermit die Betrachtungen im folgenden §. 172.

jede Zahl ω' der Classe $\omega + (\mathfrak{a} - \mathfrak{b})$ auch den Congruenzen (7) genügt, was zu beweisen war[7].

IV. *Ist* $(\mathfrak{a} - \mathfrak{m}) > 0$, *und* $\mathfrak{a} - \mathfrak{m}$ *theilbar durch jeden der r Moduln* $\mathfrak{n}$, *so ist die Anzahl aller derjenigen nach* $\mathfrak{m}$ *incongruenten Zahlen* α *in* $\mathfrak{a}$, *die in keinem Modul* $\mathfrak{n}$ *enthalten sind, gleich der Summendifferenz*

$$\sum(\mathfrak{n}', \mathfrak{m}) - \sum(\mathfrak{n}'', \mathfrak{m}), \tag{9}$$

wo für $\mathfrak{n}'$ *der Modul* $\mathfrak{a}$ *und jedes aus* $\mathfrak{a}$ *und einer geraden Anzahl, für* $\mathfrak{n}''$ *jedes aus* $\mathfrak{a}$ *und einer ungeraden Anzahl von Moduln* $\mathfrak{n}$ *gebildete kleinste Vielfache zu setzen ist.*

Denn wenn ω irgend eine Zahl in $\mathfrak{a}$ bedeutet, so ist nach dem Obigen die Classe $(\mathfrak{a} - \mathfrak{m}) + \omega$ der Inbegriff aller der Zahlen in $\mathfrak{a}$, welche $\equiv \omega$ (mod. $\mathfrak{m}$) sind, und $\mathfrak{a}$ besteht aus $(\mathfrak{a}, \mathfrak{m})$ solchen Classen. Ist nun $\mathfrak{a} - \mathfrak{m} > \mathfrak{n}$, und ω in $\mathfrak{n}$, also auch in $\mathfrak{a} - \mathfrak{n}$ enthalten, so gilt dasselbe von allen Zahlen der Classe $(\mathfrak{a} - \mathfrak{m}) + \omega$, und da $\mathfrak{a} - \mathfrak{n}$ aus $(\mathfrak{a} - \mathfrak{n}, \mathfrak{m})$ solchen Classen besteht, so ist $(\mathfrak{a}, \mathfrak{m}) - (\mathfrak{a} - \mathfrak{n}, \mathfrak{m})$ die Anzahl derjenigen nach $\mathfrak{m}$ congruenten Zahlen in $\mathfrak{a}$, welche nicht in $\mathfrak{n}$ enthalten sind. Mithin gilt unser Satz für den Fall $r = 1$, weil es dann nur einen Modul $\mathfrak{n}' = \mathfrak{a}$, und nur einen Modul $\mathfrak{n}'' = \mathfrak{a} - \mathfrak{n}$ giebt. Nimmt man an, er sei für eine bestimmte Anzahl r von Moduln $\mathfrak{n}$ allgemein bewiesen, und der Modul $\mathfrak{p}$ gehe ebenfalls in $\mathfrak{a} - \mathfrak{m}$ auf, so darf man $\mathfrak{a}$ auch durch $\mathfrak{a} - \mathfrak{p}$ ersetzen, weil $(\mathfrak{a} - \mathfrak{p}, \mathfrak{m}) > 0$, und weil der Modul $(\mathfrak{a} - \mathfrak{p}) - \mathfrak{m} = \mathfrak{a} - \mathfrak{m}$, also durch jeden Modul $\mathfrak{n}$ theilbar ist; zufolge (9) ist daher die Differenz

$$\sum(\mathfrak{n}' - \mathfrak{p}, \mathfrak{m}) - \sum(\mathfrak{n}'' - \mathfrak{p}, \mathfrak{m})$$

die Anzahl derjenigen, im Satze mit α bezeichneten Zahlen, welche in $\mathfrak{p}$ enthalten sind; zieht man dieselbe von der in (9) angegebenen Anzahl aller Zahlen α ab, so erhält man die Differenz

$$\{\sum(\mathfrak{n}', \mathfrak{m}) + \sum(\mathfrak{n}'' - \mathfrak{p}, \mathfrak{m})\} - \{\sum(\mathfrak{n}'', \mathfrak{m}) + \sum(\mathfrak{n}' - \mathfrak{p}, \mathfrak{m})\}$$

als Anzahl aller nicht in $\mathfrak{p}$ enthaltenen Zahlen α, d. h. aller nach $\mathfrak{m}$ incongruenten Zahlen in $\mathfrak{a}$, welche in keinem der $(r + 1)$ Moduln $\mathfrak{n}, \mathfrak{p}$ enthalten sind. Vergleicht man diesen Ausdruck mit (9), so ergiebt sich, dass unser Satz auch für die nächstfolgende Anzahl $(r + 1)$, mithin allgemein gilt, was zu beweisen war.

Statt die vollständige Induction anzuwenden (wie in §. 11), kann man unseren Satz auch unmittelbar auf folgende Art beweisen. Wir schicken die Bemerkung voraus, dass die Anzahl der Moduln $\mathfrak{n}'$ immer gleich der der Moduln $\mathfrak{n}''$, nämlich $= 2^{r-1}$ ist; sondert man nämlich

[7] Schwieriger gestaltet sich die Untersuchung, ob drei oder mehr gegebene Zahlclassen $\mathfrak{a} + \rho$, $\mathfrak{b} + \sigma$, $\mathfrak{c} + \tau \ldots$ gemeinsame Zahlen besitzen oder nicht; im ersteren Falle kann man diese Classen *einig* nennen, und es leuchtet ein, dass ihre Gemeinheit, d. h. der Inbegriff aller ihnen gemeinsamen Zahlen, eine auf den Modul $\mathfrak{a} - \mathfrak{b} - \mathfrak{c} \ldots$ bezügliche Classe ist.

einen bestimmten Modul $\mathfrak{n}$ aus, und bezeichnet mit $\mathfrak{o}'$, $\mathfrak{o}''$ resp. diejenigen $\mathfrak{n}'$, $\mathfrak{n}''$, zu deren Bildung $\mathfrak{n}$ nicht mitwirkt, so besteht das System der Moduln $\mathfrak{n}'$ aus den Moduln $\mathfrak{o}'$, $\mathfrak{o}''$–$\mathfrak{n}$, ebenso das System der Moduln $\mathfrak{n}''$ aus den Moduln $\mathfrak{o}'$–$\mathfrak{n}$, $\mathfrak{o}''$, wodurch unsere Behauptung erwiesen ist[8]. Lässt man nun ω ein Restsystem von $\mathfrak{a}$ nach $\mathfrak{m}$ durchlaufen, und bezeichnet mit ω', ω'' resp. die Anzahl der Moduln $\mathfrak{n}'$, $\mathfrak{n}''$, denen ω angehört, so ist offenbar $\sum \omega' = \sum(\mathfrak{n}', \mathfrak{m})$, $\sum \omega'' = \sum(\mathfrak{n}'', \mathfrak{m})$, also die in (9) angegebene Differenz $= \sum(\omega' - \omega'')$. Da nun die Anzahl der Zahlen α offenbar $= \sum(\alpha' - \alpha'')$ ist, weil $\alpha' = 1$, $\alpha'' = 0$, so wird unser Satz bewiesen sein, wenn wir zeigen dass für jede andere Zahl ω die Differenz $\omega' - \omega'' = 0$, also $\omega' = \omega''$ ist (vergl. §. 138). Bezeichnet man mit $\mathfrak{p}$ diejenigen s Moduln $\mathfrak{n}$, denen ω angehört, und mit $\mathfrak{p}'$, $\mathfrak{p}''$ resp. diejenigen Moduln $\mathfrak{n}'$, $\mathfrak{n}''$ welche aus $\mathfrak{a}$ und nur diesen Moduln $\mathfrak{p}$ gebildet sind, so gehört ω allen diesen Moduln $\mathfrak{p}'$, $\mathfrak{p}''$ und keinem anderen Modul $\mathfrak{n}'$, $\mathfrak{n}''$ an, und hieraus folgt nach der obigen Bemerkung $\omega' = \omega'' = 2^{s-1}$, w.z.b.w.

15.1 Zusatz zum Paragraphen 171

SUB Göttingen, Cod. Ms. R. Dedekind II 3.2
Bl. 364-366
SUB Göttingen, Cod. Ms. R. Dedekind III 12
Bl. 19

Zu §. 171 (S. 511, (6))

Es erscheint zweckmässig, den Satz (6) im *Text* zu beweisen, *ohne Voraussetzung von* (1, 2, 3, 4). Dies gelingt kurz so. Aus $\delta'''' < a'''$, $b''' < c'$ folgt

$$(\delta'''', c) = (\delta'''', a''')(a''', c) = (a, a''')(b, c) = (a, a_1)(b, c)$$
$$= (\delta'''', b''')(b''', c) = (b, b''')(a, c) = (b, b_1)(a, c)$$

folgt zunächst

$$(b, b_1)(a, c) = (a, a_1)(b, c). \tag{8}$$

Nach dem *Transformations-Satz* (D. §. 169. S. 498. (7)) ist (weil $a > b'''$)

$$a + b_1 = a + (b - b''') = (a + b) - b''' = c''' - b''' = a''$$

und da

$$a - b_1 = a - (b - b''') = a - b = c_3$$

so folgt aus $(b_1, a) = (b_1, a - b_1) = (a + b_1, a)$

$$(b_1, c_3) = (a'', a) \tag{9}$$

[8] Wenn $\mathfrak{n}$ in $\mathfrak{a}$ aufgeht, also $\mathfrak{o}' - \mathfrak{n} = \mathfrak{o}'$, $\mathfrak{o}'' - \mathfrak{n} = \mathfrak{o}''$ ist, so fällt das System der Moduln $\mathfrak{n}'$ mit dem der Moduln $\mathfrak{n}''$ zusammen, und folglich verschwindet die Differenz in (9), was damit übereinstimmt, dass es in diesem Falle selbstverständlich gar keine Zahl α giebt. Aber man darf nicht umgekehrt aus der letzteren Thatsache schliessen, dass mindestens einer der Moduln $\mathfrak{n}$ in $\mathfrak{a}$ aufgeht (vergl. §. 178, IX).

Da ferner $b < b_1 < c_3$ (weil $b''' > a$) und $a'' < a < a_1$, so ist

$$(b, a) = (b, c_3) = (b, b_1)(b_1, c_3); \; (a'', a_1) = (a'', a)(a, a_1) \tag{10}$$

Multiplicirt man (8) mit (9), mit Rücksicht auf (10), so folgt

$$(b, a)(a, c) = (a'', a_1)(b, c) \tag{11}$$

und durch Vertauschung von b mit c

$$(c, a)(a, b) = (a'', a_1)(c, b) \tag{12}$$

und hieraus wieder

$$(b, c)(c, a)(ca, b) = (c, b)(b, a)(a, c) \tag{13}$$

Diesem Beweise entspricht dualistisch der folgende

$$(b, a)(c', c) = (b, c)(a', a) \tag{8'}$$

$$a + c' = b'''; \; a - c' = a_2$$

$$(b''', c') = (a, a_2) \tag{9'}$$

$$(a, c) = (b''', c')(c', c), \; (a', a_2) = (a', a)(a, a_2) \tag{10'}$$

und hieraus folgt

$$(b, a)(a, c) = (b, c)(a', a_2) \tag{11'}$$

Der *direkte* Beweis von $(a'', a_1) = (a', a_2)$, d.h. von $(a'', a') = (a_1, a_2)$ erfordert mehr Hülfsmittel, nämlich die Sätze

$$\begin{gathered} a' + \vartheta' = a'', \; a' - \vartheta' = a_0, \; a_0 + b_0 = \vartheta', \\ a_0 - b_0 = \vartheta_1, \; b_2 + \vartheta_1 = b_0, \; b_1 - \vartheta_1 = b_2 \end{gathered} \tag{14}$$

aus denen suczessive

$$(a'', a') = (\vartheta', a_0) = (b_0, \vartheta_1) = (b_1, b_2) \tag{15}$$

und durch Vertauschungen von a, b, c alle Gleichungen (1) folgen. Ähnlich beruhen die Gleichungen (2) auf

$$\left.\begin{aligned} a''' + b''' = \vartheta''', \; a''' - b''' = c'', \; a'' + c'' = b''', \; a'' - c'' = \vartheta', \\ a' + \vartheta' = a'', \; a' - \vartheta' = a_0, \; a + a_0 = a', \; a - a_0 = a_1 \end{aligned}\right\} \tag{16}$$

und dualistisch die Gleichungen (3) auf

$$\left.\begin{aligned} a_3 - b_3 = \vartheta_4, \; a_3 + b_3 = c_2, \; a_2 - c_2 = b_3, \; a_2 + c_2 = \vartheta_1, \\ a_1 - \vartheta_1 = a_2, \; a_1 + \vartheta_1 = a_0, \; a - a_0 = a_1, \; a + a_0 = a'. \end{aligned}\right\} \tag{17}$$

Die aus (15) folgenden Gleichungen (1) sind von Wichtigkeit für die spätere Definition der *harmonischen* Modulgruppen (in denen $\delta = 1$ ist); deshalb ist es zweckmässig, die Gleichungen (14), auf denen (15) beruht, zu beweisen, wie folgt:
Hierbei ist das Modulgesetz M zu benutzen (D.§.)

$$m + (a - n) = (m + a) - n, \; \text{wenn} m > n. \tag{M}$$

Da $a''' < b < b_1$, und $b' < b < a_3$, so sind folgende Substitutionen erlaubt:

1) $m = b, n = a'''; a - n = a_1, m + a = c'''$; aus $c''' - a''' = b''$ folgt

$$b + a_1 = b'', \text{ also auch} a + b_1 = a'' \tag{18}$$

2) $m = a_3, n = b; a - n = c_3, m + a = a'$; aus $a_3 + c_3 = b_2$ folgt

$$b - a' = b_2, \text{ also auch} a - b' = a_2 \tag{19}$$

3) $m = b_1, n = a'''; a - n = a_1, m + a = a''$ (18); aus $a'' - a''' = \vartheta'$ folgt

$$a_1 + b_1 = \vartheta' \tag{20}$$

4) $m = a_3, n = b'; a - n = a_2$ (19), $m + a = a'$; aus $a_2 + a_3 = \vartheta_1$ folgt

$$a' - b' = \vartheta_1. \tag{21}$$

Fortsetzung von III in §. 171

Dort ist gezeigt, dass die *Einigkeit* zweier Classen $\rho + a, \sigma + b$ in der Congruenz

$$\rho \equiv \sigma \text{ (mod. } a + b) \tag{1}$$

besteht, und die gemeinsamen Zahlen jener beiden einigen Classen bilden eine Durchschnitt-Classe $\xi + (a - b)$; dies kann symbolisch durch

$$(\rho + a) - (\sigma + b) = \xi + (a - b) \tag{2}$$

ausgedrückt werden, wo

$$\xi \equiv \rho \text{ (mod. } a), \ \xi \equiv \sigma \text{ (mod. } b). \tag{3}$$

Betrachte nun *drei* Classen

$$\rho + a, \ \sigma + b, \ \tau + c,) \tag{4}$$

so sind für deren Einigkeit *erforderlich* die Congruenzen

$$\rho \equiv \sigma \text{ (mod. } a + b), \ \rho \equiv \tau \text{ (mod. } a + c), \sigma \equiv \tau \text{ (mod. } b + c), \tag{5}$$

aber diese sind im Allgemeinen *nicht hinreichend.* Aus (1), der ersten Bedingung (5) folgt zwar die Einigkeit der beiden Classen $\rho + a, \sigma + b$ und daraus deren Durchschnitt (2). Die Einigkeit der drei Classen ist hierauf äquivalent mit der Einigkeit der beiden Classen

$$\xi + (a - b), \ \tau + c \tag{6}$$

also nur der Bedingung

$$\xi \equiv \tau \text{ (mod. } (a - b) + c = c') \tag{7}$$

Aber aus (3) und (5) folgt zwar

$$\xi \equiv \tau \text{ (mod. } a + c) \text{ und } \xi \equiv \tau \text{ (mod. } b + c) \tag{8}$$

also

$$\xi \equiv \tau \text{ (mod. } (a + c) - (b + c) = c'') \tag{9}$$

und umgekehrt folgt (5) aus (3) und (9)....

Endliche Moduln (§ 172.)

16

Von diesen allgemeinen Sätzen über die Beziehungen zwischen *beliebigen* Moduln wenden wir uns jetzt zur Betrachtung der besonderen Erscheinungen, welche dann auftreten, wenn diese Moduln zum Theil oder alle *endlich* sind (§. 168). Da jeder endliche Modul entweder *eingliedrig* oder nach (nach (5) in §. 169) eine Summe von mehreren eingliedrigen Moduln ist, so gehen wir von dem folgenden Satze aus:

1. *Jedes Vielfache* $\mathfrak{m}$ *eines eingliedrigen Moduls* $\mathfrak{n}$ *ist ebenfalls eingliedrig, und zwar ist*

$$\mathfrak{m} = (\mathfrak{n}, \mathfrak{m})\mathfrak{n}. \tag{1}$$

Um dies zu beweisen, setzen wir $\mathfrak{z} = [1]$, $\mathfrak{n} = \mathfrak{z}\omega$ und bemerken, dass jede in $\mathfrak{m}$, also auch in $\mathfrak{n}$ enthaltene Zahl ein Product $x\omega$ ist, wo x eine Zahl in $\mathfrak{z}$ bedeutet, und dass der Inbegriff $\mathfrak{r}$ aller dieser Zahlen x, welche durch Multiplication mit ω in Zahlen des Moduls $\mathfrak{m}$ verwandelt werden, offenbar ein durch $\mathfrak{z}$ theilbarer Modul ist; zugleich ist $\mathfrak{m} = \mathfrak{r}\omega$. Schliessen wir zunächst den Fall aus, wo $\mathfrak{r} = 0$ ist, und bezeichnen wir mit a die *kleinste positive* Zahl $\mathfrak{r}$, so ergiebt sich leicht, dass $\mathfrak{r} = a\mathfrak{z}$, also $\mathfrak{m} = a\mathfrak{n}$ ist; denn wenn z jede Zahl in $\mathfrak{z}$ bedeutet, so ist az in $\mathfrak{r}$, also $a\mathfrak{z} > \mathfrak{r}$; umgekehrt lässt sich jede in $\mathfrak{r}$ enthaltene Zahl x (nach §. 4 oder §. 17) in die Form $x = az + y$ setzen[1]), wo y eine der a Zahlen $0, 1, 2 \ldots (a-1)$ bedeutet, und da $y = x - az$ in $\mathfrak{r}$ enthalten ist, so muss $y = 0, x = az, \mathfrak{r} > a\mathfrak{z}$, also wirklich $\mathfrak{r} = a\mathfrak{z}$ sein[2]. Da ferner irgend zwei Zahlen $z_1\omega$, $z_2\omega$ des Moduls $\mathfrak{n}$ dann und nur dann congruent nach $\mathfrak{m}$ sind, wenn ihre Differenz $(z_1 - z_2)\omega$ in $\mathfrak{m}$, also die Differenz $z_1 - z_2$ in $\mathfrak{r} = a\mathfrak{z}$ enthalten ist, so bilden die a Zahlen

$$0, \omega, 2\omega, \ldots (a-1)\omega \tag{2}$$

[1] Dies ist die Grundlage aller Zahlentheorie.

[2] Offenbar ist dies selbst nur ein specieller Fall unseres Satzes.

K. Scheel, *Dedekinds Theorie der ganzen algebraischen Zahlen*,
https://doi.org/10.1007/978-3-658-30928-2_16

ein *Restsystem* von $\mathfrak{n}$ nach $\mathfrak{m}$; mithin ist

$$a = (\mathfrak{n}, \mathfrak{m}), \tag{3}$$

und da, wie wir oben gesehen haben, $\mathfrak{m} = \mathfrak{r}\omega = a\mathfrak{n}$ ist, so ergiebt sich hieraus unser Satz (1). Offenbar gilt derselbe aber auch in dem bisher ausgeschlossenen Falle, wo $\mathfrak{r} = 0$ ist; dann ist nämlich $\mathfrak{m} = \mathfrak{r}\omega = 0$, und da je zwei verschiedenen ganzen rationalen Zahlen z_1, z_2 zwei Zahlen $z_1\omega$, $z_2\omega$ des Moduls $\mathfrak{n}$ entsprechen, welche incongruent nach $\mathfrak{m}$ sind, so ist (nach §. 171) auch $(\mathfrak{n}, \mathfrak{m}) = 0$, w. z. b. w.

Um zu zeigen, wie nützlich dieser Satz schon in den ersten Anfangsgründen der Zahlentheorie verwendet werden kann, leiten wir aus ihm zunächst den folgenden ab:

II. *Jeder endliche, aus lauter rationalen Zahlen bestehende Modul c ist darstellbar als eingliedriger Modul.*

Besteht nämlich eine Basis von c aus m ganzen oder gebrochenen rationalen Zahlen c_1, $c_2 \ldots c_m$, die nicht alle verschwinden[3], so kann man bekanntlich eine natürliche Zahl b immer so wählen, dass die m Producte $bc_1, bc_2 \ldots bc_m$ *ganze* Zahlen werden; da dieselben eine Basis des von Null verschiedenen Moduls bc bilden, so ist letzterer theilbar durch den eingliedrigen Modul $\mathfrak{z}$, also $bc = a\mathfrak{z} = [a]$, wo a eine natürliche Zahl bedeutet; setzt man noch $a = bc$, so ist c eine positive rationale Zahl, und man erhält $c = [c]$, w. z. b. w.

Nach der Bedeutung unserer Symbole besagt nun die eben bewiesene Gleichung

$$[c_1, c_2 \ldots c_m] = [c] \tag{4}$$

erstens, dass es m *ganze* rationale Zahlen $q_1, q_2 \ldots q_m$ giebt, welche der Bedingung

$$c_1q_1 + c_2q_2 + \ldots + c_mq_m = c \tag{5}$$

genügen, und zweitens, dass

$$c_1 = cp_1, \; c_2 = cp_2 \ldots c_m = cp_m, \tag{6}$$

also

$$p_1q_1 + p_2q_2 + \ldots + p_mq_m = 1 \tag{7}$$

ist, wo $p_1, p_2 \ldots p_m$ ebenfalls *ganze* rationale Zahlen bedeuten. Da der Modul $[c]$ der grösste gemeinsame Theiler der m Moduln $[c_r]$ ist, so nennen wir die *Zahl c* auch den *grössten gemeinsamen Theiler der m Zahlen c_r*, und offenbar ist die gewöhnliche Bedeutung dieses Wortes (§§. 6 und 24) hierin als specieller Fall enthalten. Ja es ist zweckmässig, diese Ausdrucksweise selbst auf den oben ausgeschlossenen Fall zu übertragen, wo die m Zahlen

[3] Im entgegengesetzten Falle ist offenbar $c = 0 = [0]$.

c_r sämmtlich verschwinden, und unter deren grösstem gemeinsamen Theiler die Zahl $c = 0$ zu verstehen, wodurch die Gl. (4) erhalten bleibt.–

Da, wenn $\mathfrak{a}$, $\mathfrak{n}$ irgend welche Moduln bedeuten, immer $(\mathfrak{n}, \mathfrak{a}) = (\mathfrak{n}, \mathfrak{a} - \mathfrak{n}) = (\mathfrak{a} + \mathfrak{n}, \mathfrak{a})$ ist (§. 171), so können wir den in (1) enthaltenen Satz auch so aussprechen:

III. *Ist $\mathfrak{n}$ ein eingliedriger, und $\mathfrak{a}$ ein beliebiger Modul, so ist*

$$\mathfrak{a} - \mathfrak{n} = (\mathfrak{n}, \mathfrak{a})\mathfrak{n} = (\mathfrak{a} + \mathfrak{n}, \mathfrak{a})\mathfrak{n}. \tag{8}$$

Derselbe dient zum Beweise des folgenden:

IV. *Ist der letzte der drei Moduln $\mathfrak{a}$, $\mathfrak{b}$, $\mathfrak{n}$ eingliedrig $= [\omega]$, so kann man einen eingliedrigen Modul $\mathfrak{n}' = [\alpha']$ so wählen, dass*

$$\mathfrak{a} - (\mathfrak{b} - \mathfrak{n}) = (\mathfrak{a} - \mathfrak{b}) + \mathfrak{n}' \tag{9}$$

wird.

Dies lässt sich in der That immer auf folgende Weise erreichen. Setzen wir zur Abkürzung

$$(\mathfrak{n}, \mathfrak{a} + \mathfrak{b}) = (\mathfrak{a} + \mathfrak{b} + \mathfrak{n}, \mathfrak{a} + \mathfrak{b}) = a \tag{10}$$

so ist zufolge (8)

$$(\mathfrak{a} + \mathfrak{b}) - \mathfrak{n} = a\mathfrak{n} = [a\omega]; \tag{11}$$

da nun $a\omega$ in $\mathfrak{a} + \mathfrak{b}$ enthalten ist, so kann man eine Zahl α' in $\mathfrak{a}$ und eine Zahl β' in $\mathfrak{b}$ so wählen, dass

$$a\omega = \alpha' - \beta', \text{ also } \alpha' = \beta' + a\omega \tag{12}$$

wird, und wir wollen beweisen, dass der eingliedrige Modul $\mathfrak{n}' = [\alpha']$ die Gl. (9) erfüllt. Hierzu bezeichnen wir deren linke und rechte Seite resp. mit p, q, und wir haben zu zeigen, dass p durch q, und q durch p theilbar ist. Das Erstere ergiebt sich daraus, das jede in p enthaltene Zahl von der Form $\alpha = \beta + \nu$ ist, wo α, β, ν resp. Zahlen der Moduln $\mathfrak{a}$, $\mathfrak{b}$, $\mathfrak{n}$ bedeuten; denn hieraus folgt zunächst, dass die Zahl $\alpha - \beta = \nu$ in $(\mathfrak{a} - \mathfrak{b}) - \mathfrak{n}$ enthalten, also zufolge (11) und (12) auch $= x(\alpha' - \beta')$ ist, wo x eine ganze rationale Zahl bedeutet, und folglich ist die Zahl $\mu = \alpha - x\alpha' = \beta - x\beta'$ in $\mathfrak{a} - \mathfrak{b}$ enthalten; mithin ergiebt sich, dass jede in p enthaltene Zahl $\alpha = \mu + x\alpha'$ auch in q enthalten, also wirklich *p durch q theilbar* ist. Umgekehrt leuchtet ein, dass $\mathfrak{a} - \mathfrak{b}$ durch jeden der beiden Moduln $\mathfrak{a}$ und $\mathfrak{b} + \mathfrak{n}$, also auch durch p theilbar, und da dasselbe zufolge (12) von dem Modul $\mathfrak{n}' = [\alpha']$ gilt, so muss auch der grösste gemeinsame Theiler von $\mathfrak{a} - \mathfrak{b}$ und $\mathfrak{n}'$, d. h. *q durch p theilbar* sein. Mithin ist $p = q$, was zu beweisen war. Hieraus folgt der Satz:

V. *Jedes Vielfache eines n-gliedrigen Moduls ist ein n-gliedriger Modul.*

Für eingliedrige Moduln ergiebt sich derselbe aus (1) oder (8). Da ferner, wenn $n > 1$, jeder n-gliedrige Modul $\mathfrak{o} = \mathfrak{b} + \mathfrak{n}$ gesetzt werden kann, wo $\mathfrak{n}$ eingliedrig, $\mathfrak{b}$ aber $(n-1)$-gliedrig ist, und da wir annehmen dürfen, der Satz sei schon für jedes Vielfache $\mathfrak{a} - \mathfrak{b}$ von $\mathfrak{b}$ bewiesen, so folgt aus (9), dass er auch für jedes Vielfache $\mathfrak{a} - \mathfrak{o}$ von $\mathfrak{o}$, also allgemein gilt, w. z. b. w. Es ist aber von Wichtigkeit, wenn irgend ein n-gliedriger Modul

$$\mathfrak{o} = [\omega_1, \omega_2 \ldots \omega_n] \tag{13}$$

gegeben ist, die Basis des Vielfachen $\mathfrak{a} - \mathfrak{o}$ nach den in (10) und (12) enthaltenen Vorschriften wirklich herzustellen. Zu diesem Zweck setzen wir, wenn r irgend eine Zahl aus der Reihe $1, 2 \ldots n$ ist,

$$\mathfrak{o}_r = [\omega_1, \omega_2 \ldots \omega_r], \tag{14}$$

und wenden den Satz (9) auf das Beispiel $\mathfrak{b} = \mathfrak{o}_{r-1}, \omega = \omega_r$ an, woraus $\mathfrak{n} = [\omega_r], \mathfrak{b} + \mathfrak{n} = \mathfrak{o}_r$ folgt; bezeichnen wir zugleich die Basis α' des Moduls $\mathfrak{n}'$ mit α_r, so erhalten wir:

$$\mathfrak{a} - \mathfrak{o}_r = (\mathfrak{a} - \mathfrak{o}_{r-1}) + [\alpha_r],$$

und da $\mathfrak{o}_n = \mathfrak{o}, \mathfrak{o}_0 = 0$ zu setzen ist, so ergiebt sich:

$$\mathfrak{a} - \mathfrak{o} = \sum [\alpha_r] = [\alpha_1, \alpha_2 \ldots \alpha_n]. \tag{15}$$

Um die Zahlen α_r zu bestimmen, setzen wir nach (10):

$$(\mathfrak{a} + \mathfrak{o}_r,\ \mathfrak{a} + \mathfrak{o}_{r-1}) = a_r^{(r)}; \tag{16}$$

dann folgt aus (12), weil β' in $\mathfrak{b}$, d. h. in $\mathfrak{o}_{r-1}$ enthalten ist, die Darstellung:

$$\alpha_r = a_1^{(r)}\omega_1 + a_2^{(r)}\omega_2 + \cdots + a_{r-1}^{(r)}\omega_{r-1} + a_r^{(r)}\omega_r. \tag{17}$$

wo alle Coefficienten $a_s^{(r)}$ ganze rationale Zahlen bedeuten, und $a_s^{(r)} = 0$ ist, wenn $s > r$. Multiplicirt man die n Gleichungen (16) mit einander und bedenkt, dass $\mathfrak{a} + \mathfrak{o}_r$ ein Theiler von $\mathfrak{a} + \mathfrak{o}_{r-1}$ ist, so ergiebt sich mit Rücksicht auf die Sätze (5), (3), (2) in §. 171 die wichtige Beziehung:

$$(\mathfrak{a} + \mathfrak{o}, \mathfrak{a}) = (\mathfrak{o}, \mathfrak{a}) = (\mathfrak{o}, \mathfrak{a} - \mathfrak{o}) = a'_1 a''_2 \ldots a_n^{(n)}, \tag{18}$$

wo das Product rechter Hand zugleich die *Determinante* der n^2 Coefficienten $a_s^{(r)}$ ist. Diese Zahl $(\mathfrak{o}, \mathfrak{a})$ ist von Null verschieden wenn keine der n Zahlen $a_r^{(r)}$ in (16) verschwindet, und bedeutet dann die Anzahl der in $\mathfrak{o}$ enthaltenen, nach $\mathfrak{a}$ incongruenten Zahlen ω'; erinnert man sich der Bedeutung des obigen Restsystems (2), und lässt $x_1, x_2 \ldots x_n$ alle ganzen Zahlen durchlaufen, welche den Bedingungen

$$o \leq x_r < a_r^{(r)} \tag{19}$$

genügen, so folgt aus den genannten Sätzen des vorigen Paragraphen leicht, dass die entsprechenden Zahlen

$$\omega' = x_1\omega_1 + x_2\omega_2 + \cdots + x_n\omega_n \tag{20}$$

ein *Restsystem von* $\mathfrak{o}$ *nach* $\mathfrak{a}$ bilden[4].

Die in (4) enthaltene Zurückführung einer mehrgliedrigen Basis auf eine eingliedrige bildet nur einen besonderen Fall eines sehr wichtigen allgemeinen Satzes, in welchem der Begriff des endlichen Moduls sich mit dem des *irreducibelen Systems* (§. 164) verbindet; wir bemerken aber (wie schon am Schluss von §. 167), dass dieser letztere Begriff hier und in der Folge stets auf den Körper der *rationalen* Zahlen zu beziehen ist. Unser Satz lautet:

VI. *Jeder endliche, von Null verschiedene Modul besitzt eine irreducibele Basis.*

Um dies zu beweisen, nehmen wir an, es liege ein m-gliedriger Modul

$$\mathfrak{a} = [\mu_1, \mu_2 \ldots \mu_m] \tag{21}$$

mit einer *reducibelen* Basis vor, welche aus m Zahlen μ_s besteht, die nicht alle verschwinden. Bedeutet nun n die *grösste* Anzahl von einander unabhängiger Zahlen, die man aus diesen m Zahlen μ_s und folglich (nach §. 164) aus dem Modul $\mathfrak{a}$ auswählen kann, so lassen sie sich sämmtlich in der Form

$$\mu_s = c_1^{(s)}\omega_1 + c_2^{(s)}\omega_2 + \cdots + c_n^{(s)}\omega_n \tag{22}$$

darstellen, wo die n Zahlen ω_r ein irreducibeles System bilden, und die mn Coefficienten $c_r^{(s)}$ ganze rationale Zahlen sind; denn da wir annehmen dürfen, dass z. B. die ersten n Zahlen $\mu_1, \mu_2 \ldots \mu_n$ ein irreducibeles System bilden, so ist jede der m Zahlen μ_s, weil sie mit jenen ein reducibeles System bildet, von der Form

$$\mu_s = e_1^{(s)}\mu_1 + e_2^{(s)}\mu_2 + \cdots + c_n^{(s)}\mu_n,$$

wo die mn Coefficienten $e_r^{(s)}$ rationale, im Allgemeinen gebrochene Zahlen bedeuten; nun kann man immer eine natürliche Zahl c so wählen, dass alle Producte $ce_r^{(s)}$ ganze Zahlen $c_r^{(s)}$ werden, und wenn man

$$\mu_1 = c\omega_1,\ \mu_2 = c\omega_2 \ldots \mu_n = c\omega_n$$

setzt, so nehmen die vorhergehenden Gleichungen wirklich die Form (22) an, und die n Zahlen ω_r bilden ebenfalls ein irreducibeles System. Nachdem dies nachgewiesen ist, leuchtet ein, dass der Modul $\mathfrak{a}$ durch den n-gliedrigen Modul (13) theilbar und folglich selbst ein n-gliedriger Modul von der Form (15) ist, dessen Basis aus n Zahlen α_r von der Form (17) besteht und gewiss *irreducibel* ist, weil sonst je n Zahlen in $\mathfrak{a}$ ein reducibeles System bilden würden, w.z.b.w.

---

[4] Vergl. das Beispiel in §. 159, S. 445 bis 447.

An den Beweis des vorstehenden Satzes knüpfen wir die folgende Beschreibung eines einfachen Verfahrens[5], durch welches man die aus m *gegebenen* Zahlen μ_s von der Form (22) bestehende Basis des Moduls $\mathfrak{a}$ in eine irreducibele, aus n Zahlen α_r von der Form (17) bestehende Basis überführen kann. Die m Coefficienten $c'_n, c''_n \dots c_n^{(m)}$, mit welchen die letzte Zahl ω_n in den m Gleichungen (22) multiplicirt ist, können gewiss nicht alle verschwinden, weil sonst (nach §. 164, III) schon je n der m Zahlen μ_s ein reducibeles System bilden würden; sind nun von diesen m Coefficienten $c_n^{(s)}$ *mindestens zwei* von Null verschieden, z. B. c'_n und c''_n, und ist (absolut genommen) $c'_n \geq c''_n$, so kann man (nach §. 4) die ganze rationale Zahl x so wählen, dass $c'_n + xc''_n < c''_n$, also auch $< c'_n$ wird. Nun bleibt offenbar der Modul $\mathfrak{a}$ in (21) ungeändert, wenn man das erste Glied μ_1 seiner Basis durch $\mu_1 + x\mu_2$ ersetzt, alle anderen $\mu_2, \mu_3 \dots \mu_m$ aber beibehält, d. h. es ist

$$\mathfrak{a} = [\mu_1, \mu_2 \dots \mu_m] = [\mu_1 + x\mu_2, \mu_2 \dots \mu_m]; \tag{23}$$

hiermit ist das System der mn Coefficienten $c_r^{(s)}$ in (22) nur insofern abgeändert, als an Stelle der n Coefficienten c'_r die Coefficienten $c'_r + xc''_r$ getreten sind, und von diesen ist der letzte $c'_n + xc''_n$ absolut *kleiner* als der frühere c'_n. Durch wiederholte Anwendung solcher elementaren Transformationen (23) wird man endlich zu einer neuen Basis von m Gliedern gelangen, von denen $m-1$ in dem nach (14) mit $\mathfrak{o}_{n-1}$ zu bezeichnenden Modul enthalten sind, während ein einziges Glied α_n von der Form (17) ist, und zwar kann man den Coefficienten $a_n^{(n)}$, welcher offenbar der grösste gemeinsame Theiler der m Coefficienten $c_n^{(s)}$ ist, *positiv* annehmen, weil α_n auch durch $-\alpha_n$ ersetzt werden darf. In derselben Weise kann man nun, indem man α_n ungeändert lässt, die übrigen, in $\mathfrak{o}_{n-1}$ enthaltenen $m - 1$ Glieder der neuen Basis transformiren, bis alle Coefficienten von ω_{n-1} mit Ausnahme eines einzigen $a_{n-1}^{(n-1)}$ verschwinden, welcher in einem Gliede α_{n-1} auftritt. Durch Fortsetzung dieses Verfahrens gelangt man endlich zu einer Basis von m Gliedern, unter denen sich n Zahlen α_r von der Form (17) befinden, während die übrigen $m - n$ Glieder $= 0$ sind und deshalb gänzlich unterdrückt werden dürfen.

Nachdem auf diese Weise die Basis (22) wirklich durch eine Kette elementarer Transformationen (23), von denen sich mehrere auch gleichzeitig ausführen lassen, in eine Basis (17) übergeführt ist, in welcher die n Coefficienten $a_r^{(r)}$ (nach §. 164, III) von Null verschieden sind und als positiv angenommen werden dürfen, während alle Coefficienten $a_s^{(r)} = 0$ sind, in denen $s > r$, kann man offenbar durch fernere Anwendung von elementaren Transformationen (23) noch erreichen, dass alle anderen Coefficienten, in denen $s < r$, der Bedingung $0 \leq a_s^{(r)} < a_s^{(s)}$ genügen, und man überzeugt sich leicht, dass hierdurch das System der Coefficienten $a_s^{(r)}$ vollständig bestimmt ist, dass also der Modul $\mathfrak{a}$ nur eine *einzige* solche Basis besitzt. Ausserdem leuchtet ein, dass das ganze Verfahren auch auf den Fall anwendbar ist, wo $m = n$, also der Modul a schon in (21) durch eine irreducibele Basis dargestellt ist. Ein Beispiel, auf welches wir später (in §. 176) zurückkommen werden, möge zur Erläuterung

[5]Die Kenntniss desselben ist unerlässlich für Diejenigen, welche bestimmte Beispiele in der Theorie der Moduln und Ideale zu berechnen haben. Vergl. §. 176.

dienen:

$$\begin{aligned}&[21\omega_1,\ 12\omega_1+3\omega_2,\ 14\omega_1+7\omega_2,\ 3\omega_1+6\omega_2]\\=&[21\omega_1,\ 12\omega_1+3\omega_2,\ 10\omega_1+\omega_2,\ -21\omega_1]\\=&[21\omega_1,\ 42\omega_1,\ -10\omega_1+\omega_2,\ -21\omega_1]\\=&[21\omega_1,\ 0,\ -10\omega_1+\omega_2,\ 0]\\=&[21\omega_1,\ -10\omega_1+\omega_2]=[21\omega_1,\ 11\omega_1+\omega_2]\end{aligned}$$

Aehnlich findet man:

$$\begin{aligned}&[21\omega_1, 7\omega_1+7\omega_2, 9\omega_1+3\omega_2, -2\omega_1+4\omega_2]=[21\omega_1, 10\omega_1+\omega_2]\\&[3\omega_1, \omega_1+\omega_2, 2\omega_1+\omega_2, -\omega_1+\omega_2]=[\omega_1, \omega_2]\\&[7\omega_1, 3\omega_1+\omega_2, 4\omega_1+\omega_2, \omega_1+\omega_2]=[\omega_1, \omega_1]\\&[\omega_1-2\omega_2, 10\omega_1+\omega_2]=[21\omega_1, 10\omega_1+\omega_2]\end{aligned}$$

Wenn nun ein Modul $\mathfrak{a}$, welcher durch (21) und (22) als Vielfaches des Moduls $\mathfrak{o}$ in (13) dargestellt wird, durch das angebene Verfahren in die Form (15) übergeführt ist, so folgt aus (18) auch der Werth der *Classenzahl* $(\mathfrak{o}, \mathfrak{a})$; aber es ist sehr wichtig, dass man dieselbe auch *unmittelbar* aus den Coefficienten $c_r^{(s)}$ in (22), nämlich durch die aus ihnen gebildeten *Determinanten* n^{ten} Grades bestimmen kann. Bedeutet σ irgend eine Combination von n der m Zahlen $s = 1, 2 \ldots m$, so wollen wir mit $C(\sigma)$ die entsprechende Determinante bezeichnen, welche aus den n^2 zugehörigen Coefficienten $c_r^{(s)}$ gebildet und natürlich eine ganze rationale Zahl ist; die Anzahl dieser Combinationen σ und Determinanten $C(\sigma)$ ist bekanntlich

$$= \frac{m(m-1)\ldots(m-n+1)}{1.2\ldots n}.$$

Wie verändern sich nun diese Determinanten bei der in (23) dargestellten Transfomation der Basis? Bezeichnet man mit σ_1 alle diejenigen Combinationen σ, in denen die Zahl 1, aber nicht 2 auftritt, und mit σ_2 alle anderen Combinationen, so leuchtet ein, dass, wenn μ_1 durch $\mu_1 + x\mu_2$ ersetzt wird, alle Determinanten $C(\sigma_2)$ ungeändert bleiben, während $C(\sigma_1)$ in eine Summe von der Form $C(\sigma_1) + xC(\sigma_2)$ übergeht. Hieraus folgt offenbar, dass der *grösste gemeinsame Theiler C aller Determinanten $C(\sigma)$* vor wie nach der Transfomation (23) derselbe ist und folglich bis zum Schluss des ganzen Verfahrens ungeändert erhalten bleibt. Da nun die letzte Basis aus den n Zahlen α_r in (17) und aus $m - n$ Nullen besteht, so giebt es nur noch eine einzige von Null verschiedene Determinante (18), und folglich ist

$$(\mathfrak{o}, \mathfrak{a}) = C. \tag{24}$$

Bei dem Beweise dieses Satzes haben wir eben nur die einfachsten Sätze über Determinanten benutzt; zu demselben Resultate gelangt man auch auf folgendem Wege, der etwas tiefere Kenntnisse voraussetzt. Die doppelte Darstellung desselben Moduls $\mathfrak{a}$ durch (21) und (15) ist nach der Bedeutung unserer Symbole nur ein kurzer Ausdruck dafür, dass m Gleichungen

$$\mu_s = p_1^{(s)}\alpha_1 + p_2^{(s)}\alpha_2 + \ldots + p_n^{(s)} \tag{25}$$

und n Gleichungen

$$\alpha_r = q_r'\mu_1 + q_r''\mu_2 + \ldots + q_r^{(m)}\mu_m \tag{26}$$

bestehen, wo alle Coefficienten $p_r^{(s)}$ und $q_r^{(s)}$ ganze rationale Zahlen bedeuten[6]. Da nun die n Zahlen α_r ein irreducibeles System bilden, so ergiebt sich durch Substitution von (25) in (26), dass die Summe

$$p_t'q_t' + p_t''q_t'' + \cdots + p_t^{(m)}q_r^{(m)} = 1 \text{ oder } = 0 \tag{27}$$

ist, je nachdem die in Reihe $1, 2 \ldots n$ enthaltenen Zahlen t, r gleich oder verschieden sind. Hieraus folgt nach einem bekannten Satze der Determinanten-Theorie die Gleichung

$$\sum P(\sigma)Q(\sigma) = 1, \tag{28}$$

wo σ jede Combination von n der m Zahlen $s = 1, 2 \ldots m$ durchläuft, und $P(\sigma)$, $Q(\sigma)$ die zugehörigen, aus den Coefficienten $p_r^{(s)}, q_r^{(s)}$ gebildeten Determinanten n^{ten} Grades bedeuten; mithin sind die Determinanten $P(\sigma)$ - und ebenso die Determinanten $Q(\sigma)$ – *Zahlen ohne gemeinsamen Theiler.* Substituirt man ferner (17) in (25), so folgt durch Vergleichung mit (22):

$$c_r^{(s)} = p_1^{(s)}a_r' + p_2^{(s)}a_r'' + \cdots + p_n^{(s)}a_r^{(n)}, \tag{29}$$

und hieraus mit Rücksicht auf (18):

$$C(\sigma) = (\mathfrak{o}, \mathfrak{a})P(\sigma), \tag{30}$$

wodurch unser Satz (24) abermals bewiesen ist.

Wir wenden uns nun noch zu dem wichtigen Fall $m = n$ und sprechen den besonderen, in (24) enthaltenen Satz[7] so aus:

---

[6]Das oben beschriebene Verfahren liefert durch Zusammensetzung aller Transformationen (23) und deren Umkehrung immer ein solches System von Coefficienten p, q; die allgemeinste Lösung der Aufgabe, alle solchen Systeme zu finden, besteht in der Verallgemeinerung einer Methode, welche von *Gauss* in einigen besonderen Fällen angewendet ist (D.A. artt. 234, 236, 279). Der Fall $n = 1$ ist oben schon in den Gleichungen (4) bis (7) behandelt.

[7]Wenn unter den Elementen $c_r^{(s)}$ der Determinante C sich auch *gebrochene* rationale Zahlen befinden, also $\mathfrak{a}$ *nicht* theilbar durch $\mathfrak{o}$ ist, so gilt der allgemeinere Satz $(\mathfrak{o}, \mathfrak{a}) = \pm(\mathfrak{a}, \mathfrak{o})C$, und zwar ist der umgekehrte Werth von $(\mathfrak{a}, \mathfrak{o})$ vollständig bestimmt als der grösste gemeinsame Theiler der Determinante C und aller ihrer Unterdeterminanten, zu denen auch die Zahl 1 als Determinante 0ten Grades zu rechnen ist; dies ergiebt sich leicht aus den obigen Sätzen durch Betrachtung des Moduls $\mathfrak{a} + \mathfrak{o}$. Ist endlich $C = 0$, so bilden die n Zahlen μ_s ein reducibeles System, und die Gl. (31) bleibt gültig.

VII. *Sind die irreducibelen Basen zweier n-gliedrigen Moduln*

$$\mathfrak{o} = [\omega_1, \omega_1 \ldots \omega_n], \ \mathfrak{a} = [\mu_1, \mu_2 \ldots \mu_n]$$

durch n Gleichungen von der Form

$$\mu_s = c_1^{(s)}\omega_1 + c_2^{(s)}\omega_2 + \cdots + c_n^{(s)}\omega_n$$

mit einander verbunden, wo die Coefficienten $c_r^{(s)}$ ganze rationale Zahlen bedeuten, so ist deren Determinante

$$C = \pm(\mathfrak{o}, \mathfrak{a}). \tag{31}$$

Wir schliessen, diesen, der Modultheorie gewidmeten Abschnitt mit der folgenden Betrachtung. Es leuchtet ein, dass jeder von Null verschiedene Modul $\mathfrak{n}$ – mag er endlich sein oder nicht – unendlich viele verschiedene Vielfache $\mathfrak{m}$ besitzt, und dass man sogar unendliche Ketten von solchen Vielfachen $\mathfrak{m}, \mathfrak{m}_1, \mathfrak{m}_2 \ldots$ bilden kann, deren jedes ein *echter Theiler* des nächstfolgenden ist; denn wenn ω eine beliebige, von Null verschiedene Zahl in $\mathfrak{n}$ bedeutet, so bilden die Moduln $[\omega], [2\omega], [4\omega], [8\omega] \ldots$ offenbar eine solche Kette. Es wird daher auf den ersten Blick vielleicht auffallen, dass ein *endlicher* Modul $\mathfrak{n}$ keine unendliche Kette von Vielfachen $\mathfrak{a}_1, \mathfrak{a}_2, \mathfrak{a}_3 \ldots$ besitzen kann, in welcher jeder Modul ein *echtes Vielfaches* des nächstfolgenden wäre. In der That besteht folgender Satz, von welchem wir bald (in §. 173) eine wichtige Anwendung machen werden:

VIII. *Sind alle Moduln der unendlichen Kette $\mathfrak{a}_1, \mathfrak{a}_2, \mathfrak{a}_3 \ldots$ theilbar durch den endlichen Modul $\mathfrak{n}$, und ist jeder von ihnen theilbar durch den nächstfolgenden, so sind von einer bestimmten Stelle an alle folgenden Moduln $\mathfrak{a}_n, \mathfrak{a}_{n+1}, \mathfrak{a}_{n+2} \ldots$ mit einander identisch.*

Denn der grösste gemeinsame Theiler aller dieser Moduln $\mathfrak{a}$, den man (nach §. 169) zweckmässig durch $\mathfrak{a}_\infty$ bezeichnen kann, ist theilbar durch ihren gemeinsamen Theiler $\mathfrak{n}$, mithin ebenfalls ein endlicher Modul $[\alpha_1, \alpha_2 \ldots \alpha_m]$, und da jede in $\mathfrak{a}_\infty$ enthaltene Zahl auch in einem Modul $\mathfrak{a}_r$ und folglich in allen folgenden $\mathfrak{a}_{r+1}, \mathfrak{a}_{r+2} \ldots$ enthalten ist, so muss es auch einen solchen Modul $\mathfrak{a}_n$ geben, welcher die sämmtlichen m Zahlen $\alpha_1, \alpha_2 \ldots \alpha_m$ enthält, aus denen die Basis von $\mathfrak{a}_\infty$ besteht; dann ist $\mathfrak{a}_\infty$ theilbar durch $\mathfrak{a}_n$, und da umgekehrt $\mathfrak{a}_n$ durch $\mathfrak{a}_\infty$ theilbar ist, so muss $\mathfrak{a}_n$ und ebenso jeder folgende Modul $\mathfrak{a}_{n+1}, \mathfrak{a}_{n+2} \ldots$ mit $\mathfrak{a}_\infty$ identisch sein, w. z. b. w.

17 Ganze algebraische Zahlen (§ 173.)

Wir nennen, wie schon früher (am Schluss von §. 167) bemerkt ist, eine Zahl ω eine *algebraische Zahl* schlechthin, wenn die hinreichend weit fortgesetzte Reihe der Potenzen 1, ω, $\omega^2 \dots \omega^{n-1}$, ω^n ein *reducibeles* System bildet, d. h. wenn ω einer Gleichung von der Form

$$\omega^n + a_1\omega^{n-1} + \cdots a_{n-1}\omega + a_n = 0 \tag{1}$$

genügt, deren Coefficienten a_r *rationale* Zahlen sind. Indem wir uns jetzt dem eigentlichen Gegenstande unserer Untersuchung zuwenden, theilen wir den unendlichen Körper aller algebraischen Zahlen in zwei wesentlich verschiedene Theile ein: wir nennen eine solche Zahl ω eine *ganze algebraische Zahl* oder kürzer eine *ganze Zahl*[1], wenn sie einer Gleichung von der Form (1) genügt, deren höchster Coefficient = 1, und deren übrige Coefficienten a_r *ganze* rationale Zahlen sind; jede andere algebraische Zahl soll eine *gebrochene Zahl* heissen.

Vor Allem müssen wir uns versichern, dass der neue, erweiterte Begriff der ganzen Zahl mit dem alten, engeren Sinne desselben Wortes niemals in Widerspruch gerathen kann. Bezeichnen wir auch ferner mit $\mathfrak{z}$ den Inbegriff [1] aller ganzen rationalen Zahlen, so leuchtet zunächst ein, dass jede solche Zahl a auch eine ganze algebraische Zahl ω, nämlich die Wurzel der Gleichung $\omega - a = 0$ ist; wir müssen aber auch umgekehrt beweisen, dass jede ganze algebraische Zahl ω, welche zugleich dem Körper R der rationalen Zahlen angehört, auch in $\mathfrak{z}$ enthalten ist. dies geschieht leicht auf folgende Weise. Da ω eine ganze algebraische Zahl ist, so genügt sie einer Gleichung von der Form (1) mit ganzen rationalen Coefficienten a_r; da sie zugleich rational, also ein Quotient ist, dessen Zähler b und Nenner c in $\mathfrak{z}$ enthalten und zwar relative Primzahlen sind, so ergiebt sich durch Multiplication der Gl. (1) mit c^n, dass die Potenz b^n, welche ebenfalls relative Primzahl zu c ist, durch c theilbar ist; mithin muss $c = \pm 1$, also $\omega = \pm b$ sein, w.z.b.w.

[1] Vergl. §. 160 der *zweiten* Auflage dieses Werkes (1871); ob dieselben Benennungen schon früher in diesem Sinne gebraucht sind, ist mir nicht bekannt.

K. Scheel, *Dedekinds Theorie der ganzen algebraischen Zahlen*,
https://doi.org/10.1007/978-3-658-30928-2_17

Genau auf dieselbe Weise würde sich zeigen lassen, dass jede ganze algebraische Zahl ω, welche dem in §. 159 behandelten Körper J angehört, nothwendig eine ganze complexe Zahl, d. h. in dem Modul $[1, i]$ enthalten ist, und umgekehrt leuchtet ein, dass jede solche ganze complexe Zahl $\omega = x + yi$ eine Wurzel der Gleichung

$$\omega^2 - 2x\omega + (x^2 + y^2) = 0$$

und folglich eine ganze algebraische Zahl ist.

Um jedes Missverständniss zu verhüten, bemerken wir ferner, dass, wenn unter den rationalen Coefficienten a_r in (1) sich auch gebrochene Zahlen befinden, dennoch ω eine ganze Zahl sein, also einer anderen Gleichung mit lauter ganzen Coefficienten genügen kann. So z. B. genügt die Zahl $\omega = \sqrt{2} = 1{,}414\ldots$ der Gleichung

$$\omega^3 + \frac{1}{2}\omega^2 - 2\omega - 1 = 0,$$

in welcher ein Coefficient gebrochen ist; sie genügt aber auch der Gleichung $\omega^2 - 2 = 0$ und ist folglich eine ganze Zahl. Doch werden wir am Schlusse dieses Paragraphen beweisen, dass die Gl. (1), wenn sie eine ganze Wurzel ω besitzt und zugleich *irreducibel* ist, nothwendig lauter *ganze* Coefficienten a_r haben muss; und aus diesem Satze folgt offenbar wieder das, was wir eben über die ganzen Zahlen der Körper R und J bemerkt haben.

Wenn aber ω eine gebrochene Zahl ist, und folglich die Coefficienten a_r der Gl. (1) nicht alle ganz sind, so kann man eine natürliche Zahl c so wählen, dass die Producte ca_r, also auch die Producte $b_r = a_r c^r$ ganze Zahlen werden; multiplicirt man nun (1) mit c^n und setzt $c\omega = \beta$, so erhält man

$$\beta^n + b_1\beta n - 1 + \cdots + n_{n-1}\beta + b_n = 0,$$

und folglich ist β eine ganze Zahl. Wir können daher folgenden Satz aussprechen:

I. *Jede gebrochene Zahl lässt sich durch Multiplication mit einer natürlichen Zahl in eine ganze Zahl verwandeln.*

Unsere obige Erklärung einer ganzen Zahl lässt sich nun, wenn man die Begriffe und Bezeichnungen der vorausgeschickten Theorie der *Moduln* zuzieht, in mehreren Formen bringen, die für die nächsten Beweisführungen von grossem Nutzen sind. Setzen wir zur Abkürzung den aus einer *beliebigen* Zahl ω gebildeten m-gliedrigen Modul

$$[\omega^{m-1},\ \omega^{m-2}\ldots\omega,\ 1] = (\omega)_m, \tag{2}$$

so ist $(\omega)_m$ *stets theilbar durch* $(\omega)_{m+1} = [\omega^m] + (\omega)_m$; ist aber ω eine *ganze* Zahl, also eine Wurzel einer Gleichung von der Form (1) mit ganzen rationalen Coefficienten a_r, so ist ω^n in $(\omega)_n$ enthalten, also $(\omega)_{n+1}$ *theilbar durch* $(\omega)_n$, und folglich

$$(\omega)_n = (\omega)_{n+1}, \tag{3}$$

umgekehrt folgt aus einer solchen Identität (3) offenbar, dass ω einer Gl. (1) mit ganzen rationalen Coefficienten a_r genügt, also eine *ganze* Zahl ist. Zugleich leuchtet ein, dass dann auch alle folgenden Moduln $(\omega)_{n+2}$, $(\omega)_{n+3}\ldots$ mit $(\omega)_n$ identisch sind.

Ein endlicher, von Null verschiedener Modul $\mathfrak{a}$ soll im Folgenden eine *Hülle der Zahl* ω heissen, wenn $\mathfrak{a}\omega > \mathfrak{a}$, also ω in der *Ordnung* $\mathfrak{a}^0$ enthalten ist (§. 170); dann wird der Charakter einer ganzen Zahl auf die einfachste Weise durch den folgenden Satz[2] ausgesprochen:

II. *Eine Zahl ist dann und nur dann eine ganze Zahl, wenn sie eine Hülle besitzt.*

Der Beweis des zweiten Theils ergiebt sich leicht aus dem Vorhergehenden; denn wenn ω eine ganze Zahl ist, so besteht eine Identität von der Form (3), und da $(\omega)_{n+1} = \omega(\omega)_n + \mathfrak{z}$ stets eine Theiler des Productes $\omega(\omega)_n$ ist, so ist $(\omega)_n$ eine Hülle von ω. Um auch den ersten Theil zu beweisen, nehmen wir an, der von Null verschiedene Modul

$$\mathfrak{a} = [\alpha_1,\ \alpha_2 \ldots \alpha_n]$$

sei eine Hülle der Zahl ω, d. h. es bestehen n Gleichungen von der Form

$$\omega\alpha_r = a_{r,1}\alpha_r + a_{r,2}\alpha_2 + \cdots + a_{r,n}\alpha_n,$$

wo alle Coefficienten $a_{r,s}$ ganze rationale Zahlen bedeuten; da nun die n Zahlen α_r nicht alle verschwinden, so ergiebt sich durch ihre Elimination bekanntlich die Determinanten-Gleichung

$$\begin{vmatrix} a_{1,1} - \omega \ldots a_{1,n} \\ \cdots \quad\quad \cdots\cdots \\ a_{n,1} \quad\quad \ldots a_{n,n} - \omega \end{vmatrix} = 0,$$

deren Entwicklung offenbar zu einer Gleichung von der Form (1) mit ganzen rationalen Coefficienten a_r führt, und folglich ist ω eine ganze Zahl, w.z.b.w.

So kurz sich dieser Beweis durch die Zuziehung der Theorie der Determianten gestaltet, so muss man doch zugestehen, dass diese Theorie dem eigentlichen Inhalte des Satzes gänzlich fern steht; es wird daher hoffentlich nicht überflüssig erscheinen, wenn wir diesen Theil des Satzes und seinen Beweis in die folgende Form einkleiden:

III. *Die Ordnung $\mathfrak{a}^0$ eines jeden endlichen, von Null verschiedenen Moduls $\mathfrak{a}$ ist ebenfalls ein solcher Modul und besteht aus lauter ganzen Zahlen ω.*

[2]Vergl. die Anmerkungen zu S. 481–482 in der *dritten* Auflage dieses Werkes (1879).

Wählt man aus $\mathfrak{a}$ irgend eine von Null verschiedene Zahl α und bedenkt, dass nach dem Satze (23) in §. 170 immer $\mathfrak{a}\mathfrak{a}^0 = \mathfrak{a}$ ist, so folgt $\alpha\mathfrak{a}^0 > \mathfrak{a}$, mithin ist $\mathfrak{a}^0$ theilbar durch den endlichen Modul $\mathfrak{a}\alpha^{-1}$ und folglich (nach §. 170) ebenfalls ein *endlicher* Modul. Da (nach §. 170) jede Ordnung ein Theiler des Moduls $\mathfrak{z}$ ist, und die in ihr enthaltenen Zahlen sich auch durch Multiplication reproduciren, so sind, wenn ω eine Zahl in $\mathfrak{a}^0$ bedeutet, alle in (2) definirten Moduln $(\omega)_m$ theilbar durch $\mathfrak{a}^0$, und da zugleich jeder solche Modul $(\omega)_m$ durch den nächstfolgenden $(\omega)_{m+1}$ theilbar ist, so muss nach dem Schlusssatze des vorigen Paragraphen endlich eine Identität von der Form (3) eintreten, und folglich ist ω eine ganze Zahl, w.z.b.w.

Hieraus geht auch hervor, dass gleichzeitig mit dem Modul $\mathfrak{a}$ auch dessen Ordnung $\mathfrak{a}^0$ eine Hülle der Zahl ω ist, weil $\mathfrak{a}^0$ ein endlicher, von Null verschiedener Modul ist, dessen Zahlen sich durch Multiplication reproduciren, so dass auch $\omega\mathfrak{a}^0 > \mathfrak{a}^0$ ist. Wichtiger ist aber die andere Bemerkung, dass, wenn $\mathfrak{n}$ einen willkührlichen endlichen, von Null verschiedenen Modul bedeutet, auch das Product $\mathfrak{a}\mathfrak{n}$ eine Hülle von ω ist, weil aus $\mathfrak{a}\omega > \mathfrak{a}$ auch $\mathfrak{a}\mathfrak{n}\omega > \mathfrak{a}\mathfrak{n}$ folgt. Sind daher $\alpha_1, \alpha_2 \ldots \alpha_n$ irgend welche ganze Zahlen in endlicher Anzahl, die resp. die Hüllen $\mathfrak{a}_1, \mathfrak{a}_2 \ldots \mathfrak{a}_n$ besitzen, so ist das Product $\mathfrak{a} = \mathfrak{a}_1\mathfrak{a}_2 \ldots \mathfrak{a}_n$ eine *gemeinsame* Hülle dieser Zahlen. Hieraus ergeben sich unmittelbar die folgenden Sätze:

IV. *Die ganzen Zahlen reproduciren sich durch Addition, Subtraction und Multiplication.*

Denn je zwei ganze Zahlen α_1, α_2 besitzen eine gemeinsame Hülle $\mathfrak{a}$ und sind folglich in deren Ordnung $\mathfrak{a}^0$ enthalten; da nun diese Ordnung $\mathfrak{a}^0$ (nach III) aus lauter ganzen Zahlen besteht, die sich (nach §. 170) durch Addition, Subtraction, Multiplication reproduciren, so sind auch die Zahlen $\alpha_1 + \alpha_2$, $\alpha_1 - \alpha_2$, $\alpha_1\alpha_2$ in $\mathfrak{a}^0$ enthalten und folglich ganze Zahlen, w.z.b.w.

V. *Genügt eine Zahl ω einer Gleichung von der Form*

$$\omega^n + \alpha_1\omega^{n-1} + \cdots + \alpha_{n-1}\omega + \alpha_n = 0, \tag{4}$$

deren höchster Coefficient $= 1$, *und deren übrige Coefficienten α_r ganze Zahlen sind, so ist auch ω eine ganze Zahl.*

Denn wenn $\mathfrak{a}$ eine gemeinsame Hülle der Coefficienten α_r ist, so ergiebt sich leicht, dass das Product $\mathfrak{a}(\omega)_n$ eine Hülle von ω ist. In der That, bedeutet α irgend eine Zahl in $\mathfrak{a}$, so sind die n Producte $\alpha\alpha_r$ in $\mathfrak{a}$ enthalten, und hieraus folgt nach (4), dass $\alpha\omega^n$ in $\mathfrak{a}(\omega)_n$ enthalten, mithin $\mathfrak{a}\omega^n > \mathfrak{a}(\omega)_n$ ist; da ferner $\omega(\omega)_n > (\omega)_{n+1} = [\omega^n] + (\omega)_n$ ist, so folgt $\omega\mathfrak{a}(\omega)_n > \mathfrak{a}(\omega)_{n+1} = \mathfrak{a}\omega^n + \mathfrak{a}(\omega)_n$, also $\omega\mathfrak{a}(\omega)_n > \mathfrak{a}(\omega)_n$, w.z.b.w.

Als einen speciellen Fall, von welchem oft Gebrauch zu machen ist, erwähnen wir, dass jede Wurzel $\sqrt[n]{\alpha}$ aus einer ganzen Zahl α eine ganze Zahl ist. Hierauf beweisen wir den folgenden wichtigen Satz:

VI. *Jeder endliche, von Null verschiedene Modul* $\mathfrak{m}$, *der aus ganzen oder gebrochenen algebraischen Zahlen besteht, kann durch Multiplication mit einem Modul* $\mathfrak{n}$, *dessen Zahlen aus den von* $\mathfrak{m}$ *auf rationale Weise gebildet sind, in einen Modul* $\mathfrak{mn}$ *verwandelt werden, welcher aus lauter ganzen Zahlen besteht und ein Theiler des Moduls* $\mathfrak{z}$ *ist.*

Ist $\mathfrak{m}$ *eingliedrig* $= [\alpha]$, so genügt der Modul $\mathfrak{n} = [\alpha^{-1}]$ dem Satze, weil $\mathfrak{mn} = \mathfrak{z}$ wird. Liegt ein *zweigliedriger* Modul

$$\mathfrak{m} = [\alpha, \beta] \tag{5}$$

vor, wo α, β algebraische Zahlen und von Null verschieden sind, so besteht, weil ihr Quotient ebenfalls algebraisch ist, eine homogene Gleichung von der Form

$$c_0\alpha^n + c_1\alpha^{n-1}\beta + \ldots + c_{n-1}\alpha\beta n - 1 + c_n\beta^n = 0, \tag{6}$$

deren Coefficienten c_s ganze rationale Zahlen ohne gemeinsamen Theiler sind, was nach unserer Bezeichnung kurz durch

$$[c_0,\ c_1 \ldots c_{n-1},\ c_n] = \mathfrak{z} \tag{7}$$

ausgedrückt wird. Es ist vortheilhaft, die Reihe dieser Coefficienten nach beiden Seiten in der Weise fortzusetzen, dass immer $c_s = 0$ ist, wenn s grösser als n oder negativ ist. Sodann bilden wir eine entsprechende Reihe von Zahlen ν_s, indem wir

$$\beta\nu_{s+1} - \alpha\nu_s = c_s \tag{8}$$

und das Anfangsglied

$$\nu_0 = 0 \tag{9}$$

setzen; hierdurch sind alle diese Zahlen ν_s vollständig bestimmt, und zwar sind sie auf rationale Weise aus α und β gebildet[3]. Zunächst ergiebt sich, dass auch $\nu_s = 0$ ist, wenn s grösser als n oder negativ ist; das Letztere folgt unmittelbar aus (8) und (9), wenn man s die Zahlen $-, -2, -3 \ldots$ durchlaufen lässt; setzt man ferner

$$\gamma_s = \alpha^{n-s+1}\beta^s\nu_s, \text{ also } \gamma_0 = 0,$$

so wird zufolge (8)

$$c_s\alpha^{n-s}\beta^s = \gamma_{s+1} - \gamma_s,$$

und hieraus ergiebt sich mit Rücksicht auf (6), dass $\gamma_{n+1} = \gamma_0 = 0$, also auch $\nu_{n+1} = 0$ ist; setzt man weiter $s = n+1, n+2 \ldots$, so folgt aus (8), dass auch alle folgenden Zahlen $\nu_{n+2}, \nu_{n+3} \ldots$ verschwinden. Nun ist leicht zu zeigen, dass der n-gliedrige Modul

$$\mathfrak{n} = [\nu_1,\ \nu_2 \ldots \nu_n] \tag{10}$$

[3]Die leicht herzustellenden Ausdrücke für die Zahlen ν_s sind hier völlig entbehrlich.

die im Satze angegebenen Eigenschaften besitzt. In der That folgt zunächst aus (7) und (8), dass der Modul $\mathfrak{z}$ *durch* $\mathfrak{mn}$ *theilbar,* also auch $\mathfrak{n}$ von Null verschieden ist. Multiplicirt man ferner (8) mit ν_{r+1}, so folgt

$$\beta\nu_{r+1}\nu_s \equiv \alpha\nu_{r+1}\nu_s \text{ (mod. } \mathfrak{n}) \tag{11}$$

und hieraus durch Vertauschung von r und s

$$\alpha\nu_{r+1}\nu_s \equiv \alpha\nu_r\nu_{s+1} \text{ (mod.} \mathfrak{n});$$

mithin sind alle diejenigen Producte $\alpha\nu_p\nu_q$, in denen die Summe $p+q$ einen und denselben Werth hat, einander congruent nach $\mathfrak{n}$, und da unter diesen Producten sich auch solche befinden, die $= 0$ sind (wie z. B. $\alpha\nu_0\nu_{p+q}$), so sind sie *alle* in $\mathfrak{n}$ enthalten, und zufolge (11) gilt dasselbe von *allen* Producten $\beta\nu_p\nu_q$. Mithin ist der Modul $\mathfrak{mn}^2$ theilbar durch $\mathfrak{n}$, also $\mathfrak{mn}$ theilbar durch die Ordnung $\mathfrak{n}^0$ des endlichen, von Null verschiedenen Moduls $\mathfrak{n}$, und folglich besteht $\mathfrak{mn}$ aus lauter *ganzen* Zahlen, womit unser Satz auch für den Fall eines *zweigliedrigen* Moduls $\mathfrak{m}$ bewiesen ist.

Wir machen nun, wenn $m > 2$ ist, die Annahme, der Satz sei für jeden endlichen algebraischen Modul $\mathfrak{m}$ bewiesen, dessen Basis aus weniger als $\mathfrak{m}$ Gliedern besteht, und brauchen nur zu zeigen, dass er dann auch für jeden m-gliedrigen Modul $\mathfrak{m}$ gilt. Zu diesem Zwecke bedienen wir uns der früher (§. 170, (13)) bewiesenen Identität:

$$(\mathfrak{a}+\mathfrak{b}+\mathfrak{c})(\mathfrak{bc}+\mathfrak{ca}+\mathfrak{ab}) = (\mathfrak{b}+\mathfrak{c})(\mathfrak{c}+\mathfrak{a})(\mathfrak{a}+\mathfrak{b})$$

in folgender Weise. Wir vertheilen die (von Null verschiedenen) m Zahlen, aus denen die Basis von $\mathfrak{m}$ besteht, nach Belieben in drei Gruppen, doch so, dass jede Gruppe wenigstens eine dieser Zahlen enthält, und bezeichnen mit $\mathfrak{a}$, $\mathfrak{b}$, $\mathfrak{c}$ die drei Moduln, deren Basen aus je einer dieser Gruppen bestehen, wodurch

$$\mathfrak{m} = \mathfrak{a}+\mathfrak{b}+\mathfrak{c}$$

wird. Da nun die von Null verschiedenen Moduln $(\mathfrak{b}+\mathfrak{c}, \mathfrak{c}+\mathfrak{a}, \mathfrak{a}+\mathfrak{b})$ nur algebraische Zahlen, nämlich Zahlen des Moduls $\mathfrak{m}$ enthalten, und ihre Basen aus höchstens $m-1$ Gliedern bestehen, so kann man nach unserer Annahme drei Moduln $\mathfrak{a}'$, $\mathfrak{b}'$, $\mathfrak{c}'$, deren Zahlen auf rationale Weise aus denen von $\mathfrak{m}$ gebildet sind, so wählen, dass jeder der drei Moduln $(\mathfrak{b}+\mathfrak{c})\mathfrak{a}'$, $(\mathfrak{c}+\mathfrak{a})\mathfrak{b}'$, $(\mathfrak{a}+\mathfrak{b})\mathfrak{c}'$, und *folglich* auch ihr Product

$$\mathfrak{m}(\mathfrak{bc}+\mathfrak{ca}+\mathfrak{ab})\mathfrak{a}'\mathfrak{b}'\mathfrak{c}'$$

nur ganze Zahlen enthält und zugleich ein Theiler von $\mathfrak{z}$ wird. Mithin genügt der Modul

$$\mathfrak{n} = (\mathfrak{bc}+\mathfrak{ca}+\mathfrak{ab})\mathfrak{a}'\mathfrak{b}'\mathfrak{c}',$$

dessen Zahlen ebenfalls auf rationale Weise aus denen von m gebildet sind, unserem Satze, w.z.b.w.

Derselbe Satz kann, wie man leicht findet, auch in folgender Weise ausgesprochen werden:

VII. *Aus je m algebraischen Zahlen μ_r, die nicht alle verschwinden, kann man auf rationale Weise m Zahlen ν_s ableiten, welche der Gleichung*

$$\mu_1\nu_1 + \mu_2\nu_2 + \cdots + \mu_m\nu_m = 1 \tag{12}$$

und ausserdem der Bedingung genügen, dass alle m^2 Producte $\mu_r\nu_s$ ganze Zahlen sind.

Wir bemerken zugleich, dass, wenn die gegebenen algebraischen Zahlen μ_r überhaupt eine Lösung der Gleichung

$$\mu_1\xi_1 + \mu_2\xi_2 + \cdots + \mu_m\xi_m = 1 \tag{13}$$

durch *ganze* Zahlen ξ_r zulassen, es gewiss auch eine solche Lösung innerhalb des Körpers $R(\mu_1, \mu_2 \ldots \mu_m)$ giebt; denn wenn man (13) mit jeder der eben mit ν_r bezeichneten Zahlen multiplicirt, so ergiebt sich, dass diese Zahlen ν_r ebenfalls *ganze* Zahlen sind.

Wir schliessen mit dem folgenden Satze:

VIII. *Jede mit einer ganzen Zahl θ conjugirte Zahl ist eine ganze Zahl; bedeutet ferner A irgend einen Körper, und t eine Variabele, so hat die zu θ gehörige, nach A irreducibele Function*

$$f(t) = t^n + a_1t^{n-1} + \cdots + a_{n-1}t + a_n,$$

welche mit $t - \theta$ verschwindet, lauter ganze Coefficienten a_r.

Denn wenn θ eine ganze Zahl ist, so giebt es eine ganze Function $f_1(t)$, welche mit $t - \theta$ verschwindet und lauter *ganze* rationale Coefficienten c_s hat deren höchster $= 1$ ist. Bedeutet nun π eine Permutation irgend eines Körpers M, in welchem θ enthalten ist, so folgt aus $f_1(\theta) = 0$, weil $c_s\pi = c_s$ ist, auch $f_1(\theta)\pi = f_1(\theta\pi) = 0$, mithin ist jede mit θ conjugirte Zahl $\theta\pi$ eine ganze Zahl. Da ferner (nach den auf den Satz IX in §. 164 folgende Bemerkungen) $f_1(t)$ durch $f(t)$ theilbar ist, so genügt jede Wurzel η der Gleichung $f(\eta) = 0$ auch der Gleichung $f_1(\eta) = 0$ und ist folglich eine ganze Zahl; mithin müssen (nach IV) auch die in A enthaltenen Zahlen $\pm a_r$, welche bekanntlich durch Addition und Multiplication aus diesen Wurzeln η gebildet sind, ganze algebraische Zahlen sein, w.z.b.w.

17.1 Zusatz zum Paragraphen 173

SUB Göttingen, Cod. Ms. R. Dedekind II 3.2
Bl. 163–165

Zu §. 173. VI. S. 528–530

1. Verallgemeinerung des Satzes über den zweigliedrigen Modul

$$m = [\alpha, \beta] \tag{5}$$

dessen Basiszahlen α, β jetzt *beliebige von Null verschiedene* Zahlen bedeuten, die der Gleichung

$$c_0\alpha^n + c_1\alpha^{n-1}\beta + \ldots + c_{n-1}\alpha\beta^{n-1} + c_n\beta^n = 0 \tag{6}$$

genügen, wo jetzt $c_0, c_1 \ldots c_{n-1}, c_n$ ebenfalls *beliebige* Zahlen bedeuten. Ersetzt man (7) jetzt durch

$$[c_0, c_1 \ldots c_{n-1}, c_n] = c, \tag{7'}$$

während (wie früher)

$$\beta\nu_{s+1} - \alpha\nu_s = c_s,\ \nu_0 = 0,\ n = [\nu_1, \nu_2 \ldots \nu_n], \tag{8, 9, 10}$$

so ist die Congruenz (11) zu ersetzen durch

$$\beta\nu_{r+1}\nu_{s+1} \equiv \alpha\nu_{r+1}\nu_s \text{ (mod. } cn). \tag{11'}$$

Nun folgt aus (8) die Theilbarkeit

$$c > mn, \tag{A'}$$

also auch $cn > mn^2$, und da aus (11′) durch die früheren Schlüsse auch $mn^2 > cn$ folgt, so ergiebt sich

$$cn = mn^2. \tag{B'}$$

Dazu kommt folgendes *Neue.* Ist m eine natürliche Zahl, so ist

$$m^m = [\omega_0, \omega_1 \ldots \omega_m], \text{ wo } \omega_r = \alpha^r\beta^{m-r};$$

multiplicirt man (8) mit $\alpha^{r-1}\beta^{m-r}$, so ergiebt sich

$$\omega_r\nu_s \equiv \omega_{r-1}\nu_{s+1} \text{ (mod. } cm^{m-1}),$$

falls $1 \leq r \leq m$, und $m > 1$ ist (im Falle $m = 1$, also auch $r = 1$, ist m^{m-1} durch $\mathfrak{z} = [1]$ zu ersetzen), und hieraus folgt

$$\omega_r\nu_s \equiv \omega_0\nu_{r+s} \equiv \omega_m\nu_{r+s-m} \text{ (mod. } cm^{m-1})$$

für *alle* $m + 1$ Zahlen $r = 0, 1, 2 \ldots m$. Mithin kann $\omega_r \nu_s$ höchstens dann incongruent 0 sein, wenn *beide* Indices $r + s$ und $r + s - m$ der Reihe der n Zahlen $1, 2 \ldots n$ angehören, d. h. wenn $m + 1 \leq r + s \leq n$, also $m < n$ ist. Wählt man daher $m \geq n$, also z. B. $m = n$, so ergiebt sich, dass alle Producte $\omega_r \nu_s \equiv 0$ (mod. cm^{m-1}) sind, also $m^m n > cm^{m-1}$ ist; da aber $c > mn$, also $cm^{m-1} > m^m n$ ist, so ergiebt sich

$$cm^{m-1} = m^m n, \text{ falls } m \geq n,$$

und dies kommt offenbar zurück auf

$$cm^{n-1} = m^n n. \tag{C'}$$

(Der Fall $n = 1$, in welchem sich Alles auf $c = mn$ reducirt, hat kein Interesse).

Die Sätze (B′) und (C′) sind offenbar nur specielle Fälle des in §. 4 der Abhandlung „Über einen arithmetischen Satz von Gauss" (Prag 1892) bewiesenen Modulsatzes; denn es ist

$$(\beta x - \alpha)(\nu_1 x^{n-1} + \ldots + \nu_n) = c_0 x^n + c_1 x^{n-1} + \ldots + c_n,$$

und die Sätze (B′), (C′) ergeben sich, wenn man dort a, b, c, m, n durch $m, n, r, 1, n-1$ ersetzt.

2. Kehrt man zu der in §. 173. VI. geltenden Annahme

$$c = \mathfrak{z} = [1] \tag{7}$$

zurück, so nehmen (A′), (B′), (C′) folgende Form an:

$$\mathfrak{z} > mn, \; mn^2 = n, \; m^m n = m^{n-1}. \tag{A, B, C}$$

Hieraus folgt (nach Satz XI in den Bemerkungen IV zu §. 170),

$$mn = n^0 = (m^{n-1})^0,$$

worin umgekehrt (A, B, C) enthalten ist. Zugleich folgt aus $m^{n-1}n^{n-1} = (m^{n-1})^0$, dass der n-gliedrige Modul

$$m^{n-1} = [\alpha, \beta]^{n-1} = [\alpha^{n-1}, \alpha^{n-2}\beta \ldots \alpha\beta^{n-2}, \beta^{n-1}]$$

und folglich (nach Satz X der Bemerkungen zu §. 170) auch $m^n, m^{n+1} \ldots$ *eigentliche* Moduln der selben Ordnung $(m^{n-1})^0$ sind, welche von der Höhe der Zahl n unabhängig ist (die Grenz-Ordnung von m, mit m_0 zu bezeichnen, der grösste gem. Theiler *aller* Potenz-Ordnungen $m^0 > (m^2)^0 > (m^3)^0 \ldots$). Es gilt daher der Satz:

Jeder (von Null verschiedene) zweigliedrige algebraische Modul m wird durch hinreichend fortgesetzte Potenzirung ein eigentlicher Modul.

Dass die Ordnung n^0 von der Wahl der Gl. (6), also von ihrem Grade n *unabhängig,* also durch den Modul $m = [\alpha, \beta]$ allein vollständig bestimmt ist, ergiebt sich daraus, dass n^0 zugleich die Grenzordnung $m_0 = (m^{n-1})^0$ des Moduls m ist. Aber dasselbe gilt auch von dem *Modul n selbst.* In der That, aus $mn = n^0$ folgt zunächst

$$n > \frac{n^0}{m};$$

andererseits ist allgemein

$$m\left(\frac{n^0}{m}\right) > n^0,$$

und wenn man mit n multiplicirt

$$n^0\left(\frac{n^0}{m}\right) > n;$$

da endlich $\mathfrak{z} > n^0$, so folgt

$$\frac{n^0}{m} > n^0\left(\frac{n^0}{m}\right) > n,$$

mithin

$$n = \frac{n^0}{m} = \frac{m_0}{m} = \frac{(m^{n-1})^0}{m} = \frac{m^{n-1}}{m^n},$$

w.z.b.w.

Dasselbe würde die *Rechnung* ergeben, wenn man die Gleichung (C) mit einer beliebigen ursprünglichen homogenen Function von α, β multiplicirt, und diese Gleichung ebenso behandelt wie (C) (wobei §. 4 der Prager Abhandlung anzuwenden).

Man findet ferner mit Rücksicht auf (8), worin $c_0 = \beta\nu_1$ und $c_n = -\alpha\nu_n$ enthalten ist, leicht

$$\beta n = [c_0, c_1 + \alpha\nu_1 \cdots c_{n-1} + \alpha\nu_{n-1}]$$

und durch Addition von (7)

$$\begin{aligned}\mathfrak{z} + \beta n &= [c_0, c_1 \ldots c_{n-1}, c_n = -\alpha\nu_n, \alpha\nu_1, \alpha\nu_2 \ldots \alpha\nu_{n-1}]\\ &= \mathfrak{z} + \alpha n = \mathfrak{z} + \alpha n + \beta n = \mathfrak{z} + mn = \mathfrak{z} + n^0 = n^0 = m_0\\ &= [1, \beta\nu_2, \beta\nu_3 \ldots \beta\nu_n] = [1, \alpha\nu_1, \alpha\nu_2 \ldots \alpha\nu_{n-1}]\end{aligned}$$

3. Der obige Satz beschränkt sich aber nicht auf *zweigliedrige* Moduln, sondern es gilt der folgende *sehr wichtige* allgemeine

Satz: Jeder von Null verschiedene endliche algebraische Modul a wird durch hinreichend fortgesetzte Potenzirung ein eigentlicher Modul.

Es ist mir aber bis jetzt nicht gelungen, diesen Satz in ähnlicher einfacher Weise durch vollständige Induction zu beweisen, wie den darin enthaltenen, bei weiterem *schwächeren*

Satz VI. Mit grösster Leichtigkeit ergiebt sich der Beweis mit Hülfe von §. 4 der Prager Abhandlung. In der That, setzt man

$$\mathfrak{a} = [a_0, a_1 \ldots a_m], \quad \text{und}$$
$$A = a_0 xm + a_1 x^{m-1} + \cdots + a_m,$$

wo x eine *Variabele,* so giebt es immer (unendlich viele) durch A theilbare ganze Functionen

$$AB = c_0 x^{m+n} + c_1 x^{m+n-1} + \cdots + c_{m+n},$$

deren Coefficienten $c_0, c_1 \ldots c_{m+n}$ ganze rationale Zahlen ohne gemeinsamen Theiler sind, so dass

$$\mathfrak{z} = [c_0, c_1 \ldots c_{m+n}]$$

(Man braucht nur A mit irgend einer Basis irgend eines endlichen Körpers zu multipliciren, in welchem $\mathfrak{a}$ enthalten ist, und auf diese Weise die Norm zu bilden). Setzt man nun

$$B = b_0 x^n + b_1 x^{n-1} + \cdots + b_n$$
$$\mathfrak{b} = [b_0, b_1 \ldots b_n],$$

so ist offenbar

$$\mathfrak{z} > \mathfrak{ab}$$

und ausserdem (§. 4 der Prager Abhandlung)

$$\mathfrak{a}^n . \mathfrak{ab} = \mathfrak{a}^n \ , \ \mathfrak{b}^m . \mathfrak{ab} = \mathfrak{b}^m,$$

woraus (nach Satz XI in den Bemerkungen IV zu §. 170) folgt, dass $\mathfrak{a}^n$ ein *eigentlicher* Modul ist, w.z.b.w.

Aber dieser, dem inneren Wesen das Satzes so fern liegende Beweis gefällt mir aus bekannten Gründen durchaus nicht.

Theilbarkeit der ganzen Zahlen (§ 174.) 18

Eine ganze Zahl α heisst *theilbar* durch eine ganze Zahl β, wenn $\alpha = \beta\gamma$, und γ ebenfalls eine ganze Zahl ist, und ebenso übertragen wir die anderen Ausdrucksarten, welche in der Theorie der rationalen Zahlen zur Bezeichnung der Theilbarkeit einer Zahl durch eine andere gebräuchlich sind, auf unser Gebiet *aller* ganzen Zahlen. Zunächst ergeben sich wieder dieselben beiden *Elementarsätze:*

I. *Sind α und β theilbar durch μ, so sind auch die Zahlen $\alpha + \beta$ und $\alpha - \beta$ theilbar durch μ.*
II. *Ist χ theilbar durch λ, und λ theilbar durch μ, so ist auch χ theilbar durch μ.*

Die Beweise derselben beruhen offenbar auf der im vorigen Paragraphen bewiesenen Reproduction der ganzen Zahlen durch Addition, Subtraction und Multiplication (vergl. §§. 3, 159). Unter einer *Einheit* verstehen wir jede ganze Zahl, welche in der Zahl 1 und folglich auch in jeder ganzen Zahl aufgeht. Offenbar ist ein Product von beliebig vielen Einheiten immer wieder eine Einheit, und da der reciproke Werth einer Einheit, ferner jede Wurzel aus einer Einheit ebenfalls eine Einheit ist, so reproduciren sich die Einheiten durch Multiplication, Division und Wurzelausziehung. Es giebt unendlich viele Einheiten; denn jede Wurzel einer Gleichung, deren höchster und niedrigster Coefficient Einheiten, und deren übrige Coefficienten beliebige ganze Zahlen sind, ist immer wieder eine Einheit. Wenn zwei ganze, von Null verschiedene Zahlen α, β gegenseitig durch einander theilbar sind, so sind ihre beiden Quotienten ganze Zahlen und zwar Einheiten, weil ihr Product $= 1$ ist. Es ist folglich $\beta = \alpha\varepsilon$, wo ε eine Einheit bedeutet; umgekehrt, wenn dies der Fall ist, so ist $1 = \varepsilon\varepsilon'$, wo ε' ebenfalls eine Einheit bedeutet, und folglich $\alpha = \beta\varepsilon'$. Zwei solche Zahlen α, β sollen *associirte* Zahlen heissen; aus dieser Definition ergiebt sich sofort, dass zwei mit einer dritten associirte Zahlen auch mit einander associirt sind, und hierauf beruht die Möglichkeit einer Eintheilung aller ganzen Zahlen in Systeme von associirten Zahlen, in der Weise, dass zwei beliebige ganze Zahlen demselben oder zwei verschiedenen Systemen zugetheilt wer-

K. Scheel, *Dedekinds Theorie der ganzen algebraischen Zahlen*,
https://doi.org/10.1007/978-3-658-30928-2_18

den, je nachdem sie associirt sind oder nicht. So lange es sich nur um die Theilbarkeit der Zahlen handelt, verhalten sich alle miteinander associirten Zahlen wie eine einzige Zahl; denn, wenn α durch μ theilbar ist, so ist auch jede mit α associirte Zahl theilbar durch jede mit μ associirte Zahl. Die Definition von relativen Primzahlen kann auf verschiedene Arten gefasst werden; diejenige, welche uns augenblicklich am weitesten führen wird, obwohl sie etwas formell ist und deshalb wohl nicht als die beste bezeichnet werden darf, lautet folgendermaassen: Zwei ganze Zahlen α, β heissen *relative Primzahlen,* wenn es zwei ganze Zahlen ξ, η giebt, welche der Bedingung

$$\alpha\xi + \beta\eta = 1$$

genügen[1]. In der That gewinnt man hierzu leicht die folgenden Sätze:

Ist α relative Primzahl zu β und zu γ, so ist α auch relative Primzahl zu dem Product $\beta\gamma$.

Denn zufolge der Annahme existiren ganze Zahlen ξ, η, ξ', η', welche den Bedingungen

$$\alpha\xi + \beta\eta = 1\,,\ \alpha\xi' + \gamma\eta' = 1$$

genügen, und hieraus folgt durch Multiplication die Existenz von zwei ganzen Zahlen

$$\xi'' = \alpha\xi\xi' + \beta\eta\xi' + \gamma\xi\eta'\,,\ \eta'' = \eta\eta',$$

welche der Bedingung

$$\alpha\xi'' + (\beta\gamma)\eta'' = 1$$

genügen, was zu beweisen war. Durch wiederholte Anwendung dieses Satzes ergiebt sich seine Verallgemeinerung:

Ist jede der Zahlen $\alpha_1, \alpha_2, \alpha_3 \ldots$ relative Primzahl zu jeder der Zahlen $\beta_1, \beta_2, \beta_3 \ldots$, so sind die Producte $\alpha_1\alpha_2\alpha_3 \ldots$ und $\beta_1\beta_2\beta_3 \ldots$ relative Primzahlen.

Multiplicirt man ferner die obige Gleichung, welche ausdrückt, dass α, β relative Primzahlen sind, mit einer beliebigen ganzen Zahl ω, so erhält man $\omega = \alpha\omega\xi + \beta\omega\eta$, woraus sich ohne Weiteres die folgenden Sätze ergeben:

Sind α, β relative Primzahlen, und ist $\beta\omega$ theilbar durch α, so ist auch ω theilbar durch α.

Ist ω ein gemeinschaftliches Multiplum von zwei relativen Primzahlen α, β, so ist ω auch durch das Product $\alpha\beta$ theilbar.

[1] Zufolge der bei (13) in §. 173 gemachten Bemerkung können diese ganzen Zahlen ξ, η dem Körper $R(\alpha, \beta)$ entnommen werden.

Es leuchtet ferner ein, dass, wenn α, β relative Primzahlen sind, auch jeder Divisor von α relative Primzahl zu jedem Divisor von β ist, und so liessen sich noch sehr viele andere Sätze aus den vorhergehenden durch Combination ableiten, die wir aber übergehen, weil sie uns doch keinen wesentlichen Dienst leisten würden. Auf einen Punct müssen wir indessen hier noch aufmerksam machen. Offenbar ergiebt sich aus der obigen Definition auch der folgende Satz:

Jeder gemeinschaftliche Divisor von zwei relativen Primzahlen ist nothwendig eine Einheit.

Ob aber auch die Umkehrung dieses Satzes gilt, ob also zwei ganze Zahlen, welche ausser den Einheiten keine gemeinschaftlichen Divisoren besitzen, immer relative Primzahlen im Sinne der obigen Definition sind, dies zu entscheiden sind wir mit den augenblicklich uns zu Gebote stehenden Hülfsmitteln noch nicht im Stande. Erst später (§. 181) wird uns dies gelingen, und zwar werden wir folgenden allgemeinen Satz beweisen:

Zwei beliebige ganze Zahlen α, β besitzen immer einen gemeinschaftlichen Divisor δ, welcher in der Form $\alpha\xi + \beta\eta$ darstellbar ist, wo ξ, η ganze Zahlen bedeuten, und diese Zahle δ wird folglich durch jeden gemeinschaftlichen Theiler von α und β theilbar sein.

Hieraus ergiebt sich dann sofort, dass die eben aufgeworfene Frage zu bejahen ist, und man wird die obige Definition, ohne ihren Inhalt zu ändern, durch folgende einfachere ersetzen können: zwei ganze Zahlen heissen relative Primzahlen, wenn sie ausser den Einheiten keinen gemeinschaftlichen Divisor besitzen.

Wenden wir uns bei dieser vorläufigen Orientirung im Gebiete aller ganzen Zahlen endlich noch zu dem Begriffe der *Primzahl,* so würden wir nach Analogie der Theorie der rationalen Zahlen unter einer Primzahl eine solche ganze Zahl α verstehen, welche keine Einheit ist, und deren sämmtliche Divisoren entweder Einheiten oder mit α associirt sind. Allein es folgt aus dem Satze V des vorigen Paragraphen, dass diese Bedingungen einen Widerspruch enthalten, dass also eine solche Zahl gar nicht existiren kann; denn wenn die ganze Zahl α keine Einheit ist, so ist auch die ganze Zahl $\sqrt{\alpha}$ keine Einheit, und sie ist auch nicht associirt mit α, aber sie ist ein Divisor von α. Ueberhaupt geht aus dem genannten Satze leicht hervor, dass jede ganze Zahl, die keine Einheit ist, immer und zwar auf unendlich viele wesentlich verschiedene Arten in eine beliebig vorgeschriebene Anzahl von ganzen Factoren zerlegt werden kann, von denen keiner eine Einheit ist. In dem von uns bis jetzt betrachteten, aus *allen* ganzen Zahlen bestehenden Gebiete findet daher eine unbeschränkte Zerlegbarkeit statt.

Das System aller ganzen Zahlen ist ein Theil des Körpers aller algebraischen Zahlen; um nun von diesem Körper, in welchem die ganzen Zahlen eine unbeschränkte Zerlegbarkeit besitzen, zu solchen Gebieten zu gelangen, innerhalb deren die Zerlegbarkeit eine begrenzte ist, müssen wir diejenigen Körper betrachten, welche wir (am Schlusse von §. 167) schlechthin *endliche Körper* genannt haben. Mit diesen werden wir uns von jetzt ab ausschliesslich beschäftigen.

System der ganzen Zahlen eines endlichen Körpers (§ 175.)

19

Es sei Ω ein endlicher Körper n^{ten} Grades; derselbe besitzt, wie schon früher (am Schlusse von §. 167) bemerkt ist, n und nur n verschiedene Permutationen $\pi_1, \pi_2 \ldots \pi_n$, unter denen sich auch die identische Permutation befindet, und wir wollen, wenn ω irgend eine Zahl in Ω bedeutet, die conjugirten Zahlen $\omega\pi_1, \omega\pi_2 \ldots \omega\pi_n$ kurz mit $\omega', \omega'' \ldots \omega^{(n)}$ bezeichnen. Nach den in §. 167 aufgestellten Definitionen ist dann

$$S(\omega) = \omega' + \omega'' + \ldots + \omega^{(n)} \tag{1}$$

$$N(\omega) = \omega'\omega'' \ldots \omega^{(n)} \tag{2}$$

$$\Delta(\alpha_1, \alpha_2 \ldots \alpha_n) = (\sum \pm \alpha_1'\alpha_2'' \ldots \alpha_n^{(n)})^2 \tag{3}$$

$$\Delta(\omega\alpha_1, \omega\alpha_2 \ldots \omega\alpha_n) = N(\omega)^2 \Delta(\alpha_1, \alpha_2 \ldots \alpha_n) \tag{4}$$

wo $\alpha_1, \alpha_2 \ldots \alpha_n$ irgend welche n Zahlen des Körpers bedeuten, und alle diese Spuren, Normen und Discriminanten sind *rationale* Zahlen. Die Norm von ω verschwindet nur dann, wenn $\omega = 0$ ist, und die Discriminante (3) ist stets und nur dann von Null verschieden, wenn die n Zahlen α_r ein irreducibeles System und folglich eine Basis von Ω bilden, durch welche jede in Ω enthaltene Zahl ω in der Form:

$$\omega = x_1\alpha_1 + x_2\alpha_2 + \ldots + x_n\alpha_n \tag{5}$$

mit *rationalen* Coordinaten x_r darstellbar ist. Wenn ferner die n Zahlen $\beta_1, \beta_2 \ldots \beta_n$ ebenfalls eine Basis von Ω bilden, so bestehen n Gleichungen von der Form:

$$\alpha_r = c_{r,1}\beta_1 + c_{r,2}\beta_2 + \ldots + c_{r,n}\beta_n \tag{6}$$

mit *rationalen* Coefficienten $c_{r,s}$, und wenn deren Determinante mit C bezeichnet wird, so ist

$$\Delta(\alpha_1, \alpha_2 \ldots \alpha_n) = C^2 \Delta(\beta_1, \beta_2 \ldots \beta_n) \tag{7}$$

K. Scheel, *Dedekinds Theorie der ganzen algebraischen Zahlen*,
https://doi.org/10.1007/978-3-658-30928-2_19

Hieran küpfen wir die folgende Betrachtung. Setzen wir

$$\mathfrak{a} = [\alpha_1, \alpha_2 \ldots \alpha_n], \; \mathfrak{b} = [\beta_1, \beta_2 \ldots \beta_n], \tag{8}$$

so sind $\mathfrak{a}$, $\mathfrak{b}$ endliche, in Ω enthaltene Moduln, deren Basen zugleich Basen von Ω sind, und umgekehrt leuchtet ein (nach §. 172, VI), dass jeder endliche, in Ω enthaltene Modul, unter dessen Zahlen sich auch n voneinander unabhängige befinden, gewiss von der Form (8) ist. Hieraus folgt leicht, dass

$$\mathfrak{a} + \mathfrak{b}, \; \mathfrak{ab}, \; \mathfrak{a} - \mathfrak{b}, \; \mathfrak{b} : \mathfrak{a}, \; \mathfrak{a}^0, \; \mathfrak{b}^0$$

ebenfalls solche Moduln sind; von den beiden ersten leuchtet dies unmittelbar ein; wählt man ferner eine natürliche Zahl m so, dass alle Producte $mc_{r,s}$ ganze Zahlen werden, so sind die n von einander unabhängigen Producte $m\alpha_r$ in $\mathfrak{a} - \mathfrak{b}$ enthalten, mithin hat der Modul $\mathfrak{a} - \mathfrak{b}$ dieselbe Eigenschaft, weil er als Vielfaches von $\mathfrak{a}$ zugleich endlich ist; dasselbe gilt auch von dem Quotienten $\mathfrak{b} : \mathfrak{a}$, weil er das kleinste gemeinsame Vielfache der n Moduln $\mathfrak{b}\alpha_r^{-1}$ ist, mithin auch von den Ordungen $\mathfrak{a}^0$, $\mathfrak{b}^0$.

Da die Moduln $\mathfrak{a}$, $\mathfrak{b}$ (nach §. 172, VII) stets und nur dann mit einander identisch sind, wenn alle Coefficienten $c_{r,s}$ in (6) ganze Zahlen sind, und ausserdem ihre Determinante $C = \pm 1$ ist, so folgt aus (7), dass alle Basen eines und desselben Moduls $\mathfrak{a}$ eine und dieselbe Discriminante besitzen; diese von der Wahl der Basis gänzlich unabhängige Zahl wollen wir daher die *Discriminante des Moduls* $\mathfrak{a}$ nennen und mit $\Delta(\mathfrak{a})$ bezeichnen[1]. Nehmen wir jetzt nur noch an, $\mathfrak{a}$ sei *theilbar* durch $\mathfrak{b}$, so sind die Coefficienten $c_{r,s}$ in (6) ganze Zahlen, und da (nach §. 172, VII) ihre Determinante $C = \pm(\mathfrak{b}, \mathfrak{a})$ ist, so nimmt die Gl. (7) die Form $\Delta(\mathfrak{a}) = (\mathfrak{b}, \mathfrak{a})^2 \Delta(\mathfrak{b})$ an. Sind endlich $\mathfrak{a}$, $\mathfrak{b}$ zwei *beliebige* Moduln von der Form (8), so ergiebt sich hieraus, weil $(\mathfrak{a}, \mathfrak{a} - \mathfrak{b}) = (\mathfrak{a}, \mathfrak{b})$ ist, der allgemeinste Satz

$$\Delta(\mathfrak{a} - \mathfrak{b}) = (\mathfrak{a}, \mathfrak{b})^2 \Delta(\mathfrak{a}) = (\mathfrak{b}, \mathfrak{a})^2 \Delta(\mathfrak{b}), \tag{9}$$

zugleich folgen mit Rücksicht auf (7) und (4) die Sätze[2]:

$$\frac{(\mathfrak{b}, \mathfrak{a})}{(\mathfrak{a}, \mathfrak{b})} = \sqrt{\frac{\Delta(\mathfrak{a})}{\Delta(\mathfrak{b})}} = \pm C \tag{10}$$

[1] Auf dieselbe Weise ergiebt sich aus den Gleichungen (5) und (36) in §. 167, dass die zu allen Basen des Moduls $\mathfrak{a}$ complementären Basen auch Basen eines und desselben Moduls sind, den man deshalb das *Complement von* $\mathfrak{a}$ nennen und mit $\mathfrak{a}'$ bezeichnen kann; umgekehrt ist dann $\mathfrak{a}$ das Complement von $\mathfrak{a}'$, und $\Delta(\mathfrak{a})\Delta(\mathfrak{a}') = 1$. Verbindet man ferner die dortigen Sätze über complementäre Systeme ebenfalls mit dem Satze VII in §. 172, so erhält man die wichtigen Sätze

$$(\mathfrak{ab}) = (\mathfrak{b}'\mathfrak{a}'), \quad (\mathfrak{a} + \mathfrak{b})' = \mathfrak{a}' - \mathfrak{b}', \; (\mathfrak{a}\omega)' = \mathfrak{a}'\omega^{-1}, \; (\mathfrak{ab})' = \mathfrak{a}' : \mathfrak{b}',$$

welche in meiner (in §. 167 citirten) Abhandlung *Ueber die Discriminanten endlicher Körper* weiter verfolgt sind.

[2] Vergl. die Anmerkungen auf S. 522, 511.

$$(\mathfrak{b}, \mathfrak{c})(\mathfrak{c}, \mathfrak{a})(\mathfrak{a}, \mathfrak{b}) = (\mathfrak{c}, \mathfrak{b})(\mathfrak{a}, \mathfrak{c})(\mathfrak{b}, \mathfrak{a}) \tag{11}$$

$$\frac{(\mathfrak{a}, \mathfrak{a}\omega)}{(\mathfrak{a}\omega, \mathfrak{a})} = \sqrt{\frac{\Delta(\mathfrak{a}\omega)}{\Delta(\mathfrak{a})}} = \pm N(\omega), \tag{12}$$

und wenn $(\mathfrak{a}\omega, \mathfrak{a}) = 1$, also $\mathfrak{a}\omega > \mathfrak{a}$, und folglich ω eine Zahl der Ordnung $\mathfrak{a}^0$ ist, so ist $(\mathfrak{a}, \mathfrak{a}\omega) = \pm N(\omega)$.

Alle im Körper Ω enthaltenen Zahlen sind *algebraisch* und zerfallen daher in *ganze* und *gebrochene* Zahlen. Wir bezeichnen mit $\mathfrak{o}$ den *Inbegriff aller ganzen Zahlen des Körpers* Ω, und unsere Aufgabe besteht darin, die *Gesetze der Theilbarkeit der Zahlen* innerhalb dieses Gebietes $\mathfrak{o}$ zu entwickeln. Da die Summen, Differenzen und Producte von je zwei solchen Zahlen (nach §. 173, IV) wieder ganze Zahlen und in Ω, also auch in $\mathfrak{o}$ enthalten sind, so ist $\mathfrak{o}$ ein *Modul,* und $\mathfrak{o}^2 > \mathfrak{o}$, und da alle rationalen Zahlen in Ω enthalten sind, also auch $\mathfrak{z} > \mathfrak{o}$ ist, so ist dieser Modul $\mathfrak{o}$ (nach §. 170) eine *Ordnung,* mithin

$$\mathfrak{o}^2 = \mathfrak{o}. \tag{13}$$

Es kommt nun vor allen Dingen darauf an, einen deutlichen Ueberblick über die Ausdehnung dieses Zahlengebietes $\mathfrak{o}$ zu gewinnen. Zunächst ergiebt sich leicht, dass man immer, und zwar auf unendlich viele Arten, eine *ganze Basis,* d. h. eine Basis von Ω finden kann, welche aus lauter *ganzen* Zahlen besteht. Denn wenn man ein beliebiges irreducibeles System von n Zahlen $\omega_1, \omega_2 \ldots \omega_n$ aus Ω gewählt hat, so giebt es (nach §. 173, I) n natürliche Zahlen $c_1, c_2 \ldots c_n$ von der Art, dass die n Producte $\alpha_r = c_r\omega_r$ ganze Zahlen werden, und offenbar bilden dieselben ebenfalls ein irreducibeles System. Nimmt man dasselbe als Basis von Ω, so leuchtet ein, dass alle diejenigen Zahlen ω in (5), deren Coordinaten x_r ganze Zahlen sind, d. h. alle Zahlen des Moduls $\mathfrak{a}$ in (8) gewiss ganze Zahlen sind, also $\mathfrak{a}$ durch $\mathfrak{o}$ *theilbar* ist; jeden solchen Modul $\mathfrak{a}$ wollen wir einen *ganzen* Modul nennen.

Da ferner alle mit einer ganzen Zahl conjugirten Zahlen (nach §. 173, VIII) ebenfalls ganze Zahlen sind, so ist die rationale und von Null verschiedene Discriminante $\Delta(\mathfrak{a})$ nothwendig eine *ganze* Zahl, weil sie nach (3) aus lauter ganzen Zahlen $\alpha_r^{(s)}$ durch Addition, Subtraction und Multiplication gebildet ist. Bedeutet nun ω irgend eine Zahl in $\mathfrak{o}$, so wird sie nach (5) immer in der Form

$$\omega = \frac{m_1\alpha_1 + m_2\alpha_2 + \ldots m_n\alpha_n}{m} \tag{14}$$

darstellbar sein, wo $m, m_1, m_2 \ldots m_n$ ganze rationale Zahlen *ohne gemeinschaftlichen Theiler* bedeuten, deren erste, m, positiv angenommen werden darf; dann ist (nach §. 172, III) offenbar $\mathfrak{a} - [\omega] = [m\omega]$, und wenn man $\mathfrak{b} = \mathfrak{a} + [\omega]$ setzt, so ist $m = (\mathfrak{b}, \mathfrak{a})$, und $(\mathfrak{a}, \mathfrak{b}) = 1$, also zufolge (9):

$$\Delta(\mathfrak{a}) = m^2\Delta(\mathfrak{b}); \tag{15}$$

da ferner der Modul $\mathfrak{b}$ gewiss wieder von der Form (8) und zwar ein ganzer Modul ist, so können wir folgenden Satz aussprechen:

I. *Ist $\mathfrak{a}$ ein endlicher und ganzer Modul, dessen Basis zugleich eine Basis des Körpers Ω bildet, und ist m der kleinste natürliche Factor, durch welchen eine ganze Zahl ω in eine Zahl $m\omega$ des Moduls α verwandelt wird, so ist die Discriminante $\Delta(\mathfrak{a})$ theilbar durch m^2, und der Quotient ist die Discriminante $\Delta(\mathfrak{b})$ des ganzen Moduls $\mathfrak{b} = \mathfrak{a} + [\omega]$.*

Da nun die Discriminante aller dieser Moduln $\mathfrak{a}, \mathfrak{b} \ldots$ ganze rationale Zahlen und von Null verschieden sind, so muss es auch einen solchen Modul $\mathfrak{a}$ geben, dessen Discriminante $\Delta(\mathfrak{a})$, absolut genommen, ein *Minimum* ist, und aus dem vorhergehenden Satze leuchtet ein, dass jede ganze Zahl ω nothwendig in diesem ganzen Modul $\mathfrak{a}$ enthalten, und folglich $\mathfrak{a} = \mathfrak{o}$ sein muss. Wir haben daher den folgenden Fundamentalsatz gewonnen:

II. *Der Inbegriff $\mathfrak{o}$ aller ganzen Zahlen eines endlichen Körpers Ω ist ein endlicher Modul, dessen Basis zugleich eine Basis von Ω bildet.*

Nächst dem *Grade n* ist nun diese Minimal-Discriminante von der grössten Bedeutung für die Beschaffenheit des Körpers Ω; wir wollen sie deshalb die *Grundzahl* oder auch die *Discriminante von Ω* nennen und immer mit D bezeichnen, also

$$D = \Delta(\mathfrak{o}) \tag{16}$$

setzen; für jeden ganzen Modul $\mathfrak{a}$ von der obigen Beschaffenheit gilt dann zufolge (9) der Satz:

$$\Delta(\mathfrak{a}) = D(\mathfrak{o}, \mathfrak{a})^2. \tag{17}$$

Im einfachsten Falle $n = 1$, wo Ω der Körper R der rationalen Zahlen, also $\mathfrak{o} = \mathfrak{z} = [1]$ ist, hat man $D = 1$ zu setzen.

Zur Erläuterung wollen wir das nächstliegende Beispiel, den Fall eines *quadratischen* Körpers Ω betrachten. Jede Wurzel θ einer irreducibelen quadratischen Gleichung lässt sich auf die Form $a + b\sqrt{d}$ bringen, wo d eine ganze rationale, positive oder negative Zahl bedeutet, welche durch kein Quadrat (ausser 1) theilbar und auch nicht $= \pm 1$ ist, während a, b rationale Zahlen sind, deren letztere nicht verschwindet. Alle in Ω enthaltenen, d. h. durch θ rational darstellbaren Zahlen sind dann von der Form $\alpha = t + u\sqrt{d}$, wo t, u willkürliche rationale Zahlen bedeuten. Durch die nicht identische Permutation des Körpers geht $\sqrt{d}$ in $-\sqrt{d}$, also α in die conjugirte Zahl $\alpha' = t - u\sqrt{d}$ über, welche ebenfalls in Ω enthalten ist; mithin ist Ω ein Normalkörper (§. 166). Die ganzen Zahlen 1 und $\sqrt{d}$ sind von einander unabhängig, und da ihre Discriminante

$$\Delta(1, \sqrt{d}) = \begin{vmatrix} 1, & \sqrt{d} \\ 1, & -\sqrt{d} \end{vmatrix}^2 = 4d$$

durch keine Quadratzahl m^2 ausser 1 und 4 theilbar ist, so schliessen wir aus den obigen Sätzen, dass die Grundzahl D des Körpers entweder $= 4d$ oder $= d$ ist, und das Letztere wird stets und nur dann eintreten, wenn es in Ω eine ganze Zahl $\omega = 1/2(x + y\sqrt{d})$ giebt, wo x, y ganze rationale Zahlen bedeuten, die nicht beide gerade sind. Um diese Möglichkeit zu prüfen, dürfen wir uns diese Zahlen x, y schon auf ihre kleinsten Reste 0 oder 1 nach dem Modul 2 reducirt denken; offenbar kann y nicht $= 0$ sein, weil sonst auch $x = 0$ sein müsste, und von den beiden übrigen Zahlen $\omega = 1/2\sqrt{d}$ und $\omega = 1/2(1 + \sqrt{d})$ ist die erstere gebrochen, weil ihr Quadrat keine ganze Zahl ist; die letztere genügt der irreducibelen Gleichung

$$\omega^2 - \omega + 1/4(1 - d) = 0$$

und ist folglich dann und nur dann eine ganze Zahl, wenn $d \equiv 1$ (mod. 4) ist. Hieraus ergiebt sich also:

$$\mathfrak{o} = [1, \sqrt{d}], \ D = 4d, \ \text{wenn } d \equiv 2 \text{ oder } 3 \text{ (mod. 4)} \tag{18}$$

$$\mathfrak{o} = \left[1, \frac{1 + \sqrt{d}}{2}\right], \ D = d, \ \text{wenn} d \equiv 1 \text{ (mod. 4)} \tag{19}$$

und in beiden Fällen

$$\mathfrak{o} = \left[1, \frac{D + \sqrt{D}}{2}\right]. \tag{20}$$

Es giebt 61 quadratische Körper, deren Grundzahlen D absolut genommen kleiner als 100 sind; unter diesen Zahlen D sind 30 positive Zahlen:

5, 8, 12, 13, 17, 21, 24, 28, 29, 33, 37, 40, 41, 44, 53,
56, 57, 60, 61, 65, 69, 73, 76, 77, 85, 88, 89, 92, 93, 97

und die absoluten Werthe der 31 negativen Zahlen D sind:

3, 4, 7, 8, 11, 15, 19, 20, 23, 24, 31, 35, 39, 40, 43, 47,
51, 52, 55, 56, 59, 67, 68, 71, 79, 83, 84, 87, 88, 91, 95.

Die Grundzahl des Körpers J (§. 159) ist $= -4$.[3]

---

[3]Um schon hier einen Begriff von der Bedeutung der Grundzahl D zu geben, wollen wir nur darauf aufmerksam machen, dass (zufolge §. 52, I-IV) die natürlichen Primzahlen p, von welchen d quadratischer Rest ist, immer in arithmetischen Reihen von der kleinsten Differenz D enthalten sind; diese Zahlen p verlieren in dem quadratischen Körper Ω den eigentlichen Primzahl-Charakter, und dem in *dieser* Form ausgesprochenen Gesetze fügt sich auch die Zahl $p = 2$ (vergl. §. 186). Dies aus dem Reciprocitätssatze abgeleitete Gesetz der Vertheilung in arithmetische Reihen hängt wesentlich damit zusammen, dass Ω ein Divisor desjenigen Kreistheilungs-Körpers $R(\theta)$ ist, welcher aus der Gleichung $\theta^D \doteq 1$ entspringt, während aus jeder Gleichung $\theta^m = 1$, deren Grad m absolut $< D$, immer ein Körper $R(\theta)$ entspringt, welcher die Zahl $\sqrt{d}$ *nicht* enthält.

20 Zerlegung in unzerlegbare Factoren. Ideale Zahlen (§ 176.)

Das Gebiet $\mathfrak{o}$ aller ganzen Zahlen ω, welche in einem Körper Ω vom Grade n enthalten sind, und mit denen wir uns im Folgenden ausschliesslich beschäftigen, besitzt einige allgemeine Eigenschaften, welche denen der früher behandelten speciellen Gebiete [1] und [1, i] genau entsprechen. Wir wollen diese Analogie zunächst verfolgen, um sodann diejenige wesentlich neue Erscheinung hervorzuheben, welche uns zur Einführung neuer Begriffe nöthigen wird.

Wir wiederholen zunächst, dass die Zahlen ω, zu denen auch alle ganzen rationalen Zahlen gehören, sich durch Addition, Subtraction und Multiplikation reproduciren; wenn ferner von zwei solchen Zahlen λ, μ die erstere durch die letztere *theilbar* ist (§. 174), so ist $\lambda = \mu\nu$, und die Zahl ν gehört demselben Gebiete $\mathfrak{o}$ an. Zugleich leuchtet ein, dass in $\mathfrak{o}$ die beiden *Elementarsätze* der Theilbarkeit gelten, die wir früher (§. 174, I und II) für das Gebiet aller ganzen algebraischen Zahlen bewiesen haben.

Die Spur $S(\mu)$ und die Norm $N(\mu)$ einer Zahl μ des Gebietes $\mathfrak{o}$ sind *ganze* rationale Zahlen, weil sie aus den n mit μ conjugirten Zahlen, die (zufolge §. 173, VIII) ebenfalls ganze Zahlen sind, durch Addition und Multiplication gebildet sind. Zugleich folgt aus dem (in §. 167, (4) bewiesenen) Satze

$$N(\mu\nu) = N(\mu)N(\nu) \tag{1}$$

der häufig anzuwendende, aber nicht umzukehrende Satz:

I. *Ist λ theilbar durch μ, so ist auch $N(\lambda)$ theilbar durch $N(\mu)$.*

Die Norm besitzt nun eine äusserst wichtige Bedeutung, welche mit dem folgenden Begriffe zusammenhängt. Zwei Zahlen α, β heissen *congruent* in Bezug auf eine Zahl μ, den *Modulus,* wenn ihre Differenz durch μ theilbar ist, und wir bezeichnen dies durch die *Congruenz*

$$\alpha \equiv \beta \text{ (mod. } \mu); \tag{2}$$

K. Scheel, *Dedekinds Theorie der ganzen algebraischen Zahlen*,
https://doi.org/10.1007/978-3-658-30928-2_20

wir nennen dagegen die Zahlen α, β, $\gamma \ldots$ *incongruent* nach μ, wenn keine von ihnen mit einer der übrigen congruent ist. Aus der oben erwähnten Reproduction unserer Zahlen ω durch Addition, Subtraction und Multiplication folgt, dass man beliebig viele solche Congruenzen, die sich auf einen und denselben Modul μ beziehen, addiren, subtrahiren und multipliciren darf, wie Gleichungen (vergl. §. 17). Da nun der *Inbegriff aller durch μ theilbaren Zahlen $\omega\mu$* offenbar identisch mit dem *Modul $\mathfrak{o}\mu$* ist (§. 170), so stimmt die Congruenz (2) gänzlich überein mit

$$\alpha \equiv \beta \text{ (mod. } \mathfrak{o}\mu), \tag{3}$$

und folglich ist die Anzahl aller nach μ incongruenten Zahlen zugleich die Anzahl $(\mathfrak{o}, \mathfrak{o}\mu)$ aller auf den Modul $\mathfrak{o}\mu$ bezüglichen Zahlclassen, aus welchen $\mathfrak{o}$ besteht; da ferner $\mathfrak{o}\mu > \mathfrak{o}$, also $(\mathfrak{o}\mu, \mathfrak{o}) = 1$ ist, so folgt aus (12) in §. 175 der Satz:

II. *Die Anzahl aller nach μ incongruenten Zahlen ist*

$$(\mathfrak{o}, \mathfrak{o}\mu) = \pm N(\mu). \tag{4}$$

Hierbei ist vorausgesetzt, dass μ und folglich auch $N(\mu)$ von Null verschieden ist; wenn aber μ verschwindet, so ist die Anzahl der incongruenten Zahlen offenbar unendlich gross, und die Gl. (4) bleibt richtig, wenn $(\mathfrak{o}, \mathfrak{o}\mu)$ wieder $= 0$ gesetzt wird (§. 171); doch wollen wir diesen uninteressanten Fall im Folgenden ausschliessen. Die Betrachtung der Moduln von der Form $\mathfrak{o}\mu$ wird uns auch in der Folge grosse Dienste leisten, und ihre Bedeutung für unsere Aufgabe spricht sich schon in dem folgenden Satze aus:

III. *Die Theilbarkeit der Zahl λ durch die Zahl μ ist gleichbedeutend mit der Theilbarkeit des Moduls $\mathfrak{o}\lambda$ durch den Modul $\mathfrak{o}\mu$, also mit $\mathfrak{o}\lambda > \mathfrak{o}\mu$.*

Dies leuchtet unmittelbar ein; denn wenn λ durch μ theilbar ist, so ist nach dem zweiten Elementarsatze der Theilbarkeit jede durch λ theilbare, d. h. in $\mathfrak{o}\lambda$ enthaltene Zahl χ auch theilbar durch μ, also in $\mathfrak{o}\mu$ enthalten, mithin $\mathfrak{o}\lambda > \mathfrak{o}\mu$, so ist jede in $\mathfrak{o}\lambda$ enthaltene Zahl, also z. B. λ selbst auch in $\mathfrak{o}\mu$ enthalten, d. h. theilbar durch μ, w.z.b.w.

Um hiervon sogleich eine Anwendung zu machen, erinnern wir an den für zwei beliebige Moduln $\mathfrak{a}$, $\mathfrak{b}$ geltenden Satz $(\mathfrak{a}, \mathfrak{b})\mathfrak{a} > \mathfrak{b}$ (§. 171, I); setzen wir $\mathfrak{a} = \mathfrak{o}$, $\mathfrak{b} = \mathfrak{o}\mu$, so folgt aus (4) der Satz:

IV. *Die Norm der Zahl μ ist theilbar durch μ.*

Derselbe ergiebt sich aber auch unmittelbar daraus, dass $N(\mu)$ das Product aus den n mit μ conjugirten, also ganzen Zahlen, und dass eine derselben $= \mu$ ist; mithin ist

$$N(\mu) = \mu\nu, \tag{5}$$

wo ν das Product aus den übrigen $n-1$ Factoren, also eine ganze Zahl bedeutet, welche wir das *Supplement*[1] der Zahl μ nennen wollen. Da $N(\mu)$ eine rationale Zahl, und folglich $NN(\mu) = N(\mu)^n$ ist, so folgt aus (1):

$$N(\nu) = N(\mu)^{n-1}. \tag{6}$$

Wir bemerken noch, dass jeder Zahl μ (nach §. 167) eine bestimmte Function einer Variabelen t entspricht, welche durch

$$\begin{aligned} f(t) &= (t-\mu')(t-\mu'')\dots(t-\mu^{(n)}) \\ &= t^n + a_1 t^{n-1} + \cdots + a_{n-1}t + a_n \end{aligned} \tag{7}$$

definirt wird, und deren Coefficienten a_r in unserem Falle *ganze* rationale Zahlen sind; insbesondere ist

$$S(\mu) = -a_1; \quad N(\mu) = (-1)^n a_n, \tag{8}$$

und da $f(\mu) = 0$ ist, so ergiebt sich auch hieraus wieder der Satz IV und zugleich die Darstellung des Supplementes ν durch die Gleichung

$$(-1)^{n-1}\nu = \mu^{n-1} + a_1\mu^{n-2} + \cdots + a_{n-1}. \tag{9}$$

Bedeutet ε irgend eine (in $\mathfrak{o}$ enthaltene) *Einheit,* also eine Zahl, welche in allen ganzen Zahlen aufgeht (§. 174), so ist $\mathfrak{o}$ theilbar durch $\mathfrak{o}\varepsilon$, und folglich

$$\mathfrak{o}\varepsilon = \mathfrak{o}, \tag{10}$$

weil $\mathfrak{o}\varepsilon$ auch theilbar durch $\mathfrak{o}$ ist; und umgekehrt, wenn eine Zahl ε dieser Bedingung (10) genügt, so ist sie offenbar in $\mathfrak{o}$ enthalten und zwar eine Einheit, weil die in $\mathfrak{o}$ enthaltene Zahl 1, und folglich jede ganze Zahl durch ε theilbar ist[2]. Zufolge (4) ist diese, für jede in $\mathfrak{o}$ enthaltene Einheit ε charakteristische Bedingung (10) gänzlich gleichbedeutend mit der folgenden

$$N(\varepsilon) = \pm 1. \tag{11}$$

Dasselbe ergiebt sich aber auch so: wenn ε eine Einheit ist, also in der Zahl 1 aufgeht, so geht (nach I) die ganze rationale Zahl $N(\varepsilon)$ auch in $N(1)$, d. h. in 1 auf und ist folglich $= \pm 1$; umgekehrt, wenn eine ganze Zahl ε der Bedingung (11) genügt, so geht sie (nach IV) auch in der Zahl 1 auf, und ist folglich eine Einheit.

Betrachten wir jetzt eine Zahl μ, welche von Null verschieden und auch keine Einheit ist, so ist $N(\mu)$ absolut ≥ 2, und umgekehrt; jede solche Zahl μ ist gewiss durch alle Einheiten ε,

---

[1] In den früheren Auflagen habe ich ν die zu μ *adjungirte* Zahl genannt, was aber unzweckmässig erscheint, weil diesem Worte von *Galois* eine ganz andere Bedeutung beigelegt ist (§. 160).

[2] Allgemein, wenn $\mathfrak{a}$ irgend ein endlicher, von Null verschiedener Modul, und $\mathfrak{a}\varepsilon = \mathfrak{a}$ ist, so ist ε eine in der Ordnung $\mathfrak{a}^0$ enthaltene Einheit, und umgekehrt genügt jede solche Einheit ε der Bedingung $\mathfrak{a}\varepsilon = \mathfrak{a}$.

und ausserdem durch alle mit μ associirten Zahlen $\varepsilon\mu$ theilbar. Nun sind zwei Fälle möglich: wenn die Zahl μ ausser den eben genannten Zahlen ε und $\varepsilon\mu$ keinen anderen Divisor in $\mathfrak{o}$ besitzt, so heisst μ *unzerlegbar* (in $\mathfrak{o}$, was immer hinzuzudenken ist); sie sollen dagegen *zerlegbar* heissen, wenn sie einen von den Zahlen ε und $\varepsilon\mu$ verschiedenen Divisor α besitzt. In dem letzteren Falle ist $\mu = \alpha\beta$, und es leuchtet ein, dass auch β weder eine Einheit, noch mit μ associirt sein kann, weil sonst α entweder mit μ oder mit 1 associirt wäre; da ferner $N(\mu) = N(\alpha)N(\beta)$ ist, so folgt, dass (absolut) $N(\mu) > N(\alpha) > 1$ ist. Zerlegt man nun α und β, falls es angeht, weiter in solche Factoren, die keine Einheiten sind, und fährt man so fort, so ergiebt sich aus der angeführten Beschaffenheit der Normen, dass diese Zerlegung nach einer endlichen Anzahl von Schritten ihr Ende finden muss; während also in dem aus *allen* algebraischen Zahlen bestehenden Körper eine unbeschränkte Zerlegbarkeit der ganzen Zahlen stattfindet (§. 174), gilt für jeden *endlichen* Körper Ω der folgende Satz:

V: *Jede zerlegbare Zahl ist darstellbar als Product aus einer endlichen Anzahl von unzerlegbaren Factoren.*

Diese Operation der Zerlegung einer Zahl μ ist vollständig analog derjenigen, welche wir früher bei den Körpern R und J (§§. 8 und 159) beschrieben haben; aber in diesen beiden speciellen Fällen besass das Schlussresultat eine grössere Bestimmtheit als dasjenige, zu welchem wir hier gelangt sind, denn wir konnten damals beweisen, dass das System der unzerlegbaren Factoren von μ ein im Wesentlichen bestimmtes, einziges war, vorausgesetzt, dass zwei associirte Zahlen als nicht wesentlich verschieden angesehen wurden. Dieser Nachweis gründet sich bei beiden Körpern auf diejenige Eigenschaft ihrer unzerlegbaren Zahlen, welche wir den *Primzahl-Charakter* nennen wollen, die aber bei einem *beliebigen* endlichen Körper Ω mit der Unzerlegbarkeit keineswegs nothwendig verbunden ist. Um diesen Unterschied kurz bezeichnen zu können, stellen wir der obigen Eintheilung der Zahlen ω in zerlegbare und unzerlegbare Zahlen die folgende gegenüber:

Eine von Null verschiedene Zahl μ, welche keine Einheit ist, soll eine *Primzahl* (in $\mathfrak{o}$) heissen, wenn je zwei durch μ nicht theilbare Zahlen ω auch ein durch μ untheilbares Product besitzen[3]; giebt es aber zwei durch μ nicht theilbare Zahlen ω, deren Product durch μ theilbar ist, so soll μ eine *zusammengesetzte Zahl* heissen.

Es leuchtet unmittelbar ein, dass jede zerlegbare Zahl gewiss auch eine zusammengesetzte Zahl, also jede Primzahl gewiss eine unzerlegbare Zahl ist. In den beiden speciellen Fällen der Körper R und J decken sich nun beide Eintheilungen vollständig, d. h. jede unzerlegbare Zahl ist auch eine Primzahl, und jede zusammengesetzte Zahl ist auch eine zerlegbare Zahl,

[3] Ist also $\alpha\beta$ durch die Primzahl μ, so ist wenigstens einer der beiden Factoren α, β durch μ theilbar.- Aus dieser Definition folgt leicht, dass die kleinste, durch μ theilbare natürliche Zahl p eine Primzahl in R, und dass $\pm N(\mu) = p^f$ ist; der Exponent f, welcher immer > 0 und $\leq n$ ist, kann der *Grad* der Primzahl μ genannt werden. Die Umkehrung dieses Satzes ist im Allgemeinen nicht gestattet, doch gilt der folgende, ebenfalls leicht zu beweisende Satz: ist $N(\mu)$ eine Primzahl in R, so ist μ eine Primzahl (ersten Grades) in Ω.

und man erkennt sofort, dass gerade hierin der Grund liegt, weshalb die Zerlegung einer Zahl in unzerlegbare Factoren eine einzige, völlig bestimmte war (§§. 8 und 159); dieselbe Bestimmtheit der Zerlegung wird deshalb bei allen Körpern Ω vorhanden sein, bei welchen die Begriffe der unzerlegbaren Zahl und der Primzahl sich vollständig decken. Sobald aber eine unzerlegbare Zahl μ existirt, welche keine Primzahl, also eine zusammengesetzte Zahl ist, so giebt es zwei durch μ nicht theilbare Zahlen α, β, deren Product γ durch μ theilbar, also von der Form $\mu\nu$ ist; mag man nun die Zahlen α, β, ν, wenn sie zerlegbar sind, auf irgend welche Weise in unzerlegbare Factoren aufgelöst haben, so entspringen aus den Gleichungen

$$\gamma = \alpha\beta \text{ und } \gamma = \mu\nu$$

zwei Zerlegungen derselben Zahl γ in unzerlegbare Factoren, und diese beiden Zerlegungen sind *wesentlich verschieden*, weil unter den Factoren der durch μ nicht theilbaren Zahlen α und β kein einziger mit μ associirt sein kann.

Auf eine solche Erscheinung ist *Kummer* bei seinen Untersuchungen über diejenigen Zahlengebiete $\mathfrak{o}$ gestossen, welche aus dem Problem der Kreistheilung entspringen; aber durch die Einführung seiner *idealen Zahlen* ist es ihm gelungen, die hiermit zusammenhängenden grossen Schwierigkeiten zu überwinden. Diese Schöpfung neuer Zahlen beruht auf einem Gedanken, welcher für unseren obigen Fall sich etwa in folgender Weise darstellen lässt. Wären die Zahlen α, β, μ, ν, welche durch die Gleichung

$$\alpha\beta = \mu\nu \tag{12}$$

mit einander verbunden sind, ganze *rationale* Zahlen und zwar ohne gemeinschaftlichen Theiler, so würde hieraus nach den in R herrschenden Gesetzen der Theilbarkeit eine *Zerlegung* dieser Zahlen in rationale Factoren folgen, nämlich

$$\alpha = \alpha_1\alpha_2,\ \beta = \beta_1\beta_2,\ \mu = \alpha_1\beta_2,\ \nu = \beta_1\alpha_2, \tag{13}$$

und zwar würde α_1 relative Primzahl zu β_1, und ebenso α_2 relative Primzahl zu β_2 sein; selbst wenn man nun diese Zerlegung nicht wirklich ausgeführt hätte, wenn man also die vier ganzen rationalen Zahlen α_1, α_2, β_1, β_2 noch nicht kännte, so wären dieselben doch *wesentlich* bestimmt, und, was das Wichtigste ist, man wäre mit alleiniger Hülfe der *gegebenen* Zahlen α, β, μ, ν völlig im Stande zu entscheiden, ob eine beliebige ganze rationale Zahl ω durch eine der unbekannten Zahlen, z. B. durch α_1, *theilbar* ist oder nicht; denn offenbar ist die Congruenz

$$\omega \equiv 0 \text{ (mod. } \alpha_1) \tag{14}$$

völlig geleichbedeutend mit jeder der beiden Congruenzen

$$\beta\omega \equiv 0 \text{ (mod. } \mu),\ \nu\omega \equiv 0 \text{ (mod. } \alpha). \tag{15}$$

Wir haben es nun in Wahrheit nicht mit rationalen, sondern mit Zahlen α, β, μ, ν zu thun, welche dem Gebiete $\mathfrak{o}$ angehören, und da die Zahl μ unzerlegbar, und keine der Zahlen α, β durch μ theilbar ist, so existirt innerhalb $\mathfrak{o}$ eine Zerlegung von der Form (13) in Wirklichkeit nicht; aber obgleich eine Zahl wie α_1 nicht in $\mathfrak{o}$ vorhanden ist, so kann man mit *Kummer* doch eine solche Zahl α_1 als eine *idealen* Factor der *wirklichen* Zahl μ in die Untersuchung einführen; diese ideale Zahl α_1 tritt zwar niemals isolirt auf, aber in Verbindung mit anderen, ebenfalls idealen Zahlen α_2, β_2 kann sie wirkliche Zahlen α, μ des Gebietes $\mathfrak{o}$ erzeugen, und vor allen Dingen lässt sich die *Theilbarkeit* einer beliebigen wirklichen Zahl ω durch die ideale Zahl α_1 mit voller Klarheit, nämlich durch jede der beiden obigen Congruenzen (15) definiren.

Eine solche fingirte Zahl α_1 wird man eine *ideale Primzahl* nennen, wenn je zwei durch α_1 nicht theilbare Zahlen ein Product geben, welches ebenfalls durch α_1 nicht theilbar ist; man kann auch *Potenzen* solcher Primzahlen einführen und die Theilbarkeit einer beliebigen wirklichen Zahl ω durch α_1^r so definiren, dass die Congruenz

$$\omega \equiv 0 \text{ (mod. } \alpha_1^r)$$

als gleichbedeutend mit jeder der beiden Congruenzen

$$\beta^r \omega \equiv 0 \text{ (mod. } \mu^r), \ \ \nu^r \omega \equiv 0 \text{ (mod. } \alpha^r)$$

angesehen wird. Zur Erläuterung möge folgendes einfache, schon in §§. 16, 159 erwähnte Beispiel dienen[4]

Der quadratische Körper Ω, welcher aus einer Wurzel θ der Gleichung

$$\theta^2 + 5 = 0 \tag{16}$$

entspringt, hat die Grundzahl $D = -20$, und der endliche Modul

$$\mathfrak{o} = [1, \theta] \tag{17}$$

ist (nach §. 175) der Inbegriff aller in Ω enthaltenen ganzen Zahlen

$$\omega = x + y\theta, \tag{18}$$

wo x, y beliebige ganze rationale Zahlen bedeuten. Da hieraus

$$N(\omega) = \omega\omega' = (x + y\theta)(x - y\theta) = x^2 + 5y^2 \tag{19}$$

folgt, so sind die einzigen Einheiten die beiden Zahlen ± 1. Nun sind die vier Zahlen

---

[4]Dasselbe ist ausführlicher behandelt in meiner Abhandlung *Sur la théorie des nombres entiers algébriques* §§. 7–12 (Paris 1877; Abdruck aus dem Bulletin des Sciences math. et astron. von Darboux und Hoüel, 1re série, t. XI, et 2e série, t. I).

$$\alpha = 3,\ \beta = 7,\ \mu = 1 + 2\theta,\ \nu = 1 - 2\theta \tag{20}$$

durch die Gl. (12) mit einander verbunden, und zwar sind sie alle *unzerlegbar;* denn wäre z. B. $\alpha = 3 = \alpha_1\alpha_2$, und keine der beiden ganzen Zahlen α_1, α_2 eine Einheit, so würde aus $N(\alpha) = 9 = N(\alpha_1)N(\alpha_2)$ folgen, dass $N(\alpha_1) = N(\alpha_2) = 3$ sein müsste, was aber zufolge (19) unmöglich ist; und ebenso würde sich die Unzerlegbarkeit der drei anderen Zahlen β, μ, ν beweisen lassen[5]. Man wird daher vier *ideale* Zahlen α_1, α_2, β_1, β_2 einführen und so definiren, dass eine beliebige Zahl ω *theilbar* durch α_1, α_2, β_1, β_2 heisst, wenn die entsprechende Congruenz

$$\begin{aligned} \nu\omega &\equiv 0 \pmod{3} && (\alpha_1)\\ \mu\omega &\equiv 0 \pmod{3} && (\alpha_2)\\ \mu\omega &\equiv 0 \pmod{7} && (\beta_1)\\ \nu\omega &\equiv 0 \pmod{7} && (\beta_2) \end{aligned}$$

erfüllt ist. Zufolge (18) und (20) ist aber

$$\begin{aligned} \nu\omega &= (x + 10y) + (y - 2x))\theta\\ \mu\omega &= (x - 10y) + (y + 2x)\theta, \end{aligned} \tag{21}$$

und die vorstehenden Congruenzen gehen über in

$$\begin{aligned} x + y &\equiv 0 \pmod{3} && (\alpha_1)\\ x - y &\equiv 0 \pmod{3} && (\alpha_2)\\ x - 3y &\equiv 0 \pmod{7} && (\beta_1)\\ x + 3y &\equiv 0 \pmod{7}. && (\beta_2) \end{aligned}$$

Setzt man ferner $\omega_1 = x_1 + y_1\theta$, so wird $\omega\omega_1 = x_2 + y_2\theta$, wo $x_2 = xx_1 - 5yy_1$, $y_2 = xy_1 + yx_1$, mithin z. B.:

$$x_2 + y_2 \equiv (x + y)(x_1 + y_1) \pmod{3};$$

hieraus folgt mit Rücksicht auf (α_1), dass das Product $\omega\omega_1$ dann und nur dann durch die ideale Zahl α_1 theilbar ist, wenn mindestens einer der beiden Factoren ω, ω_1 durch α_1 theilbar ist, und folglich werden wir α_1 eine ideale *Primzahl* nennen; ganz dasselbe gilt, wie man leicht findet, auch für die drei anderen idealen Zahlen α_2, β_1, β_2. Da ferner die Zahl μ theilbar durch α_1, untheilbar durch α_2, und ebenso die Zahl ν theilbar durch α_2, untheilbar durch α_1 ist, so sind die beiden idealen Primzahlen α_1, α_2 als *verschieden* anzusehen, und in demselben Sinne sind die Zahlen β_1, β_2 von einander und von α_1, α_2 verschieden. Nun geht aus (α_1) und (α_2) hervor, dass eine Zahl ω dann und nur dann durch die Zahl $\alpha = 3$ theilbar ist, wenn sie sowohl durch α_1 als auch durch α_2 theilbar ist, und da α_1, α_2 für zwei verschiedene ideale Primzahlen zu halten sind, so wird man nach Analogie der Theorie der rationalen Zahlen die Zahl $\alpha = 3$ als *wesentlich* identisch mit dem *Producte* dieser Zahlen α_1, α_2 ansehen, also in diesem Sinne $\alpha = \alpha_1\alpha_2$ setzen; ebenso würden sich die drei anderen

[5] Vergl. §§. 71, 159.

Gleichungen in (13) rechtfertigen lassen, und diese Zerlegungen der Zahlen α, β, μ, ν in ideale *Factoren* $\alpha_1, \alpha_2, \beta_1, \beta_2$ würden in (12) eine schöne *Bestätigung* finden.

Durch die Einführung dieser und unendlich vieler anderen idealen Primzahlen, sowie ihrer Potenzen, gewinnt nun die Theorie dieses Zahlengebietes $\mathfrak{o}$ eine bewundernswürdige Einfachheit; in der That gelangt man auf diese Weise zu dem überraschenden Resultate, dass die in der Theorie der rationalen (ebenso der complexen) Zahlen herrschenden allgemeinen Gesetze der Theilbarkeit, welche in unserem Gebiete $\mathfrak{o}$ ihre Geltung zu verlieren drohten, nun vollständig wieder hergestellt werden; jede Zahl ω des Gebietes $\mathfrak{o}$ kann wie ein Product von völlig bestimmten Potenzen von wirklichen oder idealen Primzahlen angesehen werden, und sie geht dann und nur dann in einer zweiten Zahl auf, wenn diese durch jede solche Potenz theilbar ist.

Mit diesem Versuche, den Grundgedanken der Kummer'schen Schöpfung zu erläutern, müssen wir uns hier begnügen; es würde sich nämlich selbst bei dem einfachen, hier gewählten Beispiele bald zeigen, dass eine völlig klare und strenge Durchführung dieser Untersuchung einige Schwierigkeiten darbietet, die zwar nicht erheblich sind, deren Beseitigung aber doch etwas umständlich ist. In bei weitem höheren Maasse treten solche Schwierigkeiten auf, wenn man zu Körpern höheren Grades übergehen oder gar, was unsere eigentliche Aufgabe ist, die allgemeinen Gesetze der Theilbarkeit ergründen will, welche für *jeden* endlichen Körper Ω gelten. Wegen dieser Schwierigkeiten, deren genauere Erörterung uns hier zu weit führen würde[6], verzichten wir im Folgenden gänzlich auf die Einführung *idealer Zahlen* und gründen unsere Theorie auf einen anderen Begriff, den Begriff des *Ideals,* worunter immer ein mit gewissen charakteristisch Eigenschaften begabtes System von unendlich vielen *wirklichen* Zahlen verstanden werden soll.

Es wird gut sein, diesen Begriff an unserem obigen Beispiele zu erläutern. Die erforderliche und hinreichende Bedingung dafür, dass eine ganze Zahl $\omega = x + y\theta$ durch die ideale Primzahl α_1 theilbar ist, besteht nach (α_1) darin, dass $x \equiv 2y$ (mod. 3), also $x = 3z + 2y$ ist, wo z eine beliebige ganze rationale Zahl bedeutet; jede solche Zahl ω ist also von der Form $3z + (2 + \theta)y$. Bezeichnet man daher mit $\mathfrak{a}_1$ den Inbegriff *aller* durch α_1 theilbaren Zahlen ω, so ist

$$\mathfrak{a}_1 = [3, 2 + \theta], \tag{22}$$

und ebenso findet man, dass die Inbegriffe aller durch α_2, β_1, β_2 theilbaren Zahlen resp. Moduln

$$\mathfrak{a}_2 = [3, 1 + \theta],\ \mathfrak{b} = [7, 3 + \theta],\ \mathfrak{b}_2 = [7, 4 + \theta] \tag{22}$$

sind. Bilden wir nun auch die Inbegriffe

$$\mathfrak{o}\alpha = [3, 3\theta],\ \mathfrak{o}\beta = [7, 7\theta], \tag{23}$$
$$\mathfrak{o}\mu = [1 + 2\theta, -10 + \theta],\ \mathfrak{o}\nu = [1 - 2\theta, 10 + \theta]$$

[6] Vergl. die Einleitung der Schrift *Sur la théorie des nombres entiers algébriques.*

der durch α, β, μ, ν theilbaren Zahlen, von denen die letzteren in (21) dargestelt sind, so ergiebt sich leicht, dass diese acht Moduln durch die Gleichungen

$$\mathfrak{o}\alpha = \mathfrak{a}_1\mathfrak{a}_2,\ \mathfrak{o}\beta = \mathfrak{b}_1\mathfrak{b}_2,\ \mathfrak{o}\mu = \mathfrak{a}_1\mathfrak{b}_2,\ \mathfrak{o}\nu = \mathfrak{b}_1\mathfrak{a}_2 \tag{24}$$

mit einander verbunden sind. Zunächst freilich erscheinen die rechts befindlichen Producte von je zwei zweigliedrigen Moduln als die viergliedrigen Moduln

$$\begin{aligned}
\mathfrak{a}_1\mathfrak{a}_2 &= [9, 3+3\theta, 6+3\theta, -3+3\theta]\\
\mathfrak{b}_1\mathfrak{b}_2 &= [49, 21+7\theta, 28+7\theta, 7+7\theta]\\
\mathfrak{a}_1\mathfrak{b}_2 &= [21, 12+3\theta, 14+7\theta, 3+6\theta]\\
\mathfrak{b}_1\mathfrak{a}_2 &= [21, 7+7\theta, 9+3\theta, -2+4\theta],
\end{aligned}$$

aber diese und auch die Moduln $\mathfrak{o}\mu$, $\mathfrak{o}\nu$ lassen sich nach der in §. 172 angegebenen Methode auf zweigliedrige Moduln von der Form $[a, b+c\theta]$ reduciren, wo a, b, c ganze rationale Zahlen bedeuten; diese Reduction ist in den dortigen Beispielen, wo man nur $\omega_1 = 1$, $\omega_2 = \theta$ zu setzen braucht, schon ausgeführt und ergiebt als Resultat die Gleichungen (24), in welchen nur von wirklich in $\mathfrak{o}$ enthaltenen Zahlen die Rede ist, einen vollständigen Ersatz für die Zerlegung (13), die innerhalb dieses Gebietes $\mathfrak{o}$ schlechterdings unausführbar sind.

Ideale. Theilbarkeit und Multiplication (§ 177.) 21

Das soeben behandelte Beispiel lässt vermuthen, dass die eigenthümlichen Lücken, die bei der Untersuchung über die Theilbarkeit der Zahlen ω innerhalb eines Gebietes $\mathfrak{o}$ auftreten und eine gewisse Unvollständigkeit desselben erkennen lassen, dadurch ausgefüllt werden können, dass man statt der *einzelnen* Zahlen ω in $\mathfrak{o}$ *ganze Systeme* solcher Zahlen einführt. Am nächsten liegt, wenn μ eine bestimmte, von Null verschiedene Zahl in $\mathfrak{o}$ bedeutet, die Betrachtung des schon im vorigen Paragraphen besprochenen Systems $\mathfrak{m} = \mathfrak{o}\mu$ *aller durch* μ *theilbaren Zahlen* $\omega\mu$. Wir heben die dort erwähnten Elementarsätze der Theilbarkeit nochmals als Eigenschaften eines jeden solchen Systems $\mathfrak{m}$ in folgender Weise hervor:

I. *Das System* $\mathfrak{m}$ *besteht aus lauter ganzen Zahlen des Körpers* Ω, *und diese Zahlen reproduciren sich durch Addition und Subtraction, d. h.* $\mathfrak{m}$ *ist ein durch* $\mathfrak{o}$ *theilbarer, also ganzer Modul.*

II. *Ist* λ *eine in* $\mathfrak{m}$ *enthaltene Zahl, so ist jede durch* λ *theilbare Zahl* ω *des Körpers* Ω *ebenfalls in* $\mathfrak{m}$ *enthalten, d. h. das Product* $\mathfrak{om}$ *ist theilbar durch* $\mathfrak{m}$.

Dieselben beiden Eigenschaften kommen aber nicht bloss solchen Systemen $\mathfrak{m}$ zu, welche von der Form $\mathfrak{o}\mu$ sind, sondern z. B. auch dem System $\mathfrak{m}$ aller in $\mathfrak{o}$ enthaltenen Wurzeln ω einer Congruenz von der Form $\nu\omega \equiv 0 \pmod{\alpha}$, wo ν und α bestimmte Zahlen in $\mathfrak{o}$ bedeuten, und in dem eben behandelten Beispiel hat sich gezeigt, dass es solche Systeme $\mathfrak{m}$ giebt, welche schlechterdings nicht von der Form $\mathfrak{o}\mu$ sind, die aber doch einen wesentlichen Dienst leisten, indem sie bei den Untersuchungen über die Theilbarkeit einen gewissen Ersatz für die fehlende (ideale) Zahl μ liefern. Diese Erscheinung veranlasst uns, von der Existenz einer Zahl μ, durch welche ein solches System $\mathfrak{m}$ erzeugt werden könnte, ganz abzusehen und lediglich an den Eigenschaften I und II festzuhalten, welche an sich einen vollkommen klaren und bestimmten, von der Existenz einer erzeugenden Zahl μ unabhängigen Sinn haben. Jedes System $\mathfrak{m}$, welches diese beiden Eigenschaften besitzt, wollen wir (wegen der im vorigen Paragraphen besprochenen Beziehung zu *Kummer's* idealen Zahlen) ein *Ideal*

K. Scheel, *Dedekinds Theorie der ganzen algebraischen Zahlen*,
https://doi.org/10.1007/978-3-658-30928-2_21

des Körpers Ω oder des Gebietes $\mathfrak{o}$ nennen; ist aber $\mathfrak{m} = \mathfrak{o}\mu$, giebt es also eine Zahl μ, durch welche das Ideal $\mathfrak{m}$ in der angegebenen Weise erzeugt wird, so soll $\mathfrak{m}$ ein *Hauptideal* genannt werden, weil solche Ideale unter den übrigen eine ähnliche oder vielmehr dieselbe Stellung einnehmen, welche z. B. in der Theorie der binären quadratischen Formen den der Hauptclasse angehörigen Formen unter den übrigen zukommt.

Zufolge dieser Definition würde die Zahl Null für sich allein ein Ideal bilden, und manche der im Folgenden zu entwickelnden Sätze würden ihre Gültigkeit auch für diesen besonderen Fall nicht verlieren; da es aber für die Ausdrucksweise lästig sein würde, die etwaigen Ausnehmen immer anzugeben, so wollen wir diesen Fall lieber gänzlich ausschliessen. Die vollständige Definition lautet daher:

III. *Ein Modul* $\mathfrak{m}$ *heisst ein Ideal (in* $\mathfrak{o}$*), wenn er von Null verschieden ist und den beiden Bedingungen* $\mathfrak{m} > \mathfrak{o}$, $\mathfrak{o}\mathfrak{m} > \mathfrak{m}$ *genügt.*

Unsere Aufgabe besteht nun darin, aus dieser Erklärung alle Eigenschaften der in $\mathfrak{o}$ enthaltene Ideale und alle ihre Beziehungen zu einander abzuleiten. In dieser *Theorie der Ideale* sind (nach §. 176, III) jedenfalls die *Gesetze der Theilbarkeit der Zahlen* innerhalb $\mathfrak{o}$ vollständig enthalten; aber es wird sich auch umgekehrt zeigen, dass diese Theilbarkeitsgesetze nur durch Zuziehung *aller* Ideale gewonnen werden können. Da jedes Ideal ein Modul ist, so benutzen wir hierbei alle Begriffe und Sätze der allgemeinen Theorie der Moduln (§§. 168–172); die Theorie der Ideale $\mathfrak{m}$ wird aber in Folge der zweiten Eigenschaft, nach welcher $\mathfrak{o}\mathfrak{m} > \mathfrak{m}$ ist, eine bei Weitem bestimmtere Gestalt erhalten.

Wir bemerken zunächst, dass jedes Ideal $\mathfrak{m}$ zufolge der ersten Eigenschaft $\mathfrak{m} > \mathfrak{o}$ ein *endlicher* Modul ist (§. 172, V), und da es zufolge der zweiten Eigenschaft $\mathfrak{o}\mathfrak{m} > \mathfrak{m}$ offenbar n von einander unabhängige Zahlen enthält, so ist jedes Ideal $\mathfrak{m}$ ein Modul von der Form (8) in §. 175. Sodann leuchtet ein, dass diese zweite Eigenschaft, weil $\mathfrak{z} > \mathfrak{o}$, also $\mathfrak{m} > \mathfrak{o}\mathfrak{m}$ ist, sich in der schärferen Form

$$\mathfrak{o}\mathfrak{m} = \mathfrak{m} \tag{1}$$

darstellen lässt, und hierin liegt, weil $\mathfrak{o}$ offenbar selbst ein *Ideal* ist, ein erster Satz über die Multiplication der Ideale, mit welcher wir uns sogleich näher zu beschäftigen haben. Schon hieraus erkennt man, dass dieses in allen Idealen aufgehende Ideal $\mathfrak{o}$ hier dieselbe Stellung einnimmt, wie die Zahl 1 in der rationalen Zahlentheorie. Wir können hinzufügen, dass $\mathfrak{o}$ ein *Hauptideal* ist; denn wenn $\varepsilon = 1$ oder irgend eine andere Einheit ist, so ist $\mathfrak{o}\varepsilon = \mathfrak{o}$ (§. 176, (10)). Ferner leuchtet ein, dass ein Hauptideal $\mathfrak{o}\mu$ stets und nur dann durch ein Ideal $\mathfrak{m}$ theilbar ist, wenn die Zahl μ in $\mathfrak{m}$ enthalten ist, weil $\mathfrak{o}\mathfrak{m} > \mathfrak{m}$, und μ in $\mathfrak{o}\mu$ enthalten ist. Aus diesem Grunde wollen wir von jeder in $\mathfrak{m}$ enthaltenen Zahl μ (selbst von der Zahl Null) auch sagen, sie sei *theilbar durch* $\mathfrak{m}$, oder $\mathfrak{m}$ *gehe in* μ *auf*, oder $\mathfrak{m}$ sei ein *Theiler von* μ. Offenbar ist $\mathfrak{o}$ das *einzige* Ideal, das in einer Einheit ε aufgeht, weil $\mathfrak{o}\varepsilon = \mathfrak{o}$ ist. Ebenso soll ein Ideal $\mathfrak{m}$ *theilbar durch die Zahl* α heissen, wenn $\mathfrak{m} > \mathfrak{o}\alpha$, also jede in $\mathfrak{m}$ enthaltene Zahl μ durch α theilbar ist; setzt man $\mu = \alpha\beta$, so erkennt man leicht, dass die Quotienten β, welche allen Zahlen μ entsprechen, ein *Ideal* $\mathfrak{b} = \mathfrak{m}\alpha^{-1}$ bilden, mithin $\mathfrak{m} = \mathfrak{a}\mathfrak{b}$ ist (vergl.

den unten folgenden Satz VII). Nach diesen vorläufigen Bemerkungen wenden wir uns zu den folgenden Hauptsätzen über die Multiplication der Ideale.

IV. *Das Product von zwei Idealen* $\mathfrak{a}$, $\mathfrak{b}$ *ist ein Ideal und zwar ein gemeinsames Vielfaches von* $\mathfrak{a}$, $\mathfrak{b}$, *mithin*

$$\mathfrak{ab} > \mathfrak{a} - \mathfrak{b}. \tag{2}$$

Denn weil $\mathfrak{a}$ und $\mathfrak{b}$ von Null verschieden sind, so gilt dasselbe von $\mathfrak{ab}$; aus $\mathfrak{ao} = \mathfrak{a}$ folgt ferner $\mathfrak{o}(\mathfrak{ab}) = (\mathfrak{oa})\mathfrak{b} = \mathfrak{ab}$; da endlich $\mathfrak{a} = \mathfrak{a}$ durch $\mathfrak{o}$ theilbar sind, so ist $\mathfrak{ab}$ (nach §. 170, I) theilbar durch $\mathfrak{ob}$ und $\mathfrak{ao}$, d. h. durch $\mathfrak{b}$ und $\mathfrak{a}$, also auch durch $\mathfrak{o}$, w.z.b.w.

V. *Jedes Ideal* $\mathfrak{m}$ *ist ein eigentlicher Modul, dessen Ordnung* $= \mathfrak{o}$, *mithin*

$$\mathfrak{mm}^{-1} = \mathfrak{o}. \tag{3}$$

Denn $\mathfrak{m}$ ist ein endlicher, von Null verschiedener Modul, der aus lauter algebraischen Zahlen besteht; mithin lässt sich $\mathfrak{m}$ (nach §. 173, VI) durch Multiplication mit einem Modul $\mathfrak{n}$, dessen Zahlen im Körper Ω enthalten sind, in einen Modul $\mathfrak{mn}$ verwandeln, welcher $\prec \mathfrak{z}$ ist und aus lauter *ganzen* Zahlen des Körpers Ω besteht, also $\succ \mathfrak{o}$ ist; da nun $\mathfrak{oz} = \mathfrak{oo} = \mathfrak{o}$, und $\mathfrak{o}(\mathfrak{mn}) = (\mathfrak{om})\mathfrak{n} = \mathfrak{mn}$ ist, so folgt aus $\mathfrak{z} > \mathfrak{mn} > \mathfrak{o}$ durch Multiplication mit $\mathfrak{o}$, dass $\mathfrak{mn} = \mathfrak{o}$ ist, woraus alles Uebrige sich leicht ergiebt. Denn wenn man mit der Ordnung $\mathfrak{m}^0$ multiplicirt und berücksichtigt, dass stets $\mathfrak{mm}^0 = \mathfrak{m}$ ist (§. 170, (23)), so erhält man zunächst $\mathfrak{om}^0 = \mathfrak{o}$, also $\mathfrak{m}^0 > \mathfrak{o}$, und da andererseits aus $\mathfrak{om} > \mathfrak{m}$ auch $\mathfrak{o} > \mathfrak{m}^0$ folgt, so ist $\mathfrak{m}^0 = \mathfrak{o}$[1]. Jedes Ideal $\mathfrak{m}$ ist also ein Factor seiner Ordnung $\mathfrak{o} = \mathfrak{mn}$, und hieraus folgt (nach §. 170, V), dass $\mathfrak{m}$ ein *eigentlicher* Modul, dass $\mathfrak{m}^{-1} = \mathfrak{on}$, und $\mathfrak{mm}^{-1} = \mathfrak{o}$ ist, w.z.b.w.

VI. *Sind* $\mathfrak{a}$, $\mathfrak{b}$, $\mathfrak{b}'$ *Ideale, und ist* $\mathfrak{ab} > \mathfrak{ab}'$, *so ist* $\mathfrak{b} > \mathfrak{b}'$; *aus* $\mathfrak{ab} = \mathfrak{ab}'$ *folgt* $\mathfrak{b} = \mathfrak{b}'$, *und wenn* $\mathfrak{a} > \mathfrak{ab}$, *so ist* $\mathfrak{b} = \mathfrak{o}$.

Dies ergiebt sich unmittelbar durch Multiplication mit $\mathfrak{a}^{-1}$ mit Rücksicht auf (3) und (1).

VII. *Ist das Ideal* $\mathfrak{m}$ *theilbar durch das Ideal* $\mathfrak{a}$, *so giebt es ein (und nur ein) Ideal* $\mathfrak{b}$, *welches der Bedingung* $\mathfrak{ab} = \mathfrak{m}$ *genügt, und zwar ist* $\mathfrak{b} = \mathfrak{m} : \mathfrak{a} = \mathfrak{ma}^{-1}$.

Denn der Modul $\mathfrak{b} = \mathfrak{ma}^{-1}$, welcher (nach §. 170, VII) auch $= \mathfrak{m} : \mathfrak{a}$ ist, erfüllt zufolge (3) und (1) die Forderung $\mathfrak{ab} = \mathfrak{m}$ und ist daher auch von Null verschieden; aus $\mathfrak{m} > \mathfrak{a}$ folgt durch Multiplication mit $\mathfrak{a}^{-1}$, dass $\mathfrak{b} > \mathfrak{o}$ ist, und da $\mathfrak{ob} = (\mathfrak{om})\mathfrak{a}^{-1} = \mathfrak{ma}^{-1} = \mathfrak{b}$ ist, so ist $\mathfrak{b}$ ein Ideal, w.z.b.w.

Durch diesen Satz, welcher als eine Umkehrung des Satzes IV angesehen werden kann, ist der wichtige Zusammenhang zwischen den Begriffen der *Theilbarkeit* der Ideale und

---

[1] Dies würde sich auch ohne Zuziehung des Satzes VI in §. 173 leicht beweisen lassen.

ihrer *Multiplication* aufgedeckt[2]. Der Kürze halber wollen wir in der Folge unter einem *Factor eines Ideals* $\mathfrak{m}$ ausschliesslich jeden *Theiler* $\mathfrak{a}$ von $\mathfrak{m}$ verstehen, der selbst ein *Ideal* ist. Dann besteht folgender Satz:

VIII. *Die Anzahl der Factoren eines Ideals ist endlich.*

Denn wählt man aus dem Ideal $\mathfrak{m}$ nach Belieben eine von Null verschiedene Zahl μ, so ist (nach §. 176, II) die Classenanzahl $(\mathfrak{o}, \mathfrak{o}\mu) = \pm N(\mu) > 0$, und folglich giebt es (nach §. 171, II) nur eine endliche Anzahl von Moduln, welche $> \mathfrak{o}$ und zugleich $< \mathfrak{o}\mu$ sind; da aber $\mathfrak{o}\mu > \mathfrak{m}$, so ist jeder Factor von $\mathfrak{m}$ ein solcher Modul, und folglich ist auch die Anzahl dieser Factoren endlich, w.z.b.w.

IX. *Jedes Ideal* $\mathfrak{m}$ *kann durch Multiplication mit einem Ideal* $\mathfrak{n}$ *in ein Hauptideal* $\mathfrak{o}\mu = \mathfrak{m}\mathfrak{n}$ verwandelt werden[3].

Denn wenn μ wieder irgend eine von Null verschiedene Zahl in $\mathfrak{m}$ bedeutet, so ist $\mathfrak{o}\mu > \mathfrak{m}$, woraus der Satz (nach VII) folgt. Da ferner $N(\mu)$ (nach §. 176, IV) durch μ, also auch durch $\mathfrak{m}$ theilbar und von Null verschieden ist, so ergiebt sich (aus §. 172, I) noch der folgende Satz:

X. *In jedem Ideal* $\mathfrak{m}$ *giebt es unendlich viele rationale Zahlen, deren Inbegriff*

$$\mathfrak{m} - \mathfrak{z} = [m]$$

ist, wo $m = (\mathfrak{z}, \mathfrak{m})$ *die kleinste durch* $\mathfrak{m}$ *theilbare natürliche Zahl bedeutet.*

21.1 Zusatz zum Paragraphen 177

SUB Göttingen, Cod. Ms. R. Dedekind II 3.2
Bl. 344–347

[2] Hierin bestand die grösste Schwierigkeit, welche bei der ersten Begründung der Ideal-Theorie zu überwinden war. Um dieselbe zu würdigen, vergleiche man die zweite und dritte Auflage dieses Werkes und §. 23 meiner Schrift *Sur la théorie des nombres entiers algébriques* (Paris 1877); denn wenn jetzt durch Zuziehung des Satzes VI in §. 173 dieser Cardinalpunct schon im Anfange der Theorie gewonnen wird, so lassen die früheren Darstellungen das Wesen desselben deutlicher erkennen, was für gewisse Verallgemeinerungen der Ideal-Theorie sehr wichtig ist.

[3] Vergl. §. 178, XI.

Zu §. 177

Unter Zahlen, Moduln schlechthin sollen immer nur solche verstanden werden, die in Ω enthalten sind.

Für die einführenden Veränderungen ist es zweckmässig, die beiden Eigenschaften I und II (S. 550) in besonderen Zeilen

$$m > o \tag{1}$$

und

$$om > m, \text{ also auch } om = m \tag{2}$$

hervorzuheben.

Hierauf lautet die Definition III (S. 551) eines Ideals so:

III. *Unter einem Ideal des Körpers Ω wird jeder von Null verschiedene Modul m verstanden, der den Bedingungen* (1, 2) *genügt.*

Nachdem nun (wie auf S. 552) aus (1) (und D. §. 175. S. 538. II und D. §. 172. S. 517. V) gefolgert ist, dass m ein *endlicher* Modul ist, wird sofort die Definition des *Ideals* erweitert zu der des *Idealbruchs:*

IV. *Unter einem Idealbruch des Körpers Ω wird jeder von Null verschiedene endliche Modul m in Ω verstanden, der der Bedingung* (2) , *also auch der Bedingung*

$$om = m \tag{3}$$

genügt.

Hieraus folgt (wie auf S. 552):

V. *Jede Basis eines Idealbruchs m ist auch eine Basis des Körpers Ω, also ist jeder Idealbruch m ein Modul von der Form* (8) *in* D. §. 175. S. 536.[4]

Hieraus folgt (wie auf S. 552):

VI. *Sind a, b Idealbrüche, so gilt dasselbe, auch von $a + b$, ab, $a - b$ und $b : a$, also auch von $a^0 = (a : a)$ und von $a^{-1} = (a^0 : a)$.*

Beweis: Denn (zufolge D. §. 175. S. 536) sind diese vier Moduln m ebenfalls endlich und von Null verschieden; da ferner $oa > a$ und $ob > b$, so folgt (D. §. 170. (8), (2), (9), (17),

[4]Jeder endliche von Null verschiedene Modul n in Ω wird durch Multiplication mit o in einen Idealbruch on verwandelt.

(15) und §. 169)

$$o(a+b) = oa + ob > a + b\,,\, o(ab) = (oa)b > ab$$
$$o(a-b) > oa - ob > a - b\,,\, o(b:a) > ob:a > b:a,$$

mithin genügen diese vier Moduln m auch der Bedingung (2), also auch (3), w.z.b.w.

VII. *Die Ordnung* m^0 *jedes Idealbruchs* m *ist* $= o$.

Beweis: Aus (2) folgt $o > m^{\mathrm{G}}$ (zufolge D. §. 170. S. 505. (21)); andererseits besteht m^{G} (zufolge D. §. 173. S. 527. III) aus lauter ganzen Zahlen, welche zufolge VI in Ω, also auch in o enthalten sind, mithin ist auch $m^0 > o$, w.z.b.w.

VIII. *Jeder Idealbruch* m *ist ein (umkehrbarer) eigentlicher Modul, mithin*

$$mm^{-1} = o,\ (m^{-1}) = m. \tag{4}$$

Beweis: Denn es gibt (zufolge D. §. 173. S. 528. VI) einen in Ω enthaltenen Modul n von der Art, dass mn aus lauter *ganzen* Zahlen (des Körpers Ω) besteht, unter denen sich auch die Zahl 1 befindet. Es ist also $[1] > mn > o$; durch Multiplication mit o folgt nach (3) (und D. §. 170. S. 500. (4) und D. §. 175. S. 537. (13)) $o > mn > o$, also $mn = o = m^0$. Mithin (D. §. 171. S. 506. V) ist $m^{-1} = on$ und zugleich gilt (4), w.z.b.w.

IX. *Sind* a, b *Idealbrüche, so giebt es immer einen und nur einen Idealbruch* q, *welcher der Bedingung* $aq = b$ *genügt, und zwar ist*

$$q = ba^{-1} = b:a,\ \text{also auch}\ a(b:a) = b. \tag{5}$$

Beweis: Soll nämlich der Idealbruch q der Bedingung $aq = b$ genügen, so folgt durch Multiplication mit a^{-1} nach (4) und (3); $ba^{-1} = (aa^{-1})q = oq = q$. Umgekehrt, setzt man $q = ba^{-1}$, so ist q (zufolge VI) ein Idealbruch, und $aq = (aa^{-1})b = ob = b$. Hieraus folgt (D. §. 170. S. 504. (14)) weiter $q > (b:a)$; andererseits (D. §. 170. S. 504. (16)) ist $a(b:a) > b$, also $aa^{-1}(b:a) > ba^{-1}$, und da $(b:a)$ (zufolge VI) ein Idealbruch ist, so folgt $aa^{-1}(b:a) = o(b:a) = b:a > q$, w.z.b.w.

X. *Sind* a, b, b' *Idealbrüche, so folgt aus* $ab > ab'$ *stets* $b > b'$, *und aus* $ab = ab'$ *folgt* $b = b'$.

Beweis: durch Multiplication mit a^{-1}.

XI. *Sind* a, b *Idealbrüche, so ist*

$$(ab)^{-1} = a^{-1}b^{-1}, \; (b:a)^{-1} = a:b = ab^{-1} \tag{6}$$

Beweis: Die erste Gleichung folgt aus X., weil ihre beiden Seiten, mit ab multiplicirt, zufolge (4) dasselbe Product o geben; ebenso folgt die zweite Gleichung, weil ihre beiden Seiten mit $(b:a) = ba^{-1}$ multiplicirt dasselbe Product o geben.

XII. *Für je drei Idealbrüche gilt (ausser* $(a+b)c = ac+bc$ *in* D. §. 170. S. 502. (8)) *auch der Satz*

$$(a-b)c = ac - bc. \tag{7}$$

Beweis: Aus dem allgemeinen Satz (D. §. 170. S. 502. (9)) folgt zunächst $(a-b)c > ac-bc$; ersetzt man hierin a, b, c resp. durch $ac, bc\ c^{-1}$, so folgt nach (4') ebenso $(ac-bc)c^{-1} > a-b$; multiplicirt man dies mit c und bedenkt, dass $ac-bc$ (zufolge VI) Idealbruch ist, so ergiebt andererseits $ac-bc > (a-b)c$, w.z.b.w.

XIII. *Für je zwei Idealbrüche a, b gilt der Satz*

$$(a+b)(a-b) = ab, \; a-b = \frac{ab}{a+b} = (a^{-1}+b^{-1})^{-1}, \; (a-b)^{-1} = a^{-1}+b^{-1}. \tag{8}$$

Beweis: Für je zwei *beliebige Moduln a, b* gelten die *Theilbarkeiten*

$$(a+b)(a-b) > ab > (a+b)a-(a+b)b,$$

welche *künftig* in D. §. 170. hinter (9) ausgesprochen werden müssen; der Beweis der ersteren ergiebt sich aus $a(a-b) > ab$ und $b(a-b) > ab$, der der letzteren aus $ab > (a+b)a$ und $ab > (a+b)b$. Hieraus folgt die erste Gl. (8) für Idealbrüche a, b, weil dann zufolge (7) auch $(a+b)(a-b) = (a+b)a-(a+b)b$ ist. Hieraus folgt die zweite Gl. (8) aus IX, wenn man dort a, b, q resp. durch $a+b, ab, a-b$ ersetzt, und die letzte Gl. (8) folgt aus der ersten durch Multiplication mit a^{-1}.

XIV. *Für beliebig viele Idealbrüche $a, b, c \ldots m$ gelten die beiden Sätze*

$$(a-b-c-\ldots-m)^{-1} = a^{-1}+b^{-1}+c^{-1}+\ldots+m^{-1} \tag{9}$$

$$(a+b+c+\ldots+m)^{-1} = a^{-1}-b^{-1}-c^{-1}-\ldots-m^{-1} \tag{10}$$

Beweis: durch vollständige Induction. Der Satz (9) gilt zufolge (8) für zwei Idealbrüche a, b, und wenn er schon für eine Anzahl von Idealbrüchen bewiesen ist, so gilt er, wenn man m durch $m-n$ ersetzt, zufolge (8) auch für die nächstgrössere Anzahl. Und der Satz (10) folgt unmittelbar aus (9), wenn man $a, b, c \ldots m$ resp. durch $a^{-1}, b^{-1}, c^{-1} \ldots m^{-1}$ ersetzt.

Zu §. 177

Satz: Der Inbegriff aller Idealbrüche a, b $c\dots$ ist eine *harmonische* Modulgruppe, d. h. es ist

$$a'' = (c + a) - (a + b) = a + (b - c) = a'$$

$$a_2 = (c - a) + (a - b) = a - (b + c) = a_1$$

Beweis: Aus XIII folgt

$$(a + b + c)a'' = ((c + a) + (a + b))a'' = (c + a)(a + b)$$

$$(b + c)a' = (b + c)a + bc = bc + ca + ab$$

aus dem Satze (D. §. 170. (13). S. 503):

$$m = (a + b + c)(bc + ca + ab) = (b + c)(c + a)(a + b)$$

folgt daher

$$(b + c)(a + b + c)a'' = m = (b + c)(a + b + c)a', \text{ also } a'' = a'.$$

Aus XIII folgt

$$(c + a)(a + b)a_2 = ac(a + b) + ab(c + a) = a(bc + ca + ab)$$

$$(a + b + c)a_1 = a(b + c)$$

also

$$(a + b + c)(c + a)(a + b)a_2 = am = (a + b + c)(c + a)(a + b)a_1$$

also $a_2 = a_1$, w.z.b.w.

22 Relative Primideale (§ 178.)

Der grösste gemeinsame Theiler $\mathfrak{a}+\mathfrak{b}$ und das kleinste gemeinsame Vielfache $\mathfrak{a}-\mathfrak{b}$ von zwei Idealen $\mathfrak{a}$, $\mathfrak{b}$ sind ebenfalls *Ideale.* denn jedenfalls sind die Moduln $\mathfrak{a}+\mathfrak{b}$ und $\mathfrak{a}-\mathfrak{b}$ theilbar durch $\mathfrak{o}$, weil dasselbe von $\mathfrak{a}$ und $\mathfrak{b}$ gilt; da nun $\mathfrak{a}-\mathfrak{b}$ theilbar ist durch $\mathfrak{a}$ und $\mathfrak{b}$, so ist $\mathfrak{o}(\mathfrak{a}-\mathfrak{b})$ theilbar durch $\mathfrak{oa}$ und $\mathfrak{ob}$, d. h. durch $\mathfrak{a}$ und $\mathfrak{b}$, also auch durch $\mathfrak{a}-\mathfrak{b}$; und da das von Null verschiedene Product $\mathfrak{ab}$ (nach §. 177, IV) durch $\mathfrak{a}-\mathfrak{b}$ theilbar ist, so ist $\mathfrak{a}-\mathfrak{b}$ auch von Null verschieden und folglich ein Ideal. Da ferner $\mathfrak{o}(\mathfrak{a}+\mathfrak{b})=\mathfrak{oa}+\mathfrak{ob}=\mathfrak{a}+\mathfrak{b}$, und $\mathfrak{a}+\mathfrak{b}$ als Theiler des Ideals $\mathfrak{a}$ oder $\mathfrak{b}$ gewiss von Null verschieden ist, so ist $\mathfrak{a}+\mathfrak{b}$ ein Ideal. Dasselbe gilt offenbar von dem gemeinsamen grössten Theiler und kleinsten Vielfachen von beliebig vielen Idealen, und es ergeben sich die folgenden Sätze:

I. *Sind* $\mathfrak{a}, \mathfrak{b}, \mathfrak{c}\ldots$ *beliebige Ideale, so ist deren kleinstes gemeinsames Vielfaches*

$$\mathfrak{a}-\mathfrak{b}-\mathfrak{c}-\cdots=\mathfrak{a}\mathfrak{a}_1=\mathfrak{b}\mathfrak{b}_1=\mathfrak{c}\mathfrak{c}_1=\ldots, \tag{1}$$

wo $\mathfrak{a}_1, \mathfrak{b}_1, \mathfrak{c}_1\ldots$ *Ideale bedeuten, deren grösster gemeinsamer Theiler*

$$\mathfrak{a}_1+\mathfrak{b}_1+\mathfrak{c}_1+\cdots=\mathfrak{o} \tag{2}$$

ist.

Denn wenn man der Kürze wegen $\mathfrak{m}=\mathfrak{a}-\mathfrak{b}-\mathfrak{c}-\cdots$ und $\mathfrak{n}=\mathfrak{a}_1+\mathfrak{b}_1+\mathfrak{c}_1+\cdots$ setzt, so ist das Ideal $\mathfrak{m}$ theilbar durch $\mathfrak{a}, \mathfrak{b}, \mathfrak{c}\ldots$, und folglich genügen (nach §. 177, VII) die Ideale $\mathfrak{a}_1=\mathfrak{m}\mathfrak{a}^{-1}$, $\mathfrak{b}_1=\mathfrak{m}\mathfrak{b}^{-1}$, $\mathfrak{c}_1=\mathfrak{m}\mathfrak{c}^{-1}\ldots$ den Bedingungen (1); da sie ferner alle durch das Ideal $\mathfrak{n}$ theilbar sind, so sind auch die Producte $\mathfrak{a}_1\mathfrak{n}^{-1}$, $\mathfrak{b}_1\mathfrak{n}^{-1}$, $\mathfrak{c}_1\mathfrak{n}^{-1}\ldots$ Ideale, und hieraus folgt nach (1), dass $\mathfrak{m}\mathfrak{n}^{-1}$ (zufolge §. 177, IV) durch $\mathfrak{a}, \mathfrak{b}, \mathfrak{c}\ldots$ theilbar, also $\mathfrak{m}\mathfrak{n}^{-1}>\mathfrak{m}$, $\mathfrak{m}>\mathfrak{m}\mathfrak{n}$, mithin (nach §. 177, VI) $\mathfrak{n}=\mathfrak{o}$ ist, w.z.b.w.

K. Scheel, *Dedekinds Theorie der ganzen algebraischen Zahlen*,
https://doi.org/10.1007/978-3-658-30928-2_22

Aus dem Beweise folgt, dass der in (2) enthaltene Satz auch in der Form

$$(\mathfrak{a} - \mathfrak{b} - \mathfrak{c} - \cdots)^{-1} = \mathfrak{a}^{-1} + \mathfrak{b}^{-1} + \mathfrak{c}^{-1} + \cdots \tag{3}$$

dargestellt werden kann; er bildet das dualistische Gegenstück zu dem Satze

$$(\mathfrak{a} + \mathfrak{b} + \mathfrak{c} + \cdots)^{-1} = \mathfrak{a}^{-1} - \mathfrak{b}^{-1} - \mathfrak{c}^{-1} - \cdots, \tag{4}$$

welcher eine unmittelbare Folge des zweiten Modulsatzes (18) in §. 170 ist.

II. *Zu je zwei Idealen* $\mathfrak{a}$, $\mathfrak{b}$ *gehören zwei Ideale* $\mathfrak{a}'$, $\mathfrak{b}'$, *welche den Bedingungen*

$$\mathfrak{a} - \mathfrak{b} = \mathfrak{a}\mathfrak{b}' = \mathfrak{b}\mathfrak{a}' \tag{5}$$

$$\mathfrak{a}' + \mathfrak{b}' = \mathfrak{o} \tag{6}$$

$$\mathfrak{a} = (\mathfrak{a} + \mathfrak{b})\mathfrak{a}', \ \mathfrak{b} = (\mathfrak{a} + \mathfrak{b})\mathfrak{b}' \tag{7}$$

genügen; zugleich ist

$$(\mathfrak{a} + \mathfrak{b})(\mathfrak{a} - \mathfrak{b}) = \mathfrak{a}\mathfrak{b} \tag{8}$$

Die Gleichungen (5), (6) folgen als specieller Fall aus (1), (2); multiplicirt man (6) mit $\mathfrak{a}$ oder mit $\mathfrak{b}$, so folgt (7) aus (5), und wenn man (5) mit $\mathfrak{a} + \mathfrak{b}$ multiplicirt, so folgt (8) aus (7), w.z.b.w.

Ersetzt man $\mathfrak{a}$ und $\mathfrak{b}$ in (8) durch $\mathfrak{a}\mathfrak{c}$ und $\mathfrak{b}\mathfrak{c}$, wo $\mathfrak{c}$ ein beliebiges Ideal bedeutet, und dividirt durch

$$\mathfrak{a}\mathfrak{c} + \mathfrak{b}\mathfrak{c} = (\mathfrak{a} + \mathfrak{b})\mathfrak{c}, \tag{9}$$

so folgt aus (8) auch der Satz[1]

$$\mathfrak{a}\mathfrak{c} - \mathfrak{b}\mathfrak{c} = (\mathfrak{a} - \mathfrak{b})\mathfrak{c}; \tag{10}$$

derselbe ergiebt sich auch aus (5), wenn man bedenkt, dass zufolge (7) und (9) die Ideale $\mathfrak{a}'$ $\mathfrak{b}'$ ungeändert bleiben, wenn man $\mathfrak{a}$, $\mathfrak{b}$ durch $\mathfrak{a}\mathfrak{c}$, $\mathfrak{b}\mathfrak{c}$ ersetzt.

Zwei Ideale heissen *relative Primideale,* wenn ihr grösster gemeinsamer Theiler $\mathfrak{a} + \mathfrak{b} = \mathfrak{o}$ ist. In diesem Falle sind die eben mit $\mathfrak{a}'$, $\mathfrak{b}'$ bezeichneten Ideale (welche zufolge (6) *immer* relative Primideale sind) identisch mit $\mathfrak{a}$, $\mathfrak{b}$, und zufolge (8) oder (5) ist das *kleinste gemeinsame Vielfache zweier relativer Primzahlen zugleich ihr Product;* umgekehrt folgt aus $\mathfrak{a} - \mathfrak{b} = \mathfrak{a}\mathfrak{b}$, dass $\mathfrak{a} + \mathfrak{b} = \mathfrak{o}$, dass also $\mathfrak{a}$, $\mathfrak{b}$ relative Primideale sind. Offenbar ist $\mathfrak{o}$ relatives Primideal zu jedem Ideal, also auch zu sich selbst, und kein anderes Ideal

[1] Vergl. die Sätze (8), (9) in §. 170. – Wir bemerken noch, dass die in der Anmerkung zu §. 171 auf S. 510 erwähnte Gruppe von 28 Moduln, welche aus drei beliebigen *Moduln* $\mathfrak{a}$, $\mathfrak{b}$, $\mathfrak{c}$ entspringt, auf eine Gruppe von 18 Moduln einschrumpft, falls $\mathfrak{a}$, $\mathfrak{b}$, $\mathfrak{c}$ *Ideale* sind, weil gleichzeitig die dortige Classenanzahl $d = 1$ wird.

hat diese Eigenschaft. Die zunächst folgenden Sätze stimmen vollständig mit denen der rationalen Zahlentheorie überein (§. 5), wobei wir ein- für allemal bemerken, dass mehr als zwei Ideale dann und nur dann relative Primideale heissen sollen, wenn jedes von ihnen relatives Primideal zu jedem der übrigen ist.

III. *Sind* $\mathfrak{a}$, $\mathfrak{b}$ *relative Primideale, und ist* $\mathfrak{c}$ *ein beliebiges Ideal, so ist der grösste gemeinschaftliche Theiler der beiden Ideale* $\mathfrak{a}$, $\mathfrak{bc}$ *zugleich derjenige der beiden Ideale* $\mathfrak{a}$, $\mathfrak{c}$, *also* $\mathfrak{a} + \mathfrak{bc} = \mathfrak{a} + \mathfrak{c}$.

Denn durch Multiplication von $\mathfrak{a} + \mathfrak{b} = \mathfrak{o}$ mit $\mathfrak{c}$ folgt zunächst $\mathfrak{ac} + \mathfrak{bc} = \mathfrak{c}$; addirt man $\mathfrak{a}$ und bedenkt, dass $\mathfrak{ac} > \mathfrak{a}$, also $\mathfrak{ac} + \mathfrak{a} = \mathfrak{a}$ ist, so folgt $\mathfrak{a} + \mathfrak{bc} = \mathfrak{a} + \mathfrak{c}$, w.z.b.w.

IV. *Ist* $\mathfrak{a}$ *relatives Primideal zu jedem der beiden Ideale* $\mathfrak{b}$, $\mathfrak{c}$, *so ist* $\mathfrak{a}$ *auch relatives Primideal zu deren Producte* $\mathfrak{bc}$.

Dies folgt unmittelbar aus dem vorhergehenden Satze, weil $\mathfrak{a} + \mathfrak{c} = \mathfrak{o}$ ist. Durch wiederholte Anwendung ergiebt sich (wie in §. 5) der Satz:

V. *Ist jedes der Ideale* $\mathfrak{a}, \mathfrak{a}_1, \mathfrak{a}_2, \mathfrak{a}_3 \ldots$ *relatives Primideal zu jedem der Ideale* $\mathfrak{b}, \mathfrak{b}_1, \mathfrak{b}_2 \ldots$, *so sind auch die beiden Producte* $\mathfrak{a}\mathfrak{a}_1\mathfrak{a}_2\mathfrak{a}_3 \ldots$ *und* $\mathfrak{b}\mathfrak{b}_1\mathfrak{b}_2 \ldots$, *und ebenso auch irgend zwei Potenzen* $\mathfrak{a}^r$, $\mathfrak{b}^s$ *relative Primideale.*

VI. *Sind* $\mathfrak{a}$, $\mathfrak{b}$ *relative Primideale, und ist* $\mathfrak{bc} > \mathfrak{a}$, *so ist auch* $\mathfrak{c} > \mathfrak{a}$.

Dies folgt ebenfalls aus III, weil $\mathfrak{a} + \mathfrak{bc} = \mathfrak{a}$ ist.

VII. *Sind* $\mathfrak{a}$, $\mathfrak{b}$ *relative Primideale, so ist ihr kleinstes gemeinsames Vielfaches zugleich ihr Product, also*

$$\mathfrak{a} - \mathfrak{b} - \mathfrak{c} - \cdots = \mathfrak{abc} \ldots \tag{11}$$

Für zwei relative Primideale $\mathfrak{a}$, $\mathfrak{b}$ ist dieser Satz schon oben aus II. abgeleitet. Nehmen wir an, er sei für r relative Primideale $\mathfrak{b}, \mathfrak{c} \ldots$ bewiesen, und $\mathfrak{a}$ sei relatives Primideal zu jedem von ihnen, also auch zu ihrem Producte $\mathfrak{a}_1 = \mathfrak{bc} \cdots = \mathfrak{b} - \mathfrak{c} - \cdots$, so ist das kleinste gemeinsame Vielfache aller $(r+1)$ Ideale $= \mathfrak{a} - \mathfrak{a}_1 = \mathfrak{a}\mathfrak{a}_1$, mithin gilt der Satz allgemein, w.z.b.w.

Zugleich leuchtet ein, dass die im Satze I auftretenden $(r + 1)$ Ideale $\mathfrak{a}_1, \mathfrak{b}_1, \mathfrak{c}_1 \ldots$ in unserem Falle die aus je r von den Idealen $\mathfrak{a}, \mathfrak{b}, \mathfrak{c} \ldots$ gebildeten Producte sind. - Aus den vorhergehenden Sätzen ergiebt sich nun der folgende wichtige Existenzsatz:[2]

IX. *Ist das Ideal $\mathfrak{a}$ durch keins der Ideale $\mathfrak{c}_1, \mathfrak{c}_2 \ldots$ theilbar, so giebt es in $\mathfrak{a}$ auch eine Zahl α, welche in keinem der Ideale $\mathfrak{c}$ enthalten ist.*

Wenn nur ein einziges Ideal $\mathfrak{c}$ vorliegt (oder wenn $\mathfrak{a}$ ein Hauptideal ist), so versteht sich der Satz von selbst. Wir nehmen an, er sei schon für alle Fälle bewiesen, wo die Anzahl der Ideale $\mathfrak{c}$ kleiner als r ist, und zeigen, dass er dann auch für r Ideale $\mathfrak{c}_1, \mathfrak{c}_2 \ldots \mathfrak{c}_r$, mithin allgemein gilt. Jedem dieser Ideale $\mathfrak{c}_s$ entspricht ein Ideal $\mathfrak{b}_s$, welches der Bedingung $\mathfrak{a}\mathfrak{b}_s = \mathfrak{a} - \mathfrak{c}_s$ genügt und folglich von $\mathfrak{o}$ verschieden ist; das Ideal $\mathfrak{a}$ ist durch keins der r Producte $\mathfrak{a}\mathfrak{b}_s$ theilbar, und es genügt, die Existenz einer in $\mathfrak{a}$ enthaltenen Zahl α nachzuweisen, welche durch keins dieser Producte und folglich auch durch keins der Ideale $\mathfrak{c}_s$ theilbar ist. Giebt es nun unter den r Idealen $\mathfrak{b}_s$ ein Paar, z. B. $\mathfrak{b}_1$ und $\mathfrak{b}_2$, deren grösster gemeinschaftlicher Theiler von $\mathfrak{o}$ verschieden ist, so ist $\mathfrak{a}$ auch nicht theilbar durch $\mathfrak{a}(\mathfrak{b}_1 + \mathfrak{b}_2)$,und folglich giebt es (nach unserer Annahme) in $\mathfrak{a}$ eine Zahl a, welche durch keins der $(r - 1)$ Ideale $\mathfrak{a}(\mathfrak{b}_1 + \mathfrak{b}_2), \mathfrak{a}\mathfrak{b}_3 \ldots \mathfrak{a}\mathfrak{b}_r$ theilbar ist, mithin die geforderte Eigenschaft besitzt, weil $\mathfrak{a}\mathfrak{b}_1$ und $\mathfrak{a}\mathfrak{b}_2$ durch $\mathfrak{a}(\mathfrak{b}_1 + \mathfrak{b}_2)$ theilbar sind. Es bleibt daher nur noch der Fall übrig, wo die r Ideale $\mathfrak{b}_s$ relative Primideale sind. Dann ist jedes dieser Ideale $\mathfrak{b}_s$ relatives Primideale zu dem aus allen übrigen gebildeten Producte $\mathfrak{b}'_s$, und da $\mathfrak{b}_s$ von $\mathfrak{o}$ verschieden ist, so ist $\mathfrak{b}'_s$ nicht theilbar durch $\mathfrak{b}_s$, also $\mathfrak{a}\mathfrak{b}'_s$ eine Zahl α_s, welche nicht durch $\mathfrak{a}\mathfrak{b}_s$ theilbar ist. Setzt man nun $\alpha = \alpha_1 + \alpha_2 + \ldots + \alpha_r$, so ist die Zahl α wie jede der r Zahlen α_s in $\mathfrak{a}$ enthalten, aber sie kann durch keins der r Producte $\mathfrak{a}\mathfrak{b}_s$ theilbar sein; denn weil die Ideale $\mathfrak{b}'_2\, \mathfrak{b}'_3 \ldots \mathfrak{b}'_r$ alle durch $\mathfrak{b}_1$, also die Zahlen $\alpha_2, \alpha_3 \ldots \alpha_r$ alle durch $\mathfrak{a}\mathfrak{b}_1$ theilbar sind, während das Gegentheil für α_1 gilt, so kann auch α nicht durch $\mathfrak{a}\mathfrak{b}_1$, und ebenso wenig kann α durch eins der übrigen Producte $\mathfrak{a}\mathfrak{b}_s$ theilbar sein. Mithin hat die Zahl α die geforderte Eigenschaft, w.z.b.w.

X. *Sind $\mathfrak{a}, \mathfrak{b}$ irgend zwei Ideale, so kann man eine von Null verschiedene Zahl α immer so wählen, dass $\mathfrak{a}\mathfrak{b} + \mathfrak{o}\alpha = \mathfrak{a}$, also $\mathfrak{a}\mathfrak{b} - \mathfrak{o}\alpha = \mathfrak{b}\alpha$* wird.

[2] Auf den ersten Blick könnte es scheinen, als müsste derselbe auch für beliebige *Moduln* gelten. Dies ist wirklich noch wahr, wenn nur *zwei* Moduln $\mathfrak{c}_1, \mathfrak{c}_2$ vorliegen; denn wählt man aus $\mathfrak{a}$ zwei Zahlen α_1, α_2, von denen die erste nicht in $\mathfrak{c}_1$, die zweite nicht in $\mathfrak{c}_2$ enthalten ist, so hat mindestens eine der drei Zahlen $\alpha_1, \alpha_2, \alpha_1 + \alpha_2$ offenbar die geforderte Eigenschaft. Dass aber schon für *drei* Moduln $\mathfrak{c}_1, \mathfrak{c}_2, \mathfrak{c}_3$ der Satz nicht allgemein gilt, ergiebt sich leicht aus der Betrachtung des Beispiels

$$\mathfrak{a} = [1, \omega],\ \mathfrak{c}_1 = [2, \omega],\ \mathfrak{c}_2 = [1, 2\omega],\ \mathfrak{c}_3 = [2, 1 + \omega],$$

wo ω irgend eine irrationale Zahl bedeutet (vergl. §. 171, IV).

Denn wenn $\mathfrak{b} = \mathfrak{o}$ ist, so genügt offenbar jede Zahl α des Ideals $\mathfrak{a}$ dieser Forderung. Ist aber $\mathfrak{b}$ von $\mathfrak{o}$ verschieden, und bezeichnet man mit $\mathfrak{c}$ alle Ideale, welche $< \mathfrak{ab}$ und zugleich $> \mathfrak{a}$, aber verschieden von $\mathfrak{a}$ sind, so giebt es, weil deren Anzahl (nach §. 177, VIII) endlich ist, in $\mathfrak{a}$ eine Zahl α, welche durch keins der Ideale $\mathfrak{c}$ theilbar ist; mithin ist auch das Ideal $\mathfrak{ab} + \mathfrak{o}\alpha$ verschieden von allen $\mathfrak{c}$, und da es ebenfalls $< \mathfrak{ab}$ und $> \mathfrak{a}$ ist, so muss $\mathfrak{ab} + \mathfrak{o}\alpha = \mathfrak{a}$, und nach (8) zugleich $\mathfrak{ab} - \mathfrak{o}\alpha = \mathfrak{b}\alpha$ sein, w.z.b.w.

XI. *Sind $\mathfrak{a}$, $\mathfrak{b}$ Ideale, so lässt sich $\mathfrak{a}$ in ein Hauptideal $\mathfrak{o}\alpha$ verwandeln durch Multiplication mit einem Ideal $\mathfrak{m}$, welches relatives Primideal zu $\mathfrak{b}$ ist.*

Denn setzt man in dem vorigen Satze das durch $\mathfrak{a}$ theilbare Hauptideal $\mathfrak{o}\alpha = \mathfrak{am} = \mathfrak{a}(\mathfrak{b} + \mathfrak{m}) = \mathfrak{a}$, also $\mathfrak{b} + \mathfrak{m} = \mathfrak{o}$,w.z.b.w.

XII. *Jedes Ideal $\mathfrak{a}$ ist darstellbar als grösster gemeinsamer Theiler von zwei Hauptidealen.*

Denn wählt man nach Belieben aus $\mathfrak{a}$ eine von Null verschiedene Zahl μ, so ist $\mathfrak{o}\mu = \mathfrak{ab}$, und man kann (nach X) die Zahl α so wählen, dass $\mathfrak{o}\mu + \mathfrak{o}\alpha = \mathfrak{a}$ wird, w.z.b.w.

XIII. *Zwei von Null verschiedene Zahlen α, β in $\mathfrak{o}$ sind stets und nur dann relative Primzahlen, wenn die durch sie erzeugten Hauptideale $\mathfrak{o}\alpha$, $\mathfrak{o}\beta$ relative Primideale sind, und es giebt dann immer zwei Zahlen ξ, η in $\mathfrak{o}$, welche der Bedingung*

$$\alpha\xi + \beta\eta = 1 \tag{12}$$

genügen.

Denn wenn $\mathfrak{o}\alpha + \mathfrak{o}\beta = \mathfrak{o}$ ist, so ist die in $\mathfrak{o}$ enthaltene Zahl 1 als Summe von zwei in $\mathfrak{o}\alpha$, $\mathfrak{o}\beta$ enthaltenen Zahlen, also in der Form (12) darstellbar, d. h. α, β sind relative Primzahlen (§. 174). Im entgegengesetzten Falle, wenn $\mathfrak{o}\alpha + \mathfrak{o}\beta$ verschieden von $\mathfrak{o}$, also $\mathfrak{o}\alpha - \mathfrak{o}\beta$ zufolge (8) ein *echter* Theiler von $\mathfrak{o}\alpha\beta$ ist, giebt es eine durch α und β theilbare, d. h. eine in $\mathfrak{o}\alpha - \mathfrak{o}\beta$ enthaltene Zahl ω, welche nicht durch $\alpha\beta$ theilbar ist, und folglich können α, β (nach §. 174) nicht relative Primzahlen sein, w.z.b.w.

Der zweite Theil dieses Satzes ergiebt sich auch unmittelbar aus der Anmerkung zu §. 174; denn zufolge derselben giebt es, wenn α, β relative Primzahlen in $\mathfrak{o}$ sind, auch zwei *in $\mathfrak{o}$ enthaltene* Zahlen ξ, η, welche die Bedingung (12) erfüllen, und hieraus folgt offenbar $\mathfrak{o}\alpha + \mathfrak{o}\beta = \mathfrak{o}$. Aber beide Beweise fliessen, wie man leicht sieht, aus derselben Quelle, nämlich aus dem Satze VI in §. 173.

Wir bemerken noch, dass wir unter dem grössten gemeinsamen Theiler eines *Ideals* $\mathfrak{m}$ *und einer Zahl* α (selbst wenn letztere $= 0$ sein sollte) immer das Ideal $\mathfrak{m} + \mathfrak{o}\alpha$ verstehen;

und wir sagen, $\mathfrak{m}$ sei relatives Primideal zu α, oder α sei relative Primzahl zu $\mathfrak{m}$, wenn $\mathfrak{m} + \mathfrak{o}\alpha = \mathfrak{o}$ ist[3]. Dann besteht folgender Satz:

XIV. *Ist* $\mathfrak{m}$ *relatives Primideal zu der natürlichen Zahl* k, *so ist die kleinste durch* $\mathfrak{m}$ *theilbare natürliche Zahl* $m = (\mathfrak{z}, \mathfrak{m})$ *auch relative Primzahl zu* k.

Denn bedeutet e den grössten gemeinsamen Theiler der Zahlen $m = em'$ und k, so ist ihr kleinstes gemeinsames Vielfaches km' theilbar durch $\mathfrak{m}$ und $\mathfrak{o}k$, also auch durch $\mathfrak{m} - \mathfrak{o}k = k\mathfrak{m}$; mithin ist m' theilbar durch $\mathfrak{m}$, folglich $m' = m$, $e = 1$, w.z.b.w.

22.1 Zusätze zum Paragraphen 178

SUB Göttingen, Cod. Ms. R. Dedekind II 3.1
Bl. 110
SUB Göttingen, Cod. Ms. R. Dedekind II 3.2
Bl. 101, 119, 272, 273, 352-356

Zu §. 171 (S. 511 I, III), §. 178 (S. 557 Anmerkung *)

Der auf *zwei* Moduln bezügliche *Satz* kann so ausgesprochen werden

I. Ist n ein *echter* Theiler von jedem der beiden Moduln a, b, so giebt es in n unendlich viele Zahlen γ, die weder in a noch in b enthalten sind.

Beweis Denn es giebt in n eine Zahl α_0, die nicht in a enthalten ist, und eine Zahl β_0, die nicht in b enthalten ist. Hat nun keine dieser beiden Zahlen α_0, β_0 die verlangte Eigenschaft, ist also α_0 in b, ebenso β_0 in a enthalten, so ist $\gamma_0 = \alpha_0 + \beta_0$ weder in a noch in b enthalten, weil $\alpha_0 = \gamma_0 - \beta_o$ nicht in a, und $\beta_0 = \gamma_0 - \alpha_0$ nicht in b enthalten ist.

Untersuchung der folgenden Annahmen: n ist 1) ein *echter* Theiler von jedem der drei Moduln a, b, c, *aber* 2) jede Zahl in n ist in mindestens einem dieser drei Moduln enthalten. Daraus folgt zunächst

[3] Endlich erwähnen wir, dass jeder *Idealbruch,* d. h. jeder Quotient von zwei Idealen, immer ein im Körper Ω enthaltener endlicher Modul $\mathfrak{i}$ auf unendlich viele Arten als Idealbruch, und nur auf eine einzige Weise als ein solcher Idealbruch dargestellt werden kann, dessen Zähler und Nenner relative Primideale sind. Jedes Ideal ist ein Idealbruch mit dem Nenner $\mathfrak{o}$. Der grösste gemeinsame Theiler, das kleinste gemeinsame Vielfache, das Product und der Quotient von irgend zwei Idealbrüchen sind ebenfalls Idealbrüche, und die Gesetze ihrer Bildung stimmen genau mit denen der rationalen Zahlentheorie überein. Die Beweise, welche hauptsächlich auf den in §. 170 bewiesenen Sätzen über *eigentliche* Moduln beruhen, wird der Leser leicht finden.

$$n = b + c = c + a = a + b = a + b + c. \tag{1}$$

Denn n ist als gemeinsamer Theiler von a, b, c auch Theiler von $a + b + c$, also auch von $b + c$, $c + a$, $a + b$. Wäre nun n ein *echter* Theiler von $b + c$, so gäbe es (nach dem obigen Satze, auf n und $b + c$ angewendet) in n eine Zahl γ, die weder in a, noch in $b + c$, also auch weder in b, noch in c enthalten wäre, was der (zweiten) Annahme widerspricht; mithin ist $n = b + c$, w.z.b.w.
Ferner: Zufolge des obigen Satzes I *giebt es in n* Zahlen

α_0, α_0' ...,	die weder in b noch in c,	mithin in a enthalten sind
β_0, β_0' ...,	" " " c " " a,	" " b " "
γ_0, γ_0' ...,	" " " a " " b,	" " c " "

Dann ist $\alpha_0 + \gamma_0$ weder in c noch in a enthalten (weil sonst resp. α_0 in c, γ_0 in a enthalten wäre), mithin ist $\alpha_0 + \gamma_0$ in b enthalten; dasselbe gilt von $\alpha_0' + \gamma_0$, also ist $\alpha_0 = \alpha_0'$ ebenfalls in b, der Symmetrie wegen auch in c, aber auch in a, mithin in

$$m = a - b - c$$

enthalten; also $\alpha_0 \equiv \alpha_0'$ (mod. m); und da, wenn μ jede Zahl in m bedeutet auch $\alpha_0 + \mu$ weder in b noch in c enthalten ist, so bilden alle x_0 *eine* Classe (mod. m).

Ist auch λ irgend eine Zahl in $b - c$, so ist $\alpha_0 + \lambda$ weder in b noch in c enthalten, mithin $\alpha_0 + \lambda \equiv \alpha_0$ (mod. m), also $\lambda \equiv 0$ (mod. m), also $b - c > m$, mithin

$$b - c = c - a = a - b = a - b - c = m \tag{2}$$

Alle Zahlen γ in n zerfallen daher in *vier* Arten, nämlich

Zahlen μ,	die in a	und in b und in c	enthalten sind	
" α_0,	" " a,	weder in b noch in c	"	"
" β_0,	" " b,	" " c " " a	"	"
" γ_0,	" " c,	" " a " " b	"	"

a besteht aus den beiden Classen	m, $\alpha_0 + m$
b " " " " "	m, $\beta + m$
c " " " " "	m, $\gamma_0 + m$
n " " " " "	a, $\beta_0 + a = \gamma_0 + a$
n " " " " "	b, $\gamma_0 + b = \alpha_0 + b$
n " " " " "	c, $\alpha_0 + c = \beta_0 + c$
n " " " vier "	m, $\alpha_0 + m$, $\beta_0 + m$, $\gamma_0 + m$

und es ist

$$\left.\begin{array}{l}(n,a)=(n,b)=(n,c)=(a,m)=(b,m)=(c,m)\\ \\ =(c,a)=(a,b)=(b,c)=(a,c)=(b,a)=(c,b)\end{array}\right\}=2 \tag{3}$$
$$\alpha_0+\beta_0+\gamma_0\equiv 0 \text{ (mod. } m) \qquad (n,m)=4$$
$$2\alpha_0\equiv 2\beta_0\equiv 2\gamma_0\equiv 0 \text{ (mod. } m)$$

Umgekehrt Wenn die vier Moduln n, a, b, c die Bedingungen

$$n=b+c=c+a=a+b \tag{1'}$$

$$b-c=c-a=a-b \tag{2'}$$

$$(a,b)=2 \tag{3'}$$

erfüllen, so ist n ein *echter* Theiler von jedem der drei Moduln a, b, c, *und* jede Zahl des Moduls n ist auch in mindestens einem dieser Moduln enthalten.

Beweis Aus (1′) folgt (1), aus (2′) folgt (2) ($m = a - b - c$), hieraus mit Hülfe des allgemeinen Satzes $(a,b)=(a+b,b)=(a,a-b)$ und mit Rücksicht auf (3′) auch alle Gleichheiten (3). Es besteht daher (D. §. 171, S. 510)[4]

a aus *zwei* Classen m , α_0+m
b 〃 〃 〃 m , β_0+m
c 〃 〃 〃 m , γ_0+m

ebenso

n aus *zwei* Classen m , α_0+m
n 〃 〃 〃 m , β_0+m
n 〃 〃 〃 m , γ_0+m

Ist nun eine in n enthaltene Zahl γ weder in b noch in c enthalten, so ist $\gamma\equiv\alpha_0$ (mod. b) und $\gamma\equiv\alpha_0$ (mod. c), also auch $\gamma\equiv\alpha_0$ (mod. m), also ist γ in a enthalten, w.z.b.w.

Alles Dieses ist (nur *kurz zu erwähnen* in §. 171 (statt in §. 178)): Nachdem hinter dem Satze III (S. 511) der Übergang zu der Untersuchung der *Einigkeit* von drei Zahlclassen $\varrho+a$, $\sigma+b$, $\tau+c$ gemacht und gezeigt ist, dass die hierzu *erforderlichen* Bedingungen $\sigma\equiv\tau$ (mod. $b+c$), $\tau\equiv\varrho$ (mod. $c+a$), $\varrho\equiv\sigma$ (mod. $a+b$) im Allgemeinen *nicht hinreichend* sind (Beispiel $a=[1,2\omega]$, $b=[2,\omega]$, $c=[2,1+\omega]$, $\varrho=\omega, \sigma=\tau=0$,

[4] Wäre α_0 in b oder in c enthalten, so wäre α_0 auch in $a-b=a-c=m$ enthalten, was *nicht* der Fall ist; also

$$\left.\begin{array}{lllll}\alpha_0 & \textit{weder} & \text{in } b & \textit{noch} & c\\ \beta_0 & '' & '' \; c & '' & a\\ \gamma_0 & '' & '' \; a & '' & b\end{array}\right\} \text{enthalten.}$$

wo ω irrational), ist der *Begriff von drei harmonischen Moduln* a, b, c zu entwickeln als solche, für welche die genannten Bedingungen auch immer hinreichend sind (*Criterium* $(a + b) = (a + c) = a + (b - c)$) und der Begriff der *harmonischen Modulgruppe* (in welcher je drei Moduln harmonisch sind)[5], wobei der *Satz*

$$(a + b) - (a + c) - (a + d) - \ldots = a + (b - c - d - \ldots)$$

zu entwickeln ist, wo $a, b, c, d \ldots$ beliebige Moduln einer *harmonischen* Gruppe bedeuten. Nachdem dann die Anwendung auf die Einigkeitsbedingungen beliebig vieler Classen (in endlicher Anzahl) gemacht ist (in einer *harmonischen* Gruppe sind die Einigkeitsbedingungen auch *hinreichend*), soll als *Schluss von* §. 171 noch auf die *hier* behandelte Erscheinung behandelt werden. Zuerst der obige *Satz* I: Ist n echter Theiler von a, b, so giebt es n Zahlen, die weder in a noch in b enthalten sind. Dann fortfahren:

Ist n echter Theiler von a, von b, von c, so kann es doch geschehen, dass jede Zahl des Moduls n in mindestens einem der Moduln a, b, c enthalten ist. Dies wird, wie die genaue Untersuchung lehrt, immer noch nur dann eintreten, wenn die (obigen) Bedingungen (1′, 2′, 3′) erfüllt sind. Das *einfachste* Beispiel geben die Moduln

$$n = [1, \omega], \; a = [1, 2\omega], \; b = [2, \omega], \; c = [2, 1 + \omega].$$

Wir haben oben gesehen, dass diese drei Moduln *nicht harmonisch* sind. Aber es gilt der folgende wichtige *Satz:*

Wenn in einer *harmonischen* Modulgruppe der Modul n ein echter Theiler von jedem der n Moduln $a_1, a_2 \ldots a_n$ ist, so giebt es in n (unendlich viele) Zahlen, die in keinem dieser n Moduln enthalten sind.

Beweis (vollst. Induction) wahr für $n = 1, 2$, Annahme der Wahrheit für $n-1$ Moduln. Giebt es unter den n Moduln zwei; z. B. a_1, a_2, deren Summe $a_1 + a_2$ ein *echtes* Vielfaches von n ist, so giebt es (nach Annahme) in n Zahlen, die in keinem der $n-1$ Moduln $a_1 + a_2, a_3 \ldots a_n$ enthalten, und jede solche Zahl ist offenbar auch weder in a_1, noch in a_2, also in keinem der n Moduln a_1, a_2, $a_3 \ldots a_n$ enthalten. Wenn aber für je zwei verschiedene Nummern r, s aus der Reihe $1, 2 \ldots n$ immer $a_r + a_s = n$ ist, so führt die folgende Betrachtung direct (ohne Induction) zum Ziele. Bedeutet m_r der Durchschnitt aller der $n - 1$ Moduln a_s, wo s verschieden von r, so ist (nach dem obigen Satze $a_r + m_r$ der Durchschnitt der entsprechenden $n - 1$ Moduln $a_r + a_s$, mithin

$$a_r + m_r = n$$

und folglich ist m_r *nicht* theilbar durch a_r (weil sonst $a_r = n$ wäre). Mithin giebt es in m_r eine Zahl μ_r, die *nicht* in a_r, wohl aber in allen $n - 1$ Moduln a_s, also auch in n enthalten ist; hat man für jede Nummer r eine solche Zahl μ_r gebildet, so besitzt die ebenfalls in n

[5] Der Begriff der *Modulgruppe* ist schon in §. 169 zu entwickeln.

enthaltene Summe

$$\mu_0 = \mu_1 + \mu_2 + \ldots + \mu_n = \mu_r + \sum \mu_s$$

die verlangte Eigenschaft; da nämlich jede der $n - 1$ Zahlen μ_s, also auch ihre Summe $\sum \mu_s$ in a_r enthalten, aber μ_r *nicht* in a_r enthalten ist, so ist auch μ_0 *nicht* in a_r enthalten, w.z.b.w. (In dieser Annahme $a_r + a_s = n$ ist der Durchschnitt m aller n Moduln a_r, d. h. $m = a_r - m_1$ ein *echtes* Vielfaches von jedem m_r; denn wäre $m = m_r$, so wäre $a_r < m_r$, also $a_r + m_r = a_r$, während $a_r + m_r = n$ ein *echter* Theiler von a_r ist.)

Zu §§. 169, 171, 178 (S. 557 Anmerkung *)

Ist der Modul o ein *echter* Theiler (S. 496) des Moduls a, also nicht theilbar durch a, so giebt es in o unendlich viele Zahlen, die nicht in a enthalten sind. Hieraus ergeben sich folgende *Sätze:*

I. Ist o ein *echter* Theiler von jedem der beiden Moduln a, b, so giebt es in o (unendlich viele) Zahlen, die weder in a noch in b enthalten sind.

Beweis Wählt man aus o eine nicht in a enthaltene Zahl α' und eine nicht in b enthaltene Zahl β', so hat wenigstens eine der drei Zahlen α', β', $\alpha' + \beta'$ die verlangte Eigenschaft; denn wenn α' in b, und β' in a enthalten ist, so ist $\alpha + \beta'$ weder in o noch in b enthalten, w.z.b.w.

II. Ist o ein *echter* Theiler von jedem der drei Moduln a, b, c, also auch von deren Durchschnitt m, so tritt die Erscheinung, dass jede Zahl in o auch in mindestens einem der Moduln a, b, c enthalten ist, immer und nur dann ein, wenn

$$o = a + b + c = b + c = c + a = a + b \tag{1}$$

$$M = a - b - c = b - c = c - a = a - b \tag{2}$$

$$(o, m) = 4 \tag{3}$$

ist.

Beweis. Erster Theil. Sind die Bedingungen (1, 2, 3) erfüllt, so folgt aus (1, 2) allein (nach D. S. 510. (2) und (3))

$$\begin{aligned}
(b, c) = (o, c) = (b, m)\ ,\ (c, b) = (o, b) = (c, m)\\
(c, a) = (o, a) = (c, m)\ ,\ (a, c) = (o, c) = (a, m)\\
(a, b) = (o, b) = (a, m)\ ,\ (b, a) = (o, a) = (b, m)
\end{aligned}$$

also

$$(o, c) = (b, m) = (o, a) = (c, m) = (o, b) = (a, m) = \delta \tag{4}$$

und da $o < a < m$, so folgt aus (3) (nach D. S. 510. (5))

$$4 = (o, m) = (o, a)(a, m) = \delta^2, \text{ also } \delta = 2, \tag{5}$$

mithin ist o ein *echter* Theiler, m ein *echtes* Vielfaches von jedem der drei Moduln a, b, c. Es *besteht* daher (nach D. S. 510)

$$\left.\begin{array}{l} a \text{ aus zwei Classen } m \text{ und } m + \alpha_0 \\ b \ '' \quad '' \quad '' \quad m \ '' \ m + \beta_0 \\ c \ '' \quad '' \quad '' \quad m \ '' \ m + \gamma_0 \end{array}\right\} \tag{6}$$

$$\left.\begin{array}{l} o \ '' \quad '' \quad '' \quad a \ '' \ a + \beta_0 = a + \gamma_0 \\ o \ '' \quad '' \quad '' \quad b \ '' \ b + \gamma_0 = b + \alpha_0 \\ o \ '' \quad '' \quad '' \quad c \ '' \ c + \alpha_0 = c + \beta_0 \end{array}\right\} \tag{7}$$

$$o \ '' \text{ vier } '' \ m, \ m + \alpha_0, \ m + \beta_0, \ m + \gamma_0. \tag{8}$$

Denn die in (6) erklärte Zahl α_0 des Moduls a kann weder in b, noch in c enthalten sein, weil sie sonst zufolge (2) auch in m enthalten, mithin $m + \alpha_0 = m$ wäre; es ist also

$$\left.\begin{array}{l} \alpha_0 \text{ in } a \text{ , weder in } b \text{ noch in } c \\ \beta_0 \ '' \ b \text{ , } \quad '' \quad '' \ c \ '' \quad '' \ a \\ \gamma_0 \ '' \ c \text{ , } \quad '' \quad '' \ a \ '' \quad '' \ b \end{array}\right\} \tag{9}$$

enthalten, und da diese Zahlen alle in o enthalten sind, so ergeben sich hieraus mit Rücksicht auf (4, 5) die Behauptungen (7). Was aber in (9) von den Zahlen α_0, β_0, γ_0 behauptet ist, gilt offenbar resp. von *allen* Zahlen der Classen $m + \alpha_0$, $m + \beta_0$, $m + \gamma_0$; mithin sind diese Classen voneinander, aber auch von der Classe m gänzlich verschieden, und hieraus folgt (8) mit Rücksicht auf (3). Mithin ist jede Zahl des Moduls o in *einer* der vier Classen m, $m + \alpha_0$, $m + \beta_0$, $m + \gamma_0$ enthalten, also entweder in allen drei Moduln a, b, c oder in einer einzigen von ihnen. w.z.b.w.

Zweiter Theil. Wenn erstens der Modul o ein *echter* Theiler von jedem der drei Moduln a, b, c ist, so giebt es (nach Satz I) in o Zahlen α_0, die weder in b noch in c, ebenso Zahlen β_0, die weder in c noch in a, ebenso Zahlen γ_0, die weder in a noch in b enthalten ist. Wenn nun zweitens jede Zahl in o auch in mindestens einem der Moduln a, b, c enthalten ist, so haben alle Zahlen α_0, β_0, γ_0 die in (9) angegebenen Eigenschaften. Ist nun μ irgend eine Zahl in $b - c$, so ist $\mu + \alpha_0$ weder in b noch in c, also gewiss in a enthalten, und folglich ist auch μ in a, mithin in $m = a - b - c$ enthalten, womit (2) *bewiesen* ist. Jede Zahl in o ist daher entweder in einem *einzigen* der Moduln a, b, c oder in *allen dreien* enthalten; bedeutet daher a_0, b_0, c_0 resp. den Complex aller α_0, den aller β_0, den aller γ_0, so besteht

o	aus den	vier	Classen	m , a_0 , b_0 , c_0
a	"	" zwei	"	m , a_0
b	"	" "	"	m , b_0
c	"	" "	"	m , c_0

Nun ist zufolge (9) jede Summe $\alpha_0+\beta_0$ weder in a noch in b, mithin gewiss in c_0, also auch in c enthalten; ist α'_0 ebenfalls eine Zahl in a_0, so ist auch $\alpha'_0+\beta_0$ in c enthalten, mithin ist $\alpha'_0-\alpha_0=(\alpha'_0+\beta_0)-(\alpha_0+\beta_0)$ sowohl in a, wie in c, mithin auch in m enthalten; d. h. der Complex a_0 bildet eine *einzige Classe* (mod. m), und dasselbe gilt natürlich von b_0, von c_0, wodurch (3) *und*

$$(a,m)=(b,n)=(c,m)=2$$

bewiesen ist. Aus $4=(o,m)=(o,a)(a,m)$ folgt weiter

$$(o,a)=(o,b)=(o,c)=2;$$

da ferner $o<a+b<a$, also $2=(o,a)=(o,a+b)(a+b,a)=(o,a+b)(b,a)=(o,a+b)(b,a-b)=(o,a+b)(b,m)=(o,a+b)-2$ ist, so folgt $(o,a+b)=1$, also $o>a+b$, folglich $o=a+b$, wodurch auch (1), mithin die *ganze* Umkehrung bewiesen ist. w.z.b.w.

Zusätze. Aus $(o,a)=2$ folgt $2o>a$ (nach D. §. 171. S. 511. I), also auch $2o>b$, mithin

$$2o>m. \tag{10}$$

Ist ω eine Zahl in o, aber *nicht* in m, so ist 2 offenbar der *kleinste* natürliche Multiplicator durch den ω in eine Zahl in m verwandelt wird; genügt daher die ganze rationale Zahl x der Bedingung $x\omega\equiv 0$ (mod. m), so ist gewiss $x\equiv 0$ (mod. 2).

Hieraus folgt, dass jede Zahl α_0 in a_0 mit jeder Zahl β_0 in b_0 ein *irreducibeles* System in Bezug auf den Körper der rationalen Zahlen bildet; wollte man nämlich annehmen, sie bildeten ein reducibeles System, so gäbe es zwei ganze rationale Zahlen x, y *ohne* gemeinsamen Theiler, die der Bedingung $x\alpha_0+y\beta_0=0$ genügen; dann würde aber die Zahl $x\alpha_0=-y\beta_0$ in a und in b, also auch in m enthalten sein, mithin müssten *beide* Zahlen x, y (gegen die Annahme) gerade sein.

Es giebt also in o gewiss irreducibele Systeme von mindestens *zwei* Zahlen. Um die *einfachsten Beispiele* zu unserem Satze II zu finden, wird man daher die Annahme versuchen, dass je *drei* Zahlen in o ein *reducibeles System* bilden. Dann folgt (nach D. §. 172. S. 518. VI), dass (*falls o ein endlicher Modul ist*)

$$O=[\omega_1,\omega_2],\ 2o=[2\omega_1,2\omega_2],\ (o,2o)=4 \tag{11}$$

ist, und da zufolge (3, 10) $o<m<2o$, also $(m,2o)=1$ ist, so folgt

$$m=2o. \tag{12}$$

Nun überzeugt man sich leicht, dass es nur *drei* Moduln

$$a = [\omega_1, 2\omega_2],\ b = [2\omega_1, \omega_2],\ c = [2\omega_1, \omega_1 + \omega_2] \tag{13}$$

giebt, welche echte Vielfache von o und zugleich echte Theiler von $2o$ sind; und diese haben wirklich die Eigenschaften (1, 2, 3). Dies ist also in der That das *einfachste* Beispiel (vergl. D. §. 178. S. 557. Anm.).

Ist o ein *endlicher* Modul, dessen irreducibele Basis (D. §. 172. VI. S. 518) aus n Zahlen besteht, so ist $(o, 2o) = 2^n$ (nach D. §. 172. VII. S. 523), mithin tritt der Fall (12) *nur* in dem eben vorgeführten *einfachsten Beispiel* $n = 2$ auf.

Aus *jedem* Beispiel von fünf Moduln o, a, b, c, m, welche die Bedingungen (1, 2, 3) des Satzes II erfüllen, kann man unendlich viele andere Beispiele herstellen; ist nämlich y ein Modul, der mit o die einzige Zahl *Null* gemein hat, ist also der Durchschnitt

$$o - y = 0, \tag{14}$$

so bleiben diese Bedingungen ungeändert bestehen, wenn man die obigen fünf Moduln resp. durch $o + y, a + y, b + y, c + y, m + y$ ersetzt. Für die Bedingung (1) bedarf es offenbar der Annahme (14) nicht, und für die Bedingungen (2, 3) ergiebt sich die Behauptung leicht aus dem

Hülfsatz: Genügen drei Moduln a, b, y der Bedingung

$$(a + b) - y = 0, \tag{15}$$

so ist

$$(a + y) - (b + y) = (a - b) + y. \tag{16}$$

Beweis durch das *Modulgesetz* (D. §. 169. (7). S. 498). Da $a > a+b$, so ist $(a+y)-(a+b) = a + \{y - (a + b)\} = a + 0 = a$, also $a - b = (a + b) - (a + b) - b = (a + y) - b$, mithin durch Vertauschung von a, b auch $(b + y) - a = a - b$; da ferner $y > b + y$, so ist $(a + y) - (b + y) = \{a - (b + y)\} + y = (a - b) + y$, w.z.b.w.

Dasselbe ergiebt sich auch so: Jede Zahl η des links in (16) stehenden Moduls n ist von der Form $\eta = \alpha + \pi = \beta + \pi'$, wo wo α in a, β in b, π und π' in y enthalten; mithin ist $\alpha - \beta = \pi' - \pi = 0$ als gemeinsame Zahl von $(a + b)$ und y zufolge (15), also $a = \beta$ eine Zahl in $(a - b)$, und $\eta = \alpha + \pi$ in $(a - b) + y$; und da umgekehrt jede in $(a - b) + y$ enthaltene Zahl sowohl in $a + y$, wie in $b + y$ enthalten ist, so ist (16) *bewiesen.*
$(o + y, m + y) = (o, m + y) = (o, (m + y) - o) = (o, m + (y - o) = (o, m) = 4$, w.z.b.w.

Zu §. 169, 170, 178 (Anmerkung auf S. 560)

§§. 169, 170 – I. *Satz.* Sind die Moduln a, b im Körper Ω enthalten, so gilt dasselbe von ihrer Summe $a + b$, ihrem Durchschnitt $a - b$, ihrem Product ab und, falls der Nenner a von Null verschieden ist, auch von ihrem Quotienten $b : a$.

Beweis Denn nach Annahme sind alle Zahlen α des Moduls a und alle Zahlen β des Moduls b im Körper Ω enthalten, nun sind aber Zahlen in $a + b$ von der Form $\alpha + \beta$, alle Zahlen in $a - b$ von der Form $\alpha - \beta$, alle Zahlen in ab Summen von Producten $\alpha\beta$, und alle Zahlen in $b : a$ von der Form $\beta : \alpha$, wo α eine von Null verschiedene Zahl in a bedeutet; alle diese Zahlen sind aber auch im Körper Ω enthalten, w.z.b.w.

§. 172. – II. *Satz.* Sind die Moduln a, b endlich, so gilt dasselbe von $a + b$, $a - b$, ab und, falls a von Null verschieden, auch von $b : a$.

Beweis Für $a + b$ und ab ist dies schon gezeigt (D. S. 496, 501 oder 502); für $a - b$ folgt dasselbe aus dem Satze V. (D. S. 517), aus welchem zugleich die Behauptung über $b : a$ folgt, weil dieser Modul ein Vielfaches des endlichen Moduls $b\alpha^{-1}$ ist, wo α eine von Null verschiedene Zahl in a; w.z.b.w.

§. 178 (Anmerkung S. 560) – *Satz.* Der Quotient $b : a$ von zwei Idealen a, b des Körpers Ω ist ein in Ω enthaltener endlicher Modul, dessen Ordnung die Hauptordnung von Ω, d. h. der Inbegriff σ aller ganzen Zahlen in Ω ist.

Beweis Aus den beiden vorhergehenden Sätzen I, II folgt, dass $b : a$ ein endlicher Modul in Ω ist, weil a, b selbst solche Moduln sind (D. S. 552). Dieser Quotient i ist von Null verschieden, weil Z.B. $b > i$ ist ($ab > b$). Die Ordnung des Körpers Ω $i^0 = i : i$ besteht daher (zufolge Satz III. D. S. 527) aus lauter ganzen Zahlen, und folglich ist $i^0 > \sigma$ (nach dem obigen Satz I). Andererseits ist (nach D. (31) auf S. 506) $\sigma > i^0$ (weil $a^0 = b^0\sigma$), also $i^0 = \sigma$; w.z.b.w.

IV. *Satz:* Jeder in Ω enthaltene endliche Modul i, dessen Ordnung $i^0 = \sigma$ ist, ist ein Quotient von zwei Idealen in Ω.

Beweis Der Modul i ist von Null verschieden, weil seine Ordnung i^0 sonst der Körper *aller* Zahlen wäre (also nicht σ). Da i endlich ist und aus lauter algebraischen Zahlen des Körpers Ω besteht, so giebt es (zufolge Satz I in D. S. 525) eine von Null verschiedene (sogar eine natürliche ganze Zahl μ in Ω der Art, dass der Modul $i\mu$ aus lauter ganzen Zahlen des Körpers Ω besteht; setzt man $\sigma\mu = a$, $i\mu = b$, so sind a, b Ideale in Ω, weil $\sigma i = i$ (Annahme $\sigma = i^0$), also $\sigma b = b$ ist; zugleich ist $ai = b$, also $i > (b : a)$. Andererseits, wenn ω in $(b : a)$ enthalten, also $a\omega > b$, d. h. $\sigma\mu\omega > i\mu$, also $\sigma\omega > i$, so ist ω in i enthalten, also $(b : a) > i$, mithin auch $(b : a) = i$, w.z.b.w.

Zu §. 178

Nützliche Zerlegung von zwei Idealen a, b des Körpers Ω, deren Hauptordnung $= o$.

Es sei a_0 das kleinste gemeinsame Vielfache aller derjenigen Factoren a' von a, die (wie z. B. o) relative Primideale zu b sind; dann ist a als gemeinsames Vielfaches aller a' auch ein Vielfaches des Ideals a_0 (nach §. 169. S. 498), also (§. 177. VII. S. 553)

$$a_0 + b = o.$$

Satz Ist n relatives Primideal zu b, so ist n auch relatives Primideal zu a_1, also:

$$\text{aus } n + b = o \text{ folgt } n + a_1 = o.$$

Beweis Denn b ist relatives Primideal zu n, also auch (§. 178. VII) zu diesem Factor $n + a_1$, und da b auch relatives Primideal zu a_0, so ist (§. 178. IV) b auch relatives Primideal zu dem Product $a_0(n + a_1)$; da aber $n + a_1$ ein Factor von a_1, also $a_0(n + a_1)$ ein Factor von $a_0a_1 = a$ ist, so ist dieses Product $a_0(n + a_1)$ eins der Ideale a', also ein Factor von a_0, mithin $n + a_1 = o$ (§. 177. VI. S. 553), w.z.b.w.

Bemerkung Man kann beweisen, dass, wenn irgend zwei Ideale a_1, b in der im Satze ausgesprochenen Beziehung stehen, es immer eine durch a_1 theilbare *Potenz* von b giebt, umgekehrt, wenn letzteres der Fall ist, so gilt auch der Satz, weil, wenn n relatives Primideal zu b ist, n auch relatives Primideal zu jeder Potenz von b (§. 178. IV), also (§. 178. VII) auch zu jedem Factor a_1 einer solchen Potenz ist. Bildet man die Ideale $a + b, a + b^2, a + b^3 \ldots$ so ist jedes ein Factor des folgenden und zugleich Factor von a, und da a nur eine *endliche* Anzahl von Factoren hat (§. 177. VIII), so muss es eine (kleinste) natürliche Zahl n geben, für welche $a + b^n = a + b^{n+1} = a + b^{n+2} \ldots = a_1$ (aus $a + b^n = a + b^{n+1}$ folgt nämlich zunächst $ab + b^{n+1} = ab + b^{n+2}$ (durch Mult. mit b) und hieraus $a + b^{n+1} = a + b^{n+2}$ (durch Addition von a, weil $a + ab = a$). Setzt man $a = a_0a_1$; $b^n = a_1b_2$, also $b^{n+1} = ba_1b_2$, so folgt (durch Division mit a_1) $a_0 + b_2 = a_0 + bb_2 = o$, also auch $a_0 + b = o$, $a_0 + b^n = o$, $a_0 + a_1 = a_0 + a + b^n = a_0b^n = o$, also auch $a_0 + ba_1 = o$. Ist a' Factor von $a = a_0a_1$ und relatives Primideal zu b, also auch zu $b^n = a_1c_1$, also auch zu a_1, so muss folglich a' Factor von a_0 sein; w.z.b.w.

23 Primideale (§ 179.)

Das Ideal $\mathfrak{o}$ hat nur einen einzigen Factor $\mathfrak{o}$. Jedes von $\mathfrak{o}$ verschiedene Ideal $\mathfrak{p}$ besitzt gewiss zwei verschiedene Factoren, nämlich $\mathfrak{o}$ und $\mathfrak{p}$, und es soll ein (absolutes) *Primideal* heissen, wenn es keine anderen Factoren hat. Ein Ideal, welches mehr als zwei verschiedene Factoren besitzt, heisst *zusammengesetzt* (vergl. §. 8). Aus dieser Erklärung ergeben sich die folgenden Sätze

I. *Ist $\mathfrak{p}$ ein Primideal, und $\mathfrak{a}$ irgend ein Ideal, so ist entweder $\mathfrak{a}$ theilbar durch $\mathfrak{p}$, oder $\mathfrak{a}$ und $\mathfrak{p}$ sind relative Primideale.*

Denn das Ideal $\mathfrak{a} + \mathfrak{p}$ ist als Factor von $\mathfrak{p}$ entweder $= \mathfrak{p}$, oder $= \mathfrak{o}$, und im ersteren Falle ist $\mathfrak{a} > \mathfrak{p}$, w.z.b.w.

II. *Geht das Primideal $\mathfrak{p}$ in dem Producte der Ideale $\mathfrak{a}, \mathfrak{b}, \mathfrak{c} \ldots$ auf, so ist mindestens eins derselben durch $\mathfrak{p}$ theilbar.*

Denn wenn $\mathfrak{p}$ in keinem der Ideale $\mathfrak{a}, \mathfrak{b}, \mathfrak{c} \ldots$ aufgeht, so ist $\mathfrak{p}$ (nach I) relatives Primideal zu jedem derselben, also (nach §. 178, V) auch zu ihrem Producte $\mathfrak{abc} \ldots$, und folglich kann letzteres (nach I) auch nicht durch $\mathfrak{p}$ theilbar sein, w.z.b.w.

III. *Ist $\mathfrak{m}$ ein zusammengesetztes Ideal, so giebt es zwei durch $\mathfrak{m}$ nicht theilbare Zahlen α, β, deren Product $\alpha\beta$ durch $\mathfrak{m}$ theilbar ist.*

Denn $\mathfrak{m}$ besitzt einen von $\mathfrak{o}$ und $\mathfrak{m}$ verschiedenen Factor $\mathfrak{a}$ und ist folglich $= \mathfrak{ab}$, wo $\mathfrak{b}$ ein von $\mathfrak{o}$ verschiedenes Ideal bedeutet; da nun (nach §. 177, VI) weder $\mathfrak{a}$ noch $\mathfrak{b}$ durch $\mathfrak{m}$, d. h. durch $\mathfrak{ab}$ theilbar ist, so kann man aus $\mathfrak{a}$, $\mathfrak{b}$ Zahlen α, β wählen, die nicht in $\mathfrak{m}$, deren Product $\alpha\beta$ aber in $\mathfrak{ab}$, d. h. in $\mathfrak{m}$ enthalten ist, w.z.b.w.

K. Scheel, *Dedekinds Theorie der ganzen algebraischen Zahlen*,
https://doi.org/10.1007/978-3-658-30928-2_23

Mithin ist eine Zahl μ dann und nur dann eine *Primzahl* (S. 544), wenn $\mathfrak{o}\mu$ ein *Primideal* ist.

IV. *Jedes von* $\mathfrak{o}$ *verschiedene Ideal* $\mathfrak{a}$ *ist durch mindestens ein Primideal theilbar.*

Der Satz ist richtig, wenn $\mathfrak{a}$ selbst ein Primideal ist. Im entgegengesetzten Falle besitzt $\mathfrak{a}$ einen von $\mathfrak{a}$ und $\mathfrak{o}$ verschiedenen Factor $\mathfrak{b}$, und wenn dieser noch kein Primideal ist, so besitzt er einen von $\mathfrak{b}$ und $\mathfrak{o}$ verschiedenen Factor $\mathfrak{c}$, und wenn dieser kein Primideal ist, so kann man in derselben Weise fortfahren. Da nun die in dieser Kette auftretenden Ideale $\mathfrak{a}$, $\mathfrak{b}$, $\mathfrak{c}\ldots$, deren jedes ein echtes Vielfaches des folgenden ist, alle von einander verschieden und zugleich Factoren des Ideals $\mathfrak{a}$ sind, welches (nach §. 177, VIII) nur eine endliche Anzahl von Factoren besitzt, so muss diese Kette nothwendig eine endliche sein, sie muss ein letztes Glied $\mathfrak{p}$ enthalten, und dieses muss, weil sonst die Kette sich noch weiter fortsetzen liesse, ein Primideal sein, w.z.b.w.

V. *Jedes von* $\mathfrak{o}$ *verschiedene Ideal* $\mathfrak{a}$ *ist entweder ein Primideal, oder es lässt sich, und zwar nur auf eine einzige Weise, als ein Product von Primidealen darstellen.*

Denn $\mathfrak{a}$ ist durch ein Primideal $\mathfrak{p}_1$ theilbar, also von der Form $\mathfrak{p}_1\mathfrak{a}_1$, wo $\mathfrak{a}_1$ ein Ideal; ist dasselbe $= \mathfrak{o}$, so ist $\mathfrak{a} = \mathfrak{p}_1$ ein Primideal. Ist aber $\mathfrak{a}_1$ verschieden von $\mathfrak{o}$, so ist wieder $\mathfrak{a}_1 = \mathfrak{p}_2\mathfrak{a}_2$, wo das erste der beiden Ideale $\mathfrak{p}_2$, $\mathfrak{a}_2$ ein Primideal bedeutet, und wenn $\mathfrak{a}_2$ von $\mathfrak{o}$ verschieden ist, so kann man in derselben Weise fortfahren. Die Kette der Ideale $\mathfrak{a}$, $\mathfrak{a}_1$, $\mathfrak{a}_2\ldots$, deren jedes ein echtes Vielfaches des folgenden ist, muss eine endliche sein, also ein letztes Glied $\mathfrak{a}_r$ enthalten, und dieses muss $= \mathfrak{o}$ sein, weil sonst die Kette sich noch fortsetzen liesse. Zugleich ergiebt sich die gewünschte Darstellung

$$\mathfrak{a} = \mathfrak{p}_1\mathfrak{p}_2\ldots\mathfrak{p}_r. \tag{1}$$

Um zu zeigen, dass es im Wesentlichen, d. h. abgesehen von der Aufeinanderfolge der Factoren, nur eine einzige solche Darstellung giebt, bemerken wir zunächst, dass jeder der r Primfactoren $\mathfrak{p}_1, \mathfrak{p}_2\ldots\mathfrak{p}_r$ offenbar in $\mathfrak{a}$ aufgeht, und dass umgekehrt jedes in $\mathfrak{a}$ aufgehende Primideal $\mathfrak{p}$ nothwendig mit einem dieser r Primfactoren identisch sein muss; denn da $\mathfrak{p}$ in dem Producte $\mathfrak{p}_1\mathfrak{p}_2\ldots\mathfrak{p}_r$ aufgeht, so muss (nach II) mindestens einer der Factoren, z. B. $\mathfrak{p}_1$, durch $\mathfrak{p}$ theilbar sein, und da $\mathfrak{p}_1$ als Primideal nur die beiden Factoren $\mathfrak{p}_1$ und $\mathfrak{o}$ besitzt, so muss das Primideal $\mathfrak{p}$, weil es von $\mathfrak{o}$ verschieden ist, nothwendig $= \mathfrak{p}_1$ sein. Die in einer solchen Darstellung (1) auftretenden Factoren sind *also die sämmtlichen in dem Ideal* $\mathfrak{a}$ *aufgehenden Primideale* $\mathfrak{p}$ *und keine anderen.* Ist ferner e die genaue Anzahl derjenigen von diesen r Factoren, welche mit einem bestimmten Primideal $\mathfrak{p}$ identisch sind, so kann man $\mathfrak{a} = \mathfrak{b}\mathfrak{p}^e$ setzen, wo $\mathfrak{b}$ entweder $= \mathfrak{o}$ oder, falls $e < r$ ist, das Product der übrigen $r - e$ Primfactoren ist; da die letzteren alle von $\mathfrak{p}$ verschieden sind, so ist $\mathfrak{b}$ keinenfalls durch $\mathfrak{p}$ theilbar, und hieraus folgt (nach §. 177, VI), dass $\mathfrak{a}$ zwar durch $\mathfrak{p}'$, aber durch keine höhere Potenz von $\mathfrak{p}$ theilbar, dass also die *Anzahl* e *zugleich der Exponent der höchsten in dem*

Ideal $\mathfrak{a}$ aufgehenden Potenz des Primideals $\mathfrak{p}$ ist. Mithin sind die in der Darstellung (1) des Ideals $\mathfrak{a}$ erscheinenden Primfactoren $\mathfrak{p}$ nicht nur an sich, sondern auch nach der Häufigkeit ihres Auftretens vollständig bestimmt durch $\mathfrak{a}$ allein, w.z.b.w.

An den Beweis dieses Fundamentalsatzes knüpfen wir noch folgende Bemerkungen. Bezeichnet man jetzt mit $\mathfrak{p}_1, \mathfrak{p}_2, \mathfrak{p}_3 \ldots$ alle *von einander verschiedenen,* in dem Ideal $\mathfrak{a}$ aufgehenden Primideale, so nimmt die Darstellung (1) die Form

$$\mathfrak{a} = \mathfrak{p}_1^{e_1}\mathfrak{p}_2^{e_2}\mathfrak{p}_3^{e_3}\cdots \tag{2}$$

an, wo die natürlichen Zahlen $e_1, e_2, e_3 \ldots$ die Häufigkeit des Auftretens für die einzelnen Primfactoren angeben. Es kann gelegentlich, bei der Vergleichung mehrerer Ideale, von Vortheil sein, auch den Exponenten Null zuzulassen, in welchem Falle (nach §. 177, V) die Potenz $\mathfrak{p}^0 = \mathfrak{o}$ zu setzen ist; dies bedeutet natürlich, dass das Ideal $\mathfrak{a}$ durch das Primideal $\mathfrak{p}$ gar nicht theilbar ist. In jedem Falle erscheint das Ideal $\mathfrak{a}$ als das Product oder (nach §. 178, VIII) auch als das kleinste gemeinschaftliche Vielfache aller in ihm aufgehenden höchsten Primideal-Potenzen $\mathfrak{p}_1^{e_1}, \mathfrak{p}_2^{e_2}, \mathfrak{p}_3^{e_3} \ldots$, welche ja zugleich auch relative Primideale sind, und es ergiebt sich der Satz

VI. *Ein Ideal $\mathfrak{a}$ ist dann (und nur dann) durch ein Ideal $\mathfrak{d}$ theilbar, wenn jede in $\mathfrak{d}$ aufgehende Primideal-Potenz auch in $\mathfrak{a}$ aufgeht.*

Denn wenn $\mathfrak{a}$ ein Vielfaches aller in $\mathfrak{d}$ aufgehenden Primideal-Potenzen ist, so ist $\mathfrak{a}$ auch theilbar durch deren kleinstes gemeinsames Vielfaches $\mathfrak{d}$, w.z.b.w.

Hieraus folgt zugleich, dass jeder Factor $\mathfrak{d}$ des in (2) dargestellten Ideals $\mathfrak{a}$ gewiss in der Form

$$\mathfrak{d} = \mathfrak{p}_1^{r_1}\mathfrak{p}_2^{r_2}\mathfrak{p}_3^{r_3}\cdots \tag{3}$$

darstellbar ist, wo z. B. r_1 eine der Zahlen $0, 1, 2 \ldots e_1$ bedeutet; und da je zwei solche Ideale $\mathfrak{d}$ von der Form (3), die verschiedenen Systemen von Exponenten $r_1, r_2, r_3 \ldots$ entsprechen, auch verschieden sind (nach V), so ist das Product

$$(e_1 + 1)(e_2 + 1)(e_3 + 1) \ldots \tag{4}$$

die Anzahl aller verschiedenen Factoren $\mathfrak{d}$ des Ideals $\mathfrak{a}$. Zugleich leuchtet ein, dass die Regeln zur Bestimmung des grössten gemeinsamen Theilers und des kleinsten gemeinsmaen Vielfachen von beliebig vielen in der Form (2) dargestellten Idealen vollständig übereinstimmen mit denen der rationalen Zahlentheorie (§. 10).

VII. *Die kleinste durch das Primideal $\mathfrak{p}$ theilbare natürliche Zahl $p = (\mathfrak{z}, \mathfrak{p})$ ist eine natürliche Primzahl, und zwar ist p die einzige durch $\mathfrak{p}$ theilbare natürliche Primzahl.*

Denn jedenfalls ist $p > 1$, weil sonst $\mathfrak{p} = \mathfrak{o}$ wäre, und wenn p ein Product aus zwei kleineren natürlichen Zahlen r, s wäre, so müsste das in dem Producte $\mathfrak{o}r.\mathfrak{o}s$ aufgehende Primideal $\mathfrak{p}$

(zufolge II) auch in einem der Factoren, also auch in einer der Zahlen r, s aufgehen, was der Definition von p widersprechen würde; mithin ist p eine Primzahl, und da $[p]$ der Inbegriff aller durch $\mathfrak{p}$ theilbaren rationalen Zahlen ist (§. 177, X), so kann keine andere natürliche Primzahl durch $\mathfrak{p}$ theilbar sein, w.z.b.w.

Normen der Ideale. Congruenzen (§ 180.) 24

Nachdem in den §§. 177 bis 179 die Theorie der *Theilbarkeit* der Ideale und also auch der Zahlen in $\mathfrak{o}$ vollständig erledigt ist (vergl. §§. 1 bis 10), wenden wir uns zur Betrachtung der auf Ideale bezüglichen *Zahlclassen und Congruenzen von Zahlen in* $\mathfrak{o}$. Ist μ von Null verschieden, so ist $\mathfrak{o}\mu$ ein Hauptideal, und wir haben schon (in §. 176, II) bewiesen, dass

$$(\mathfrak{o}, \mathfrak{o}\mu) = \pm N(\mu), \tag{1}$$

also von Null verschieden ist. Wählt man nun aus irgend einem Ideal $\mathfrak{m}$ eine solche Zahl μ, so folgt aus $\mathfrak{o} < \mathfrak{m} < \mathfrak{o}\mu$ (nach §. 171, (5)), dass $(\mathfrak{o}, \mathfrak{m})(\mathfrak{m}, \mathfrak{o}\mu) = (\mathfrak{o}, \mathfrak{o}\mu)$, mithin auch $(\mathfrak{o}, \mathfrak{m})$ von Null verschieden ist; wir wollen in Rücksicht auf (1) diese Classenanzahl

$$(\mathfrak{o}, \mathfrak{m}) = N(\mathfrak{m}) \tag{2}$$

setzen und die *Norm des Ideals* $\mathfrak{m}$ nennen; offenbar ist $\mathfrak{o}$ das einzige Ideal, dessen Norm $= 1$ ist. Dann geht die Gl. (1) in

$$N(\mathfrak{o}\mu) = \pm N(\mu) \tag{3}$$

über, und für beliebige Ideale $\mathfrak{a}$, $\mathfrak{b}$ gelten die Sätze

$$(\mathfrak{a}, \mathfrak{ab}) = N(\mathfrak{b}) \tag{4}$$

$$N(\mathfrak{ab}) = N(\mathfrak{a})N(\mathfrak{b}). \tag{5}$$

Denn wählt man (nach §. 178, X) eine von Null verschiedene Zahl α so, dass $\mathfrak{ab} + \mathfrak{o}\alpha = \mathfrak{a}$, $\mathfrak{ab} - \mathfrak{o}\alpha = \mathfrak{b}\alpha$ wird, so folgt (4) aus den in §. 171 bewiesenen Sätzen (3), (2), (4), weil $(\mathfrak{o}\alpha, \mathfrak{ab}) = (\mathfrak{a}, \mathfrak{ab}) = (\mathfrak{o}\alpha, \mathfrak{b}\alpha) = (\mathfrak{o}, \mathfrak{b})$ wird, und hieraus folgt (5), weil $\mathfrak{o} < \mathfrak{a} < \mathfrak{ab}$, also $(\mathfrak{o}, \mathfrak{ab}) = (\mathfrak{o}, \mathfrak{a})(\mathfrak{a}, \mathfrak{ab}) = (\mathfrak{o}, \mathfrak{a})(\mathfrak{o}, \mathfrak{b})$ ist, was zu beweisen war. Setzt man ferner (wie in §. 178, II):

$$\frac{\mathfrak{b}}{\mathfrak{a} + \mathfrak{b}} = \frac{\mathfrak{a} - \mathfrak{b}}{\mathfrak{a}} = \mathfrak{b}', \tag{6}$$

K. Scheel, *Dedekinds Theorie der ganzen algebraischen Zahlen*,
https://doi.org/10.1007/978-3-658-30928-2_24

so wird, wenn $\mathfrak{c}$ ein beliebiges Ideal bedeutet,

$$(\mathfrak{ac}, \mathfrak{bc}) = (\mathfrak{a}, \mathfrak{b}) = N(\mathfrak{b}'), \tag{7}$$

weil $(\mathfrak{ac}, \mathfrak{bc}) = (\mathfrak{ac} + \mathfrak{bc}, \mathfrak{bc})$ und $\mathfrak{bc} = (\mathfrak{ac} + \mathfrak{bc})\mathfrak{b}'$ ist[1]. Nach dem Satze I in §. 171 ist $\mathfrak{o}(\mathfrak{o}, \mathfrak{m}) > \mathfrak{m}$, d. h. *die Norm* $N(\mathfrak{m})$ *des Ideals* $\mathfrak{m}$ *ist theilbar durch* $\mathfrak{m}$, und folglich kann man das Hauptideal

$$\mathfrak{o}N(\mathfrak{m}) = \mathfrak{mn} \tag{8}$$

setzen, wo $\mathfrak{n}$ ein Ideal bedeutet; hierin liegt eine Verallgemeinerung des Satzes IV in §. 176, und man kann das Ideal

$$\mathfrak{n} = N(\mathfrak{m})\mathfrak{m}^{-1} \tag{9}$$

das *Supplement* von $\mathfrak{m}$ nennen; da die Norm der rationalen Zahl $N(\mathfrak{m})$ gleich $N(\mathfrak{m})^n$ ist, so folgt aus (8), (5) und (3), dass

$$N(\mathfrak{n}) = N(\mathfrak{m})^{n-1}, \tag{10}$$

mithin $\mathfrak{m}N(\mathfrak{m})^{n-2}$ das Supplement von $\mathfrak{n}$ ist.

Die kleinste durch $\mathfrak{m}$ theilbare natürliche Zahl $m = (\mathfrak{z}, \mathfrak{m})$ geht jedenfalls in $N(\mathfrak{m})$ auf, weil $[\mathfrak{m}]$ der Inbegriff aller in $\mathfrak{m}$ enthaltenen rationalen Zahlen ist (§. 177, X); da andererseits das Ideal $\mathfrak{o}m$ durch $\mathfrak{m}$ theilbar, also von der Form $\mathfrak{mq}$ ist, so folgt aus (5) und (3), dass $N(\mathfrak{m})$ in $N(\mathfrak{o}m)$, d. h. in m^n aufgeht, und hieraus ergiebt sich (nach §. 178, XIV) der Satz:

I. *Ist* $\mathfrak{m}$ *relatives Primideal zu der natürlichen Zahl* k, *so ist* $N(\mathfrak{m})$ *auch relatives Primideal zu* k.

Da ferner die kleinste, durch ein *Primideal* $\mathfrak{p}$ theilbare natürliche Zahl

$$p = (\mathfrak{z}, \mathfrak{p}) \tag{11}$$

immer eine *natürliche Primzahl* ist (§. 179, VII), so ist $N(\mathfrak{p})$ als Divisor von p^n selbst eine Potenz von p; wir setzen

$$N(\mathfrak{p}) = p^f \tag{12}$$

und nennen den Exponenten f, der stets > 0 und $\leq n$ ist, den *Grad* des Primideals $\mathfrak{p}$.

---

[1] Die vorstehenden Sätze gelten auch für die in der Anmerkung zu §. 178, S. 560 besprochenen *Idealbrüche* $\mathfrak{i}$, wenn deren *Norm* durch

$$N(\mathfrak{i}) = \frac{(\mathfrak{o}, \mathfrak{i})}{(\mathfrak{i}, \mathfrak{o})}$$

erklärt wird. Wählt man die ganze Zahl α so, dass $\mathfrak{i}\alpha$ ein Ideal wird, so ergiebt sich leicht aus $(\mathfrak{o}, \mathfrak{i}) = (\mathfrak{o}\alpha, \mathfrak{i}\alpha) = (\mathfrak{o}\alpha + \mathfrak{i}\alpha, \mathfrak{i}\alpha)$ und $(\mathfrak{i}, \mathfrak{o}) = (\mathfrak{i}\alpha, \mathfrak{o}\alpha) = (\mathfrak{o}\alpha + \mathfrak{i}\alpha, \mathfrak{o}\alpha)$, dass $N(\mathfrak{i})N(\mathfrak{o}\alpha) = N(\mathfrak{i}\alpha)$, und folglich allgemein

$$N(\mathfrak{i}) = \frac{N(\mathfrak{b})}{N(\mathfrak{a})} = \frac{(\mathfrak{a}, \mathfrak{b})}{(\mathfrak{b}, \mathfrak{a})}$$

ist, wo $\mathfrak{a}$, $\mathfrak{b}$ irgend zwei Ideale bedeuten, welche der Bedingung $\mathfrak{ai} = \mathfrak{b}$, d. h. $\mathfrak{b} : \mathfrak{a} = \mathfrak{i}$ genügen.

Allgemeiner verstehen wir unter dem *Grade eines beliebigen Ideals* $\mathfrak{m}$ die Anzahl der (gleichen oder verschiedenen) natürlichen Primzahlen, deren Product $= N(\mathfrak{m})$ ist; dann ist zufolge (5) der Grad eines Productes gleich der Summe der Grade der Factoren, und $\mathfrak{o}$ ist das einzige Ideal vom Grade Null.

Indem wir nun zu der Betrachtung der *Congruenz* der Zahlen (in $\mathfrak{o}$) in Bezug auf ein beliebiges *Ideal* $\mathfrak{m}$ übergehen, bemerken wir zunächst, dass zwei solche Congruenzen

$$\alpha \equiv \alpha', \ \beta \equiv \beta' \ (\text{mod.}\ \mathfrak{m}) \tag{13}$$

nicht nur (wie in §. 171) addirt und subtrahirt, sondern auch multiplicirt (mithin auch potenzirt) werden dürfen; denn weil $\mathfrak{o}\mathfrak{m} > \mathfrak{m}$ ist, so ist jedes der Producte $(\alpha - \alpha')\beta$, $\alpha'(\beta - \beta')$, mithin auch deren Summe $\alpha\beta - \alpha'\beta'$ durch $\mathfrak{m}$ theilbar, also

$$\alpha\beta \equiv \alpha'\beta' \ (\text{mod.}\ \mathfrak{m}). \tag{14}$$

Setzt man ferner

$$\mathfrak{a} = \mathfrak{m} + \mathfrak{o}\alpha, \ \mathfrak{m} = \mathfrak{a}\mathfrak{b}, \ \mathfrak{o}\alpha = \mathfrak{a}\mathfrak{a}', \tag{15}$$

so sind $\mathfrak{b}$ und $\mathfrak{a}'$ (nach §. 178) relative Primideale, und aus einer Congruenz von der Form

$$\alpha\omega \equiv \alpha\omega' \ (\text{mod.}\ \mathfrak{m}) \tag{16}$$

folgt stets die Congruenz

$$\omega \equiv \omega' \ (\text{mod.}\ \mathfrak{b}); \tag{17}$$

denn weil $\alpha(\omega - \omega')$ in $\mathfrak{m}$ enthalten, also $\mathfrak{a}\mathfrak{a}'(\omega - \omega') > \mathfrak{a}\mathfrak{b}$ ist, so folgt $\mathfrak{a}'(\omega - \omega') > \mathfrak{b}$, also auch $\mathfrak{o}(\omega - \omega') > \mathfrak{b}$, was zu zeigen war. Dass umgekehrt aus (17) auch (16) folgt, leuchtet unmittelbar ein.

Ist α *relative Primzahl zu* $\mathfrak{m}$, also $\mathfrak{a} = \mathfrak{o}$, so ist $\mathfrak{b} = \mathfrak{m}$, mithin darf in diesem Falle die Congruenz (16) ohne Weiteres durch α dividirt werden. Dasselbe ergiebt sich auch unmittelbar aus $\mathfrak{o} = \mathfrak{m} + \mathfrak{o}\alpha$; denn da die in $\mathfrak{o}$ enthaltene Zahl $1 = \mu + \alpha\xi$ ist, wo μ in $\mathfrak{m}$ enthalten, so giebt es in diesem Falle eine Zahl ξ, welche der Congruenz

$$\alpha\xi \equiv 1 \ (\text{mod.}\ \mathfrak{m}) \tag{18}$$

genügt (und umgekehrt folgt hieraus offenbar, dass $\mathfrak{m} + \mathfrak{o}\alpha = \mathfrak{o}$, also α relative Primzahl zu $\mathfrak{m}$ ist); multiplicirt man nun (16) mit ξ, so folgt $\omega \equiv \omega'$ (mod. $\mathfrak{m}$), was zu zeigen war.

Die Anzahl aller in $\mathfrak{o}$ enthaltenen, auf das Ideal $\mathfrak{m}$ bezüglichen Zahlclassen $\mathfrak{m} + \alpha$ ist $= (\mathfrak{o}, \mathfrak{m}) = N(\mathfrak{m})$. Man sieht leicht ein, dass zwei beliebige, nach $\mathfrak{m}$ congruente Zahlen α, α' mit $\mathfrak{m}$ einen und denselben grössten gemeinsamen Theiler haben, dass also aus $\mathfrak{m} + \alpha = \mathfrak{m} + \alpha'$ auch $\mathfrak{m} + \mathfrak{o}\alpha = \mathfrak{m} + \mathfrak{o}\alpha'$ folgt; da nämlich $\alpha - \alpha'$ durch $\mathfrak{m}$ theilbar ist, so muss jeder Factor von $\mathfrak{m}$, der in der einen Zahl α' aufgeht, auch in der anderen aufgehen, weil $\alpha = (\alpha - \alpha') + \alpha'$ ist. Jede bestimmte Zahlclasse $\mathfrak{m} + \alpha$ erzeugt daher ein bestimmtes, von der Wahl ihres Repräsentanten α gänzlich unabhängiges, in $\mathfrak{m}$ aufgehendes Ideal $\mathfrak{m} + \mathfrak{o}\alpha$, und wir stellen uns, wenn $\mathfrak{a}$ ein gegebener Factor von $\mathfrak{m} = \mathfrak{ab}$ ist, die Aufgabe, die *Anzahl* aller Classen $\mathfrak{m} + \alpha$ zu bestimmen, welche diesen Factor $\mathfrak{a}$ erzeugen, also der Bedingung $\mathfrak{m} + \mathfrak{o}\alpha = \mathfrak{a}$ genügen. Im Falle $\mathfrak{a} = \mathfrak{m}$, $\mathfrak{b} = \mathfrak{o}$ ist diese Anzahl offenbar $= 1$; ist aber $\mathfrak{a}$ ein echter Factor von $\mathfrak{m}$, also $\mathfrak{b}$ von $\mathfrak{o}$ verschieden, so wird unsere Frage sofort durch den Satz IV in §. 171 beantwortet, wenn man dort $\mathfrak{n} = \mathfrak{ap}$ und für $\mathfrak{p}$ alle in $\mathfrak{b}$ aufgehenden Primideale setzt. Wir ziehen es aber vor, uns auf die folgenden Betrachtungen zu stützen, die ohnehin aus anderen Gründen unentbehrlich sind.

Zunächst lässt sich die Aufgabe auf den besonders wichtigen speciellen Fall $\mathfrak{a} = \mathfrak{o}$, $\mathfrak{b} = \mathfrak{m}$ zurückführen; es handelt sich dann um diejenigen Classen $\mathfrak{m} + \alpha$, deren Zahlen *relative Primzahlen zu* $\mathfrak{m}$ sind, und deren *Anzahl* wir immer mit $\phi(\mathfrak{m})$ bezeichnen wollen; offenbar hat diese Function genau dieselbe Bedeutung für unser Gebiet $\mathfrak{o}$, wie die in §. 11 betrachtete Function ϕ für das Gebiet $\mathfrak{z}$ der ganzen rationalen Zahlen, und sie geht im Falle $n = 1$ in die letztere über[2]. Bedeutet nun $\mathfrak{a}$ wieder einen *beliebigen* Factor von $\mathfrak{m} = \mathfrak{ab}$, so ist (in §. 178, X) schon die Existenz einer Zahl α bewiesen, welche der Bedingung $\mathfrak{m} + \mathfrak{o}\alpha = \mathfrak{a}$ genügt, und es kommt nur darauf an, aus α *alle* Zahlen α' zu finden, welche die Bedingung $\mathfrak{m} + \mathfrak{o}\alpha' = \mathfrak{m} + \mathfrak{o}\alpha$ erfüllen. Da nun eine Modulgleichung von der Form $\mathfrak{m} + \mathfrak{p} = \mathfrak{m} + \mathfrak{q}$ nur den Inhalt hat, dass jede Zahl in $\mathfrak{p}$ mit einer Zahl in $\mathfrak{q}$ congruent ist (mod. $\mathfrak{m}$) und umgekehrt, so wird eine Zahl α' dann und nur dann unsere Forderung erfüllen, wenn es zwei Zahlen ω, ω' giebt, welche den Congruenzen $\alpha' \equiv \alpha\omega$, $\alpha \equiv \alpha'\omega'$ (mod. $\mathfrak{m}$) genügen. Hieraus folgt $\alpha\omega\omega' \equiv \alpha$ (mod. $\mathfrak{m}$), also nach (16) und (17) auch $\omega\omega' \equiv 1$ (mod. $\mathfrak{b}$), mithin ist ω zufolge (18) *relative Primzahl zu* $\mathfrak{b}$; umgekehrt, wenn Letzteres der Fall ist, und $\alpha' \equiv \alpha\omega$ (mod. $\mathfrak{m}$) gesetzt wird, so kann man nach (18) eine Zahl ω' so wählen, dass $\omega\omega' \equiv 1$ (mod. $\mathfrak{b}$) wird, woraus durch Multiplication mit α auch $\alpha \equiv \alpha'\omega'$ (mod. $\mathfrak{m}$) folgt. Man erhält daher alle von uns gesuchten Zahlen α' und nur solche, wenn man $\alpha' \equiv \alpha\omega$ (mod. $\mathfrak{m}$) setzt, und ω alle relativen Primzahlen zu $\mathfrak{b}$ durchlaufen lässt. Da nun zufolge (16) und (17) die durch zwei solche Zahlen ω erzeugten Producte $\omega\alpha$ dann und nur dann nach $\mathfrak{m}$ congruent sind, wenn diese Zahlen ω nach $\mathfrak{b}$ congruent sind, so ergiebt sich, *dass die Anzahl der Classen* $\mathfrak{m} + \alpha'$, *welche der Bedingung* $\mathfrak{m} + \mathfrak{o}\alpha' = \alpha$ *genügen,* $= \phi(\mathfrak{b})$ *ist, wo* $\mathfrak{ab} = \mathfrak{m}$ (vergl. §. 13).

Da die Anzahl aller auf $\mathfrak{m}$ bezüglichen Zahlclassen $= N(\mathfrak{m})$ ist, so folgt hieraus offenbar (wie in §. 13) der Satz

$$\sum \phi(\mathfrak{b}) = N(\mathfrak{m}), \tag{19}$$

wo $\mathfrak{b}$ alle verschiedenen Factoren von $\mathfrak{m}$ durchläuft. Ueberträgt man die in §. 138 enthaltenen Betrachtungen auf unser Gebiet, was keine Schwierigkeit hat, so überzeugt man sich, dass die Function ϕ durch diesen Satz vollständig bestimmt ist, und ihr allgemeiner Ausdruck leicht gewonnen werden kann. Wir überlassen dies dem Leser und schlagen einen anderen Weg ein, welcher auf der Verallgemeinerung der in §. 25 behandelten Aufgabe, nämlich auf dem folgenden, häufig anzuwendenden Satze beruht.

---

[2]Hieraus kann keine Zweideutigkeit entspringen, weil durch das Ideal $\mathfrak{m}$ auch der Körper Ω, also die Bedeutung von $\phi(\mathfrak{m})$ vollständig bestimmt ist; aus diesem Grunde ersetze ich das in der dritten Auflage (§. 174) gewählte Zeichen ψ jetzt durch ϕ.

II. *Ist* $\mathfrak{m}$ *das Product aus den relativen Primidealen* $\mathfrak{a}, \mathfrak{b}, \mathfrak{c} \ldots$, *und sind* $\varrho, \sigma, \tau \ldots$ *ebenso viele gegebene Zahlen, so giebt es immer Zahlen* ω, *welche den gleichzeitigen Congruenzen*

$$\omega \equiv \varrho \text{ (mod. } \mathfrak{a}), \ \ \omega \equiv \sigma \text{ (mod. } \mathfrak{b}), \ \ \omega \equiv \tau \text{ (mod. } \mathfrak{c}) \ldots \tag{20}$$

genügen, und alle diese Zahlen ω *bilden eine bestimmte Zahlclasse in Bezug auf* $\mathfrak{m}$.

Handelt es sich nur um zwei relative Primideale $\mathfrak{a}, \mathfrak{b}$, so folgt dies unmittelbar aus dem Satze III in §. 171, weil $\mathfrak{a} + \mathfrak{b} = \mathfrak{o}$, $\mathfrak{a} - \mathfrak{b} = \mathfrak{ab}$ ist, und hieraus ergiebt sich durch Wiederholung derselben Schlüsse, weil $\mathfrak{ab}, \mathfrak{c}, \mathfrak{d} \ldots$ relative Primideale sind, leicht unser allgemeiner Satz. Derselbe lässt sich aber auch unmittelbar auf folgende Art beweisen. Setzt man (wie in §. 178, I und VIII) $\mathfrak{m} = \mathfrak{a}\mathfrak{a}_1 = \mathfrak{b}\mathfrak{b}_1 = \mathfrak{c}\mathfrak{c}_1 \ldots$, so ist $\mathfrak{a}_1 + \mathfrak{b}_1 + \mathfrak{c}_1 + \cdots = \mathfrak{o}$, und folglich giebt es in den Idealen $\mathfrak{a}_1, \mathfrak{b}_1, \mathfrak{c}_1 \ldots$ resp. Zahlen $\alpha_1, \beta_1, \gamma_1 \ldots$, welche der Bedingung

$$\alpha_1 + \beta_1 + \gamma_1 + \cdots = 1 \tag{21}$$

genügen. Erfüllt nun eine Zahl ω die Congruenzen (20), so folgen daraus durch Multiplication mit $\alpha_1, \beta_1, \gamma_1 \ldots$ die auf $\mathfrak{m}$ bezüglichen Congruenzen $\omega\alpha_1 \equiv \varrho\alpha_1$, $\omega\beta_1 \equiv \sigma\beta_1$, $\omega\gamma_1 \equiv \tau\gamma_1 \ldots$ und durch deren Addition zufolge (21) die Congruenz

$$\omega \equiv \varrho\alpha_1 + \sigma\beta_1 + \tau\gamma_1 + \cdots \text{ (mod. } \mathfrak{m}); \tag{22}$$

umgekehrt genügt jede in dieser Form (22) darstellbaren Zahl ω allen Congruenzen (20), z. B. der ersten von ihnen, weil die Zahlen $\beta_1, \gamma_1 \ldots$ alle durch $\mathfrak{a}$ theilbar, also zufolge (21) die Zahl $\alpha_1 \equiv 1$ (mod. $\mathfrak{a}$) ist, w.z.b.w.

Jeder Combination von Classen $\mathfrak{a} + \varrho$, $\mathfrak{b} + \sigma$, $\mathfrak{c} + \tau \ldots$ entspricht daher immer eine bestimmte Classe $\mathfrak{m} + \omega$ als Inbegriff aller derjenigen Zahlen, welche jenen Classen gemeinsam sind; umgekehrt leuchtet ein, dass jede Classe $\mathfrak{m} + \omega$ immer aus einer und nur einer solchen Combination entspringt. Da ferner zufolge (20) die Zahl ω dann und nur dann relative Primzahl zu $\mathfrak{m}$ wird, wenn die Zahlen $\varrho, \sigma, \tau \ldots$ resp. relative Primzahlen zu $\mathfrak{a}, \mathfrak{b}, \mathfrak{c} \ldots$ sind, so ergiebt sich der folgende Satz (vergl. §. 12):

III. *Sind* $\mathfrak{a}, \mathfrak{b}, \mathfrak{c} \ldots$ *relative Primideale, so ist*

$$\phi(\mathfrak{abc} \ldots) = \phi(\mathfrak{a})\phi(\mathfrak{b})\phi(\mathfrak{c}) \ldots \tag{23}$$

Da nun jedes von $\mathfrak{o}$ verschiedene Ideal entweder eine Potenz eines Primideals oder ein Product aus mehreren solchen Potenzen $\mathfrak{a}, \mathfrak{b}, \mathfrak{c} \ldots$ ist, die zugleich relative Primideale sind, während offenbar

$$\phi(\mathfrak{o}) = 1 \tag{24}$$

ist, so kommt es nur noch darauf an, die Function $\phi(\mathfrak{a})$ für den Fall zu bestimmen, dass $\mathfrak{a}$ durch ein und nur ein Primideal $\mathfrak{p}$ theilbar ist; da aber eine Zahl ϱ dann und nur dann relative

Primzahl zu $\mathfrak{a}$ ist, wenn sie nicht durch $\mathfrak{p}$ theilbar ist, so hat man, um die Anzahl $\phi(\mathfrak{a})$ aller dieser Classen $\mathfrak{a} + \varrho$ zu erhalten, von der Anzahl $(\mathfrak{o}, \mathfrak{a})$ aller Classen die Anzahl $(\mathfrak{p}, \mathfrak{a})$ derjenigen Classen abzuziehen, deren Zahlen durch $\mathfrak{p}$ theilbar sind, und da $(\mathfrak{o}, \mathfrak{p})(\mathfrak{p}, \mathfrak{a}) = (\mathfrak{o}, \mathfrak{a}) = N(\mathfrak{a})$ ist, so ergiebt sich

$$\phi(\mathfrak{a}) = N(\mathfrak{a})\left(1 - \frac{1}{N(\mathfrak{p})}\right) \tag{25}$$

und hieraus der allgemeine Satz

$$\phi(\mathfrak{m}) = N(\mathfrak{m}) \prod \left(1 - \frac{1}{N(\mathfrak{p})}\right), \tag{26}$$

wo das Productzeichen sich auf alle verschiedenen, in $\mathfrak{m}$ aufgehenden Primideale $\mathfrak{p}$ bezieht. Man erkennt leicht, wie hieraus rückwärts sich die Sätze (23) und (19) ableiten lassen (vergl. §§. 12, 14). Unsere Aufgabe ist hiermit gelöst.

Bedeutet nun ϱ irgend eine bestimmte relative Primzahl zu $\mathfrak{m}$, während ϱ' ein System von $\phi(\mathfrak{m})$ nach $\mathfrak{m}$ incongruenten Zahlen durchläuft, die relative Primzahlen zu $\mathfrak{m}$ sind, so sind die Producte $\varrho\varrho'$ incongruent und ebenfalls relative Primzahlen zu $\mathfrak{m}$; jede dieser Zahlen $\varrho\varrho'$ ist daher mit einer der Zahlen ϱ', und jede der letzteren mit einer der ersteren congruent; mithin ist auch das Product σ der Zahlen ϱ' congruent dem Producte $\sigma\varrho^{\phi(\mathfrak{m})}$ der Zahlen $\varrho\varrho'$, und da σ ebenfalls relative Primzahl zu $\mathfrak{m}$ ist, so erhält man den Satz:

IV. *Ist $\mathfrak{m}$ ein Ideal, und ϱ relative Primzahl zu $\mathfrak{m}$, so ist*

$$\varrho^{\phi(\mathfrak{m})} \equiv 1 \text{ (mod. } \mathfrak{m}). \tag{27}$$

Derselbe entspricht offenbar dem verallgemeinerten Fermatschen Satze der rationalen Zahlentheorie (§. 19), und aus ihm folgt unmittelbar der Satz:

V. *Ist $\mathfrak{p}$ ein Primideal, so genügt jede Zahl ω der Congruenz*

$$\omega^{N(\mathfrak{p})} \equiv \omega \text{ (mod. } \mathfrak{p}). \tag{28}$$

Von der unerschöpflichen Reihe von Untersuchungen, welche von diesem Fundamentalsatze ausgehen dürfen wir des Raumes wegen nur einige Andeutungen geben, die der Leser ohne Schwierigkeit ausführen kann[3]. Zunächst wird man alle in den §§. 26 bis 31 enthaltenen Sätze über Congruenzen, Potenzreste, primitive Wurzeln auf solche Congruenzen übertragen, deren Coefficienten irgend welche Zahlen unseres Gebietes $\mathfrak{o}$, und deren Modul ein Primideal

[3] Vergl. meine von der Gesellschaft der Wissenschaften zu Göttingen herausgegebenen Abhandlungen *Ueber den Zusammenhang zwischen der Theorie der Ideale und der Theorie der höheren Congruenzen* (Bd. 23, 1878) und *Ueber die Discriminanten endlicher Körper* (Bd. 29, 1882), ferner die Abhandlung von *Stickelberger: Ueber eine Verallgemeinerung der Kreistheilung* (Math. Annalen, Bd. 37).

$\mathfrak{p}$ ist. Behalten p und f die in (11) und (12) angegebene Bedeutung, so ergiebt sich hieraus in Verbindung mit (28) die in Bezug auf die *Variabele* t identische Congruenz

$$t^{p^f} - t \equiv \prod (t - \omega) \text{ (mod. } \mathfrak{p}), \tag{29}$$

wo das Productzeichen $\prod$ sich auf alle incongruenten Zahlen ω bezieht. Hierzu kommt eine Betrachtung, welche in der Theorie der rationalen Zahlen noch nicht auftreten konnte. Versteht man unter der *Höhe* einer Zahl α (in Bezug auf $\mathfrak{p}$) die *kleinste* natürliche Zahl a, welche der Bedingung

$$\alpha^{p^a} \equiv \alpha \text{ (mod. } \mathfrak{p}) \tag{30}$$

genügt, so sind die a Zahlen

$$\alpha,\ \alpha^p,\ \alpha^{p^2} \ldots \alpha^{p^{a-1}} \tag{31}$$

incongruent, und die beiden Congruenzen

$$\alpha^{p^r} \equiv \alpha^{p^s} \text{ (mod. } \mathfrak{p}) \text{ und } r \equiv s \text{ (mod. } a) \tag{32}$$

sind gleichbedeutend, woraus zugleich folgt, dass die Höhe a ein *Divisor* des Grades f ist. Das System aller Zahlen, deren Höhe $= 1$ ist, fällt zusammen mit dem Modul $\mathfrak{p} + \mathfrak{z}$, d. h. mit dem System aller derjenigen Zahlen, welche einer *rationalen* Zahl congruent sind. Zu den Zahlen von der Höhe f gehören z. B. alle primitiven Wurzeln von $\mathfrak{p}$.

Die a Zahlen (31) oder irgend welche ihnen congruente Zahlen bilden die *Periode* der Zahl α; jede von ihnen hat dieselbe Höhe und erzeugt dieselbe Periode. Nun gilt zufolge der in §. 20 erwähnten Eigenschaft der Binomialcoefficienten für je zwei ganze Zahlen μ, ν die Congruenz

$$(\mu \pm \nu)^p \equiv \mu^p \pm \nu^p \text{ (mod. } p); \tag{33}$$

hieraus folgt, dass jede durch Addition und Multiplication gebildete symmetrische Function der Zahlen (31) die Höhe 1 besitzt, und das folglich eine identische Congruenz von der Form

$$(t - \alpha)(t - \alpha^p) \ldots (t - \alpha^{p^{a-1}}) \equiv P(t) \text{ (mod. } \mathfrak{p}) \tag{34}$$

besteht, wo $P(t)$ eine ganze Function von t mit ganzen *rationalen* Coefficienten bedeutet. In der Theorie *dieser* auf den Modul p bezogenen Functionen ist $P(t)$ eine sogenannte *Primfunction*[4], weil aus einer Congruenz von der Form

$$P(\alpha) \equiv 0 \text{ (mod. } \mathfrak{p}) \tag{35}$$

durch Potenziren auch $P(\alpha') \equiv 0$ (mod. $\mathfrak{p}$) folgt, wo α' *jede* Zahl der Periode (31) bedeutet. Verbindet man nun in (29) immer diejenigen Factoren $t - \omega$, welche den zu einer Periode gehörenden Zahlen ω entsprechen, zu einer Function $P(t)$ und bedenkt, dass jede auf $\mathfrak{p}$ bezügliche Congruenz zwischen rationalen Zahlen auch in Bezug auf den Modul p gilt,

[4] Vergl. meine auf S. 61 citirte Abhandlung art. 6.

so erhält man eine von der Beschaffenheit des Körpers Ω gänzlich unabhängige identische Congruenz von der Form

$$t^{p^f} - t \equiv \prod P(t) \pmod{p}; \tag{36}$$

die rechte Seite ist ein Product von lauter solchen Primfunctionen, deren Grade Divisoren von f sind, und in der Theorie dieser identischen Functionen-Congruenzen wird gezeigt[5], dass in diesem Producte auch jede solche Primfunction einmal auftreten muss.

Bildet man aus einer Zahl α von der Höhe a und aus ganzen rationalen Coefficienten x alle Zahlen ν von der Form

$$\nu \equiv x_1\alpha^{a-1} + x_2\alpha^{a-2} + \cdots + x_a \pmod{\mathfrak{p}}, \tag{37}$$

so überzeugt man sich leicht, dass dieselben mit allen Wurzeln der Congruenz

$$\nu^{p^a} \equiv \nu \pmod{\mathfrak{p}}, \tag{38}$$

also mit allen denjenigen Zahlen zusammenfallen, deren Höhe ein Divisor von a ist. Der Inbegriff $\mathfrak{n}$ aller dieser Zahlen ν, welcher nach §. 173 auch durch $\mathfrak{p} + (\alpha)_a$ bezeichnet werden kann, ist eine *Ordnung* (§. 170), und ausser diesen, den sämmtlichen Divisoren a von f entsprechenden Ordungen giebt es in $\mathfrak{o}$ keine andere in $\mathfrak{p}$ aufgehende Ordnung. Der *Führer* der Ordnung $\mathfrak{n}$, worunter immer der Quotient $\mathfrak{n} : \mathfrak{o}$ zu verstehen ist[6], ist $= \mathfrak{p}$ oder $= \mathfrak{o}$, je nachdem $a < f$ oder $a = f$ ist, weil im letzteren Falle offenbar $\mathfrak{n} = \mathfrak{o}$ ist. Das es, wenn a irgend ein Divisor von f ist, immer auch Zahlen α von der Höhe a giebt, folgt leicht aus den früheren Sätzen, und durch Anwendung der in §. 138 enthaltenen Methode findet man auch den allgemeinen Ausdruck für die Anzahl aller incongruenten solchen Zahlen.

Wir bemerken endlich, dass die oben erwähnte Theorie der *identischen* Congruenzen, in welcher Functionen einer *Variabelen* mit rationalen Coefficienten aus eine natürliche Primzahl p als Modulus bezogen werden, sich ebenfalls auf Functionen übertragen lässt, deren Coefficienten beliebige Zahlen unseres Gebietes $\mathfrak{o}$ sind, während als Modulus irgend ein Primideal $\mathfrak{p}$ auftritt, und da diese Uebertragung für manche tiefere Untersuchung erfordert wird, so empfehlen wir dem Leser, dieselbe durchzuführen.

[5] A.a. O. art. 19.

[6] Vergl. §. 7 meiner Abhandlung *Ueber die Discriminanten endlicher Körper* (Göttingen 1882).

25 Idealclassen und deren Composition (§ 181.)

Wir haben gesehen, dass jedes Ideal $\mathfrak{a}$ durch Multiplication mit einem geeigneten Ideal $\mathfrak{m}$ in ein Hauptideal $\mathfrak{am}$ verwandelt werden kann (§. 177, IX), und wollen nun zwei Ideale $\mathfrak{a}$, $\mathfrak{a}'$ *äquivalent* nennen, wenn beide durch Multiplication mit einem und demselben Factor $\mathfrak{m}$ in Hauptideale $\mathfrak{am} = \mathfrak{o}\mu$, $\mathfrak{a}'\mathfrak{m} = \mathfrak{o}\mu'$ übergehen; dann ist $\mathfrak{a}\mu' = \mathfrak{a}'\mu$, und wenn man die (ganze oder gebrochene) Zahl $\mu'\mu^{-1} = \eta$ setzt, so wird $\mathfrak{a}' = \mathfrak{a}\eta$. Umgekehrt, wenn es eine Zahl η giebt, welche dieser Bedingung genügt, so sind die Ideale $\mathfrak{a}$, $\mathfrak{a}'$ äquivalent, weil dann aus $\mathfrak{am} = \mathfrak{o}\mu$ auch $\mathfrak{a}'\mathfrak{m} = \mathfrak{o}\mu'$ folgt, wo $\mu' = \mu\eta$ gewiss eine ganze Zahl ist. Zugleich ergiebt sich hieraus, dass *jeder* Factor $\mathfrak{m}$, welcher das eine von zwei äquivalenten Idealen $\mathfrak{a}$, $\mathfrak{a}'$ in ein Hauptideal verwandelt, Gleiches auch für das andere Ideal leistet, und dass folglich je zwei Ideale $\mathfrak{a}'$, $\mathfrak{a}''$, die mit einem dritten Ideal $\mathfrak{a}$ äquivalent sind, stets auch mit einander äquivalent sein müssen. Auf diesem Satze beruht die Möglichkeit, alle Ideale in *Idealclassen* einzutheilen; ist $\mathfrak{a}$ ein bestimmtes Ideal, so hat der Inbegriff *A aller* mit $\mathfrak{a}$ äquivalenten Ideale $\mathfrak{a}$, $\mathfrak{a}'$, $\mathfrak{a}''$ ... die Eigenschaft, dass je zwei darin enthaltene Ideale $\mathfrak{a}'$, $\mathfrak{a}''$ einander äquivalent sind, und wenn $\mathfrak{a}'$ irgend ein in A enthaltenes Ideal ist, so ist A zugleich der Inbegriff aller mit $\mathfrak{a}'$ äquivalenten Ideale. Ein solches System von A von Idealen nennen wir eine *Idealclassen* oder auch kürzer eine *Casse,* da eine Verwechselung mit Zahlclassen hier nicht zu befürchten ist; jede Classe A ist durch ein beliebiges in ihr enthaltenes Ideal $\mathfrak{a}$ vollständig bestimmt, und letzteres kann daher immer als *Repräsentant* der ganzen Classen A angesehen werden.

Die durch das Ideal $\mathfrak{o}$ repräsentirte Classe wollen wir mit O bezeichnen und die *Hauptclasse* nennen, weil sie offenbar aus allen Hauptidealen $\mathfrak{o}\eta$ besteht.

Sind $\mathfrak{a}$, $\mathfrak{a}'$ äquivalent, so gilt dasselbe von $\mathfrak{ab}$, $\mathfrak{a}'\mathfrak{b}$, weil aus $\mathfrak{a}' = \mathfrak{a}\eta$ auch $\mathfrak{a}'\mathfrak{b} = (\mathfrak{ab})\eta$ folgt; sind ausserdem $\mathfrak{b}$, $\mathfrak{b}'$ äquivalent, so folgt ebenso, dass $\mathfrak{a}'\mathfrak{b}$, $\mathfrak{a}'\mathfrak{b}'$, also auch $\mathfrak{ab}$, $\mathfrak{a}'\mathfrak{b}'$ äquivalent sind. Durchläuft daher $\mathfrak{a}$ alle Ideale der Classe A, und ebenso $\mathfrak{b}$ alle Ideale der Classe B, so gehören alle Producte $\mathfrak{ab}$ einer und derselben Classe K an, die aber noch unendlich viele andere Ideale enthalten kann; diese Classe K wollen wir mit AB bezeichnen, und sie soll das *Product* aus A, B oder die aus A und B *zusammengesetzte* Classe heissen. Offenbar

K. Scheel, *Dedekinds Theorie der ganzen algebraischen Zahlen*,
https://doi.org/10.1007/978-3-658-30928-2_25

ist $AB = BA$, wo das Gleichheitszeichen die Identität der beiden Classen bedeutet, und aus $(\mathfrak{ab})\mathfrak{c} = \mathfrak{a}(\mathfrak{bc})$ folgt für drei beliebige Classen der Satz $(AB)C = A(BC)$. Man kann daher dieselben Schlüsse anwenden, wie bei der Multiplication von Zahlen oder Idealen, und beweisen, dass bei der Zusammensetzung von beliebig vielen Classen $A_1, A_2 \ldots A_m$ die Anordnung der successiven Multiplicationen, durch welche jedesmal zwei Classen zu ihrem Producte vereinigt werden, keinen Einfluss auf das Endresultat hat, welches kurz durch $A_1 A_2 \ldots A_m$ bezeichnet werden kann (vergl. §. 2). Sind die Ideale $\mathfrak{a}_1, \mathfrak{a}_2 \ldots \mathfrak{a}_m$ Repräsentanten der Classen $A_1, A_2 \ldots A_m$, so ist das Ideal $\mathfrak{a}_1 \mathfrak{a}_2 \ldots \mathfrak{a}_m$ ein Repräsentant des Productes $A_1 A_2 \ldots A_m$. Sind alle m Factoren $= A$, so heisst ihr Product die m^{te} *Potenz* von A und wird mit A^m bezeichnet; ausserdem setzen wir $A^1 = A$ und $A^0 = O$. Von besonderer Wichtigkeit sind die beiden folgenden Fälle.

Aus $\mathfrak{oa} = \mathfrak{a}$ folgt der für jede Classe A gültige Satz $OA = A$.

Da ferner jedes Ideal $\mathfrak{a}$ durch Multiplication mit einem Ideal $\mathfrak{m}$ in ein Hauptideal $\mathfrak{am}$ verwandelt werden kann, so giebt es für jede Classe A eine zugehörige Classe M, welche der Bedingung $AM = O$ genügt, und zwar nur eine einzige; denn wenn die Classe M' ebenfalls die Bedingung $AM' = O$ erfüllt, so folgt

$$M' = OM' = (AM)M' = (AM')M = OM = M.$$

Diese Classe M heisst die *entgegengesetzte* oder die *inverse* Classe von A, und sie soll durch A^{-1} bezeichnet werden; offenbar ist umgekehrt A die inverse Classe von A^{-1}. Definirt man ferner A^{-m} als die inverse Classe von A^m, so gelten für beliebige ganze rationale Exponenten r, s die Sätze:

$$A^r A^s = A^{r+s},\ (A^r)^s = A^{rs},\ (AB)^r = A^r B^r.$$

Endlich leuchtet ein, dass aus $AB = AC$ durch Multiplication mit A^{-1} stets $B = C$ folgt.

Um nun tiefer in die Natur der Idealclassen einzudringen, wählen wir eine beliebige, aus n ganzen Zahlen $\omega_1, \omega_2 \ldots \omega_n$ bestehende Basis von $\mathfrak{o}$; dann wird jede Zahl

$$\omega = h_1 \omega_1 + h_2 \omega_2 + \cdots h_n \omega_n, \tag{1}$$

welche ganze Coordinaten $h_1, h_2 \cdots + h_n$ hat, ebenfalls eine ganze Zahl des Körpers. Legt man den Coordinaten alle ganzen Werthe bei, welche, absolut genommen, einen bestimmten positiven Werth k nicht überschreiten, so werden offenbar die absoluten Werthe der entsprechenden Zahlen ω, wenn die reell sind, oder ihre analytischen Moduln, wenn sie imaginär sind, sämmtlich $\leq rk$ sein, wo r die Summe der absoluten Werthe oder der Moduln von $\omega_1, \omega_2 \ldots \omega_n$ bedeutet und folglich eine von k gänzlich unabhängige Constante ist. Da ferner die Norm $N(\omega)$ ein Product aus n conjugirten Zahlen ω von der obigen Form ist, so wird gleichzeitig

$$\pm N(\omega) \leq Hk^n, \tag{2}$$

wo H ebenfalls eine lediglich von der Basis abhängige Constante bedeutet. Dann gilt der folgende Satz:

I. *Aus jedem endlichen Modul* $\mathfrak{a}$, *dessen Basis zugleich eine Basis des Körpers* Ω *ist, kann man eine ganze, von Null verschiedene Zahl* α *so auswählen, dass*

$$\pm N(\alpha) \leq H(\mathfrak{o}, \mathfrak{a}) \tag{3}$$

wird.

Denn bestimmt man, da $(\mathfrak{o}, \mathfrak{a}) > 0$ ist (§. 175), die natürliche Zahl k durch die Bedingungen

$$k^n \leq (\mathfrak{o}, \mathfrak{a}) < (k+1)^n \tag{4}$$

und legt jeder der n Coordinaten in (1) die sämmtlichen $(k+1)$ Werthe $0, 1, 2 \ldots k$ bei, so entstehen lauter verschiedene Zahlen ω, und da ihre Anzahl $= (k+1)^n$, also $> (\mathfrak{o}, \mathfrak{a}^0)$ ist, so giebt es unter ihnen mindestens zwei verschiedene β, γ, welche nach $\mathfrak{a}$ congruent sind; mithin wird ihre Differenz $\beta - \gamma$ eine von Null verschiedene, ganze Zahl α in $\mathfrak{a}$. Da nun die Coordinaten der Zahlen β, γ in der Reihe $0, 1, 2 \ldots k$ enthalten sind, so überschreiten die Coordinaten dieser Zahl α, absolut genommen, den Werth k nicht, und hieraus ergiebt sich mit Rücksicht auf (2) und (4) die Gl. (3), w.z.b.w.

Als eine unmittelbare Folgerung ergiebt sich hieraus der Fundamentalsatz:

II. *In jeder Idealclasse* M *giebt es mindestens ein Ideal* $\mathfrak{m}$, *dessen Norm die Constante* H *nicht überschreitet*[1], *und folglich ist die Anzahl der Idealclassen endlich.*

Denn wendet man den vorigen Satz auf ein *Ideal* $\mathfrak{a}$ an, welches nach Belieben aus der inversen Classe M^{-1} gewählt ist, so wird $\mathfrak{o}\alpha > \mathfrak{a}$, also $\mathfrak{o}\alpha = \mathfrak{a}\mathfrak{m}$, wo $\mathfrak{m}$ ein Ideal der Classe M bedeutet; zugleich wird $\pm N(\alpha) = N(\mathfrak{a})N(\mathfrak{m}) = (\mathfrak{o}, \mathfrak{a})N(\mathfrak{m})$, also $N(\mathfrak{m}) \leq H$. Bedenkt man aber, dass es nur eine endliche Anzahl von natürlichen Zahlen giebt, die den Werth H nicht überschreiten, und dass jedes Ideal $\mathfrak{m}$ (nach §. 177, VIII), dass die Anzahl der Ideale $\mathfrak{m}$, welche der Bedingung $N(\mathfrak{m}) \leq H$ genügen, und folglich auch die Anzahl der Idealclassen M endlich ist, w.z.b.w.

Es leuchtet nun unmittelbar ein, dass Alles, was wir in der Theorie der quadratischen Formen über die Zusammensetzung der ursprünglichen Classen erster Art gesagt haben (§. 149), sich Wort für Wort auf unsere Idealclassen übertragen lässt. Wir haben hier aber nur den einen Satz hervor, dass, wenn h die *Anzahl aller Classen* bedeutet, jede Idealclasse A der Bedingung

$$A^h = 0$$

[1] Vergl. *H. Minkowski: Théorèmes arithmétiques* (Compte rendu der Pariser Akademie vom 26. Januar 1891); *Ueber die positiven quadratischen Formen und über kettenbruchähnliche Algorithmen* (Crelle's Journal, Bd. 107). Aus diesen wichtigen Untersuchungen, welche in weiterer Ausführung demnächst als besonderes Werk *(Geometrie der Zahlen)* erscheinen werden, geht unter Anderem hervor, dass (wenn $n > 1$) die Constante H *kleiner* angenommen werden darf, als die Quadratwurzel aus dem absoluten Werthe der Grundzahl D, woraus zugleich folgt, dass D absolut > 1 ist.

genügt. Ist daher $\mathfrak{a}$ ein beliebiges Ideal, so ist $\mathfrak{a}^h$ immer ein *Hauptideal;* setzt man

$$\mathfrak{a}^h = \mathfrak{o}\mu$$

und

$$\alpha_0^h = \mu, \quad \alpha_0 = \sqrt[h]{\mu},$$

so ist α_0 eine ganze algebraische Zahl (§. 173, V); gehört dieselbe dem Körper Ω, also auch dem Gebiete $\mathfrak{o}$ an, so ist $\mathfrak{a}$ offenbar ein Hauptideal, nämlich $= \mathfrak{o}\alpha_0$, und es wird folglich, wenn $\mathfrak{a}$ kein Hauptideal ist, die Zahl α_0 dem Körper Ω gewiss nicht angehören. Nichtsdestoweniger findet auch im letzteren Falle zwischen dem Ideal $\mathfrak{a}$ und der Zahl α_0 der Zusammenhang statt, dass $\mathfrak{a}$ der Inbegriff aller derjenigen in $\mathfrak{o}$ enthaltenen Zahlen ist, welche durch α_0 theilbar sind (§. 174). Denn wenn α in $\mathfrak{a}$ enthalten, also α^h durch $\mathfrak{a}^h$, mithin auch durch μ theilbar ist, so ist α auch theilbar durch $\sqrt[h]{\mu} = \alpha_0$; und umgekehrt, ist α eine in $\mathfrak{o}$ enthaltene und durch α_0 theilbare Zahl, so ist α^h theilbar durch $\alpha_0^h = \mu$, also auch durch $\mathfrak{a}^h$, woraus (nach §. 179) leicht folgt, dass α auch durch $\mathfrak{a}$ theilbar ist. Nennt man daher eine solche Zahl α_0 eine *ideale Zahl* des Körpers Ω im Gegensatze zu den in Ω enthaltenen *wirklichen* Zahlen, so kann jedes Ideal $\mathfrak{a}$ als der Inbegriff aller in $\mathfrak{o}$ enthaltenen, durch eine wirkliche oder ideale Zahl α_0 theilbaren Zahlen angesehen werden. Hieran knüpfen wir den Beweis des folgenden, schon früher (§. 174) angekündigten Satzes:

III. *Zwei beliebige ganze algebraische Zahlen α, β besitzen immer einen gemeinschaftlichen Theiler* δ_0, welcher in der Form $\alpha\xi_0 + \beta\eta_0$ *darstellbar ist, wo* ξ_0, η_0 *ebenfalls ganze algebraische Zahlen bedeuten.*

Wir nehmen an, dass beide Zahlen α, β von Null verschieden sind, weil im entgegengesetzten Falle der Satz evident ist. Es giebt nun (nach §. 164) immer einen endlichen Körper Ω, welcher beide Zahlen α, β enthält, und es sei $\mathfrak{o}$ wieder das System aller ganzen Zahlen dieses Körpers, ferner h die Anzahl der Idealclassen. Ist $\mathfrak{d}$ der grösste gemeinschaftliche Theiler der beiden Hauptideale

$$\mathfrak{o}\alpha = \mathfrak{a}\mathfrak{d}, \ \mathfrak{o}\beta = \mathfrak{b}\mathfrak{d},$$

so sind, $\mathfrak{a}$, $\mathfrak{b}$ relative Primideale, und dasselbe gilt folglich von ihren Potenzen $\mathfrak{a}^h$, $\mathfrak{b}^h$. Setzt man nun

$$\mathfrak{d}^h = \mathfrak{o}\gamma,$$

wo γ in $\mathfrak{o}$ enthalten, so wird, weil α^h und β^h durch $\mathfrak{d}^h$ theilbar sind,

$$\alpha^h = \mu\gamma, \ \beta^h = \nu\gamma, \ \mathfrak{o}\mu = \mathfrak{a}^h, \ \mathfrak{o}\nu = \mathfrak{b}^h,$$

wo μ, ν ebenfalls in $\mathfrak{o}$ enthalten und zwar relative Primzahlen sind (§. 178, XIII); es giebt daher in $\mathfrak{o}$ zwei Zahlen ϱ, σ, welche der Bedingung

$$\mu\varrho + \nu\sigma = 1$$

genügen. Man definire jetzt die zu $\mathfrak{d}$ gehörige ideale Zahl δ_0 und ferner die Zahlen α_0, β_0 durch

$$\delta_0 = \sqrt[h]{\gamma},\ \alpha = \alpha_0\delta_0,\ \beta = \beta_0\delta_0,$$

so wird

$$\gamma = \mathfrak{d}_0^h,\ \mu = \alpha_0^h,\ \nu = \beta_0^h,$$

mithin sind α_0, β_0 die zu $\mathfrak{a}$, $\mathfrak{b}$ gehörigen idealen ganzen Zahlen und δ_0 ist ein *gemeinsamer Divisor* der beiden gegebenen Zahlen α, β. Setzt man endlich

$$\xi_0 = \alpha_0^{h-1}\varrho,\ \eta_0 = \beta_0^{h-1}\sigma,$$

so sind ξ_0, η_0 ganze Zahlen, welche den Bedingungen

$$\alpha_0\xi_0 + \beta_0\eta_0 = 1,\ \alpha\xi_0 * \beta\eta_0 = \delta_0$$

genügen, was zu beweisen war.

Diese Zahl δ_0, aber auch jede mit ihr associirte Zahl, verdient den Namen des *grösssten gemeinschaftlichen Theilers von* α, β, weil jeder gemeinschaftliche Theiler dieser beiden Zahlen in δ_0 aufgehen muss. Da ferner jedes Ideal $\mathfrak{d}$ als grösster gemeinschaftlicher Theiler von zwei Hauptidealen $\mathfrak{o}\alpha$, $\mathfrak{o}\beta$ darstellbar ist (§. 178, XII), so kann unter einer *idealen Zahl* des Körpers Ω auch jede Zahl δ_0 verstanden werden, welche der grösste gemeinschaftliche Theiler von zwei *wirklichen,* d. h. in $\mathfrak{o}$ enthaltenen Zahlen α, β ist.

Nach dieser Abschweifung kehren wir noch einmal zu der Eintheilung aller Ideale in *Classen* zurück; es giebt nämlich einen Fall, für welchen es zweckmässig sein kann, an Stelle der oben beschriebenen Eintheilung eine andere zu setzen, die noch etwas tiefer eingreift. Zwei Hauptideale $\mathfrak{o}\mu$, $\mathfrak{o}\nu$ sind offenbar stets und nur dann identisch, wenn die beiden Zahlen μ, ν associirt, d. h. wenn $\nu = \varepsilon\mu$ ist, wo ε eine Einheit bedeutet. Ist die Norm von μ *positiv,* so ist sie zugleich die Norm des Hauptideals $\mathfrak{o}\mu$. Es kann aber auch der Fall eintreten, dass die Normen *aller* mit einer bestimmten Zahl μ associirten Zahlen $\varepsilon\mu$ *negativ* sind; dies wird immer und nur dann geschehen, wenn es in dem Körper Ω Zahlen von negativer Norm, unter diesen aber keine Einheit giebt[2]. In diesem Falle ist es für manche Untersuchungen zweckmässig, zwei Ideale $\mathfrak{a}$, $\mathfrak{a}'$ nur dann *äquivalent* zu nennen, wenn es eine Zahl η von *positiver* Norm giebt, welche der Bedingung $\mathfrak{a}\eta = \mathfrak{a}'$ genügt, und hierdurch verdoppelt sich offenbar die Anzahl der Idealclassen; die Hauptclasse O besteht nur noch aus denjenigen Hauptidealen $\mathfrak{o}\mu$, welche den Zahlen μ von positiver Norm entsprechen, während die übrigen Hauptideale eine besondere, sich selbst entgegengesetzte Classe bilden[3]. Die allge-

[2]Der Grad n eines solchen Körpers Ω muss, wie leicht zu sehen, eine *gerade* Zahl, und unter den mit Ω conjugirten Körpern müssen auch solche sein, welche aus lauter *reellen*Zahlen bestehen. Ein solcher Körper ist z. B. der quadratische Körper, dessen Grundzahl $= +12$, während der von der Grundzahl $+8$ diese Eigenschaft nicht besitzt.

[3]Eine noch weiter gehende Beschränkung erhält man durch die Forderung, dass jede mit der erzeugenden Zahl μ conjugirte reelle Zahl positiv sein soll.

meinen Sätze über die Zusammensetzung der Classen werden aber hierdurch nicht geändert. Man kann auch leicht beweisen, dass jedes Ideal $\mathfrak{a}$ in ein Ideal der jetzigen Hauptclasse O verwandelt werden kann durch Multiplication mit einem Factor $\mathfrak{m}$, welcher relatives Primideal zu einem beliebig gegebenen Ideal $\mathfrak{b}$ ist; denn hat man (nach §. 178, X) aus $\mathfrak{a}$ eine Zahl α so ausgewählt, dass $\mathfrak{ab} + \mathfrak{o}\alpha = \mathfrak{a}$ wird, so hat (nach §. 180) jede Zahl μ, welche $\equiv \alpha$ (mod. $\mathfrak{ab}$) ist, dieselbe Eigenschaft, und es braucht nur noch gezeigt zu werden, dass es unter diesen Zahlen μ auch solche von positiver Norm giebt; dies erreicht man offenbar, wenn man $\mu = \alpha + m$ setzt und die durch $\mathfrak{ad}$ theilbare natürliche Zahl m so gross wählt, dass alle mit μ conjugirten reellen Zahlen positiv ausfallen; aus $\mathfrak{o}(\alpha + m) = \mathfrak{am}$ ergiebt sich dann der verlangte Factor $\mathfrak{m}$. Den hiermit in erweitertem Umfange bewiesenen Satz kann man offenbar auch so aussprechen:

IV. *In jeder Idealclasse M giebt es Ideale $\mathfrak{m}$, die mit einem beliebig gegebenen Ideale keinen gemeinschaftlichen Theiler ausser $\mathfrak{o}$ haben.*

Zum Schlusse bemerken wir, dass man die Eintheilung der *Ideale* in Classen auf alle *Moduln* von der Form (8) in §. 175 übertragen kann, indem man zwei solche Moduln $\mathfrak{a}$, $\mathfrak{a}'$ *äquivalent* nennt und in dieselbe *Modulclasse* A aufnimmt, wenn es eine Zahl η giebt, welche der Bedingung $\mathfrak{a}\eta = \mathfrak{a}'$ genügt. Alle Moduln einer Classe A haben dieselbe Ordnung $\mathfrak{n}$, und die Hauptclasse dieser Ordnung besteht aus allen Hauptmoduln $\mathfrak{n}\eta$, wo η jede von Null verschiedene Zahl des Körpers Ω bedeutet. Jede Classe besteht aus unendlich vielen ganzen und gebrochenen Moduln; eine Classe von der Ordnung $\mathfrak{o}$ besteht aus Idealen und Idealbrüchen (Anm. auf S. 560), und das System der ersteren ist eine Idealclasse im obigen Sinne. Durchlaufen $\mathfrak{a}$, $\mathfrak{b}$ resp. alle Moduln der Classen A, B, so bilden die Producte $\mathfrak{ab}$ eine Classe AB , und die Quotienten $\mathfrak{b} : \mathfrak{a}$ eine Classe $B : A$, woraus auch die Bedeutung der Zeichen A^0 und A^{-1} einleuchtet; ebenso bilden die Complemente aller in einer Classe enthaltenen Moduln eine Classe (Anm. auf S. 536). Je nachdem eine Classe aus lauter eigentlichen oder aus lauter uneigentlichen Moduln besteht (S. 506), heisse sie eine eigentliche oder uneigentliche Classe. Durch das Auftreten der letzteren wird (schon bei Körpern dritten Grades) diese Theorie, welche für gewisse Untersuchungen (z. B. über höhere Reciprocitätsgesetze) doch unerlässlich scheint, nicht wenig erschwert[4]. Schon der Beweis, dass die Anzahl der zu einer bestimmten Ordnung $\mathfrak{n}$ gehörenden Classen A endlich ist, muss etwas anders geführt werden, wie oben für die Ideale, etwa in folgender Weise. Greift man nach Belieben aus A einen durch die Ordung $\mathfrak{n}$ theilbaren Modul $\mathfrak{a}$ heraus, und wendet auf ihn den Satz I an, so wird $\mathfrak{a}\alpha > \mathfrak{n}\alpha > \mathfrak{a} > \mathfrak{n} > \mathfrak{o}$, also $(\mathfrak{o}, \mathfrak{a}) = (\mathfrak{o}, \mathfrak{n})(\mathfrak{n}, \mathfrak{a})$, und da (nach §. 175, (12)) zugleich $\pm N(\alpha) = (\mathfrak{a}, \mathfrak{a}\alpha) = (\mathfrak{a}, \mathfrak{n}\alpha)(\mathfrak{n}\alpha, \mathfrak{a}\alpha) = (\mathfrak{a}, \mathfrak{n}\alpha)(\mathfrak{n}, \mathfrak{a})$ ist, so folgt $(\mathfrak{a}, \mathfrak{n}\alpha) \leq H(\mathfrak{o}, \mathfrak{n})$; also giebt es in jeder Classe A der Ordnung $\mathfrak{n}$ mindestens einen Modul $\mathfrak{a}' = \mathfrak{a}\alpha^{-1}$, welcher den Bedingungen $\mathfrak{n} > \mathfrak{a}'$ und $(\mathfrak{a}', \mathfrak{n}) \leq H(\mathfrak{o}, \mathfrak{n})$ genügt. Betrachtet man aber eine bestimmte der (in endlicher Anzahl vorhandenen) natürlichen Zahlen m, welche $\leq H(\mathfrak{o}, \mathfrak{n})$ sind, und

[4] In einem gewissen Umfange ist sie behandelt in meiner Schrift: *Ueber die Anzahl der Ideal-Classen in den verschiedenen Ordnungen eines endlichen Körpers* (Braunschweig 1877). Vergl. §. 187.

bedenkt, dass $(\mathfrak{n}m^{-1}, \mathfrak{n}) = (\mathfrak{n}, \mathfrak{n}m) = m^n > 0$ ist, so folgt aus den Sätzen I und II in §. 171, dass die Anzahl aller Moduln $\mathfrak{a}'$, welche den Bedingungen $\mathfrak{n} > \mathfrak{a}'$ und $(\mathfrak{a}', \mathfrak{n}) = m$, also auch $\mathfrak{a}' > \mathfrak{n}m^{-1}$ genügen, endlich ist. Mithin ist auch die Anzahl der Classen A von der Ordnung $\mathfrak{n}$ *endlich,* was zu beweisen war.

Zerlegbare Formen und deren Composition (§ 182.)

26

Die Theorie der Ideale eines Körpers Ω hängt unmittelbar zusammen mit der Theorie der *zerlegbaren Formen,* welche demselben Körper entsprechen[1]; wir beschränken uns hier darauf diesen Zusammenhang in seinen Grundzügen anzudeuten.

Es sei X eine ganze homogene Function n^{ten} Grades von n unabhängigen Variabelen x_1, $x_2 \dots x_n$, und wir wollen annehmen, dieselbe sei eine zerlegbare Form, d. h. sie lasse sich als Product von n *linearen* Functionen $u_1, u_2 \dots u_n$ darstellen. Alsdann verstehen wir unter der *Discriminante* der Form X das Quadrat

$$\left(\sum \pm \frac{\partial u_1}{\partial x_1} \frac{\partial u_2}{\partial x_2} \cdots \frac{\partial u_n}{\partial x_n}\right)^2 = \Delta(X) \tag{1}$$

der Functional-Determinante, welche aus den in den Factoren u auftretenden constanten Coefficienten gebildet ist[2]. Nun sind zwar, wenn

$$X = u_1 u_2 \dots u_n \tag{2}$$

eine solche gegebene zerlegbare Form ist, die Functionen u_1, $u_2 \dots u_n$ nur bis auf constante Factoren bestimmt, und man könnte sie, ohne X zu ändern, durch $c_1u_1, c_2u_2 \dots c_nu_n$ ersetzen, wo $c_1, c_2 \dots c_n$ beliebige Constanten bedeuten, die nur der Bedingung genügen müssen, dass ihr Product = 1 ist; hieraus ergiebt sich aber, dass $\Delta(X)$ von der Wahl dieser Constanten unabhängig, also durch die Form X allein vollständig bestimmt ist. Dasselbe folgt auch aus dem Satze

[1] Solche Formen sind zuerst von *Lagrange* betrachtet in der Abhandlung: *Sur la solution des Problèmes ind'eterminés du second degré.* §. VI. Mém. de l'Ac. de Berlin. T. XXIII, 1769. (OEuvres de L. T. II. 1868, p. 375.) – *Additions aux Élémens d'Algèbre par L. Euler.* §. IX.

[2] *Hermite: Sur la théorie des formes quadratiques* (Crelle's Journal, Bd. 47, S. 331). - Die Discriminante der binären quadratischen Form $ax^2 + bxy + cy^2$ ist $= b^2 - 4ac$.

K. Scheel, *Dedekinds Theorie der ganzen algebraischen Zahlen*,
https://doi.org/10.1007/978-3-658-30928-2_26

$$X^2 \sum \pm \frac{\partial^2 \log X}{\partial x_1 \partial x_1} \frac{\partial^2 \log X}{\partial x_2 \partial x_2} \cdots \frac{\partial^2 \log X}{\partial x_n \partial x_n} = (-1)^n \Delta(X), \tag{3}$$

welcher aus

$$-\frac{\partial^2 \log X}{\partial x_r \partial x_s} =$$

$$\frac{\partial \log u_1}{\partial x_r} \frac{\partial \log u_1}{\partial x_s} + \frac{\partial \log u_2}{\partial x_r} \frac{\partial \log u_2}{\partial x_s} + \cdots + \frac{\partial \log u_n}{\partial x_r} \frac{\partial \log u_n}{\partial x_s}$$

hervorgeht und leicht in verschiedene andere Formen, z. B.

$$\begin{vmatrix} X & \frac{\partial X}{\partial x_1} & \cdots & \frac{\partial X}{\partial x_n} \\ \frac{\partial X}{\partial x_1} & \frac{\partial^2 X}{\partial x_1 \partial x_1} & \cdots & \frac{\partial^2 X}{\partial x_1 \partial x_n} \\ \cdots & \cdots & \cdots & \cdots \\ \frac{\partial X}{\partial x_n} & \frac{\partial^2 X}{\partial x_n \partial x_1} & \cdots & \frac{\partial^2 X}{\partial x_n \partial x_n} \end{vmatrix} = (-1)^n X^{n-1} \Delta(X) \tag{4}$$

umgewandelt werden kann. Besitzt X lauter ganze rationale Coefficienten, so wollen wir deren grössten gemeinschaftlichen Theiler t auch den *Theiler der Form* X nennen (vergl. §. 61); da sich nun leicht allgemein zeigen lässt, dass der Theiler eines Productes aus beliebigen Formen mit ganzen rationalen Coefficienten gleich dem Producte aus den Theilern der einzelnen Formen ist[3], so folgt aus der vorstehenden Gleichung, dass $\Delta(X)$ eine ganze rationale, durch t^2 theilbare Zahl ist. Wir bemerken ferner, dass $\Delta(aX) = a^2 \Delta(X)$ ist, wenn a irgend einen constanten Factor bedeutet.

Wir beschränken uns nun auf die Betrachtung derjenigen zerlegbaren Formen X, welche den *Idealen* des Körpers Ω entsprechen und auf die folgende Weise entstehen. Zunächst wählen wir eine bestimmte Basis $\omega_1, \omega_2 \ldots \omega_n$ für das aus allen ganzen Zahlen ω des Körpers bestehende Ideal

$$\mathfrak{o} = [\omega_1, \omega_2 \ldots \omega_n] \tag{5}$$

und setzen (wie in §. 175) die Grundzahl des Körpers, d. h. die Discriminante

$$\Delta(\mathfrak{o}) = \Delta(\omega_1, \omega_2 \ldots \omega_n) = D. \tag{6}$$

Nach §. 177 (S. 552) ist jedes Ideal $\mathfrak{a}$ ein endlicher Modul von der Form

$$\mathfrak{a} = [\alpha_1, \alpha_2 \ldots \alpha_n], \tag{7}$$

wo die Zahlen α_r zugleich eine Basis des Körpers Ω bilden. Da dieselben ganze Zahlen sind, so gelten n Gleichungen von der Form[4]

---

[3] Vergl. *Gauss: D. A. art. 42* und meine Abhandlung: *Ueber einen arithmetischen Satz von Gauss* (Mittheilungen d. Deutschen math. Ges. in Prag. 1892).

[4] Wir bezeichnen in der Folge mit ι, ι', ι'' ... ausschliesslich Summationsbuchstaben, welche die n Werthe $1, 2 \ldots n$ durchlaufen sollen, und ein einfaches Summationszeichen $\sum$ bezieht sich stets auf *alle* solche, hinter demselben auftretende ι, ι', ι'' ..., während $r, s \ldots$ constante Indices bedeuten.

$$\alpha_r = \sum a_{r,\iota}\omega_\iota, \tag{8}$$

wo die Coordinaten $a_{r,s}$ ganze rationale Zahlen sind, und zwar wollen wir die Basiszahlen stets, wie wir ein- für allemal bemerken, so wählen, dass die aus diesen Coordinaten gebildete Determinante einen *positiven* Werth erhält, dass also

$$\sum \pm a_{1,1}a_{2,2}\dots a_{n,n} = (\mathfrak{o}, \mathfrak{a}) = N(\mathfrak{a}) \tag{9}$$

wird (nach §. 172, VII). Aus den vorstehenden Gleichungen folgt ferner (nach §. 175, (7) oder (9)), dass die von der Wahl der Basis unabhängige Discriminante

$$\Delta(\mathfrak{a}) = \Delta(\alpha_1, \alpha_2 \dots \alpha_n) = DN(\mathfrak{a})^2 \tag{10}$$

ist.

Wir führen jetzt ein System von n unabhängigen *Variabelen* $x_1, x_2 \dots x_n$ und die homogene lineare Function

$$\alpha = \sum x_\iota \alpha_\iota \tag{11}$$

ein; dann kann man, weil jedes Product $\alpha_r\omega_s$ in dem Ideal $\mathfrak{a}$ enthalten ist,

$$\alpha\omega_r = \sum x_{r,\iota}\alpha_\iota = \sum x_{r,\iota}a_{\iota,\iota'}\omega_{\iota'} \tag{12}$$

setzen, wo die n^2 Grössen $x_{r,s}$ homogene lineare Functionen der Veränderlichen $x_1, x_2 \dots x_n$ mit *ganzen* rationalen Coefficienten bedeuten; setzt man daher die aus ihnen gebildete Determinante

$$\sum \pm x_{1,1}x_{2,2}\dots x_{n,n} = X, \tag{13}$$

so ist X eine ganze homogene Function der n Variabelen x_ι, deren Coefficienten ganze rationale Zahlen sind, und wir wollen sagen, diese Form X *entspreche* der Basis $\alpha_1, \alpha_2 \dots \alpha_n$ des Ideals $\mathfrak{a}$. So oft nun die Variabelen x_ι rationale Werthe erhalten, wird α eine Zahl des Körpers Ω, und aus (12) folgt (nach §. 167, (12)), dass die Norm von α durch Multiplication der beiden aus den Grössen $x_{\iota,\iota'}$ und $a_{\iota,\iota'}$ gebildeten Determinanten (9) und (13) entsteht, dass also

$$N(\alpha) = N(\mathfrak{a})X \tag{14}$$

ist; da nun diese Norm das Product der n mit α conjugirten Zahlen, welche homogene lineare Functionen der Variabelen x_ι sind, und da zufolge (10) die Discriminante dieses Productes $= DN(\mathfrak{a})^2$ ist, so ergiebt sich, dass X ebenfalls eine zerlegbare Form, und dass ihre Discriminante

$$\Delta(X) = D \tag{15}$$

ist.

Legt man den Variabelen x_ι *ganze* rationale Werthe bei, so wird α theilbar durch $\mathfrak{a}$, und umgekehrt wird jede Zahl des Ideals $\mathfrak{a}$ durch ein und nur durch ein solches System von Werthen x_ι erzeugt; dann ist

$$\mathfrak{o}\alpha = \mathfrak{a}\mathfrak{m}, \; N(\alpha) = N(\mathfrak{a})X = \pm N(\mathfrak{a})N(\mathfrak{m}),$$

mithin

$$X = \pm N(\mathfrak{m}) = \pm(\mathfrak{a}, \mathfrak{o}\alpha). \tag{16}$$

Ist nun k eine beliebige gegebene natürliche Zahl, so kann man (nach §. 178, XI) die Zahl α aus dem Ideal $\mathfrak{a}$ so auswählen, dass $\mathfrak{m}$ relatives Primideal zu k, also (nach §. 180, I) der zugehörige Werth der Form X *relative Primzahl zu* k wird, woraus unmittelbar folgt, dass X eine *ursprüngliche,* d. h. eine solche Form ist, deren Coefficienten keinen gemeinschaftlichen Theiler haben.

Verfährt man bei der Eintheilung der Ideale in Classen nach der schärferen Regel, welche auf S. 578 beschrieben ist - und dies soll im Folgenden immer geschehen - , so wird, wenn $\mathfrak{a}$ der Classe A angehört, und $\mathfrak{m}$ jedes beliebige Ideal der inversen Classe A^{-1} bedeutet, immer eine Zahl α von *positiver* Norm existiren, welche der Bedingung $\mathfrak{o}\alpha = \mathfrak{a}\mathfrak{m}$ genügt, und gleichzeitig wird $X = +N(\mathfrak{m})$; mithin können durch die Form X die Normen aller in der Classe A^{-1} enthaltenen Ideale $\mathfrak{m}$ *dargestellt* werden (vergl. §. 60). Umgekehrt leuchtet ein, dass jeder durch die Form X darstellbare positive Werth, welcher ganzen rationalen Werthen der Variabelen x_ι entspricht, die Norm eines solchen Ideals $\mathfrak{m}$ ist.

Wählt man für dasselbe Ideal $\mathfrak{a}$ ein beliebiges anderes System von Basiszahlen β_1, $\beta_2 \ldots \beta_n$, die aber ebenfalls der Bedingung genügen, dass die aus ihren Coordinaten gebildete Determinante *positiv* ist, so ist

$$\beta_r = \sum c_{r,\iota}\alpha_\iota; \; \sum \pm c_{1,1}c_{2,2} \cdots c_{n,n} = +1 \tag{17}$$

und die der Basis $\alpha_1, \alpha_2 \ldots \alpha_n$ entsprechende Form X geht durch die Substitution

$$x_r = \sum c_{\iota,r}y_\iota, \tag{18}$$

deren Coefficienten $c_{\iota,\iota'}$ ganze rationale Zahlen sind, in eine *äquivalente* Form Y über, welche der neuen Basis entspricht und eine ganze homogene Function der neuen Variabelen y_ι ist. Umgekehrt, wenn Y mit X äquivalent ist, d. h. wenn X durch eine Substitution von der Form (18) mit ganzen rationalen Coefficienten $c_{\iota,\iota'}$, deren Determinante $= +1$ ist, in Y übergeht, so giebt es offenbar eine Basis des Ideals $\mathfrak{a}$, welcher diese Form Y entspricht. Allen Basen desselben Ideals $\mathfrak{a}$ entspricht daher eine bestimmte *Formenclasse,* d. h. ein System von Formen $X, Y \ldots$ der Art, dass je zwei von ihnen einander äquivalent sind, und wir wollen sagen, dass diese Formenclasse dem Ideale $\mathfrak{a}$ entspricht. Ist ferner $\mathfrak{a}'$ ein beliebiges mit $\mathfrak{a}$ äquivalentes Ideal, so giebt es eine Zahl η von positiver Norm, welche der Bedingung $\mathfrak{a}\eta = \mathfrak{a}'$ genügt; dann bilden die n Producte $\eta\alpha_\iota$ eine Basis von $\mathfrak{a}'$, und aus (12) geht durch Multiplication mit η hervor, dass die Form X auch dem Ideal $\mathfrak{a}'$, mithin die Formenclasse auch allen Idealen der Classe A entspricht. Jeder Idealclasse entspricht daher eine bestimmte Formenclasse. Die schwierige Frage aber, ob mehreren verschiedenen Idealclassen eine und dieselbe Formenclasse entsprechen kann, müssen wir der Kürze halber hier unerörtert lassen. Dasselbe gilt von der Aufgabe, *alle* Transformationen der Form X in sich selbst zu finden, und wir beschränken uns auf die einleuchtende Bemerkung, dass durch jede *Einheit* ε, deren Norm positiv, also $= +1$ ist, eine solche Transformation erzeugt wird, weil die n Zahlen $\varepsilon\alpha_\iota$ ebenfalls eine Basis des Ideals $\mathfrak{a}$ bilden (vergl. §§. 62, 83–85).

Die *Composition* der Formen X entspricht der Multiplication der Ideale. Es seien zwei beliebige Ideale

$$\mathfrak{a} = [\alpha_1, \alpha_2 \dots \alpha_n],\ \mathfrak{b} = [\beta_1, \beta_2 \dots \beta_n] \tag{19}$$

mit bestimmten Basen α_ι, β_ι gegeben, so kann man ihr Product

$$\mathfrak{ab} = \mathfrak{c} = [\gamma_1, \gamma_2 \dots \gamma_n] \tag{20}$$

setzen; aus dem Begriffe der Multiplication der Moduln (§. 170) folgt aber unmittelbar, dass $\mathfrak{ab}$ ein endlicher Modul ist, welcher die n^2 Producte $\alpha_\iota\beta_{\iota'}$ zu Basiszahlen hat; zwischen diesen und den n Basiszahlen γ_ι desselben Moduls müssen daher (zufolge §. 172, (25) bis (30)) Relationen von der Form

$$\alpha_r\beta_s = \sum p_\iota^{r,s}\gamma_\iota,\ \gamma_r = \sum q_r^{\iota,\iota'}\alpha_\iota\beta_{\iota'} \tag{21}$$

stattfinden, wo die Coefficienten p, q ganze rationale Zahlen sind; die sämmtlichen Determinanten P, welche sich aus je n der n^2 Zeilen

$$p_1^{r,s},\ p_2^{r,s} \dots p_{n-1}^{r,s},\ p_n^{r,s} \tag{22}$$

bilden lassen, sind Zahlen ohne gemeinschaftlichen Theiler. Man führe jetzt drei Systeme von je n Variabelen x_ι, y_ι, z_ι ein und setze

$$\alpha = \sum x_\iota\alpha_\iota,\ \beta = \sum y_\iota\beta_\iota,\ \gamma = \sum z_\iota\gamma_\iota, \tag{23}$$

so wird

$$N(\alpha) = N(\mathfrak{a})X,\ N(\beta) = N(\mathfrak{b})Y,\ N(\gamma) = N(\mathfrak{c})Z, \tag{24}$$

wo X, Y, Z die den obigen Basen der Ideale $\mathfrak{a}$, $\mathfrak{b}$, $\mathfrak{c}$ entsprechenden Formen bedeuten. Macht man nun die Variabelen z_ι durch die bilineare Substitution

$$z_r = \sum p_r^{\iota,\iota'} x_\iota y_{\iota'} \tag{25}$$

zu Functionen der Variabelen x_ι, y_ι, so wird

$$\gamma = \alpha\beta,\ \text{also}\ N(\gamma) = N(\alpha)N(\beta), \tag{26}$$

und da ausserdem $N(\mathfrak{c}) = N(\mathfrak{a})N(\mathfrak{b})$ ist, so folgt

$$Z = XY, \tag{27}$$

d. h. die Form Z geht durch die Substitution (25) in das Product der beiden Formen X, Y über, und wir wollen deshalb sagen, die Form Z sei aus den beiden Formen X, Y *zusammengesetzt.* Diese Formen sind durch die Substitution (25) vollständig bestimmt. Aus (26) folgt nämlich zunächst

$$\alpha\beta_r = \sum \frac{\partial z_\iota}{\partial y_r}\gamma_\iota; \tag{28}$$

nun lassen sich die Zahlen γ_ι, weil sie in $\mathfrak{c}$ und also auch in $\mathfrak{b}$ enthalten sind, in der Form

$$\gamma_\iota = \sum c_{r,\iota}\beta_\iota$$

darstellen, wo die Coefficienten $c_{\iota,\iota'}$ ganze rationale Zahlen bedeuten, deren Determinante

$$\sum \pm c_{1,1}c_{2,2}\dots c_{n,n} = (\mathfrak{b}, \mathfrak{c}) = N(\mathfrak{a})$$

ist; es wird mithin

$$\alpha\beta_r = \sum \frac{\partial z_\iota}{\partial y_r} c_{\iota,\iota'}\beta_{\iota',\iota}$$

woraus

$$N(\alpha) = N(\mathfrak{a})\sum \pm \frac{\partial z_1}{\partial y_1}\frac{\partial z_2}{\partial y_2}\dots\frac{\partial z_n}{\partial y_n},$$

also

$$X = \sum \pm \frac{\partial z_1}{\partial y_1}\frac{\partial z_2}{\partial y_2}\dots\frac{\partial z_n}{\partial y_n} \tag{29}$$

folgt. Auf ganz ähnliche Weise ergiebt sich natürlich aus den Gleichungen

$$\beta\alpha_r = \sum \frac{\partial z_\iota}{\partial x_r}\gamma_\iota \tag{30}$$

die Form

$$Y = \sum \pm \frac{\partial z_1}{\partial x_1}\frac{\partial z_2}{\partial x_2}\dots\frac{\partial z_n}{\partial x_n}. \tag{31}$$

Unsere obigen Gleichungen (12) und (13) gehen offenbar durch die specielle Annahme $\mathfrak{b} = \mathfrak{o}$ aus den allgemeinen Gleichungen (28) und (29) hervor. Die in den letzteren auftretenden n^2 Grössen

$$\frac{\partial z_m}{\partial y_s} = \sum p_m^{\iota,s} x_\iota \tag{32}$$

sind homogene lineare Functionen der n Variabelen x_ι mit ganzen rationalen Coefficienten $p_m^{r,s}$, und zwar sind

$$p_m^{1,s},\ p_m^{2,s}\dots p_m^{n-1,s},\ p_m^{n,s} \tag{33}$$

die in einer und derselben Zeile enthaltenen Coefficienten. Es ist nun von Wichtigkeit, dass umgekehrt die n Variabelen x_ι sich (auf unendlich viele Arten) als homogene lineare Functionen der n^2 Grössen (32) mit *ganzen* rationalen Coeffcienten darstellen lassen, oder, was offenbar auf dasselbe hinauskommt, dass die sämmtlichen Determianten R, welche aus je

n von den n^2 Zeilen (33) gebildet und von den oben mit P bezeichneten Determinanten wohl zu unterscheiden sind, ebenfalls keinen gemeinschaftlichen Theiler haben. Um dies Letztere zu beweisen, bemerken wir zunächst, dass die Determinaten R gewiss nicht alle verschwinden; denn betrachtet man z. B. solche n Zeilen (33), in welchen der Index s ungeändert bleibt, so ist, wie sich durch Vertauschung der Horizontal- und Verticalreihen unter Berücksichtigung von (21) leicht ergiebt, die entsprechende Determinante

$$\begin{vmatrix} p_1^{1,s} & \cdots & p_1^{n,s} \\ \cdots & \cdots & \cdots \\ p_n^{1,s} & \cdots & p_n^{n,s} \end{vmatrix} = \begin{vmatrix} p_1^{1,s} & \cdots & p_n^{1,s} \\ \cdots & \cdots & \cdots \\ p_1^{n,s} & \cdots & p_n^{n,s} \end{vmatrix} = \frac{N(\beta_s)}{N(\mathfrak{b})},$$

also von Null verschieden. Bedeutet nun e den grössten gemeinschaftlichen Theiler aller Determinanten R, so folgt aus unserer allgemeinen Untersuchung über die Reduction eines endlichen Moduls auf eine irreducibele Basis (§. 172), dass sich zwei Systeme von ganzen rationalen Zahlen $h_m^{r,s}$ und $e_{r,s}$ aufstellen lassen, welche den Bedingungen

$$p_m^{r,s} = \sum h_m^{\iota,s} e_{r,\iota}, \quad \sum \pm e_{1,1} e_{2,2} \ldots e_{n,n} = e$$

genügen[5]. Hierauf definire man n Zahlen μ_ι durch die Gleichungen

$$e\alpha_r = \sum e_{r,\iota} \mu_\iota,$$

aus denen durch Umkehrung

$$\mu_r = \sum e'_{\iota,r} \alpha_\iota$$

folgt, wo die Coefficienten $e'_{\iota,\iota'}$ ganze rationale Zahlen sind, deren Determinante

[5]Man braucht nur n beliebige, aber von einander unabhängige Zahlen α'_ι zu wählen und den Modul, dessen Basis aus den n^2 Summen

$$\varepsilon_m^{(s)} = \sum p_m^{\iota,s} \alpha'_\iota$$

besteht, auf eine irreducibele, also aus n Zahlen

$$\varepsilon_r = \sum e_{\iota,r} \alpha'_\iota$$

bestehende Basis zu reduciren, so wird

$$\varepsilon_m^{(s)} = \sum h_m^{\iota,s} \varepsilon_\iota,$$

und hieraus ergeben sich die obigen Beziehungen. - Bedeuten $\mathfrak{a}$, $\mathfrak{b}$ beliebige *Moduln* von der Form (8) in §. 175, und wählt man für die n Zahlen α'_ι die zu α_ι *complementären* Zahlen (§. 167 und §. 175 Anm.), so wird $\varepsilon_m^{(s)} = \beta_s \gamma'_m$, wo die Zahlen γ'_ι complementär zu γ_ι sind, und hieraus ergiebt sich (nach §. 172), dass der grösste gemeinsame Theiler $e = (\mathfrak{a}', \mathfrak{b}\mathfrak{c}')$ ist, wo $\mathfrak{a}'$, $\mathfrak{b}'$, $\mathfrak{c}'$ die zu $\mathfrak{a}$, $\mathfrak{b}$, $\mathfrak{c}$ complementären Moduln bedeuten; sind aber $\mathfrak{a}$, $\mathfrak{b}$ (also auch $\mathfrak{c}$) *Idealbrüche* (Anm. zu §§. 178, 180), so gilt dasselbe von $\mathfrak{a}'$, $\mathfrak{b}'$, $\mathfrak{c}'$, und aus §. 170, VII folgt leicht, dass in diesem Falle $\mathfrak{a}' = \mathfrak{b}\mathfrak{c}'$, also $e = 1$ ist.

$$\sum \pm e'_{1,1} e'_{2,2} \dots e'_{n,n} = e^{n-1}$$

ist, weil

$$\sum e'_{\iota,r} e_{\iota,s} = e \text{ oder } = 0$$

ist, je nachdem r, s gleich oder ungleich sind. Mit Rücksicht auf (21) folgt nun aus den vorstehenden Gleichungen

$$\begin{aligned} \mu_r \beta_s &= \sum e'_{\iota',r} \alpha_{\iota'} \beta_s = \sum e'_{\iota',r} p_\iota^{\iota',s} \gamma_\iota \\ &= \sum e'_{\iota',r} h_\iota^{\iota'',s} e_{\iota',\iota''} \gamma_\iota = e \sum h_\iota^{r,s} \gamma_\iota; \end{aligned}$$

mithin ist $\mathfrak{b}\mu_r$ theilbar durch $e\mathfrak{c} = e\mathfrak{a}\mathfrak{b}$, also μ_r theilbar durch $e\mathfrak{a}$, und hieraus folgt, dass alle Coefficienten $e'_{\iota,\iota'}$ durch e theilbar sind, mithin $e = 1$ ist, was zu beweisen war.
Derselbe Satz gilt selbstverständlich auch für die Determinanten S, welche aus je n Zeilen von der Form

$$p_m^{r,1},\ p_m^{r,2} \dots p_m^{r,n-1},\ p_m^{r,n} \tag{34}$$

gebildet sind; also lassen sich die n Variabelen y_ι auch als homogene lineare Functionen der n^2 Grössen

$$\frac{\partial z_m}{\partial x_r} = \sum p_m^{r,\iota} y_\iota, \tag{35}$$

und zwar mit *ganzen* rationalen Coefficienten darstellen.
Ganz ähnliche Eigenschaften, wie die linearen Functionen (32) und (35), besitzen auch die aus ihnen gebildeten Determinanten $(n-1)^{\text{ten}}$ Grades, d. h. die Coefficienten, mit welchen sie in den Determinanten (29) und (31) behaftet sind. Das Ideal $\mathfrak{a}$ besitzt (nach §. 180) ein durch die Bedingung $\mathfrak{o}N(\mathfrak{a}) = \mathfrak{a}\mathfrak{a}'$ bestimmtes Supplement[6]

$$\mathfrak{a}' = [\alpha'_1,\ \alpha'_2 \dots \alpha'_n], \tag{36}$$

dessen Basis wir beliebig wählen; bedeutet nun α wieder irgend eine Zahl des Ideals $\mathfrak{a}$, und setzt man, wie in (16), $\mathfrak{o}\alpha = \mathfrak{a}\mathfrak{m}$, so folgt, wenn man mit $\mathfrak{m}'$ das Supplement von $\mathfrak{m}$ bezeichnet,

$$\mathfrak{o}N(\alpha) = \mathfrak{o}N(\mathfrak{a})N(\mathfrak{m}) = \mathfrak{a}\mathfrak{a}'\mathfrak{m}\mathfrak{m}' = \alpha\mathfrak{a}'\mathfrak{m}';$$

es ergiebt sich daher von Neuem, dass $N(\alpha)$ durch α theilbar ist (§. 176, IV), und wenn α' das durch die Gleichung

$$N(\alpha) = \alpha\alpha' \tag{37}$$

definirte Supplement der Zahl α bedeutet, so folgt $\mathfrak{o}\alpha' = \mathfrak{a}'\mathfrak{m}'$, d. h. α' ist theilbar durch $\mathfrak{a}'$, also von der Form

$$\alpha' = \sum x'_\iota \alpha'_\iota, \tag{38}$$

---

[6] Dieses Ideal $\mathfrak{a}'$ und seine Basiszahlen α'_ι dürfen natürlich nicht verwechselt werden mit dem in der vorigen Anmerkung erwähnten Complement von $\mathfrak{a}$ und mit den zu α_ι complementären Zahlen.

wo die n Coefficienten x'_ι ganze rationale Zahlen sind, die in bestimmter Weise von den ganzen rationalen Zahlen x_ι in (11) oder (23) abhängen. Setzt man nun wieder $\mathfrak{a}\mathfrak{b} = \mathfrak{c}$ und behält alle hierauf bezüglichen, im Vorhergehenden gebrauchten Bezeichnungen bei, so folgt $\mathfrak{a}'\mathfrak{c} = \mathfrak{b}N(\mathfrak{a})$; man kann daher, wenn man die Grössen x'_ι in (38) als willkürliche Variabele ansieht, n Gleichungen von der Form

$$\alpha'\gamma_r = N(\mathfrak{a}) \sum x'_{r,\iota}\beta_\iota \tag{39}$$

aufstellen, welche den Gleichungen (28) entsprechen; die n^2 Grössen $x'_{\iota,\iota'}$ sind homogene lineare Functionen der n Variabelen x'_ι mit ganzen rationalen Coefficienten, und umgekehrt lassen sich, wie oben gezeigt ist, die Variabelen x'_ι (auf unendlich viele Arten) als ebensolche Functionen von den Grössen $x'_{\iota,\iota'}$ darstellen. Multiplicirt man aber (39) mit α unter Berücksichtigung von (37) und (24), so ergiebt sich

$$X\gamma_r = \alpha \sum x'_{r,\iota}\beta_\iota, \tag{40}$$

und hieraus geht mit Rücksicht auf (28) hervor, dass $x'_{m,s}$ der Coefficient ist, mit welchem das Element (32) in der Determinante (29) multiplicirt wird. Die sämmtlichen Grössen $x'_{\iota,\iota'}$ und folglich auch die Grössen x'_ι, welche letzteren offenbar von der Wahl der Basis des Ideals $\mathfrak{a}'$ abhängen, sind daher ganze homogene Functionen $(n-1)^{\text{ten}}$ Grades von den Variabelen x_ι mit ganzen rationalen Coefficienten, und hiermit ist unsere obige Behauptung bewiesen.

Auf diese kurze Darstellung der wichtigsten Eigenschaften der Formen X müssen wir uns hier beschränken; allein wir dürfen nicht unterlassen, darauf aufmerksam zu machen, dass diese Formen X, deren Discriminante $= D$ ist, nur einen unendlich kleinen Theil aller zerlegbaren Formen bilden, welche dem Körper Ω entsprechen, und wir wollen hierüber wenigstens noch Folgendes bemerken. Bedeutet $\mathfrak{a}$ in (7) einen beliebigen *Modul,* dessen Basis zugleich eine Basis des Körpers Ω ist, und verfährt man mit $\mathfrak{a}$ genau ebenso, wie oben in den Gleichungen (11) bis (16) mit dem Ideal $\mathfrak{a}$, indem man nur an Stelle von $\mathfrak{o}$ die *Ordnung* $\mathfrak{n}$ des Moduls $\mathfrak{a}$ eintreten lässt, so gelangt man zu einer entsprechenden zerlegbaren Form $X = \pm(\mathfrak{a}, \mathfrak{n}\alpha)$, deren Discriminante $= D(\mathfrak{o}, \mathfrak{n})^2 = \Delta(\mathfrak{n})$ ist. Wir nennen die Zahl $(\mathfrak{o}, \mathfrak{n})$ den *Index* und den Quotient $\mathfrak{n} : \mathfrak{o}$ den *Führer der Ordnung* $\mathfrak{n}$; der letztere ist immer ein *Ideal* und zwar der grösste gemeinsame Theiler aller durch $\mathfrak{n}$ theilbare Ideale, und der Index ist immer theilbar durch den Führer[7].

[7] Vergl. meine auf S. 570 und 580 citirten Schriften, wo das Wort Index in einer specielleren Bedeutung gebraucht ist.

27 Einheiten eines endlichen Körpers (§ 183.)

Von der grössten Wichtigkeit für die Theorie der in einem endlichen Körper Ω enthaltenen ganzen Zahlen ist die Frage nach dem Inbegriff aller unter ihnen befindlichen *Einheiten* (§§. 174, 176). Im Körper R der rationalen Zahlen giebt es nur die beiden Einheiten ± 1 und dasselbe gilt für alle quadratischen Körper von *negativer* Grundzahl D, mit Ausnahme der beiden Fälle $D = -3$ und $D = -4$, in welchen sechs resp. vier Einheiten vorhanden sind. Bei allen anderen Körpern ist aber die Anzahl der Einheiten stets unendlich gross, und es ist äusserst schwierig gewesen, den Zusammenhang zwischen allen diesen Einheiten genau zu ergründen und in der einfachsten Form darzustellen; für den Fall der quadratischen Körper von *positiver* Grundzahl D fällt diese Frage im Wesentlichen zusammen mit der Auflösung der Pell'schen Gleichung $t^2 - Du^2 = 4$, und wir haben schon früher bemerkt, dass die Existenz solcher Lösungen t, u, in welchen u nicht verschwindet, zuerst von *Lagrange* bewiesen ist. Die Principien, welche diesem Beweis zu Grunde liegen, sind endlich von *Dirichlet* zur höchsten Allgemeinheit erhoben, und ihm gebührt der Ruhm, zuerst eine strenge und vollständige, alle endlichen Körper umfassende Theorie der Einheiten aufgebaut zu haben (vergl. §§. 83, 141). Wir kleiden dieselbe in unsere Ausdrucksweise ein und heben die Hauptmomente im Folgenden so kurz wie möglich hervor.

1. Wir bezeichnen, wie bisher, mit Ω einen Körper n^{ten} Grades und mit

$$\mathfrak{o} = [\omega_1, \omega_2 \ldots \omega_n] \tag{1}$$

den Inbegriff aller in Ω enthaltenen ganzen Zahlen

$$\omega = h_1\omega_1 + h_2\omega_2 + \ldots + h_n\omega_n = \sum h_i\omega_i, \tag{2}$$

wo die n Coordinaten h_i alle ganzen rationalen Zahlen durchlaufen. Durch die n Permutationen des Körpers, die wir wieder mit $\pi_1, \pi_2 \ldots \pi_n$ bezeichnen, geht eine solche Zahl ω in die n conjugirten Zahlen

$$\omega^{(r)} = \sum h_i\omega_i^{(r)} \tag{3}$$

K. Scheel, *Dedekinds Theorie der ganzen algebraischen Zahlen*,
https://doi.org/10.1007/978-3-658-30928-2_27

über, welche homogene lineare Functionen der variabelen Coordinaten h_i sind. Die Coefficienten derselben sind die n^2 Constanten $\omega_s^{(r)}$, welche durch die Wahl der Basis von $\mathfrak{o}$ ein – für allemal bestimmt sind. Wir bilden nun, indem wir unter $M(z)$ stets den analytischen Modul (oder absoluten Betrag) der complexen Zahl z verstehen, für jede Permutation π_r die Summe

$$M(\omega_1^{(r)}) + M(\omega_2^{(r)}) + \ldots + M(\omega_n^{(r)})$$

und bezeichnen mit c die *grösste* von diesen n Summen; dann leuchtet ein, dass, wenn k eine positive Grösse und ω eine Zahl ist, deren Coordinaten absolut genommen den Werth k nicht überschreiten, immer

$$M(\omega^{(r)}) \leq ck \tag{4}$$

sein wird.

2. Die aus den n^2 Coefficienten $\omega_s^{(r)}$ gebildete Determinante

$$\sum \pm \omega_1' \omega_2' \ldots \omega_n^{(n)} = \sqrt{D} \tag{5}$$

ist von Null verschieden (§. 175), und wenn man mit $\chi_1, \chi_2 \ldots \chi_n$ die zu $\omega_1, \omega_2 \ldots \omega_n$ complementären Zahlen bezeichnet (§. 167), so erhält man durch Umkehrung der Gleichungen (3) die n Coordinaten

$$h_s = S(\omega\chi_s) = \chi_s'\omega' + \ldots + \chi_s^{(n)}\omega^{(n)} \tag{6}$$

als homogene lineare Functionen der n Conjugirten $\omega^{(r)}$; da die Coefficienten $\chi_s^{(r)}$ ebenfalls durch die Basis von $\mathfrak{o}$ vollständig bestimmt sind, so schliesst man ebenso wie vorher, dass, wenn die n Moduln $M(\omega^{(r)})$ eine gegebene Constante C nicht überschreiten, auch die absoluten Werthe der Coordinaten h_s eine entsprechende Constante nicht überschreiten können, und da sie *ganze* rationale Zahlen sind, so folgt hieraus offenbar der Satz:

I. *Ist C eine positive Constante, so giebt es in $\mathfrak{o}$ nur eine endliche Anzahl von solchen Zahlen ω, deren Conjugirte sämmtlich der Bedingung $M(\omega^{(r)}) < C$ genügen.*

3. Bedeutet θ eine Zahl n^{ten} Grades in Ω, so ist Ω der Inbegriff $R(\theta)$ aller durch θ rational darstellbaren Zahlen (§. 165, VI), und die n verschiedenen conjugirten Zahlen $\theta^{(r)}$ sind die Wurzeln einer irrducibelen Gleichung mit rationalen Coefficienten. Durch die Permutation π_r geht der Körper Ω in den Körper $\Omega^{(r)} = R(\theta^{(r)})$ über, und wir nennen π_r eine *reelle* Permutation, wenn $\theta^{(r)}$ reell ist, also $\Omega^{(r)}$ aus lauter reellen Zahlen besteht; zugleich ist $\omega^{(r)}$ in (3) eine reelle, d. h. eine mit lauter reellen Coefficienten $\omega_s^{(r)}$ behaftete, lineare Function der Coordinaten h_i. Ist aber z. B. θ' imaginär $= p + qi$, so nennen wir π_1 eine *imaginäre* Permutation, weil Ω' ausser reellen auch imaginäre Zahlen enthält; die n Constanten ω_l' können nicht alle reell sein, und es wird folglich die Function ω' die Form $u + vi$ annehmen, wo u, v reelle lineare Functionen der Coordinaten h_l bedeuten. In diesem Falle giebt es bekanntlich[1] unter den conjugirten Zahlen $\theta^{(r)}$ immer eine zweite $\theta'' = p - qi$, und durch

[1] Dies beruht darauf, dass die Gleichung $i^2 + 1 = 0$ in Bezug auf jeden reellen Körper irreducibel ist.

die entsprechende Permutation π_2 geht ω in $\omega'' = u - vi$ über; wir wollen zwei solche Permutationen π_1, π_2 (sowie die Körper Ω', Ω'' und die Functionen ω', ω'') immer ein imaginäres *Paar,* und u, v das zugehörige reelle Functionen-Paar nennen. Bezeichnen wir die Anzahl dieser Paare mit $(n - v)$, so ist $2(n - v)$ die Anzahl der imaginären, und $(2v - n)$ diejenige der reellen Permutationen, und v ist die Gesammtanzahl aller imaginären Paare und aller reellen Permutationen. Diese Zahl v, welche von der grössten Bedeutung für die Theorie der Einheiten ist, wird offenbar nur dann $= 1$, wenn Ω der Körper R der rationalen Zahlen oder ein quadratischer Körper von negativer Grundzahl ist; da es aber in diesen Fällen, wie oben bemerkt, nur zwei (oder vier oder sechs) Einheiten giebt, so bieten sie kein weiteres Interesse dar, und wir setzen daher im Folgenden voraus, es sei $v \geq 2$. Verbindet man je zwei, einem imaginären Paar entsprechende Zeilen der Determinante (5) durch Addition und Subtraction, so ergiebt sich, dass immer

$$D = (-1)^{n-v}(D) \tag{7}$$

ist, wo (D) den absoluten Werth der Grundzahl bedeutet.

4. Wir vertheilen nun die n Permutationen π_r nach Belieben in zwei Classen, doch so, dass jede dieser Classen wenigstens eine Permutation enthält, und dass die beiden Permutationen eines imaginären Paares in dieselbe Classe fallen[2]; dann gilt, wenn c die obige Bedeutung behält, und allgemein mit α die zur ersten, mit β die zur zweiten Classe gehörenden Functionen $\omega^{(r)}$ bezeichnet werden, der folgende Satz:

II. *Ist a ein beliebig kleiner, b ein beliebig grosser positiver gegebener Werth, so kann man in $\mathfrak{o}$ eine Zahl ω so wählen, dass alle $M(\alpha) < a$, alle $M(\beta) > b$ ausfallen, und dass absolut $N(\omega) < (3c)^n$ wird.*

Um dies zu beweisen, betrachten wir zunächst nur die Functionen α der ersten Classe, deren Anzahl wir mit μ bezeichnen wollen; indem wir jedes unter ihnen befindliche imaginäre Paar durch das zugehörige reelle Paar ersetzen, jede reelle Function α aber beibehalten, gelangen wir offenbar zu μ reellen homogenen linearen Functionen w, die wir in bestimmter Ordnung mit $w_1, w_2 \ldots w_\mu$ bezeichnen wollen. Ist nun k eine bestimmte natürliche Zahl, und legt man den Coordinaten h_l alle Werthe aus der Reihe der $(k + 1)$ Zahlen $0, 1, 2 \ldots k$ bei, so erhält man $(k + 1)^n$ verschiedene Zahlen ω in $\mathfrak{o}$, für welche alle $M(\alpha) \leq ck$ ausfallen, und folglich liegen alle zugehörigen Werthe der μ Functionen w zwischen $-ck$ und $+ck$. Das durch diese beiden Zahlen $\pm ck$ begrenzte reelle Zahlengebiet wollen wir auf folgende Weise in kleinere Intervalle eintheilen. Da $n > \mu > 0$, und $k > 0$ ist, so ergiebt sich leicht[3], dass die Differenz

$$(k+1)^{\frac{n}{\mu}} - k^{\frac{n}{\mu}} > 1$$

[2]Diese Bedingungen würden nur in dem ausgeschlossenen Falle $v = 1$ sich *nicht* vereinigen lassen.
[3]Ist die Constante $s > 1$, so hat die Function $\varphi(x) = (x + 1)^s - x^s - 1$ welche zugleich mit x verschwindet, eine Derivirte $\varphi'(x)$, die für $x \geq 0$ stets positiv ist, und folglich ist $\varphi(x) > 0$ für > 0.

ist, und dass folglich zwischen Minuend und Subtrahend mindestens eine natürliche Zahl m liegt, welche mithin den Bedingungen

$$(k+1)^n > m^\mu > k^n \tag{8}$$

genügt; setzt man nun zur Abkürzung

$$d = \frac{2ck}{m} < 2ck^{1-\frac{n}{\mu}}, \tag{9}$$

so zerfällt das obige Zahlgebiet durch Einschaltung der $(m-1)$ Zahlen

$$-ck + d,\ -ck + 2d \ldots - ck + (m-1)d$$

in m Intervalle von gleicher Breite d, wobei man diese $(m-1)$ Zahlen selbst nach Belieben dem einen oder anderen der beiden benachbarten Intervalle zurechnen kann. Schreiben wir ferner einem reellen Werthe w die bestimmte *Intervallzahl* s zu, wenn w dem von den beiden Zahlen $-ck + (s-1)d$ und $-ck + sd$ begrenzten Intervalle angehört, so besitzen die zu einer bestimmten Zahl ω gehörenden μ Werthe $w_1(\omega), w_2(\omega) \ldots w_\mu(\omega)$ ihre entsprechenden Intervallzahlen $s_1, s_2 \ldots s_\mu$, und wir dürfen dies kurz so ausdrücken, dass der Zahl ω diese bestimmte *Folge* $s_1, s_2 \ldots s_\mu$ entspricht. Da jede Intervallzahl s eine der m Zahlen $1, 2 \ldots m$ ist, so ist m^μ die Anzahl aller überhaupt denkbaren Folgen, und da diese zufolge (8) *kleiner* ist als die Anzahl $(k+1)^n$ aller von einander verschiedenen Zahlen ω, welche auf die obige Weise gebildet werden können, so muss es unter den letzteren mindestens zwei verschiedene χ, λ geben, denen *eine und dieselbe* Folge von Intervallzahlen $s_1,\ _2 \ldots s_n$ entspricht; es werden daher, wenn man die von Null verschiedene, in $\mathfrak{o}$ enthaltene Zahl $\chi - \lambda = \omega$ setzt, die absoluten Werthe der μ Differenzen

$$w_1(\chi) - w_1(\lambda) = w_1(\omega) \ldots w_\mu(\chi) - w_\mu(\lambda) = w_\mu(\omega)$$

sämmtlich $\leq d$ sein, weil jedesmal der Minuend und Subtrahend in dasselbe Intervall fallen. Hieraus folgt für die Werthe der zur ersten Classe gehörigen, mit dieser Zahl ω conjugirten Zahlen α, welche entweder mit einer Grösse $w(\omega)$ übereinstimmen oder von der Form $w_1(\omega) \pm i w_2(\omega)$ sind, dass $M(\alpha) \leq d\sqrt{2}$, also zufolge (9) auch

$$M(\alpha) < 3ck^{1-\frac{n}{\mu}} \tag{10}$$

ist. Bedeuten nun A, B resp. die absoluten Werthe der beiden Producte aus den μ Conjugirten α und aus den $(n-\mu)$ Conjugirten β, welche zu der zweiten Classe gehören, so ist $\pm N(\omega) = AB$, und $A < (3c)^\mu k^{\mu-n}$; da ferner die Coordinaten der Differenz $\omega = \chi - \lambda$ absolut genommen den Werth k nicht überschreiten, also $M(\beta) \leq ck$, $B \leq (ck)^{n-\mu}$ ist, so folgt

$$\pm N(\omega) < (3c)^n. \tag{11}$$

Da endlich $N(\omega)$ eine von Null verschiedene ganze rationale Zahl ist, so wird $AB \geq 1$, also $B > (3c)^{-\mu}k^{n-\mu}$; greift man nun aus der zweiten Classe eine beliebige Zahl β heraus und setzt $B = B_1 M(\beta)$, so ist $B_1 \leq (ck)^{n-\mu-1}$, mithin

$$M(\beta) > (3c)^{1-n}k. \tag{12}$$

Offenbar kann nun, wie klein auch a, und wie gross auch b gegeben sein mag, die Zahl k zufolge (10) und (12) stets so gross gewählt werden, dass alle $M(\alpha) < a$, alle $M(\beta) > b$ ausfallen, während zufolge (11) immer $N(\omega)$ absolut $< (3c)^n$ wird, w.z.b.w.

5. Aus dem soeben bewiesenen Satze II ergiebt sich, indem man dieselbe Eintheilung der Permutationen π_r in zwei Classen beibehält, dass man eine nie abreissende Kette von auf einander folgenden, von Null verschiedenen ganzen Zahlen

$$\omega = \eta_1,\ \eta_2,\ \eta_3 \ldots \eta_s,\ \eta_{s+1} \ldots \tag{13}$$

bilden kann, deren Normen absolut $< (3c)^n$ sind, und welche ausserdem noch die zweite Eigenschaft besitzen, dass, wenn mit a_s der kleinste, mit b_s der grösste der n Moduln

$$M(\eta_s'),\ M(\eta_s'') \ldots M(\eta_s^{(n)}) \tag{14}$$

bezeichnet wird, die zunächst folgenden Moduln

$$M(\eta_{s+1}'),\ M(\eta_{s+1}'') \ldots M(\eta_{s+1}^{(n)})$$

stets $< a_s$ oder $> b_s$ ausfallen, je nachdem sie zu der ersten oder zweiten Classe gehören; da hieraus $a_{s+1} < a_s$ und $b_{s+1} > b_s$ folgt, so leuchtet ein, dass bei einer so gebildeten Kette (13) die einem beliebigen Gliede η_s entsprechenden Moduln (14), je nachdem sie zu der ersten oder zweiten Classe gehören, kleiner resp. grösser sind als alle Moduln aller vorausgehenden Glieder $\eta_1, \eta_2 \ldots \eta_{s-1}$. Da ferner die Normen aller dieser Zahlen η ganze rationale Zahlen und absolut kleiner als die endliche Constante $(3c)^n$ sind, so müssen unendlich viele solche Zahlen η eine und dieselbe, von Null verschiedene Norm m haben; da (nach §. 176, II bis IV) zugleich m durch η theilbar, also $\mathfrak{o}m > \mathfrak{o}\eta > \mathfrak{o}$, und $(\mathfrak{o}, \mathfrak{o}m) = \pm m^n > 0$ ist, so ist (nach §. 171, II) die Anzahl dieser Moduln $\mathfrak{o}\eta$ endlich, und folglich muss es in der Kette (13) auch unendlich viele solche Zahlen η geben, welche einen und denselben Modul $\mathfrak{o}\eta$ erzeugen; sind χ, λ irgend zwei solche Zahlen, von denen χ den früheren, λ den späteren Platz in der Kette einnimmt, und setzt man $\chi = \lambda\epsilon$, so folgt aus $\mathfrak{o}\chi = \mathfrak{o}\lambda$ auch $\mathfrak{o}\epsilon = \mathfrak{o}$; mithin ist ϵ eine *Einheit,* und da zugleich $\chi^{(r)} = \lambda^{(r)}\epsilon^{(r)}$, also auch $M(\chi^{(r)}) = M(\lambda^{(r)})M(\epsilon^{(r)})$ ist, so ergiebt sich mit Rücksicht auf die obige Bemerkung über die conjugirten Moduln der in der Kette (13) enthaltenen Zahlen der folgende Satz:

III. *Es giebt in* $\mathfrak{o}$ *eine Einheit von der Art, dass die Moduln der mit ihr conjugirten Zahlen in der ersten Classe* > 1, *in der zweiten Classe* < 1 *ausfallen.*

6. Von jetzt ab wollen wir, wenn unter den Permutationen π_r imaginäre Paare vorhanden sind, von jedem solchen Paar nur die eine beibehalten, die andere gänzlich fallen lassen; es bleiben dann ν Permutationen

$$\pi_1,\ \pi_2 \ldots \pi_\nu \tag{15}$$

und je nachdem eine solche Permutation π_s reell oder imaginär ist, wollen wir

$$c_s = 1 \quad \text{oder} \quad c_s = 2 \tag{16}$$

setzen, so dass

$$c_1 + c_2 + \cdots + c_\nu = n \tag{17}$$

wird. Bedeutet ferner α irgend eine von Null verschiedene Zahl des Körpers Ω, so soll, wenn π_s eine der Permutationen (15) ist, mit $l_s(\alpha)$ der *reelle* Bestandtheil von $c_s \log \alpha^{(s)}$ bezeichnet werden, woraus offenbar

$$l_1(\alpha) + l_2(\alpha) + \cdots + l_\nu(\alpha) = \log N((\alpha)) \tag{18}$$

folgt, wo $N((\alpha))$ den absoluten Werth von $N(\alpha)$ bedeutet; zugleich ist allgemein

$$l_s(\alpha\beta) = l_s(\alpha) + l_s(\beta). \tag{19}$$

Für jede *Einheit* ϵ ergiebt sich aus (18) speciell

$$l_1(\epsilon) + l_2(\epsilon) + \cdots + l_\nu(\epsilon) = 0, \tag{20}$$

und der obige Satz III kann offenbar so ausgesprochen werden:

IV. *Vertheilt man die* ν *Permutationen* (15) *nach Belieben in zwei Classen, doch so, dass jede von ihnen mindestens eine Permutation enthält, so giebt es in* $\mathfrak{o}$ *immer eine Einheit* ϵ *von der Art, dass* $l_s(\epsilon)$ *positiv oder negativ ausfällt, je nachdem* π_s *zu der ersten oder zweiten Classe gehört.*

Betrachtet man jetzt ein System S von $(\nu - 1)$ Einheiten $\epsilon_1, \epsilon_2 \ldots \epsilon_{\nu-1}$ und setzt zur Abkürzung $l_s(\epsilon_m) = l_{s,m}$, während $u_1, u_2 \ldots u_\nu$ willkürliche Grössen bedeuten, so ist die Determinante

$$\begin{vmatrix} l_{1,1} \ldots l_{1,\nu-1},\ u_1 \\ \ldots\ldots\ldots\ldots \\ l_{r,1} \ldots l_{\nu,\nu-1},\ u_\nu \end{vmatrix} = (u_1 + \cdots + u_\nu)S', \tag{21}$$

wo

$$S' = \sum \pm l_{1,1} l_{2,2} \ldots l_{\nu-1,\nu-1}; \tag{22}$$

denn wenn man zu der letzten Zeile alle vorhergehenden addirt, so verschwinden zufolge (20) alle ihre Elemente mit Ausnahme des letzten, welches gleich der Summe der Grössen u_s wird. Die Determinante S' oder auch deren absoluter Werth, welcher durch das System

S vollständig bestimmt ist, soll der *Regulator* dieses Systems heissen[4]. Fügt man zu S noch eine Einheit ϵ_ν hinzu und setzt $u_s = l_s(\epsilon_\nu)$, so verschwindet zufolge (20) die aus ν Einheiten gebildete Determinante (21). Von der grössten Wichtigkeit ist aber der folgende Satz:

V. *Es giebt ein aus* $(\nu - 1)$ *Einheiten* $\epsilon_1, \epsilon_2 \ldots \epsilon_{\nu-1}$ *bestehendes System* S*, dessen Regulator von Null verschieden ist.*

In der That, da $\nu \geq 2$ ist, so folgt aus dem obigen Satze IV, wenn man π_1 in die erste, alle anderen Permutationen aber in die zweite Classe aufnimmt, die Existenz einer Einheit ϵ_1, für welche $l_{1,1}$ positiv ausfällt, womit der Fall $\nu = 2$ erledigt ist. Wenn aber $\nu > 2$ ist, und m eine natürliche Zahl bedeutet, die $< \nu$, aber > 1 ist, so wollen wir annehmen, man habe schon $(m - 1)$ Einheiten $\epsilon_1, \epsilon_2 \ldots \epsilon_{m-1}$ gefunden, die eine positive Determinante

$$D_m = \sum \pm l_{1,1} l_{2,2} \ldots l_{m-1,m-1}$$

erzeugen, und wir wollen mit Hülfe desselben Satzes IV die Existenz einer Einheit ϵ_m beweisen, für welche auch die Determinante

$$E_{m+1} = \sum \pm l_{1,1} l_{2,2} \ldots l_{m-1,m-1} l_{m,m}$$

positiv ausfällt. Hierzu ordnen wir die letztere nach den aus ϵ_m entspringenden Elementen, wodurch sie die Form

$$E_{m+1} = D_1 l_{1,m} + \cdots + D_{m-1} l_{m-1,m} + D_m l_{m,m}$$

annimmt, wo D_m nach unserer Annahme positiv ist, während die übrigen aus $\epsilon_1, \epsilon_2 \ldots \epsilon_{m-1}$ gebildeten Determinanten $D_1, D_2 \ldots D_{m-1}$ positiv, negativ oder auch $= 0$ sein können. Bildet man nun wieder zwei Classen und nimmt von den m Permutationen $\pi_1, \pi_2 \ldots \pi_m$ alle diejenigen in die erste Classe auf, denen positive Werthe $D_1, D_2 \ldots D_m$ entsprechen, also jedenfalls die Permutation π_m, während die übrigen und die Permutationen $\pi_{m+1} \ldots \pi_\nu$, also jedenfalls π_ν, in die zweite Classe fallen, so giebt es nach dem obigen Satze IV eine Einheit ϵ_m, für welche $l_{s,m}$ positiv oder negativ ausfällt, je nachdem π_s zu der ersten oder zweiten Classe gehört; mithin wird die Summe e_{m+1}, da sie mindestens ein positives Glied $D_m l_{m,m}$ und kein einziges negatives Glied enthält, gewiss positiv, was zu zeigen war. Auf diese Weise kann man offenbar von $m = 2$ bis $m = \nu - 1$ fortschliessen, wodurch man zuletzt ein System S von $\nu - 1$ Einheiten erhält, dessen Regulator S' von Null verschieden ist, w.z.b.w.

7. Ein solches, aus $\nu - 1$ *unabhängigen* Einheiten $\epsilon_1, \epsilon_2 \ldots \epsilon_{\nu-1}$ bestehendes System S, dessen Regulator S' von Null verschieden ist, nennen wir ein *vollständiges* System, und wir bilden aus dieser Basis S, indem wir die Exponenten $m_1, m_2 \ldots m_{\nu-1}$ alle ganzen rationalen

[4]Dieser Ausdruck findet sich in verwandter, freilich etwas anderer Bedeutung in §. 4 der Abhandlung von *Eisenstein: Allgemeine Untersuchung über die Formen dritten Grades mit drei Variabeln, welche der Kreistheilung ihre Entstehung verdanken* (Crelle's Journal. Bd. 28, 29).

Zahlen von $-\infty$ bis $+\infty$ durchlaufen lassen, eine zugehörige *Gruppe* (S) von unendlich vielen Einheiten

$$\sigma = \epsilon_1^{m_1} \epsilon_2^{m_2} \dots \epsilon_{\nu-1}^{m_{\nu-1}}, \tag{23}$$

welche sich durch Multiplication und Division reproducieren[5]; dass je zwei verschiedenen Systemen von Exponenten $m_1, m_2 \dots m_{\nu-1}$ auch zwei verschiedene Einheiten σ entsprechen, dass also nur dann $\sigma = 1$ wird, wenn alle diese Exponenten verschwinden, wird sich aus dem Folgenden beiläufig ergeben.

Ist α irgend eine von Null verschiedene Zahl des Körpers Ω, so bezeichnen wir mit $\alpha(S)$ den Complex aller Producte $\alpha\sigma$, welche den sämmtlichen Einheiten σ der Gruppe (S) entsprechen, und es leuchtet ein, dass zwei solche Complexe $\alpha(S)$, $\beta(S)$ entweder keine einzige gemeinsame Zahl besitzen oder vollständig identisch sind; jede in $\alpha(S)$ enthaltene Zahl kann an Stelle von α treten und als Repräsentant dieses Complexes angesehen werden. Um nun von allen diesen Zahlen $\alpha\sigma$ eine einzige durch besondere Bedingungen herauszuheben, verfahren wir auf folgende Weise (vergl. §. 87). Da die Determinante (21), wenn man die Grössen u_s durch die in (16), (17) eingeführten Zahlen c_s ersetzt, den von Null verschiedenen Werth nS' annimmt, so entspricht jeder von Null verschiedenen Zahl α des Körpers Ω ein *vollständig bestimmtes* System von ν reellen Grössen $e_1(\alpha), e_2(\alpha) \dots e_{\nu-1}(\alpha)$ und $f(\alpha)$, welche den ν linearen Gleichungen

$$\begin{aligned} l_{1,1}e_1(\alpha) + \dots + l_{1,\nu-1}e_{\nu-1}(\alpha) + c_1 f(\alpha) &= l_1(\alpha) \\ \dots\dots\dots\dots\dots\dots\dots\dots\dots\dots\dots \\ l_{\nu,1}e_1(\alpha) + \dots + l_{\nu,\nu-1}e_{\nu-1}(\alpha) + c_\nu f(\alpha) &= l_\nu(\alpha) \end{aligned} \tag{24}$$

genügen und zufolge (19) die Eigenschaften

$$e_s(\alpha\beta) = e_s(\alpha) + e_s(\beta), \ f(\alpha\beta) = f(\alpha) + f(\beta) \tag{25}$$

besitzen, Die $(\nu - 1)$ Grössen $e_s(\alpha)$ wollen wir die *Exponenten* der Zahl α in Bezug auf die Basis S nennen, und α soll eine in Bezug auf S *reducirte* Zahl heissen, wenn ihre Exponenten sämmtlich < 1 und nicht negativ sind. Die Bedeutung der Grösse $f(\alpha)$ ergiebt sich unmittelbar durch Addition der Gl. (24), woraus mit Rücksicht auf (17), (18), (20)

$$nf(\alpha) = \log N((\alpha)) \tag{26}$$

folgt; ist ϵ irgend eine Einheit, so ist $f(\epsilon) = 0$. Da ferner zufolge (19) und (23)

$$l_s(\sigma) = l_{s,1}m_1 + l_{s,2}m_2 + \dots + l_{s,\nu-1}m_{\nu-1}$$

und ausserdem $f(\sigma) = 0$ ist, so lehrt die Vergleichung mit (24), dass die in (23) dargestellte Einheit σ der Gruppe (S) die ganzen rationalen Exponenten

[5]Die jetzt folgenden Betrachtungen bieten eine vollständige und auf leicht ersichtlichen Gründen beruhende Analogie mit der Theorie der endlichen Moduln dar (§. 172).

$$e_s(\sigma) = m_s \tag{27}$$

besitzt; hieraus folgt zugleich, dass σ wirklich nur auf eine einzige Weise in der Form (23) darstellbar ist, und dass die einzige in (S) enthaltene reducirte Einheit $= 1$ ist, weil ihre Exponenten m_s sämmtlich verschwinden müssen. Betrachtet man nun irgend eine in dem Complex $\alpha(S)$ enthaltene Zahl $\alpha\sigma$, so sind zufolge (25) und (27) ihre Exponenten $e_s(\alpha\sigma) = e_s(\alpha) + m_s$, und da die ganzen rationalen Zahlen m_s immer und nur auf eine einzige Weise so gewählt werden können, dass die Exponenten $e_s(\alpha\sigma) < 1$ und nicht negativ werden, so ergiebt sich der Satz:

VI. *In jedem Complex $\alpha(S)$ giebt es eine und auch nur eine einzige reducirte Zahl.*

Die wichtigste Grundlage für alles Folgende ergiebt sich aber aus den Gleichungen (24), wenn man alle diejenigen reducirten Zahlen α betrachtet, deren absolute Norm einen gegebenen positiven Werth t nicht überschreitet; da nämlich die $\nu - 1$ Exponenten $e_s(\alpha)$ zwischen 0 und 1 liegen, und zufolge (26) im algebraischen Sinne $nf(\alpha) \leq \log t$ ist, so sind die ν Grössen $l_s(\alpha)$ algebraisch kleiner als eine endliche, nur von t und der Basis S abhängige Grösse, und folglich sind auch die Moduln aller mit einer solchen Zahl α conjugirten Zahlen kleiner als eine endliche positive Grösse C, welche ebenfalls nur von t und S abhängt. Fügt man jetzt noch die Bedingung hinzu, dass α eine *ganze* Zahl sein soll, so ergiebt sich hieraus mit Rücksicht auf I. der Satz:

VII. *Ist t eine gegebene positive Grösse, so giebt es nur eine endliche Anzahl solcher ganzen Zahlen, welche in Bezug auf S reducirt, und deren absolute Norm $\leq t$ sind.*

Mithin ist auch die Anzahl *aller reducirten Einheiten ρ endlich,* und das System *aller* Einheiten ϵ des Körpers besteht (zufolge VI) aus ebenso vielen verschiedenen Complexen von der Form $\rho(S)$. Hieraus folgt leicht der Satz:

VIII. *Bedeutet r die Anzahl aller in Bezug auf S reducirten Einheiten ρ, und ϵ irgend eine Einheit, so ist ϵ^r in der Gruppe (S) enthalten.*

Denn wenn $\rho_1, \rho_2 \ldots \rho_r$ die r reducirten Einheiten sind, so kann man die Einheiten

$$\epsilon\rho_1 = \eta_1\sigma_1,\ \epsilon\rho_2 = \eta_2\sigma_2 \ldots \epsilon\rho_r = \eta_r\sigma_r \tag{28}$$

setzen, wo $\sigma_1, \sigma_2 \ldots \sigma_r$ der Gruppe (S) angehören, während $\eta_1, \eta_2 \ldots \eta_r$ reducirte Einheiten sind; wäre nun z. B. $\eta_1 = \eta_2$, also auch $\rho_1\sigma_2 = \rho_2\sigma_1$, so gehörten die beiden verschiedenen Einheiten ρ_1, ρ_2 einem und demselben Complex $\rho_1(S) = \rho_2(S)$ an, was (nach VI) unmöglich ist; mithin sind die r reducirten Einheiten η sämmtlich von einander verschieden, und sie fallen daher in ihrer Gesammtheit, wenn auch in anderer Ordnung, mit den r Einheiten ρ zusammen; multiplicirt man nun die obigen r Gleichungen (28) und dividirt durch das Product der reducirten Einheiten ρ oder η, so ergiebt sich $\epsilon^r = \sigma_1\sigma_2 \ldots \sigma_r$, w.z.b.w.

8. Die Exponenten von ϵ^r sind daher zufolge (27) immer ganze rationale Zahlen, und da zufolge (25) diese Exponenten $e_s(\epsilon^r) = re_s(\epsilon)$ sind, so ergiebt sich, dass die Exponenten $e_s(\epsilon)$ einer jeden Einheit ϵ *rationale* Zahlen mit dem gemeinsamen Nenner r sind. Ist nun K irgend ein System von $\nu - 1$ Einheiten χ, und setzt man dieselben in (24) für α ein, so ergiebt sich, weil $f(\chi) = 0$ ist, aus der Definition (22) der Regulator

$$K' = kS' \tag{29}$$

wo k die aus den Exponenten der Einheiten χ gebildete Determinante, also eine rationale Zahl mit dem Nenner $r^{\nu-1}$ bedeutet; mithin ist K dann und nur dann ein vollständiges System, wenn k, also auch die *ganze* Zahl $kr^{\nu-1}$ von Null verschieden ist. Hieraus folgt zugleich, dass es unter allen vollständigen Systemen auch ein sogenanntes *Fundamentalsystem,* d. h. ein System von absolut *kleinstem* Regulator geben muss, und wir wollen jetzt annehmen, unser obiges System S sei selbst ein solches Fundamentalsystem. Dann folgt zunächst, dass die Exponenten einer jeden reducirten Einheit ρ sämmtlich verschwinden; denn ersetzt man eine der in S enthaltenen Einheiten, z. B. ϵ_s durch ρ, während man die übrigen beibehält, so entsteht aus S ein System K, welches zufolge (29) den Regulator $K' = e_s(\rho)S'$ besitzt; wäre nun der Exponent $e_s(\rho)$ von Null verschieden und folglich ein positiver echter Bruch, so wäre K ein vollständiges System, und sein Regulator K' absolut kleiner als S', was unmöglich ist; mithin ist $e_s(\rho) = 0$. Aus dieser Eigenschaft, welche, wie man leicht zeigen könnte, für jedes Fundamentalsystem S auch charakteristisch ist, folgt zunächst, dass die Exponenten einer jeden Einheit ϵ, weil sie in einem Complexe $\rho(S)$ enthalten ist, sämmtlich *ganze* rationale Zahlen sind. Ferner folgt hieraus, dass jedes Product aus zwei reducirten Einheiten ρ, weil seine Exponenten zufolge (25) sämmtlich verschwinden, ebenfalls eine reducirte Einheit ist; behält daher r die obige Bedeutung, so ist ρ^r eine reducirte Einheit, welche (nach VIII) der Gruppe (S) angehört, und hieraus folgt nach einer früheren Bemerkung

$$\rho^r = 1 \tag{30}$$

Da umgekehrt jede in $\mathfrak{o}$ enthaltene Einheitswurzel $\epsilon = \sqrt[m]{1}$ immer eine reducirte Einheit ist, weil die Grössen $l_s(\epsilon)$ und $e_s(\epsilon)$ sämmtlich verschwinden, so fallen die r reducirten Einheiten ρ mit allen in $\mathfrak{o}$ enthaltenen Einheitswurzeln zusammen; unter diesen befinden sich immer die beiden Zahlen ± 1, und hieraus folgt offenbar, dass r stets eine *gerade* Zahl ist, die aber, wie man leicht erkennt, nur dann > 2 sein kann, wenn $n = 2\nu$ ist. Da endlich das System aller Einheiten ϵ aus den r Complexen $\rho(S)$ besteht, so haben wir hiermit den folgenden grossen Satz von *Dirichlet*[6] bewiesen:

IX. *Bezeichnet ν die Gesammtanzahl der rellen, sowie der Paare von imaginären Permutationen des Körpers Ω, so giebt es in $\mathfrak{o}$ immer $\nu - 1$ Fundamentaleinheiten einer solchen Beschaffenheit, dass, wenn man dieselben beliebig oft in einander multiplicirt und dividirt, und dem so gebildeten allgemeinen Product die sämmtlichen in $\mathfrak{o}$ enthaltenen Einheits-*

[6] Monatsbericht der Berliner Akademie vom 30.März 1846, oder Dirichlet's Werke, Bd. 1, S. 642.

wurzeln ρ, deren Anzahl r stets endlich ist, einzeln als Factor zugesellt, alle Einheiten in $\mathfrak{o}$ und zwar jede nur einmal dargestellt werden.

Wir fügen diesem Resultate noch einige Bemerkungen hinzu. Es leuchtet ein, dass allen Fundamentalsystemen S nicht bloss derselbe absolute Minimal-Regulator S', sondern auch dieselbe Anzahl r der reducirten Einheiten entspricht; bei den meisten Untersuchungen tritt der aus beiden gebildete Quotient

$$E = \frac{S'}{r} \tag{31}$$

auf[7], und diese Grösse besitzt für den Körper Ω eine Bedeutung von ähnlicher Wichtigkeit wie seine Grundzahl D. Durch Betrachtungen, welche den in der Theorie der endlichen Moduln angewendeten analog sind (§. 172), kann man leicht beweisen, dass dieser Quotient auch denselben Werth E besitzt, wenn S ein *beliebiges* vollständiges System, und r die Anzahl der in Bezug auf S reducirten Einheiten bedeutet; dasselbe wird sich aber auch beiläufig aus der im folgenden Paragraphen enthaltenen Untersuchung ergeben.

Ganz ähnliche Resultate erhält man, wenn man nicht alle Einheiten betrachtet, sondern nur diejenigen, deren Norm *positiv*[8] ist, oder gar nur diejenigen, welche durch alle reellen Permutationen in *positive* Werthe übergehen; man kann dieselbe Untersuchung entweder von vornherein mit Rücksicht auf solche Nebenbedingungen führen, oder man kann auch nachträglich die etwaigen Modificationen des obigen Resultates leicht ableiten, wenn man bedenkt, dass jedes Quadrat einer Einheit diesen Bedingungen genügt.

Die obige Untersuchung ist ferner so dargestellt, dass sie auch dann gültig bleibt, wenn das Gebiet $\mathfrak{o}$ *aller* in Ω enthaltenen ganzen Zahlen überall durch irgend eine endliche *Ordnung* $\mathfrak{n}$ ersetzt wird, deren Basis zugleich eine Basis von Ω ist[9]; aber auch für diesen Fall kann man die eintretenden Modificationen leicht nachträglich ableiten, wenn man den *Führer* der Ordnung, d. h. das Ideal $\mathfrak{f} = \mathfrak{n} : \mathfrak{o}$ betrachtet und bedenkt, dass jede Einheit durch Potenzirung mit dem Exponenten $\varphi(\mathfrak{f})$ in eine Einheit dieser Ordnung verwandelt wird (§. 180, IV).

---

[7] Im Falle $\nu = 1$ ist $S' = 1$, und r gleich der Anzahl aller Einheiten in $\mathfrak{o}$ zu setzen.

[8] Vergl. die *dritte* Auflage S. 561; bei dem dortigen Ausspruche des Schlusssatzes (S. 567) hätte aber ausdrücklich bemerkt werden sollen, dass im Falle eines ungeraden n von den beiden einzigen reducirten Einheiten $+1$ und -1 nur die erstere beizubehalten ist.

[9] Vergl. die *zweite* Auflage (§. 166) und meine auf S. 580 citirte Festschrift: *Ueber die Anzahl der Ideal-Classen in den verschiedenen Ordnungen eines endlichen Körpers* (1877).

Anzahl der Idealclassen (§ 184.)

28

Der eben bewiesene Satz bildet neben der Theorie der Ideale die wichtigste Grundlage für das tiefere Studium der ganzen Zahlen des Körpers Ω, und er ist unentbehrlich für die wirkliche Bestimmung der *Anzahl der Idealclassen* nach Dirichlet's Principien. Die vollständige und allgemeine Lösung dieser grossen Aufgabe, von welcher die Bestimmung der Classenanzahl der binären quadratischen Formen nur den einfachsten Fall bildet, scheint nach dem heutigen Stande der Wissenschaft noch in weiter Ferne zu liegen, allein mit Hülfe des genannten Satzes gelingt es doch, einen wesentlichen Theil derselben allgemein zu erledigen und die Classenanzahl als Grenzwerth einer unendlichen Reihe darzustellen. Da die entsprechenden Sätze über die quadratischen Formen (§§. 95, 96, 98) hierdurch abermals in ein helleres Licht gesetzt werden, so wollen wir diese Untersuchung im Folgenden ausführen; hierbei kommt es vorzüglich darauf an, den folgenden Hauptsatz zu beweisen, in welchem die Bezeichnungen des vorigen Paragraphen beibehalten sind:

I. *Ist* $\mathfrak{m}$ *ein gegebenes Ideal, und bezeichnet man, wenn* t *ein beliebiger positiver Werth ist, mit* T *die zugehörige Anzahl aller derjenigen verschiedenen, durch* $\mathfrak{m}$ *theilbaren Hauptideale, deren Normen nicht grösser als* t *sind, so wird für unendlich grosse Werthe von* t

$$\lim \frac{T}{t} = \frac{2^{\nu}\pi^{n-\nu}E}{N(\mathfrak{m})\sqrt{(D)}}. \tag{1}$$

Wir bemerken zunächst, dass wir hier den Begriff des Hauptideals in seiner ursprünglichen Bedeutung nehmen (§. 177), also unter einem Hauptideal jeden Modul von der Form $\mathfrak{o}\alpha$ verstehen, wo α jede von Null verschiedene Zahl in $\mathfrak{o}$ bedeutet, mag ihre Norm positiv oder negativ sein. Um unseren Satz zu beweisen, wählen wir nach Belieben eine bestimmte Basis des Ideals

$$\mathfrak{m} = [\mu_1, \mu_2 \ldots \mu_n], \tag{2}$$

K. Scheel, *Dedekinds Theorie der ganzen algebraischen Zahlen*,
https://doi.org/10.1007/978-3-658-30928-2_28

ebenso irgend ein vollständiges System S von $\nu - 1$ Einheiten

$$\varepsilon_1, \varepsilon_2 \ldots \varepsilon_{\nu-1}, \tag{3}$$

und behalten für dasselbe alle im vorigen Paragraphen benutzten Bezeichnungen bei. Wir erhalten nun gewiss alle durch $\mathfrak{m}$ theilbaren Hauptideale $\mathfrak{m}'$, deren Normen den Werth t nicht überschreiten, wenn wir $\mathfrak{m}' = \mathfrak{o}\alpha$ und

$$\alpha = a_1\mu_1 + a_2\mu_2 + \cdots + a_n\mu_n \tag{4}$$

setzen, wo die n Coordinaten $a_1, a_2 \ldots a_n$ alle diejenigen *ganzen rationalen* Zahlen durchlaufen, welche der Bedingung

$$0 < N((\alpha)) \leq t \tag{5}$$

genügen. Auf diese Weise würde aber (abgesehen von dem Falle $\nu - 1$) jedes solche Ideal $\mathfrak{m}'$ durch unendlich viele verschiedene Zahlen $\alpha = \varepsilon\alpha_0$ (und nur durch diese) erzeugt werden, wo α_0 eine bestimmte solche Zahl ist, ε aber alle Einheiten durchläuft. Bedeutet nun r wieder die Anzahl der in Bezug auf S reducirten Einheiten ρ, so besteht das System aller dieser Zahlen α aus r verschiedenen Complexen $\rho\alpha_0(S)$, und da es in jedem solchen Complex eine und nur eine reducirte Zahl α giebt, so wird, wenn wir zu (4) und (5) noch die $\nu - 1$ Bedingungen

$$0 \leq e_s(\alpha) < 1 \tag{6}$$

hinzufügen, jedes Ideal $\mathfrak{m}'$ genau r-mal erzeugt werden; mithin ist die Anzahl aller derjenigen Zahlen α, welche diesen Bedingungen (4), (5), (6) genügen, $= rT$, wo T die im Satze angegebene Bedeutung hat.

Hierauf wenden wir uns zur Betrachtung des stetigen, n-fach ausgedehnten arithmetischen Raumes $\mathfrak{R}$; unter einem Puncte desselben verstehen wir jede Folge x von n reellen Werthen $x_1, x_2 \ldots x_n$, welche umgekehrt die Coordinaten des Punctes x heissen sollen[1]. Aus diesem unendlichen Raume $\mathfrak{R}$ wollen wir durch gewisse Bedingungen, welche den obigen nachgebildet sind, ein durch endliche Grenzen eingeschlossenenes Gebiet $\mathfrak{A}$ ausschneiden. Zunächst bilden wir die, allen n Permutationen entsprechenden Functionen

$$\begin{aligned} \xi' &= x_1\mu_1' + x_2\mu_2' + \cdots + x_n\mu_n' \\ &\cdots\cdots\cdots\cdots\cdots\cdots \\ \xi^{(n)} &= x_1\mu_1^{(n)} + x_2\mu_2^{(n)} + \ldots + x_n\mu_n^{(n)} \end{aligned} \tag{7}$$

und unterwerfen den Punct x, indem wir mit u den absoluten Werth des reellen Productes

$$\xi'\xi'' \ldots \xi^{(n)} = \pm u \tag{8}$$

[1] Nach der Ausdrucksweise meiner in §. 161 citirten Schrift ist jeder Punct x eine bestimmte Abbildung des Systems Z_n der ersten n natürlichen Zahlen im Körper aller reellen Zahlen, und der Raum $\mathfrak{R}$ ist der Inbegriff aller dieser Abbildungen x.

bezeichnen, der ersten Bedingung

$$0 < u \leq 1. \tag{9}$$

Ist ferner π_s eine der ν Permutationen (15) in §. 183, so bezeichnen wir mit y_s den *reellen* Theil von $c_s \log \xi^{(s)}$ und bestimmen aus $y_1, y_2 \dots y_\nu$ abermals ν reelle Grössen $z_1, z_2 \dots z_{\nu-1}$ und v durch die ν linearen Gleichungen

$$\begin{gathered} l_{1,1}z_1 + \cdots + l_{1,\nu-1}z_{\nu-1} + c_1 v = y_1 \\ \dots\dots\dots\dots\dots\dots\dots\dots \\ l_{r,1}z_1 + \cdots + l_{\nu,\nu-1}z_{\nu-1} + c_\nu v = y_\nu, \end{gathered} \tag{10}$$

aus welchen durch Addition offenbar

$$nv = y_1 + y_2 + \cdots + y_\nu = \log u \tag{11}$$

folgt. Hiernach verstehen wir unter dem Gebiete $\mathfrak{A}$ den Inbegriff aller derjenigen Puncte x, welche der Bedingung (9) und ausserdem den $\nu - 1$ Bedingungen

$$0 < z_s < 1 \tag{12}$$

genügen; mit Rücksicht auf (10) und (11) folgt hieraus, dass die ν Grössen y_s algebraisch kleiner, also die Moduln der n Grössen $\xi^{(s)}$ absolut kleiner als eine nur von S abhängige Constante sind, und aus (7) ergiebt sich weiter, dass auch die Coordinaten x_s aller in $\mathfrak{A}$ gelegenen Puncte x absolut kleiner sind, als eine Constante, welche theils von S, theils von der obigen Basis des Ideals $\mathfrak{m}$ abhängt.

Zwischen diesem Gebiete $\mathfrak{A}$ und den vorher betrachteten Grössen t und T besteht nun folgende Beziehung. Setzen wir zur Abkürzung die positive Grösse

$$t^{-\frac{1}{n}} = \delta, \tag{13}$$

so erzeugt jede *Zahl* α, welche den Bedingungen (4), (5), (6) genügt, einen *Punct* x, dessen Coordinaten

$$x_1 = \delta a_1,\ x_2 = \delta a_2 \dots x_n = \delta a_n \tag{14}$$

aus den ganzen Coordinaten $a_1, a_2 \dots a_n$ der Zahl α durch Multiplication mit δ entstehen, also dem Modul $[\delta]$ angehören da nun zufolge (7), (8), (10), (11) gleichzeitig mit (14) auch

$$\begin{gathered} \xi^{(s)} = \delta\alpha^{(s)}, \quad y_s = c_s \log\delta + l_s(\alpha), \\ u = \delta^n N((\alpha)),\ v = \log\delta + f(\alpha),\ z_s = e_s(\alpha) \end{gathered} \tag{15}$$

wird, so folgt aus (5) und (6) auch (9) und (12), mithin liegt der Punct x im Gebiete $\mathfrak{A}$; und umgekehrt leuchtet ein, dass jeder Punct x des Gebietes $\mathfrak{A}$, dessen Coordinaten in $[\delta]$ enthalten sind, auf diese Weise (14) durch eine und nur eine solche Zahl α erzeugt wird, welche den Bedingungen (4), (5), (6) genügt. Mithin ist die Anzahl rT dieser Zahlen α zugleich die Anzahl T' dieser Puncte x.

Um nun hieraus den gesuchten Grenzwerth abzuleiten, berufen wir uns auf das folgende allgemeine Princip[2], welches seinen unmittelbaren Grund in dem Begriffe eines vielfachen Integrals findet und deshalb keines besonderen Beweises bedarf:

Setzt man das über ein reelles, in endliche Grenzen eingeschlossenes Gebiet $\mathfrak{A}$ ausgedehnte, aus lauter positiven Elementen gebildete n-fache Integral

$$\int \partial x_1 \partial x_2 \dots \partial x_n = (\mathfrak{A}), \tag{16}$$

und bezeichnet man, wenn δ eine beliebig kleine positive Grösse ist, mit T' die zugehörige Anzahl aller derjenigen verschiedenen in $\mathfrak{A}$ liegenden Puncte x, deren Coordinaten x_1, $x_2 \dots x_n$ ganze rationale Vielfache von δ sind, so wird für unendlich kleine Werthe von δ

$$\lim(T'\delta^n) = (\mathfrak{A}). \tag{17}$$

Da in unserem Falle $T' = rT$ und $\delta^n = t^{-1}$ ist, so erhalten wir

$$\lim\,(\mathfrak{T}t) = \frac{(\mathfrak{A})}{r}, \tag{18}$$

und es kommt nur noch drauf an, den Werth des Integrals $(\mathfrak{A})$ zu ermitteln. Zu diesem Zweck führen wir an Stelle der Coordinaten $x_1, x_2 \dots x_n$ ein neues System von n unabhängigen reellen Variabelen ein, und zwar erwählen wir als solche die schon oben definirten ν Grössen $u, z_1, z_2 \dots z_{\nu-1}$ und ausserdem noch $(n-\nu)$ Grössen $\varphi_{\nu+1}, \varphi_{\nu+2} \dots \varphi_n$, welche dadurch vollständig bestimmt sind, dass sie, mit i multiplicirt, die *imaginären* Bestandtheile der Logarithmen von $\xi^{(\nu+1)}, \xi^{(\nu+2)} \dots \xi^{(n)}$ bilden und zugleich den Bedingungen

$$0 \le \varphi_m < 2\pi \tag{19}$$

genügen, wo m jede der Zahlen $\nu+1, \nu+2 \dots n$ bedeutet.

Zu jedem Puncte x des Gebietes $\mathfrak{A}$ gehört offenbar ein einziges, den Bedingungen (9), (12), (19) genügendes System der neuen Variabelen u, z_s, φ_m. Umgekehrt leuchtet ein, dass durch ein solches Werthsystem u, z_s, φ_m die unter den n Grössen $\xi', \xi'' \dots \xi^{(n)}$ befindlichen imaginären Paare vollständig bestimmt sind, während für die übrigen $\xi^{(s)}$, welche den $(2\nu - n)$ reellen Permutationen π_s entsprechen, nur die absoluten Werthe gegeben werden. Aus diesem Grunde zerfällt unser Gebiet $\mathfrak{A}$ offenbar in $2^{2\nu-n}$ Stücke $\mathfrak{B}$, deren jedes aus allen denjenigen Puncten x besteht, für welche jede der letztgenannten Grössen $\xi^{(s)}$ ein unveränderliches Vorzeichen besitzt; betrachtet man daher ein bestimmtes solches Stück $\mathfrak{B}$, so entspricht zufolge (7) jedem Werthsystem u, z_s, φ_m ein und nur ein bestimmter Punct x in $\mathfrak{B}$. Das Integral $(\mathfrak{A})$ ist die Summe aller, den einzelnen Stücken $\mathfrak{B}$ entsprechende Integrale $(\mathfrak{B})$, und um für ein bestimmtes solches Stück $\mathfrak{B}$ die Transformation des Integrals $(\mathfrak{B})$ auszuführen, müssen wir bekanntlich den absoluten Werth der mit

[2]Für den Fall $n = 2$ fällt dasselbe mit dem in §. 120 besprochenen geometrischen Satze zusammen.

$$\frac{d(x_1 \ldots x_{\nu-1}, x_\nu, x_{\nu+1} \ldots x_n)}{d(z_1 \ldots z_{\nu-1}, u, \varphi_{\nu+1} \ldots \varphi_n)}$$

zu bezeichnenden Functional-Determinante der alten Variabelen in Bezug auf die neuen bestimmen. Dies führen wir nach bekannten Sätzen so aus, dass wir bei dem Uebergange von jenen zu diesen noch andere Systeme von Variabelen, und zwar zunächst das der n Grössen ξ', $\xi'' \ldots \xi^{(n)}$ einschalten; da zufolge (7) das Quadrat der Functional-Determinante der Grösse ξ in Bezug auf die Grössen x die Discriminante des Ideals $\mathfrak{m}$, also $= \Delta(\mathfrak{m} = DN(\mathfrak{m})^2$ ist, so folgt

$$\frac{d(x_1 \ldots x_n)}{d(\xi' \ldots \xi^{(n)})} = \frac{1}{N(\mathfrak{m})\sqrt{D}}.$$

Hierauf führen wir die ν Grössen y_s und die $(n - \nu)$ Grössen φ_m ein; ist π_s eine reelle Permutation, so ist $y_s = \log(\pm\xi^{(s)})$, wo $\pm$ das in diesem Stück $\mathfrak{B}$ herrschende Vorzeichen von $\xi^{(s)}$ bedeutet, mithin

$$d\xi^{(s)} = \xi^{(s)} dy_s;$$

bilden aber π_s und π_m ein imaginäres Paar, so ist

$$\log \xi^{(s)} = 1/2 y_s - \varphi_m i, \; \log \xi^{(m)} = 1/2 y_s + \varphi_m i.$$

also

$$\frac{d(\xi^{(s)}, \xi^{(m)})}{d(y_s, \varphi_m)} = i\xi^{(s)}\xi^{(m)}$$

und hieraus folgt mit Rücksicht auf (8)

$$\frac{d(\xi' \ldots \xi^{(\nu)}, \xi^{(\nu+1)} \ldots \xi^{(n)})}{d(y_1 \ldots, y_\nu, \varphi_{\nu+1} \ldots \varphi_n)} = \pm u i^{n-\nu}.$$

Führt man endlich statt der Grössen y_s die Grössen z_s und u ein, so folgt aus (10) und (11) mit Rücksicht auf die Gleichungen (17) und (21) des vorigen Paragraphen

$$\frac{d(y_1 \ldots y_{\nu-1}, y_\nu)}{d(z_1 \ldots z_{\nu-1}, u)} = \frac{S'}{u}.$$

Durch Verbindung dieser Uebergänge erhält man

$$\frac{d(x_1 \ldots x_{\nu-1}, x_\nu, x_{\nu+1} \ldots x_n)}{d(z_1 \ldots z_{\nu-1}, u, \varphi_{\nu+1} \ldots \varphi_n)} = \frac{S'}{N(\mathfrak{m})\sqrt{(D)}},$$

mithin

$$(\mathfrak{B}) = \frac{S'}{N(\mathfrak{m})\sqrt{(D)}} \int \partial z_1 \ldots \partial z_{\nu-1} \partial u \partial\varphi_{\nu+1} \ldots \partial\varphi_n,$$

oder wenn man die Integrationen in den durch (9), (12), (19) angegebenen Grenzen ausführt,

$$(\mathfrak{B}) = \frac{(2\pi)^{n-\nu} S'}{N(\mathfrak{m})\sqrt{(D)}},$$

wo der Regulator S' und $\sqrt{(D)}$ absolut zu nehmen sind. Da jedem der $2^{2\nu-n}$ Stücke $\mathfrak{B}$, aus welchen $\mathfrak{A}$ besteht, ein und derselbe Integralwerth $(\mathfrak{B})$ entspricht, so folgt

$$(\mathfrak{A}) = \frac{2^{\nu}\pi^{n-\nu} S'}{N(\mathfrak{m})\sqrt{(D)}},$$

und zufolge (18) ergiebt sich hieraus der gesuchte Grenzwerth

$$\lim\left(\frac{T}{t}\right) = \frac{2^{\nu}\pi^{n-\nu}}{N(\mathfrak{m})\sqrt{(D)}} \cdot \frac{S'}{r}.$$

Da dieser Grenzwerth seiner Bedeutung nach von der Auswahl des bei unserem Beweise benutzten vollständigen Einheits-Systems S gänzlich unabhängig ist, so ergiebt sich beiläufig der auch auf elementare Weise leicht zu beweisende Satz, dass der Quotient $S' : r$ für alle vollständigen Systeme S einen und denselben absoluten Werth hat; bezeichnet man denselben mit E, so nimmt die letzte Gleichung die Form (1) an, w.z.b.w.

Mit Hülfe dieses Fundamentes lassen sich die nachfolgenden Sätze ohne jede Schwierigkeit ableiten; wir bemerken vorher, dass wir den Begriff der Idealclasse (§. 181) im ursprünglichen Sinne nehmen, also zwei Ideale $\mathfrak{a}$, $\mathfrak{a}'$ äquivalent nennen und derselben Classe zutheilen, wenn es eine Zahl η (von positiver oder negativer Norm) giebt, welche der Bedingung $\mathfrak{a}\eta = \mathfrak{a}'$ genügt. Dann gilt folgender Satz:

II. *Ist A irgend eine Idealclasse, und bezeichnet man, wenn t ein beliebiger positiver Werth ist, mit T die Anzahl aller derjenigen in A enthaltenen Ideale, deren Normen nicht grösser als t sind, so wird für unendlich grosse Werthe von t*

$$\lim\frac{T}{t} = \frac{2^{\nu}\pi^{n-\nu} E}{\sqrt{(D)}} = g. \tag{20}$$

Um dies zu beweisen, wählen wir aus der inversen Classe A^{-1} nach Belieben ein bestimmtes Ideal $\mathfrak{m}$; ist nun $\mathfrak{a}$ ein beliebiges Ideal in A, so ist $\mathfrak{a}\mathfrak{m}$ ein durch $\mathfrak{m}$ theilbares Hauptideal $\mathfrak{m}'$, und umgekehrt ist jedes solches Hauptideal $\mathfrak{m}'$ von der Form $\mathfrak{a}\mathfrak{m}$, wo $\mathfrak{a}$ der Classe A angehört; da ferner je zwei verschiedenen Idealen $\mathfrak{a}$ auch zwei verschiedene Ideale $\mathfrak{a}\mathfrak{m}$ entsprechen und umgekehrt, so folgt aus $N(\mathfrak{a}\mathfrak{m}) = N(\mathfrak{a})N(\mathfrak{m})$, dass T zugleich die Anzahl aller derjenigen verschiedenen, durch $\mathfrak{m}$ theilbaren Hauptideale $\mathfrak{a}\mathfrak{m}$ ist, deren Norm nicht grösser als $tN(\mathfrak{m})$ sind; ersetzt man daher t in dem Satze I durch $tN(\mathfrak{m})$, so geht die Gl. (1) in (20) über, w.z.b.w.

Da dieser Grenzwerth von der Classe A gänzlich unabhängig ist, und da jedes Ideal einer und nur einer Classe angehört, so folgt hieraus ohne Weiteres der nachstehende Satz:

III. *Bedeutet h die Anzahl aller Idealclassen, und bezeichnet man, wenn t ein beliebiger positiver Werth ist, mit T die Anzahl aller derjenigen verschiedenen Ideale, deren Normen nicht grösser als t sind, so wird für unendlich grosse Werthe von t*

$$\lim \frac{T}{t} = \frac{2^{\nu}\pi^{n-\nu}Eh}{\sqrt{(D)}} = gh. \tag{21}$$

Verbindet man hiermit das allgemeine, in §. 118 aufgestellte Princip, so ergiebt sich Folgendes:

IV. *Bedeutet s eine Variabele, und setzt man die über alle Ideale $\mathfrak{a}$ ausgedehnte unendliche Reihe*

$$\sum \frac{1}{N(\mathfrak{a})^s} = \Omega(s), \tag{22}$$

so convergirt dieselbe für alle Werthe $s > 1$, und für unendlich kleine Werthe von $(s-1)$ wird

$$\lim\,(s-1)\Omega(s) = gh. \tag{23}$$

Hiermit ist, wenn die Werthe von D und E schon gefunden sind, die Classenanzahl h als Grenzwerth einer unendlichen Reihe dargestellt. Gelingt es, denselben Grenzwerth noch auf eine andere Weise, nämlich unmittelbar aus der Beschaffenheit der im Körper Ω auftretenden Ideale $\mathfrak{a}$ zu bestimmen, so ist damit auch die Classenanzahl h gefunden; dies ist aber bis jetzt nur in sehr wenigen Fällen geglückt, von denen wir einige in den folgenden Paragraphen betrachten wollen, und vermuthlich befinden wir uns noch sehr weit von einer allgemeinen Lösung dieses grossen Problems. Hier wollen wir nur noch die folgenden Bemerkungen hinzufügen.

Aus den Gesetzen, nach welchen alle Ideale $\mathfrak{a}$ aus den sämmtlichen Primidealen $\mathfrak{p}$ durch Multiplication gebildet werden (§. 179), ergiebt sich als unmittelbare Folgerung die Identität

$$\sum \psi(\mathfrak{a}) = \prod \frac{1}{1-\psi(\mathfrak{p})}, \tag{24}$$

wenn die Function ψ die Eigenschaft

$$\psi(\mathfrak{a}\mathfrak{b}) = \psi(\mathfrak{a})\psi(\mathfrak{b}) \tag{25}$$

besitzt, und wenn ausserdem die Summe linker Hand einen von der Anordnung ihrer Glieder unabhängigen endlichen Werth besitzt; der Beweis für diese Identität zwischen der Summe und dem unendlichen Producte stimmt vollständig mit demjenigen überein, welchen wir früher (§. 132) für den speciellen Fall $n = 1$ gegeben haben, und kann deshalb hier unterdrückt werden. Für unsere, in (22) definirte Function $\Omega(s)$ ergiebt sich hieraus die folgende zweite Darstellung

$$\Omega(s) = \prod \frac{1}{1-\frac{1}{N(\mathfrak{p})^s}}; \tag{26}$$

bedeuten nun, wenn p eine beliebige natürliche Primzahl ist, $\mathfrak{p}_1, \mathfrak{p}_2 \ldots \mathfrak{p}_s$ die voneinander verschiedenen, in p aufgehenden Primideale, und $n_1, n_2 \ldots n_e$ deren Grade (§. 179), so nimmt diese Gleichung die folgende Gestalt an

$$\Omega(s) = \prod \left(\frac{1}{1 - p^{-sn_1}} \cdot \frac{1}{1 - p^{-sn_2}} \cdots \frac{1}{1 - p^{-sn_e}} \right), \tag{27}$$

wo das Product über alle Primzahlen p zu erstrecken ist. Bezeichnet man ferner, wenn m eine beliebige natürliche Zahl ist, mit $F(m)$ die Anzahl aller derjenigen verschiedenen Ideale, deren Norm $= m$ ist, so ist offenbar

$$\Omega(s) = \sum \frac{F(m)}{m^s}, \tag{28}$$

und man erkennt leicht, dass für je zwei relative Primzahlen m', m'' stets

$$F(m', m'') = F(m')F(m'') \tag{29}$$

ist, während die unendliche Reihe

$$1 + \frac{F(p)}{p^s} + \frac{F(p^2)}{p^{2s}} + \frac{F(p^3)}{p^{3s}} + \ldots \tag{30}$$

mit dem allgemeinen Factor des Productes (27) übereinstimmt. Ausserdem geht aus (21) hervor, dass für unendlich grosse Werthe von m

$$\lim \frac{F(1) + F(2) + \cdots + F(m)}{m} = gh \tag{31}$$

ist.

Tiefere Untersuchungen, zu denen z. B. die über die Geschlechter der quadratischen Formen (Supplement IV) und die über die Vertheilung der Primideale auf die verschiedenen Idealclassen gehören[3], knüpfen sich an die Betrachtung allgemeinerer Reihen und Producte, welche aus (24) hervorgehen, wenn man

$$\psi(\mathfrak{a}) = \frac{\chi(\mathfrak{a})}{N(\mathfrak{a}^s)}$$

setzt, wo die Function $\chi(\mathfrak{a})$ ausser der Eigenschaft (25) noch die andere besitzt, für alle derselben Classe A angehörenden Ideale $\mathfrak{a}$ denselben Werth anzunehmen, welcher mithin zweckmässig durch $\chi(A)$ bezeichnet wird und offenbar immer eine h^{te} Wurzel der Einheit ist. Solche Functionen χ, die man im erweiterten Sinne *Charaktere* nennen kann, existieren immer, und zwar geht aus den am Schlusse des §. 149 erwähnten Sätzen leicht hervor, dass die Classenzahl h zugleich die Anzahl aller verschiedenen Charaktere $\chi_1, \chi_2 \ldots \chi_h$ ist, und dass jede Classe A durch die ihr entsprechenden h Werthe $\chi_1(A), \chi_2(A) \ldots \chi_h(A)$ vollständig

[3] Vergl. die schon in §. 137 citirte Abhandlung von *Dirichlet* (Crelle's Journal, Bd. 21, S. 98).

charakterisirt, d. h. von allen anderen Classen unterschieden wird. Setzt man noch die über alle Ideale $\mathfrak{a}$ der Classe A ausgedehnte Summme

$$\sum \frac{1}{N(\mathfrak{a})^s} = A(s),$$

und bezeichnet man mit $A_1,\ A_2 \ldots A_h$ alle verschiedenen Classen, so nimmt für den Charakter χ die Gl. (24) die Form

$$\chi(A_1)A_1(s) + \cdots + \chi(A_h)A_h(s) = \prod \frac{1}{1 - \chi(\mathfrak{p})N(\mathfrak{p})^{-s}}$$

an; auf die Folgerungen, welche sich aus der Betrachtung dieser h Ausdrücke und deren Logarithmen ergeben, können wir aber hier nicht mehr eingehen.

Beispiel aus der Kreistheilung (§ 185.) 29

Um den Nutzen und die Bedeutung unserer bisherigen Untersuchungen erkennen zu lassen, deren Resultate nur die ersten Elemente einer allgemeinen Zahlentheorie bilden, wollen wir dieselben auf zwei bestimmte Beispiele anwenden, die zugleich in unmittelbarem Zusammenhange mit dem Hauptgegenstande dieses Werkes stehen. Als erstes Beispiel wählen wir den classischen Fall der Kreistheilung, an welchem *Kummer* zuerst seine Schöpfung der idealen Zahlen mit dem schönsten Erfolge durchgeführt hat[1].

Es sei m eine natürliche ungerade Primzahl, θ eine primitive Wurzel der Gleichung

$$\theta^m = 1, \tag{1}$$

und n der Grad des Körpers Ω, der aus allen durch θ rational darstellbaren Zahlen besteht. Setzen wir (nach §. 139)

$$f(t) = \frac{t^m - 1}{t - 1} = (t - \theta)(t - \theta^2) \dots (t - \theta^{m-1}), \tag{2}$$

wo t eine Variabele bedeutet, so ist $f(\theta) = 0$, und da die Coefficienten dieser Gleichung rational sind, so ist $n \leq m - 1$. Um n genau zu bestimmen, setzen wir $t = 1$, wodurch wir

$$m = (1 - \theta)(1 - \theta^2) \dots (1 - \theta^{m-1}) \tag{3}$$

[1]Die bezüglichen, zuerst in Crelle's Journal (Bdde. 35, 40) veröffentlichten Untersuchungen sind zusammengestellt in der Abhandlung: *Sur la théorie des nombres complexes composés de racines de l'unité et de nombres entiers* (Liouville's Journal, Bd. 16, 1851), und eine Ergänzung derselben findet sich in der Abhandlung: *Ueber die den Gaussischen Perioden der Kreistheilung entsprechenden Congruenzwurzeln* (Crelle's Journal, Bd. 53). – Vergl. *Bachmann: Die Lehre von der Kreistheilung* (Vorl. 17, 18) und meine Anzeige dieses Werkes in Schlömilch's Zeitschrift für Math. u. Phys., Jahrgang 18 (1873), Literaturzeitung S. 14 bis 24, 43.

K. Scheel, *Dedekinds Theorie der ganzen algebraischen Zahlen*,
https://doi.org/10.1007/978-3-658-30928-2_29

erhalten; da θ eine ganze Zahl ist, so gilt dasselbe von den $(m-1)$ Factoren $1-\theta^r$, und man erkennt leicht, dass dieselben mit einander associirt sind; denn wählt man die positive ganze Zahl s so, dass $rs \equiv 1$ (mod. m), also $1-\theta = 1-\theta^{rs}$ wird, so ist gleichzeitig

$$\frac{1-\theta^r}{1-\theta} = 1+\theta+\theta^2+\cdots+\theta^{r-1}$$

und

$$\frac{1-\theta}{1-\theta^r} = 1+\theta^r+\theta^{2r}+\cdots+\theta^{(s-1)r};$$

mithin ist jede der beiden Zahlen $1-\theta$ und $1-\theta^r$ durch die andere theilbar. Setzt man daher

$$1-\theta = \mu, \tag{4}$$

so geht die Gl. (3) in

$$m = \varepsilon\mu^{m-1} \tag{5}$$

über, wo ε eine *Einheit* bedeutet, woraus zugleich hervorgeht, dass μ keine Einheit, und folglich jede durch μ theilbare *rationale* Zahl auch durch die Primzahl m theilbar ist. Da alle mit Ω conjugirten Körper zufolge (2) imaginär, und folglich alle Normen positiv sind, so folgt hieraus

$$m^n = N(\mu)^{m-1},$$

mithin ist die natürliche Zahl $N(\mu)$ selbst eine Potenz der Primzahl m; setzt man nun $N(\mu) = m^a$, so folgt $n = a(m-1)$, und da, wie oben bemerkt, $n \leq m-1$ ist, so ergiebt sich $a = 1$, mithin

$$n = m-1, \; N(\mu) = m. \tag{6}$$

Die in (2) definirte Function $f(t)$ ist daher *irreducibel*[2], also bilden die $m-1$ Potenzen 1, $\theta, \theta^2 \ldots \theta^{m-2}$ eine Basis des Körpers Ω, und wir wollen jetzt zeigen, dass

$$\mathfrak{o} = [1, \theta \ldots \theta^{m-2}] = [1, \mu \ldots \mu^{m-2}] \tag{7}$$

ist, wo $\mathfrak{o}$ wieder das System aller ganzen Zahlen des Körpers Ω bedeutet. Zunächst leuchtet aus (4) ein, dass die Potenzen von θ und diejenigen der Zahl μ jedenfalls Basen eines und desselben ganzen Moduls bilden, den wir vorläufig mit $\mathfrak{a}$ bezeichnen wollen; um seine Discriminante $\Delta(\mathfrak{a})$ zu bestimmen, multipliciren wir (2) mit $t-1$, differentiiren nach t und setzen $t = \theta$, $f'(\theta) = \theta^*$, wodurch wir $(\theta-1)\theta^* = m\theta^{m-1}$ erhalten; da $N(\theta-1) = m$, und θ zufolge (1) eine Einheit ist, so ergiebt sich $N(\theta^*) = m^{m-2}$ hieraus (nach §. 167, (27))

$$\Delta(\mathfrak{a}) = (-1)^{\frac{m-1}{2}} m^{m-2}. \tag{8}$$

Sodann bemerken wir, dass jede durch m theilbare Zahl des Moduls $\mathfrak{a}$ auch in $m\mathfrak{a}$ enthalten ist; denn wenn die in $\mathfrak{a}$ enthaltene Zahl

[2] *Gauss:* D. A. art. 341.

$$a_0 + a_1\mu + a_2\mu^2 + \cdots + a_{m-2}\mu^{m-2}$$

durch m, also durch μ, $\mu 2 \ldots \mu^{m-1}$ theilbar sein soll, so ergiebt sich schrittweise, dass die ganzen rationalen Zahlen a_0, a_1, $a_2 \ldots a_{m-2}$ durch μ, also auch durch m theilbar sein müssen. Hieraus folgt unmittelbar, dass der *kleinste* natürliche Factor k, durch welchen irgend eine ganze Zahl ω in eine Zahl $k\omega$ des Moduls $\mathfrak{a}$ verwandelt wird, nicht durch m theilbar sein kann; denn wäre $k = mh$, so wäre die in $\mathfrak{a}$ enthaltene Zahl $k\omega = mh\omega$ zugleich theilbar durch m, also in $m\mathfrak{a}$ enthalten, mithin wäre das Product $h\omega$ in $\mathfrak{a}$ enthalten, was der Bedeutung von k widerspricht, weil $h < k$ wäre. Da nun andererseits k^2 (nach dem Satze I in §. 175) in der Discriminante $\Delta(\mathfrak{a})$ aufgehen muss, so folgt aus (8), dass stets $k = 1$, also jede ganze Zahl ω in $\mathfrak{A}$ enthalten, mithin $\mathfrak{o} = \mathfrak{a}$ ist, w.z.b.w. Zugleich ergiebt sich aus (8) die Grundzahl

$$D = \Delta(\mathfrak{o}) = (-1)^{\frac{m-1}{2}} m^{m-2}. \tag{9}$$

Aus (6) folgt ferner, dass μ eine *Primzahl*, $\mathfrak{o}\mu$ ein *Primideal ersten Grades* ist; bedeutet nämlich $\mathfrak{a}$ irgend ein in μ aufgehendes Primideal, so ist $\mathfrak{o}\mu = \mathfrak{a}\mathfrak{b}$, also $N(\mathfrak{a})N(\mathfrak{b}) = N() = m$; da aber m eine natürliche Primzahl, und $N(\mathfrak{a}) > 1$ ist, so muss $N(\mathfrak{a}) = m$, $N(\mathfrak{b}) = 1$, mithin $\mathfrak{b} = \mathfrak{o}$, und $\mathfrak{a} = \mathfrak{o}\mu$ sein, wie behauptet war. Zufolge (5) ist ferner

$$\mathfrak{o}m = (\mathfrak{o}\mu)^{m-1}, \tag{10}$$

und hiermit ist die Zerlegung von $\mathfrak{o}m$ in Primfactoren gefunden.

Die mit θ conjugirten Zahlen sind zufolge (2) die $m - 1$ Potenzen $\theta, \theta^2 \ldots \theta^{m-1}$, d. h. alle *primitiven* Wurzeln der Gl. (1); da dieselben ebenfalls dem Körper Ω angehören, so sind alle mit Ω conjugirten Körper identisch mit Ω, d. h. Ω ist *Normalkörper* (§. 166); seine Permutationen lassen sich mit einander zusammensetzen und bilden daher eine *Gruppe;* geht ferner θ durch die Permutationen ρ, σ resp. in θ^r, θ^s über, so geht θ sowohl durch $\rho\sigma$, als auch durch $\sigma\rho$ in θ^{rs} über, und folglich ist $\rho\sigma = \sigma\rho$; Normalkörper, deren Permutationen diese Eigenschaft besitzen, werden zweckmässig, *Abel'sche Körper* genannt[3]. Um eine für das Folgende geeignete Bezeichnung dieser Permutationen zu gewinnen, wählen wir nach Belieben eine bestimmte *primitive Wurzel c* der Primzahl m als Basis eines Systems von *Indices* (§. 30); ist r eine durch m nicht theilbare ganze rationale Zahl, so setzen wir der Kürze halber

$$\text{Ind.}r = r', \text{ also} r \equiv c^{r'} \text{ (mod. } m) \tag{11}$$

und bezeichnen mit $\pi_{r'}$ diejenige Permutation, durch welche θ in θ^r übergeht; hierbei darf der Index r', den wir auch den Index dieser Permutation nennen, durch jede beliebige Zahl ersetzt werden, welche $\equiv r'$ (mod. $m - 1$) ist. Gleichzeitig soll die Zahl, in welche eine

[3] *Mémoire sur une classe particulière d'équations résolubles algébriquement* (OEuvres complètes de *Abel,* t. 1, oder Crelle's Journal, Bd. 4). Der wichtige Satz von *Kronecker* (Monatsber. der Berliner Akademie 1853), dass jeder Abel'sche Körper auf rationale Weise aus Einheitswurzeln entsteht, ist vollständig bwiesen von *H. Weber* (*Theorie der Abel'schen Zahlkörper,* Acta Mathematica, Bd. 8 und 9).

beliebige Zahl ω des Körpers durch $\pi_{r'}$ übergeht, durch $\omega_{r'}$ bezeichnet werden; bedeutet daher $\phi(t)$ irgend eine ganze Function von t mit *rationalen* Coefficienten, so ist gleichzeitig

$$\omega = \phi(\theta) \text{ und } \omega_{r'} = \phi(\theta^r); \tag{12}$$

offenbar ist π_0 die identische Permutation, also $\omega_0 = \omega$, und der obige Satz über die Zusammensetzung der Permutationen wird durch $\pi_{r'}\pi_{s'} = \pi_{s'}\pi_{r'} = \pi_{(rs)'} = \pi_{r'+s'}$, also durch die Gleichung

$$(\omega_{r'})_{s'} = (\omega_{s'})_{r'} = \omega_{(rs)'} = \omega_{r'+s'} \tag{13}$$

ausgedrückt; zugleich leuchtet ein, dass alle Permutationen durch Wiederholung aus der einzigen Permutation $\pi_{c'} = \pi_1$ entstehen. Setzen wir ferner

$$n = m - 1 = 2\nu, \tag{14}$$

so ist

$$(-1)' \equiv \nu,\ (-r)' \equiv r' + \nu \text{ (mod. } 2\nu), \tag{15}$$

und es bilden je zwei Permutationen $\pi_{r'}$ und $\pi_{r'+\nu}$, durch welche θ in $\theta' r$ und θ^{-r} übergeht, ein imaginäres Paar (§. 183, 3).

Wir gehen jetzt zur Bestimmung aller von $\mathfrak{o}\mu$ verschiedenen Primideale $\mathfrak{p}$ über und bemerken zunächst, dass aus

$$\theta^r \equiv \theta^s \text{ (mod. } \mathfrak{p}) \text{ stets} r \equiv s \text{ (mod. } m), \tag{16}$$

also $\theta^r = \theta^s$ folgt, weil sonst die Zahl $\theta^r - \theta^s = \theta^r(1 - \theta^{s-r}$ associirt mit μ und folglich *nicht* theilbar durch $\mathfrak{p}$ wäre; es sind daher die m Potenzen

$$1, \theta, \theta^2 \ldots \theta^{m-1},$$

oder, was dasselbe sagt, die Zahlen

$$1, \theta_1, \theta_2 \ldots \theta_{m-1}$$

sämmtlich *incongruent* nach $\mathfrak{p}$. Bezeichnen wir nun mit p die durch $\mathfrak{p}$ theilbare natürliche Primzahl (§. 179, VII), so ist p verschieden von m, weil m nur durch das einzige Primideal $\mathfrak{o}\mu$ theilbar ist; es sei ferner f der Exponent, zu welchem p nach dem Modul m *gehört* (§. 28), d. h. es sei f die kleinste natürliche Zahl, welche der Congruenz

$$p^f \equiv 1 \text{ (mod. } m), \tag{17}$$

also auch der Congruenz

$$fp' \equiv 0 \text{ (mod. } 2\nu) \tag{18}$$

genügt, so ist

$$2\nu = m - 1 = ef, \tag{19}$$

und e ist der grösste gemeinschaftliche Theiler von p' und 2ν (§§. 29, 30).

Sind nun $\alpha, \beta, \gamma \ldots$ beliebige ganze Zahlen, so folgt aus einer bekannten Eigenschaft der Binomialcoefficienten (§. 20), dass immer

$$(\alpha + \beta + \gamma + \cdots)^p \equiv \alpha^p + \beta^p + \gamma^p + \cdots \pmod{p}$$

ist; bezeichnet man daher mit $\phi(t)$ eine beliebige ganze Function der Variabelen t mit ganzen *rationalen* Coefficienten a und bedenkt, dass nach dem Fermat'schen Satze (§. 19) immer $a^p \equiv a \pmod{p}$ ist, so erhält man den für jede ganze Zahl α gültigen Satz

$$\phi(\alpha)^p \equiv \phi(\alpha^p) \pmod{p}. \tag{20}$$

Wenden wir denselben auf den Fall $\alpha = \theta$ an, so ergiebt sich mit Rücksicht auf (7) und (12), dass für *jede* in unserem Gebiete $\mathfrak{o}$ enthaltene Zahl ω die Congruenz

$$\omega^p \equiv \omega_{p'} \pmod{p} \tag{21}$$

gilt, aus welcher durch fortgesetzte Erhebung zur p^{ten} Potenz nach (13) die allgemeinere Congruenz

$$\omega^{p^r} \equiv \omega_{rp'} \pmod{p} \tag{22}$$

folgt; da nun fp' zufolge (18) durch 2ν theilbar, also $\omega_{fp'} = \omega$ ist, so erhält man das Resultat

$$\omega^{p^f} \equiv \omega \pmod{p}. \tag{23}$$

Hieraus schliessen wir zunächst, dass $\mathfrak{o}p$ entweder ein Primideal oder ein Product von lauter *verschiedenen* Primidealen ist; nehmen wir nämlich im Gegentheil an, es sei p durch das Quadrat eines Primideals $\mathfrak{p}$ theilbar, so ist $\mathfrak{o}p = \mathfrak{p}^2\mathfrak{q}$, und da $\mathfrak{p}\mathfrak{q}$ ein *echter* Theiler von $\mathfrak{o}p$ ist, so giebt es eine Zahl ω, welche durch $\mathfrak{p}\mathfrak{q}$, aber nicht durch p theilbar ist; dann ist ω^2 und folglich auch ω^{p^f} theilbar durch $\mathfrak{p}2\mathfrak{q}^2 = p\mathfrak{q}$, also auch durch p; allein dies widerspricht der Congruenz (23), weil ω nicht durch p theilbar ist. Unsere Annahme ist daher unzulässig.

Da ferner $\mathfrak{p}$ in p aufgeht, so genügt jede ganze Zahl ω auch der Congruenz

$$\omega^{p^f} \equiv \omega \pmod{\mathfrak{p}}, \tag{24}$$

d. h. die Anzahl der incongruenten Wurzeln ω dieser Congruenz vom Grade p^f ist $= (\mathfrak{o}, \mathfrak{p}) = N(\mathfrak{p})$, und folglich ist

$$N(\mathfrak{p}) \leq p^f, \tag{25}$$

weil in Bezug auf ein *Primideal* eine Congruenz r^{ten} Grades niemals mehr als r incongruente Wurzeln haben kann (vergl. §§. 26, 180). Nach dem verallgemeinerten Fermat'schen Satze (§. 180, V) ist ferner

$$\theta^{N(\mathfrak{p})} \equiv \theta \pmod{\mathfrak{p}},$$

woraus wir nach (16) folgern, dass

$$N(\mathfrak{p}) \equiv 1 \text{ (mod. } m) \tag{26}$$

ist. Nun wissen wir (nach §. 180, (12)), dass $N(\mathfrak{p})$ eine Potenz von p mit positivem Exponenten ist, und da unter allen solchen Potenzen, welche durch m dividirt den Rest 1 lassen, p^f die kleinste ist, so muss $N(\mathfrak{p}) \geq p^f$ sein, woraus mit Rücksicht auf (25) folgt, dass

$$N(\mathfrak{p}) = p^f \tag{27}$$

ist. Mithin ist der Exponent f, zu welchem die Primzahl p nach dem Modul m gehört, zugleich der *Grad* eines jeden in p aufgehenden Primideals $\mathfrak{p}$; da ferner

$$N(p) = p^{m-1} = p^{ef}$$

ist, so erhalten wir die Zerlegung

$$\mathfrak{o}p = \mathfrak{p}_1\mathfrak{p}_2 \ldots \mathfrak{p}_e, \tag{28}$$

wo $\mathfrak{p}_1, \mathfrak{p}_2 \ldots \mathfrak{p}_e$ von einander verschiedene Primideale vom Grade f bedeuten[4].

Hiermit ist die Natur aller in unserem Körper Ω auftretenden Primideale erkannt, und dies Resultat reicht aus für die Bestimmung der Anzahl der Idealclassen; bevor wir aber zu dieser Untersuchung übergehen, wollen wir im Anschluss an §. 180 noch einige Bemerkungen über die Zerlegung (10) und (28) hinzufügen, aus welchen sich die Zerlegung der Function (2) in rationale Primfunctionen nach den Moduln m und p ergiebt.

---

[4] Ist m eine beliebige natürliche Zahl, so hat der aus einer primitiven Wurzel θ der Gl. (1) entspringende Körper Ω den Grad $\phi(m)$; ist p eine Primzahl, p' die höchste in $m = p'm'$ aufgehende Potenz von p, und gehört p zum Exponenten f(mod. m'), so ist $\phi(m') = ef$ (§. 28), und

$$\mathfrak{o}p = (\mathfrak{p}_1\mathfrak{p}_2 \ldots \mathfrak{p}_e)\phi(p'),$$

wo $\mathfrak{p}_1, \mathfrak{p}_2 \ldots \mathfrak{p}_e$ von einander verschiedene Primideale von Grade f bedeuten; ist ferner $p' > 1$, so ist

$$\mathfrak{o}(1 - \theta^{m'}) = \mathfrak{p}_1\mathfrak{p}_2 \ldots \mathfrak{p}_e.$$

Vergl. *Kummer: Theorie der idealen Primfactoren der complexen Zahlen, welche aus den Wurzeln der Gleichung $\omega^n = 1$ gebildet sind, wenn n eine zusammengesetzte Zahl ist* (Abh. d. Berliner Ak. 1856). – Für alle in einem solchen Körper Ω als Divisoren enthaltenen Körper, zu denen auch die quadratischen Körper gehören, habe ich die Bestimmung der Primideale als Resultat einer allgemeinen Untersuchung mitgetheilt, welche ich demnächst zu veröffentlichen gedenke (*Sur la théorie des nombres entiers algébriques*, §. 27, und Compte rendu der Pariser Ak. von 24. Mai 1890); über specielle Fälle solcher Divisoren vergl. *Eisenstein: Allgemeine Untersuchungen über die Formen dritten Grades mit drei Variabelen, welche der Kreistheilung ihre Entstehung verdanken* (Crelle's Journ. Bd. 28); *Fuchs: Ueber die aus Einheitswurzeln gebildeten complexen Zahlen von periodischem Verhalten, insbesondere die Bestimmung der Klassenanzahl derselben* (Crelle's Journ. Bd. 65); *Bachmann: Die Theorie der complexen Zahlen, welche aus zwei Quadratwurzeln zusammengesetzt sind* (Berlin 1867).

Da die Zahl θ und alle ihre Potenzen $\equiv 1$ (mod. μ) sind, und da jede auf μ bezügliche Congruenz zwischen rationalen Zahlen auch für den Modul m gilt, so folgt aus (2) die ohnehin evidente identische Congruenz

$$f(t) \equiv (t-1)^{m-1} \text{ (mod. } m). \tag{29}$$

Für jede andere natürliche Primzahl p und deren Primfactoren $\mathfrak{p}$ folgt zunächst aus (16), dass der Grad f von $\mathfrak{p}$ zugleich die *Höhe* jeder mit θ conjugirten Zahl θ_r ist, und dass folglich die f Zahlen $\theta_{r+p'}, \theta_{r+2p'} \dots \theta_{r+fp'}$, deren Complex mit dem der Zahlen $\theta_{r+e}, \theta_{r+2e} \dots \theta_{r+fe}$ zusammenfällt, eine *Periode* in Bezug auf $\mathfrak{p}$ bilden (S. 571). Setzt man daher

$$F_r(t) = F_{r+e}(t) = (t-\theta_{r+e})(t-\theta_{r+2e}) \dots (t-\theta_{r+fe}), \tag{30}$$

so wird

$$F_r(t) \equiv P_r(t) \text{ (mod. } \mathfrak{p}), \tag{31}$$

wo $P_r(t)$ eine mit ganzen rationalen Coefficienten behaftete Primfunction in Bezug auf den Modul p bedeutet. Zufolge (2) ist nun

$$f(t) = F_1(t) F_2(t) \dots F_e(t), \tag{32}$$

und da jede auf $\mathfrak{p}$ bezügliche Congruenz zwischen rationalen Zahlen auch für den Modul p gilt, so ergiebt sich die identische Congruenz[5]

$$f(t) \equiv P_1(t) P_2(t) \dots P_e(t) \text{ (mod. } p); \tag{33}$$

zugleich folgt aus (16), dass diese e Primfunctionen wesentlich verschieden sind. Man findet auch leicht, dass $\mathfrak{p}$ der grösste gemeinsame Theiler der durch die Zahlen p und $P_e(\theta)$ erzeugten Hauptideale ist.

Mit dieser Zerlegung hängt die folgende algebraische Betrachtung nahe zusammen. Die f Permutationen

$$\pi_e, \pi_{2e} \dots \pi_{fe}, \tag{34}$$

deren Indices durch e theilbar sind, und welche alle durch Wiederholung der einzigen Permutation π_e entstehen, bilden eine *Gruppe* (§. 166), und der zugehörige Körper H besteht aus allen denjenigen in Ω enthaltenen Zahlen ω, welche der Bedingung $\omega_e = \omega$ genügen; zugleich ist $(H, R) = e$, $(\Omega, H) = f$. Die Darstellung aller dieser Zahlen ω ergiebt sich sehr leicht, wenn man bedenkt, dass auch die n Potenzen $\theta, \theta^2 \dots \theta^{m-1}$, d. h. alle mit θ conjugirten Zahlen $\theta_1, \theta_2 \dots \theta_n$ eine Basis von Ω, ja auch eine Basis von $\mathfrak{o}$ bilden, weil θ eine Einheit, also $\mathfrak{o}\theta = \mathfrak{o}$ ist. Jede Zahl ω des Körpers Ω ist daher von der Form

[5] *Schönemann: Grundzüge einer allgemeinen Theorie der höheren Congruenzen. deren Modul eine reelle Primzahl ist.* §. 50. (Crelle's Journal, Bd. 31). – *Gauss: Disquisitiones generales de congruentiis,* artt. 360–367 (Werke, Bd. II, 1863).

$$\omega = x^{(1)}\theta_1 + x^{(2)}\theta_2 + \cdots + x^{(n)}\theta_n,$$

wo die Coordinaten $x^{(r)}$ willkürliche rationale Zahlen bedeuten, deren Zeiger r auch durch jede nach n congruente Zahl ersetzt werden darf. Soll nun ω dem Körper H angehören, also der Bedingung $\omega_e = \omega$ genügen, so folgt $x^{(r)} = x^{(r+e)}$, also

$$\omega = x^{(1)}\eta_1 + x^{(2)}\eta_2 + \cdots + x^{(e)}\eta_e, \tag{35}$$

wo die e conjugirten Zahlen

$$\eta_r = \eta_{r+e} = \theta_{r+e} + \theta_{r+2e} + \cdots \theta_{r+fe} \tag{36}$$

die sogenannten f-gliedrigen *Perioden* bedeuten[6]. Zugleich ergiebt sich, dass der Modul

$$\mathfrak{e} = [\eta_1, \eta_2 \ldots \eta_e] \tag{37}$$

der Inbegriff aller ganzen Zahlen des Körpers H ist, und hieraus folgt nach später zu erwähnenden Sätzen[7], dass seine Grundzahl $\Delta(e) = \pm m^{e-1}$ ist, wo das untere Zeichen gilt, wenn f ungerade und $e \equiv 2$ (mod. 4) ist. Bedeutet y eine Variabele, so ist

$$G(y) = (y - \eta_1)(y - \eta_2) \ldots (y - \eta_e) \tag{38}$$

eine irreducibele Function mit ganzen rationalen Coefficienten, und die Coefficienten der in (30) definirten e Functionen

$$F_r(t) = t^f - \eta_r t^{f-1} + \cdots \tag{39}$$

sind ganze Zahlen des Körpers H, also in $\mathfrak{e}$ enthalten[8].

Hieraus ergiebt sich durch Vergleichung mit der Congruenz (31), dass jede der e Perioden η_r und folglich jede in $\mathfrak{e}$ enthaltene Zahl in Bezug auf $\mathfrak{p}$ einer *rationalen* Zahl congruent ist; setzen wir die Primfunction

$$P_r(t) \equiv t^f - \eta_r^0 t^{f-1} + \cdots \text{(mod. } p), \tag{40}$$

wo $\eta_r^0 = \eta_{r+e}^0$ rational, so wird

$$\eta_r \equiv \eta_r^0 \text{ (mod. } \mathfrak{p}), \tag{41}$$

und da jede auf $\mathfrak{p}$ bezügliche Congruenz zwischen rationalen Zahlen auch für den Modul p gilt, so ergiebt sich aus (38) die identische Congruenz

$$G(y) \equiv (y - \eta_1^0)(y - \eta_2^0) \ldots (y - \eta_e^0) \text{ (mod. } p), \tag{42}$$

---

[6] *Gauss:* D. A. artt. 343, 348.

[7] Vergl. unten (59) und die Anmerkung auf S. 631.

[8] *Gauss:* D. A. artt. 348, 351.

auf welche *Kummer* seine Theorie der idealen Zahlen gegründet hat.

Um endlich noch den inneren Zusammenhang zwischen den e verschiedenen, in p aufgehenden Primidealen $\mathfrak{p}$ zu ergründen, schalten wir folgende allgemeine Bemerkung ein. Ist Ω ein beliebiger endlicher Körper, welcher durch die Permutation π in Ω' übergeht, und ist $\mathfrak{a}$ ein beliebiges Ideal in Ω, so geht aus den Begriffen des Körpers und des Ideals unmittelbar hervor, dass das System $\mathfrak{a}'$ aller Zahlen, in welche die sämmtlichen Zahlen des Ideals $\mathfrak{a}$ durch π übergehen, ein Ideal in Ω' ist, und dass $\mathfrak{a}'$ durch die inverse Permutation in $\mathfrak{a}$ übergeht; zwei solche Ideale $\mathfrak{a}$, $\mathfrak{a}'$ nennen wir *conjugirte* Ideale. Dann leuchte ferner ein, dass $(\mathfrak{a}\mathfrak{b})' = \mathfrak{a}'\mathfrak{b}'$ ist, dass folglich ein Primideal $\mathfrak{p}$ in ein Primideal $\mathfrak{p}'$ übergeht, und dass, wenn p die durch $\mathfrak{p}$ theilbare natürliche Primzahl bedeutet, p auch durch $\mathfrak{p}'$ theilbar ist. Wenden wir dies auf unseren Kreiskörper Ω an, der durch alle seine Permutationen π_s in sich selbst übergeht, so folgt, dass jedes der e Primideale $\mathfrak{p}$ durch eine solche Permutation π_s immer wieder in eins von diesen Idealen übergehen muss. Nun ergiebt sich zunächst aus (21), dass jede durch $\mathfrak{p}$ theilbare Zahl ω durch die Permutationen $\pi_{p'}$ in eine ebenfalls durch $\mathfrak{p}$ theilbare Zahl $\omega_{p'}$ übergeht; mithin geht $\mathfrak{p}$ durch $\pi_{p'}$, und folglich durch jede der f Permutationen (34) in ein Primideal über, welches durch $\mathfrak{p}$ theilbar, also auch mit $\mathfrak{p}$ identisch ist. Umgekehrt, wenn $\mathfrak{p}$ durch die Permutation π_s in sich selbst übergeht, so muss, weil $P_e(\theta)$ durch $\mathfrak{p}$ theilbar ist, auch $P_e(\theta_s) \equiv 0$ (mod. $\mathfrak{p}$) sein; da aber die Congruenz $P_e(\alpha) \equiv 0$ (mod. $\mathfrak{p}$) nur die Wurzeln $\theta_e, \theta_{2e} \ldots \theta_{fe}$ hat, so muss eine von ihnen mit θ_s congruent, also zufolge (16) auch mit θ_s identisch sein, woraus sich ergiebt, dass die oben genannten f Permutationen die einzigen sind, durch welche $\mathfrak{p}$ in sich selbst übergeht. Sodann leuchtet ein, dass $\mathfrak{p}$ durch je f Permutationen, deren Indices nach e congruent sind, in ein und dasselbe Primideal übergeht; umgekehrt, wenn $\mathfrak{p}$ durch π_r und π_s in dasselbe Primideal übergeht, so geht $\mathfrak{p}$ durch $\pi_r\pi_s^{-1} = \pi_{r-s}$ offenbar in sich selbst über, und folglich ist $r \equiv s$ (mod. e). Hieraus folgt, dass die e Ideale $\mathfrak{p}$ sämmtlich mit einander conjugirt sind, und dass jedes von ihnen in jedes durch f bestimmte Permutationen übergeht; durch die e Permutationen $\pi_1, \pi_2 \ldots \pi_e$ geht jedes dieser Ideale in e verschiedene Ideale über, und wir werden daher am zweckmässigsten mit $\mathfrak{p}_r$ dasjenige Ideal bezeichnen, in welches $\mathfrak{p}$ durch π_r übergeht; demgemäss ist $\mathfrak{p}_{r+e} = \mathfrak{p}_r$ zu setzen, und aus (31) und (41) folgen die Congruenzen

$$F_{r+s}(t) \equiv P_r(t) \text{ (mod. } \mathfrak{p}_{)} \tag{43}$$

$$\eta_{r+s} \equiv \eta_r^0 \text{ (mod. } \mathfrak{p}_s). \tag{44}$$

Es wird gut sein, die vorstehenden Sätze an einem bestimmten Zahlenbeispiele[9] zu bestätigen; wählen wir zu diesem Zweck $m = 13$, $p = 3$, so ist $f = 3$, $e = 4$. Legen wir ferner die primitive Wurzel $c = 2$ zu Grunde, so wird

$$\theta_0 = \theta,\quad \theta_1 = \theta^2,\quad \theta_2 = \theta^4, \theta_3 = \theta^8, \theta_4 = \theta^3,\quad \theta_5 = \theta^6,$$
$$\theta_6 = \theta^{12}, \theta_7 = \theta^{11}, \theta_8 = \theta^9, \theta_9 = \theta^5, \theta_{10} = \theta^{10}, \theta_{11} = \theta^7,$$

[9]Ein überaus reiches Material findet man in dem Werke von *Reuschle: Tafeln complexer Primzahlen, welche aus Wurzeln der Einheit gebildet sind.* 1875.

also

$$\eta = \theta + \theta^3 + \theta^9, \eta_1 = \theta^2 + \theta^6 + \theta^5,$$
$$\eta_2 = \theta^4 + \theta^{12} + \theta^{10}, \eta_3 = \theta^8 + \theta^{11} + \theta^7,$$

und

$$F_r(t) = t^3 + \eta_r t^2 + \eta_{r+2} t - 1.$$

Man findet ferner leicht die Gleichungen[10]

$$\begin{aligned}
\eta\eta &= \eta_1 + 2\eta_2 \\
\eta\eta_1 &= \eta + \eta_1 + \eta_3 = -1 - \eta_2 \\
\eta\eta_2 &= -3\eta - 2\eta_1 - 3\eta_2 - 2\eta_3 = 3 + \eta_1 + \eta_3 \\
\eta\eta_3 &= \eta + \eta_2\eta_3 = -1 - \eta_1
\end{aligned}$$

und hieraus

$$G(y) = y^4 + y^3 + 2y^2 - 4y + 3.$$

Die Wurzeln der Congruenz $G(y) \equiv 0$ (mod. 3) ergeben sich am kürzesten durch Versuche, und man findet auf diese Weise in Uebereinstimmung mit (42) die identische Congruenz

$$G(y) \equiv y(y-1)(y+1)^2 \text{ (mod. 3)}.$$

Da eine der Wurzeln $\equiv 0$ (mod. 3) ist, so dürfen wir das in 3 aufgehende Primideal $\mathfrak{p}$ durch die Congruenz $\eta \equiv 0$ (mod. $\mathfrak{p}$) definiren[11], woraus durch Substitution in die vorstehenden Ausdrücke für $\eta^2, \eta\eta_1, \eta\eta_2, \eta\eta_3$ sich $\eta_1 \equiv -1, \eta_2 \equiv -1, \eta_3 \equiv 1$ (mod. $\mathfrak{p}$) ergiebt; zufolge (41) wird daher

$$\eta_0^0 \equiv 0, \eta_1^0 \equiv -1, \ \eta_2^0 \equiv -1, \ \eta_3^0 \equiv +1 \text{ (mod. 3)}.$$

Ersetzt man ferner die in $F_r(t)$ auftretenden Coefficienten η_r, η_{r+2} resp. durch die nach $\mathfrak{p}$ congruenten rationalen Zahlen η_r^0, η_{r+2}^0, so folgt aus (31)

$$P_r(t) \equiv t^3 - \eta_r^0 t^2 + \eta_{r+2}^0 t - 1 \text{ (mod. 3)},$$

und durch wirkliche Ausführung der Multiplication bestätigt sich die Congruenz (33). Setzt man endlich

$$\rho = \theta^3 - \theta - 1 \equiv P_0(\theta) \text{ (mod. 3)},$$

---

[10] *Gauss:* D. A. art. 345.

[11] Ebenso folgt aus der Annahme $\eta \equiv 1$ (mod. $\mathfrak{p}$) mit Bestimmtheit $\eta_1 \equiv 0, \eta_2 \equiv -1, \eta_3 \equiv -1$ (mod. $\mathfrak{p}$). Dagegen entsprechen der Annahme $\eta \equiv -1$ (mod. $\mathfrak{p}$) *zwei* verschiedene Systeme, wie aus $\eta_2\eta_3 = -1 - \eta \equiv 0$ (mod. $\mathfrak{p}$) hervorgeht; entweder ist $\eta_1 \equiv 1, \eta_2 \equiv 0, \eta_3 \equiv -1$, oder es ist $\eta_1 \equiv -1, \eta_2 \equiv -1, \eta_3 \equiv 0$ (mod. $\mathfrak{p}$).

so ist $\mathfrak{p}$ der grösste gemeinschaftliche Theiler von 3 und $\mathfrak{o}\rho$; allein in unserem Falle erkennt man leicht (nach §. 180), dass $\mathfrak{p} = \mathfrak{o}\eta$, also auch $\mathfrak{p}_r = \mathfrak{o}\eta_r$ ist, weil η durch $\mathfrak{p}$ theilbar, und ausserdem $\eta\eta_1\eta_2\eta_3 = 3$, mithin $N(\eta) = 3^3 = N(\mathfrak{p})$ ist. Es muss folglich ρ durch η theilbar sein; in der That findet man

$$\rho = \eta\theta^2(\theta + 1)(\theta^4 + 1),$$

woraus sich sogar ergiebt, dass zufällig ρ mit η associirt, also auch $\mathfrak{o}\rho = \mathfrak{p}$ ist. –
Nach dieser Abschweifung kehren wir zu unserem obigen, in den Gl. (6), (10), (27), (28) enthaltenen Hauptresultate zurück, welches ausreicht, um mit Hülfe der im vorigen Paragraphen entwickelten Principien einen geschlossenen Ausdruck für die *Anzahl h der Idealclassen* zu gewinnen. Diese Untersuchung ist ebenfalls von *Kummer* zuerst durchgeführt[12], und sie bietet die überraschendsten Beziehungen zu dem Satze über die arithmetische Progression dar (Supplement VI). Wir setzen, wie im vorigen Paragraphen,

$$\Omega(s) = \sum N(\mathfrak{a})^{-s} = \prod(1 - N(\mathfrak{p})^{-s})^{-1} \tag{45}$$

und untersuchen das Verhalten dieser Function für unendlich kleine positive Werthe der Variabelen $s - 1$. Da m nur durch ein einziges Primideal ersten Grades, und jede andere Primzahl p, wenn sie zum Exponenten f gehört, durch e verschiedene Primideale vom Grade f theilbar ist, wo $ef = m - 1$, so erhalten wir

$$\Omega(s) = (1 - m^{-s})^{-1} \prod(1 - p^{-sf})^{-e},$$

wo das Product auf alle von m verschiedenen Primzahlen p zu erstrecken ist. Der allgemeine Factor dieses Productes lässt sich in folgender Weise umformen. Bezeichnet man, wenn $m - 1$ wieder $= 2\nu$ gesetzt wird, mit α alle Wurzeln der Gleichung

$$\alpha^{2\nu} = 1, \tag{46}$$

ferner mit γ eine primitive Wurzel derselben Gleichung, so ist

$$\alpha = 1, \gamma, \gamma^2 \ldots \gamma^{2\nu-1};$$

da nun der Index p' mit 2ν den grössten gemeinschaftlichen Theiler e hat, so ist $\gamma^{p'}$ eine Wurzel δ der Gleichung $\delta^f = 1$, und zwar eine primitive; mithin tritt *jede* Wurzel δ dieser Gleichung unter den 2ν Zahlen

$$\alpha^{p'} = 1, \gamma^{p'}, \gamma^{2p'} \ldots \gamma^{(2\nu-1)p'}$$

---

[12]Das auch *Dirichlet* dieselbe Aufgabe, aber in anderer Einkleidung gelöst hat, berichtet *Kummer* in seiner ausgezeichneten *Gedächtnisrede auf Gustav Peter Lejeune-Dirichlet* (1860, S. 21 bis 22) mit den Worten: „Für diejenigen zerlegbaren Formen höherer Grade, deren lineare Factoren keine anderen Irrationalitäten, als Einheitswurzeln für einen Primzahl-Exponenten, enthalten, hat *Dirichlet* während seines Aufenthalts in Italien die Klassenzahl bestimmt, aber er hat von dieser Arbeit leider nichts veröffentlicht."

genau e mal auf, und hieraus folgt unmittelbar, dass

$$(1 - p^{-sf})^e = \prod(1 - \alpha^{p'} p^{-s})$$

ist, wo das Productzeichen sich auf alle α bezieht. Man erhält daher

$$\Omega(s) = (1 - m^{-s})^{-1} \prod(1 - \alpha^{p'} p^{-s})^{-1},$$

und dieses Product, in welchem α und p alle ihre Werthe durchlaufen müssen, hat, so lange $s > 1$ ist, einen von der Anordnung der Factoren unabhängigen Werth. Bezeichnet man mit $L(\alpha)$ das Product aller derjenigen Factoren, welche allen Werthen von p, aber einem bestimmten Werthe α entsprechen, so ist folglich

$$\Omega(s) = (1 - m^{-s})^{-1} \prod L(\alpha), \tag{47}$$

wo das Productzeichen sich auf alle α bezieht, und hierin ist nach früheren Sätzen (§§. 132, 133)

$$L(\alpha) = \prod(1 - \alpha^{p'} p^{-s})^{-1} = \sum \alpha^{z'} z{-s}, \tag{48}$$

wo z alle natürlichen Zahlen durchläuft, die nicht durch m theilbar sind, und wo z' wieder den Index von z bedeutet.

Wenn nun die Variabele s abnehmend sich dem Grenzwerthe 1 nähert, so wächst die Function $L(1)$ über alle Grenzen und zwar so, dass

$$\lim(s - 1)(1 - m^{-s})^{-1} L(1) = 1 \tag{49}$$

wird (§. 117). Ist aber α verschieden von 1, also eine Wurzel der Gleichung

$$\frac{\alpha^{2\nu} - 1}{\alpha - 1} = 1 + \alpha + \alpha^2 + \cdots + \alpha^{2\nu - 1} = 0, \tag{50}$$

so nähert sich, wie wir früher (§. 134) gesehen haben, die Function $L(\alpha)$ einem endlichen Grenzwerth; da nämlich, wenn die Glieder der Reihe (48) nach wachsendem z geordnet werden, die Summe von je 2ν auf einander folgenden Coefficienten $\alpha^{z'}$ zufolge (50) verschwindet, so convergirt (nach §. 101) diese Reihe für alle *positiven* Werthe von s, und sie ist zugleich eine stetige Function von s; setzt man daher bei dieser Anordnung der Glieder

$$L^0(\alpha) = \sum \alpha^{z'} z^{-1}, \tag{51}$$

so ist $L^0(\alpha)$ endlich und zugleich der Grenzwerth von $L(\alpha)$. Bis zu diesem Puncte war es leicht, das Verhalten der Reihen $L(\alpha)$ an der Stelle $s = 1$ zu ergründen; bei dem Beweise des Satzes über die arithmetische Progression musste aber ausserdem gezeigt werden, dass der Grenzwerth $L^0(\alpha)$ stets von Null verschieden ist, und dies verursachte damals erhebliche Schwierigkeiten. Es ist daher von hohem Interesse, dass dieselbe Thatsache jetzt als eine unmittelbare Folge unserer Untersuchung über die Anzahl h der Idealclassen erscheint[13]. In der That, da im vorigen Paragraphen allgemein gezeigt ist, dass

$$\lim\,(s-1)\Omega(s) = gh)$$

ist, wo g einen bestimmten, von Null verschiedenen Werth bedeutet, so erhalten wir zufolge (47) und (49) für unseren Fall

$$gh = \prod L^0(\alpha), \tag{52}$$

und da h immer eine positive ganze Zahl, niemals $= 0$ ist, so kann auch keiner der endlichen Factoren $L^0(\alpha)$ verschwinden, w.z.b.w.

Nachdem wir auf diesen Zusammenhang unserer Untersuchung mit dem Beweise des Satzes über die arithmetische Progression aufmerksam gemacht haben, wollen wir, was für den letzteren kein weiteres Interesse darbot, die Werthe $L^0(\alpha)$ in geschlossener Form darstellen. Setzt man, wenn x eine Variabele bedeutet, zur Abkürzung

$$(\alpha, x) = \sum \alpha^{r'} x^r, \tag{53}$$

wo r die Werthe $1, 2, 3 \ldots m-1$ durchlaufen soll, und verfährt man wie damals (§. 134 oder §. 103), indem man in (51) die Grössen z^{-1} durch bestimmte Integrale ersetzt und die mit (50) übereinstimmende Gleichung

$$(\alpha, 1) = 0 \tag{54}$$

berücksichtigt, so erhält man zunächst

$$L^0(\alpha) = \int_0^1 \frac{(\alpha, x)}{1-x^m}\frac{dx}{x}. \tag{55}$$

Da nun

$$x^m - 1 = (x-1)\prod(x-\theta_s)$$

ist, wo s ein vollständiges Restsystem nach dem Modul 2ν durchläuft, so ergiebt sich mit Rücksicht auf (54) durch Zerlegung in Partialbrüche

$$\frac{(\alpha, x)}{x(1-x^m)} = -\frac{1}{m}\sum \frac{(\alpha, \theta_s)}{x-\theta_s}.$$

Hierin lassen sich die Zähler sämmtlich auf (α, θ) zurückführen; da nämlich $\theta_s^r = \theta_{s+r'}$ ist, so folgt

$$(\alpha, \theta_s) = \sum \alpha^{r'} \theta_{s+r'},$$

wo r' ein beliebiges Restsystem nach dem Modul 2ν zu durchlaufen hat; man darf daher r' durch $r'-s$ ersetzen, und erhält so die in der Theorie der Kreistheilung wohlbekannte

[13]Genau dasselbe gilt auch, wenn die Differenz m der arithmetischen Progression eine zusammengesetzte Zahl ist.

Relation

$$(\alpha, \theta_s) = \alpha^{-s} \sum \alpha^{r'} \theta_{r'} = \alpha^{-s} (\alpha, \theta). \tag{56}$$

Mithin ist

$$\frac{(\alpha, x)}{x(1-x^m)} = -\frac{(\alpha, \theta)}{m} \sum \frac{\alpha^{-s}}{x - \theta_s},)$$

und hierdurch geht die Gl. (55) in die folgende über

$$L^0(\alpha) = -\frac{(\alpha, \theta)}{m} \sum \alpha^{-s} \int_0^1 \frac{dx}{x - \theta_s},$$

es ist ferner

$$\int_0^1 \frac{dx}{x - \theta_s} = \log \left(\frac{1 - \theta_s}{-\theta_s} \right) = \log(1 - \theta_s^{-1}) = \log \mu_{s+\nu},$$

und dieser Logarithme ist (nach §. 103, S. 262) dadurch *vollständig bestimmt,* dass sein imaginärer Bestandtheil zwischen Grenzen $\pm 1/2\pi i$ liegt. Setzen wir daher zur Abkürzung

$$\psi(\alpha) = -\sum \alpha^{-s} \log \mu_{s+\nu}, \tag{57}$$

wo s ein vollständiges Restsystem nach dem Modul 2ν durchläuft, so erhalten wir das Resultat

$$L^0(\alpha) = \frac{1}{m} (\alpha, \theta) \psi(\alpha). \tag{58}$$

Um nun, wie es die Gl. (52) verlangt, das Product der Grössen $L^0(\alpha)$ für alle Wurzeln α der Gl. (50) zu bilden, beginnen wir mit dem Factor (α, θ) und benutzen hierbei den Hülfssatz

$$(\alpha, \theta)(\alpha^{-1}, \theta) = m\alpha^\nu = \pm m; \tag{59}$$

derselbe ergiebt sich leicht aus (56), wenn man mit θ_s multipliciert, s ein Restsystem nach dem Modul 2ν durchlaufen lässt und die Summe bildet; man erhält auf diese Weise zunächst

$$(\alpha, \theta)(\alpha^{-1}, \theta) = \sum (\alpha, \theta_s)\theta_s = \sum \alpha^u \theta_{s+u} \theta_s = \sum \alpha^u (\theta\theta_u)_s,$$

wo u ebenfalls ein solches Restsystem durchläuft; je nachdem nun u mit ν congruent ist oder nicht, ist $\theta\theta_u = 1$ oder conjugirt mit θ, und folglich ist die nach s genommene Summe $\sum (\theta\theta_u)_s$ im ersten Falle $= 2\nu = m - 1$, in allen übrigen Fällen aber $= \sum \theta_s = -1$, woraus mit Rücksicht auf (50) der zu beweisende Satz (59) unmittelbar folgt. Für $\alpha = -1$ ergiebt sich

$$(-1, \theta)^2 = m(-1)^\nu,$$

also

$$(-1, \theta) = \sum (-1)^{r'} \theta^r = \sum \left(\frac{r}{m} \right) \theta^r = i^{\nu^2} \sqrt{m}, \tag{60}$$

und hierin ist (nach §. 115) die Quadratwurzel *positiv,* wenn, was wir von jetzt ab festsetzen wollen,

$$\theta = e^{\frac{2\pi i}{m}} \tag{61}$$

genommen wird. Da nun die Wurzeln α der Gl. (50) aus der Zahl -1 und $(\nu - 1)$ Paaren von der Form α, α^{-1} bestehen, so folgt aus (59) und (60) bei gehöriger Beachtung der Factoren, α^ν das Resultat

$$\prod(\alpha, \theta) = i^\nu m^{\nu-1}\sqrt{m}. \tag{62}$$

Wir wenden uns jetzt zu der näheren Betrachtung des in (58) ferner auftretenden Factors $\psi(\alpha)$, welcher einen wesentlich verschiedenen Charakter besitzt, je nachdem $\alpha^\nu = +1$ oder $= -1$ ist; wir behandeln zuerst den Fall

$$\alpha^\nu = -1. \tag{63}$$

Ersetzt man in (57) den Summations-Buchstaben s durch $s - \nu$ und nimmt das Mittel aus dem so entstehenden und dem ursprünglichen Ausdruck, so erhält man

$$\psi(\alpha) = \frac{1}{2}\sum \alpha^{-s} \log\left(\frac{\mu_s}{\mu_{s-\nu}}\right),$$

wo zufolge der obigen Bemerkung die Logarithmen so zu nehmen sind, dass ihr imaginärer Theil zwischen den Grenzen $\pm\pi i$ liegt; setzt man nun wieder $s = r'$ und unterwirft r der Bedingung $0 < r < m$, so ist

$$\frac{\mu_s}{\mu_{s+\nu}} = \frac{1 - \theta^r}{1 - \theta^{-r}} = -\theta^r = e^{\pi i\left(\frac{2r}{m} - 1\right)},$$

mithin

$$\log\left(\frac{\mu_s}{\mu_{s-\nu}}\right) = \pi i\left(\frac{2r}{m} - 1\right).$$

Setzt man daher zur Abkürzung

$$\phi(\alpha) = -\sum r\alpha^{-r'}, \tag{64}$$

wo r die Werthe $1, 2, 3 \ldots (m-1)$ zu durchlaufen hat, so erhält man mit Rücksicht auf (50) das Resultat

$$\psi(\alpha) = -\frac{\pi i}{m}\phi(\alpha). \tag{65}$$

Offenbar ist $\phi(\alpha)$ eine ganze algebraische Zahl; bezieht man daher das Productzeichen $\prod'$ auf alle Wurzeln α der Gl. (63), so ist $\prod' \phi(\alpha)$ als symmetrische Function dieser Wurzeln[14] eine ganze *rationale* Zahl, und wir wollen zeigen, dass dieselbe positiv und ausserdem durch $(2m)^{\nu-1}$ theilbar ist. Das Erstere leuchtet sofort ein, wenn ν gerade ist, weil in diesem Falle die Wurzeln der Gl. (63) aus imaginären Paaren von der Form α, α^{-1} bestehen; ist ferner

[14] Will man sich hierauf nicht berufen, so leuchtet doch ein, dass das fragliche Product rational ist, weil man es als eine Norm oder als ein Product mehrerer Normen in denjenigen Körpern ansehen kann, welche den Wurzeln der Gl. (63) entsprechen.

ν ungerade, also $m \equiv 3 \pmod{4}$, so tritt ausser solchen Paaren noch die reelle Wurzel $\alpha = -1$ auf, also auch der reelle Factor

$$\phi(-1) = -\sum r(-1)^{-r'} = -\sum \left(\frac{r}{m}\right) r,$$

welcher aber nach einer früheren Untersuchung (§. 104, S. 364) einen positiven Werth hat. Um auch die zweite Behauptung zu erweisen, bilden wir das Product

$$c\phi(\alpha) = -\alpha \sum (cr)\alpha^{-(cr)'},$$

wo c wieder die Basis unseres Index-Systems bedeutet; reducirt man hierin die Producte cr auf ihre kleinsten positiven Reste nach m, so stimmen dieselben im Complex wieder mit den Zahlen r überein, woraus offenbar folgt, dass $(c - \alpha)\phi(\alpha)$ durch m theilbar, mithin

$$\prod{}'(c - \alpha) . \prod{}'\phi(\alpha) \equiv 0 \pmod{m^\nu}$$

ist; hierin ist der erste Factor

$$\prod{}'(c - \alpha) = c^\nu + 1 \equiv 0 \pmod{m};$$

wählt man aber die Zahl c so, dass sie eine primitive Wurzel auch von m^2 wird (§. 128), so ist $c^{2\nu} - 1$ und folglich auch $c^\nu + 1$ nicht durch m^2 theilbar, und hieraus folgt, dass $\prod' \phi(\alpha)$ durch $m^{\nu-1}$ theilbar ist[15]. Ganz ähnlich ergiebt sich die Theilbarkeit durch $2^{\nu-1}$; durchläuft nämlich u diejenigen ν Werthe r, deren Indices $u' \equiv 0, -1, -2 \ldots -(\nu - 1) \pmod{2\nu}$ sind, so durchläuft die Zahl $(m - u)$, deren Index $\equiv u' + \nu \pmod{2\nu}$, die übrigen Werthe r, und man erhält

$$\phi(\alpha) = -\sum (2u - m)\alpha^{-u'};$$

da aber

$$\sum \alpha^{-u'} = 1 + \alpha + \cdots + \alpha^{\nu-1} = \frac{1 - \alpha^\nu}{1 - \alpha} = \frac{2}{1 - \alpha},$$

also

$$\phi(\alpha) = \frac{2m}{1 - \alpha} - 2\sum u\alpha^{-u'}$$

ist, so folgt, dass $(1 - \alpha)\phi(\alpha)$ durch 2 theilbar ist, und hieraus ergiebt sich, dass $\prod' \phi(\alpha)$ durch $2^{\nu-1}$ theilbar ist, weil $\prod'(1 - \alpha) = 1^\nu + 1 = 2$ ist. Nachdem hiermit unsere obigen Behauptungen bewiesen sind, können wir

$$\prod{}'\phi(\alpha) = (2m)^{\nu-1} a \tag{66}$$

setzen, wo a eine *natürliche Zahl*[16] bedeutet, und hiermit ergiebt sich zugleich

[15]Natürlich ist dies Resultat von der bei dem Beweise gemachten speciellen Annahme über c gänzlich unabhängig.

[16]Dieselbe ist von Kummer mit $P'(m)$ bezeichnet.

$$\prod{}'\psi(\alpha) = \frac{(-2\pi i)^\nu a}{2m}. \tag{67}$$

Wir haben jetzt den Ausdruck $\psi(\alpha)$ für den zweiten Fall zu untersuchen, in welchem $\alpha\nu = +1$ oder vielmehr

$$\frac{\alpha^\nu - 1}{\alpha - 1} = 1 + \alpha + \alpha^2 + \cdots + \alpha^{\nu-1} = 0 \tag{68}$$

ist (im Falle $m = 3$, $\nu = 1$ giebt es keine solche Zahl α, also auch keinen solchen Factor $\psi(\alpha)$). Lässt man u ein vollständiges Restsystem nach dem Modul ν durchlaufen, so bilden diese Zahlen u in Verbindung mit den Zahlen $u + \nu$ ein vollständiges System von incongruenten Zahlen s in Bezug auf den Modul 2ν, und aus der Definition (57) folgt daher in unserem Falle

$$\phi(\alpha) = -\sum \alpha^{-u} \log(\mu_u \mu_{u+\nu}), \tag{69}$$

wo die imaginären Theile der Logarithmen wieder zwischen den Grenzen $\pm\pi i$ liegen; da aber die Producte $\mu_u\mu_{u+\nu}$ positiv sind, so folgt hieraus, dass die Logarithmen *reell* sind. Bezieht sich nun das Productzeichen $\prod''$ auf alle Wurzeln α der Gl. (68), so ergiebt sich zunächst, dass $\prod''\psi(\alpha)$ *positiv* ist; dies leuchtet sofort ein, wenn ν ungerade ist, weil in diesem Falle die genannten Wurzeln aus imaginären Paaren von der Form α, α^{-1} bestehen; ist ferner ν gerade, also $m \equiv 1$ (mod. 4), so tritt ausser solchen Paaren noch die reelle Wurzel $\alpha = -1$ auf, also auch der reelle Factor

$$\psi(-1) = -\sum (-1)^{-s} \log \mu_{s+\nu} = -\sum \left(\frac{r}{m}\right) \log(1 - \theta^{-r}),$$

welcher aber nach einer früheren Untersuchung (§. 104, S. 267) einen positiven Werth hat. Setzt man nun nach Belieben

$$\tau = \frac{\mu_1}{\mu} \text{ oder } = \frac{(\mu\theta^\nu)_1}{\mu\theta^\nu}, \tag{70}$$

welcher letztere Werth der Bedingung $\tau_\nu = \tau$ genügt, also *reell* ist, so ist τ eine *Einheit* in Ω, weil μ und μ_1 associirt sind, und wir wollen beweisen, dass das positive Product

$$\prod{}''\psi(\alpha) = T' \tag{71}$$

ist, wo T' den *Regulator* des aus den $\nu - 1$ conjugirten Einheiten

$$\tau_0,\ \tau_1 \ldots \tau_{\nu-2} \tag{72}$$

bestehenden Systems T bedeutet (S. 597).

Hierzu setzen wir im Anschluss an die in §. 183 (S. 596) eingeführte Bezeichnung den reellen Logarithmus

$$\log(\omega_u\omega_{u+\nu}) = l_u(\omega), \tag{73}$$

wo u auch durch jede nach ν congruente Zahl ersetzt werden darf; dann ist allgemein

$$l_u(\omega_\nu) = l_{u+\nu}(\omega),$$

und wenn man zur Abkürzung

$$l_u(\mu) = \lambda_u$$

setzt, so folgt aus (70)

$$l_u(\tau_\nu) = l_{u+\nu}\left(\frac{\mu_1}{\mu}\right) = \lambda_{u+\nu+1} - \lambda_{u+\nu}.$$

Multiplicirt man nun das Product der $\nu - 1$ Factoren

$$\psi(\alpha) = -\sum \lambda_u \alpha^{-u}$$

noch mit dem von Null verschiedenen Factor

$$\psi(1) = -(\lambda_0 + \lambda_1 + \cdots + \lambda_{\nu-1}) = -\log N(\mu) = -\log m,$$

so wird nach einem sehr bekannten Satze[17] der Determinanten-Theorie das Product

$$\psi(1)\prod{}''\psi(\alpha) = (-1)^\nu \begin{vmatrix} \lambda_0, & \lambda_1 & \ldots \lambda_{\nu-2}, & \lambda_{\nu-1} \\ \lambda_{\nu-1}, & \lambda_0 & \ldots \lambda_{\nu-3}, & \lambda_{\nu-2} \\ \ldots & \ldots\ldots\ldots & & \ldots \\ \lambda_2, & \lambda_3 & \ldots \lambda_0, & \lambda_1 \\ \lambda_1, & \lambda_2 & \ldots \lambda_{\nu-1}, & \lambda_0 \end{vmatrix}$$

$$= \begin{vmatrix} \lambda_1 - \lambda_0, & \lambda_2 - \lambda_1 \ldots \lambda_{\nu-1} - \lambda_{\nu-2} & -\lambda_{\nu-1} \\ \lambda_0 - \lambda_{\nu-1}, & \lambda_1 - \lambda_0 \ldots \lambda_{\nu-2} - \lambda_{\nu-3}, & -\lambda_{\nu-2} \\ \ldots & \ldots \quad \ldots\ldots & \ldots \\ \lambda_3 - \lambda_2, & \lambda_4 - \lambda_3 \ldots \lambda_1 - \lambda_0, & -\lambda_1 \\ \lambda_2 - \lambda_1, & \lambda_3 - \lambda_2 \ldots \lambda_0 - \lambda_{\nu-1}, & -\lambda_0 \end{vmatrix}$$

$$= \begin{vmatrix} l_0(\tau_0), & l_0(\tau_1) & \ldots l_0(\tau_{\nu-2}), & -\lambda_{\nu-1} \\ l_{\nu-1}(\tau_0), & l_{\nu-1}(\tau_1) & \ldots l_{\nu-1}(\tau_{\nu-2}), & -l_{\nu-2} \\ \ldots & \ldots & \ldots\ldots & \ldots \\ l_2(\tau_0), & l_2(\tau_1) & \ldots l_2(\tau_{\nu-2}), & -\lambda_1 \\ l_1(\tau_0), & l_1(\tau_1) & \ldots l_1(\tau_{\nu-2}), & -l_0 \end{vmatrix}$$

und da diese Determinante (nach §. 183, S. 597) gleich $\psi(1)T'$ ist, so ergiebt sich hieraus die zu beweisende Gl. (71).

Bezeichnet man nun wieder mit s ein System von $\nu - 1$ *Fundamentaleinheiten,* und mit σ die in der entsprechenden Gruppe (S) enthaltenen Einheiten, so lässt sich jede Einheit τ_0, $\tau_1 \ldots \tau_{\nu-2}$ in die Form $\rho\sigma$ setzen, wo ρ eine der r reducirten Einheiten bedeutet und eine Wurzel der Gleichung $\rho^r = 1$ ist; man kann folglich die positive Grösse

[17] Vergl. *Baltzer: Theorie und Anwendung der Determinanten,* §. 11, 2. (vierte Auflage, 1875).

$$T' = bS' \tag{74}$$

setzen, wo S' den positiven Regulator des Systems S, und b eine *natürliche Zahl*[18] bedeutet (§. 183, 8). Unter den r reducirten Einheiten ρ befinden sich jedenfalls die $2m$ Einheiten

$$\pm 1,\ \pm\theta,\ \pm\theta^2 \ldots \pm\theta^{m-1},$$

weil ihre in Bezug auf S genommenen *Exponenten* sämmtlich verschwinden, und da $(-\theta)^r = 1$ sein muss, so ist r jedenfalls theilbar durch $2m$. Wir wollen nun zeigen, dass $r = 2m$ ist, dass also ausser den genannten keine andere Einheitswurzel ρ in Ω existirt. Dies ist eigentlich eine unmittelbare Folge der allgemeinen Gesetze, welche die algebraische Verwandtschaft der Körper beherrschen, auf die wir uns hier jedoch nicht berufen wollen. Zu dem selben Ziele gelangt man leicht, wenn man gemäss (7) die ganze Zahl $\rho = F(\theta)$ setzt, woraus $\rho^{-1} = F(\theta^{-1})$ folgt, und die Gleichung $F(\theta)F(\theta^{-1}) = 1$ nach Ausführung der Multiplication näher untersucht. Wir ziehen hier aber folgenden Weg vor, bei welchem wir uns auf die Theorie der Ideale stützen. Ist p irgend eine in r aufgehende Primzahl, und pq die höchste Potenz von p, welche in r aufgeht, so befinden sich unter den Wurzeln ρ der Gleichung $\rho^{pq} = 1$ auch die primitiven Wurzeln ρ der Gleichung $\rho^r = 1$; bezeichnet man eine bestimmte von ihnen mit ρ, so sind alle in der Form ρ^s enthalten, wo s alle durch p nicht theilbaren Zahlen durchläuft, die nach den Modul pq incongruent sind, und wenn t eine Variabele bedeutet, so ist (nach §. 139)

$$\frac{t^{pq}-1}{t^q-1} = \prod (t-\rho^s).$$

Setzt man hierin $t = 1$, so ergiebt sich, wie im Anfange dieses Paragraphen, dass

$$p = \delta(1-\rho)^{(p-1)q}$$

ist, wo δ eine Einheit bedeutet; ist daher $\mathfrak{p}$ ein in p aufgehendes Primideal, so geht $\mathfrak{p}$ auch in $1-\rho$ auf, und folglich ist p durch $\mathfrak{p}^{(p-1)q}$ theilbar. Wenn nun p von m verschieden ist, so ist p, wie wir oben gesehen haben, durch kein Quadrat eines Primideals theilbar, und folglich muss $(p-1)q = 1$, also $p = 2$, $q = 1$ sein; mithin ist r durch keine von m verschiedene ungerade Primzahl, und auch nicht durch 4 theilbar; und ebenso ergiebt sich für den Fall $p = m$, dass $q = 1$ ist, also r nicht durch m^2 theilbar sein kann, weil $\mathfrak{o}m$ die $(m-1)^{\text{te}}$ Potenz eines Primideals ist. Da nun r, wie oben bemerkt, durch $2m$ theilbar ist, so folgt hieraus offenbar, dass

$$r = 2m \tag{75}$$

[18] Zur Bestimmung dieser Zahl nach (74) ist die Kenntniss eines Fundamentalsystems S erforderlich, welches aber bis jetzt, selbst in den einfachsten Fällen, nur durch äusserst beschwerliche Rechnungen zu erlangen ist.

ist, wie behauptet war. Behält daher E dieselbe Bedeutung, wie in den beiden vorhergehenden Paragraphen, so ist

$$S' = 2mE, \tag{76}$$

und folglich[19]

$$\prod{}''\psi(\alpha) = 2mbE. \tag{77}$$

Durch Zusammensetzung der in (58), (62), (67) und (77) erhaltenen Resultate ergiebt sich nun leicht der Werth des auf alle Wurzeln α der Gl. (50) ausgedehnten Productes

$$\prod L^0(\alpha) = \frac{1}{m^{2\nu-1}} \prod(\alpha,\theta) \prod{}'\psi(\alpha) \prod{}''\psi(\alpha),$$

und hierdurch nimmt die Gl. (52) mit Rücksicht auf (9) folgende Form an

$$gh = \frac{(2\pi)^\nu Eab}{m^{\nu-1}\sqrt{m}} = \frac{(2\pi)^\nu Eab}{\sqrt{(D)}}; \tag{78}$$

da ferner (nach §. 184, II)

$$g = \frac{(2\pi)^\nu E}{\sqrt{(D)}} \tag{79}$$

ist, so erhalten wir das von Kummer gefundene Endresultat

$$h = ab, \tag{80}$$

wo a, b natürliche Zahlen bedeuten, die durch die Gleichungen (66) und (74) definirt sind.

[19] Offenbar ist $2mb$ die Anzahl der in Bezug auf das System T reducirten Einheiten.

Quadratische Körper (§ 186.)

30

Als zweites und letztes Beispiel, auf welches wir unsere allgemeine Idealtheorie anwenden wollen, wählen wir das der *quadratischen Körper*, weil dasselbe mit dem Hauptgegenstande dieses Werkes, der Theorie der binären quadratischen Formen, im engsten Zusammenhange steht. Wir haben schon früher (§. 175) die Grundzahl D eines solchen Körpers Ω bestimmt und gezeigt, dass, wenn

$$\theta = \frac{D + \sqrt{D}}{2}, \ \mathfrak{o} = [1, \theta] \tag{1}$$

gesetzt wird, $\mathfrak{o}$ das System aller in Ω enthaltenen ganzen Zahlen ist. Um nun alle Primideale dieses Körpers zu finden, erinnern wir wieder daran, dass zu jedem solchen Ideal $\mathfrak{p}$ eine bestimmte, durch $\mathfrak{p}$ theilbare natürliche Primzahl p gehört, welche von allen durch $\mathfrak{p}$ theilbaren natürlichen Zahlen die kleinste ist, woraus unmittelbar folgt, dass die p Zahlen 0, 1, ... $(p-1)$ jedenfalls incongruent nach $\mathfrak{p}$ sind; da ferner $N(\mathfrak{p})$ ein Divisor von $p^2 = N(p)$, also entweder $= p$ oder $= p^2$ ist, so ist $\mathfrak{p}$ ein Ideal ersten oder zweiten Grades, und es leuchtet ein, dass im ersten Falle $\mathfrak{o}p = \mathfrak{p}\mathfrak{p}'$, also ein Product von zwei Primidealen ersten Grades, im zweiten Falle aber $\mathfrak{o}p = \mathfrak{p}$ ein Primideal zweiten Grades ist, also p auch im Körper Ω den Charakter einer Primzahl behält. Wir wollen nun beweisen, dass der erste oder zweite Fall eintritt, je nachdem D *quadratischer Rest oder Nichtrest von* $4p$ ist.

In der That, nehmen wir an, es finde der erste Fall $\mathfrak{o}p = \mathfrak{p}\mathfrak{p}'$ statt, so bilden, weil $(\mathfrak{o}, \mathfrak{p}) = N(\mathfrak{p}) = p$ ist, die Zahlen 0, 1, 2 ... $(p-1)$ ein vollständiges Restsystem nach $\mathfrak{p}$, und folglich giebt es eine *rationale* Zahl t, welche der Bedingung

$$t \equiv \theta \ (\text{mod. } \mathfrak{p}) \tag{2}$$

genügt; setzt man daher, indem man (wie in §. 175) die zu einer Zahl ω conjugierte Zahl mit ω' bezeichnet,

$$\pi = \theta - t = \frac{r + \sqrt{D}}{2}, \ \pi' = \theta' - t = \frac{r - \sqrt{D}}{2}, \tag{3}$$

K. Scheel, *Dedekinds Theorie der ganzen algebraischen Zahlen*,
https://doi.org/10.1007/978-3-658-30928-2_30

$$N(\pi) = \pi\pi' = \frac{r^2 - D}{4} \tag{4}$$

wo

$$r = D - 2t \tag{5}$$

ebenfalls eine ganze rationale Zahl bedeutet, so ist π durch $\mathfrak{p}$, mithin $N(\pi)$ durch $N(\mathfrak{p})$, also durch p theilbar, und hieraus folgt, dass

$$r^2 \equiv D \text{ (mod. } 4p) \tag{6}$$

also D quadratischer Rest von $4p$ ist. Umgekehrt, wenn die vorstehende Congruenz durch eine ganze rationale Zahl r befriedigt wird, so ist $r \equiv D$ (mod. 2), und folglich sind die obigen, aus r oder t gebildeten Zahlen π, π' *ganze* Zahlen, deren Product durch p theilbar ist; da aber zufolge (1) keiner der beiden Factoren π, π' durch p theilbar ist, so kann $\mathfrak{o}\mathfrak{p}$ kein Primideal sein, und folglich ist $\mathfrak{o}\mathfrak{p}$ gewiss ein Product von zwei Primidealen ersten Grades, womit unser Satz vollständig bewiesen ist.

Wir können noch hinzufügen, dass, wenn wir für den Fall $\mathfrak{o}\mathfrak{p} = \mathfrak{p}\mathfrak{p}'$ die vorstehenden Bezeichnungen beibehalten, die Zahl π' immer durch $\mathfrak{p}'$ theilbar ist. Da nämlich π durch $\mathfrak{p}$, aber nicht durch p theilbar ist, so kann man $\mathfrak{o}\pi = \mathfrak{p}\mathfrak{q}$ setzen, wo das Ideal $\mathfrak{q}$ nicht durch $\mathfrak{p}'$ theilbar ist; da ferner $\pi\pi'$ durch p, also $\mathfrak{p}\mathfrak{q}\pi$ durch $\mathfrak{p}\mathfrak{p}'$, mithin $\mathfrak{q}\pi'$ durch $\mathfrak{p}'$ theilbar ist, so muss π' durch das Primideal $\mathfrak{p}'$ theilbar sein, wie behauptet war.[1]

Es ist nun noch von Wichtigkeit zu untersuchen, unter welcher Bedingung die in diesem Falle auftretenden Factoren $\mathfrak{p}$, $\mathfrak{p}'$ mit einander identisch sind, also $\mathfrak{o}p = \mathfrak{p}^2$ wird; da unter dieser Annahme beide Zahlen π, π' durch $\mathfrak{p}$ theilbar sind, so gilt dasselbe von der Zahl $r = \pi + \pi'$, und da r *rational* ist, so muss r auch durch p theilbar sein, woraus mit Rücksicht auf (6) folgt, *dass p in D aufgeht.* Umgekehrt, wenn p eine in der Grundzahl D aufgehende Primzahl ist, so folgt zunächst, dass D auch quadratischer Rest von $4p$ ist; ist nämlich $p = 2$, so ist D (nach §. 175) durch 4 theilbar, und folglich wird die Congruenz (6) durch $r = 0$ oder durch $r = 2$ befriedigt; ist aber p ungerade, so geschieht dasselbe durch $r = 0$ oder $r = p$, je nachdem $D \equiv 0$ oder $\equiv 1$ (mod. 4) ist. Mithin ist $\mathfrak{o}\mathfrak{p}$ ein Product von zwei Primidealen ersten Grades $\mathfrak{p}$, $\mathfrak{p}'$; behält man die obigen Bezeichnungen bei und berücksichtigt, dass r jedenfalls durch p theilbar ist, so folgt, dass die durch $\mathfrak{p}$ theilbare Zahl $\pi = r - \pi'$ auch durch $\mathfrak{p}'$ theilbar ist; wäre nun $\mathfrak{p}'$ verschieden von $\mathfrak{p}$, so müsste π durch $\mathfrak{p}\mathfrak{p}'$, also auch durch p theilbar sein, was nicht der Fall ist; mithin ist $\mathfrak{p}' = \mathfrak{p}$, und folglich $\mathfrak{o}\mathfrak{p} = \mathfrak{p}^2$. Wir können daher das Resultat unserer bisherigen Untersuchung so aussprechen:

Bedeutet p eine natürliche Primzahl, so ist $\mathfrak{o}\mathfrak{p}$ stets und nur dann das Quadrat eines Primideals vom ersten Grade, wenn p in der Grundzahl D aufgeht; ist aber D nicht theilbar durch p, so

[1] Man findet auch leicht, dass $\mathfrak{p} = [p, \pi]$, $\mathfrak{p}' = [p, \pi']$ ist, und wir empfehlen dem Leser, die Gleichung $\mathfrak{p}\mathfrak{p}' = op$ durch wirkliche Ausführung der Multiplication zu verificiren, wobei es darauf ankommt, den viergliedrigen Modul $[p^2, p\pi, p\pi', \pi\pi']$ nach §. 172 auf einen zweigliedrigen zu reduciren (vergl. §. 187).

ist $\mathfrak{o}\mathfrak{p}$ ein Product von zwei verschiedenen Primzahlen ersten Grades, oder $\mathfrak{o}\mathfrak{p}$ ist selbst ein Primideal zweiten Grades, je nachdem D quadratischer Rest oder Nichtrest von $4p$ ist.[2]

Die Zahl $p = 2$ bietet den ersten, zweiten oder dritten Fall dar, je nachdem $D \equiv 0$ (mod. 4), $\equiv 1$ (mod. 8), oder $\equiv 5$ (mod. 8) ist, und hieraus erklärt sich das eigenthümliche Verhalten der Zahl 2 in der Theorie der quadratischen Reste (§. 36). Ist p ungerade, so kommt, weil stets $D^2 \equiv D$ (mod. 4) ist, die Bedingung (6) darauf hinaus, dass D quadratischer Rest von p ist, und folglich wird der erste, zweite oder dritte Fall eintreten je nachdem

$$\left(\frac{D}{p}\right) = 0, \ = +1, \ \text{oder} \ = -1$$

ist. Um aber *alle* Fälle zusammenzufassen, wollen wir ein anderes Symbol einführen und

$$(D, p) = 0, \ = +1, \ \text{oder} \ = -1 \tag{7}$$

setzen, je nachdem die Primzahl p den ersten, zweiten oder dritten Fall darbietet; für jede ungerade Primzahl p ist daher

$$(D, p) = \left(\frac{D}{p}\right).$$

Wir definiren ferner

$$(D, 1) = 1, \tag{8}$$

und wenn

$$m = pp'p''...$$

ein Product von beliebig vielen Primzahlen $p, p', p'' \ldots$ ist, so setzen wir entsprechend

$$(D, m) = (D, p)(D, p')(D, p'') \ldots, \tag{9}$$

woraus der allgemeine Satz

$$(D, m'm'') = (D, m')(D, m'') \tag{10}$$

[2]Hierzu bemerken wir Folgendes. Sind die Primideale eines Normalkörpers bekannt, so gilt dasselbe, wie demnächst an einem anderen Orte gezeigt werden soll, auch für jeden Divisor dieses Körpers. Nun ist, wie wir schon in der Schlussbemerkung zu §. 175 gesagt haben, unser quadratischer Körper Ω ein Divisor desjenigen Normalkörpers, welcher aus einer primitiven D^{ten} Wurzel der Einheit entspringt, und da die Ideale dieses Kreistheilungs-Körpers nach den in §. 185 (S. 618) angegebenen Sätzen bekannt sind, so folgt daraus auch die Bestimmung der Ideale des quadratischen Körpers Ω, aber in einer anderen als der obigen Form, nämlich so, dass die Zerlegung von $\mathfrak{o}\mathfrak{p}$ in Primideale sich unmittelbar aus der Zahlclasse ergiebt, welcher die Zahl p nach dem Modul D angehört. Aus der Vergleichung beider Formen ergiebt sich abermals ein Beweis des Reciprocitätssatzes.

folgt[3].

Indem wir die bei der allgemeinen Untersuchung über die Anzahl h der Idealclassen benutzten Bezeichnungen beibehalten (§. 184), setzen wir

$$\Omega(s) = \sum N(\mathfrak{a})^{-s} = \prod (1 - N(\mathfrak{p})^{-s})^{-1}; \tag{11}$$

fassen wir die Factoren des Productes zusammen, welche von den verschiedenen in einer und derselben natürlichen Primzahl p aufgehenden Primidealen $\mathfrak{p}$ herrühren, so ist dieser Beitrag gleich

$$(1 - p^{-s})^{-1},\ (1 - p^{-s})^{-2},\ (1 - p^{-2s})^{-1},$$

je nachdem der erste, zweite oder dritte der obigen Fälle eintritt; mit Benutzung des eben eingeführten Symbols (7) kann man aber diese drei Ausdrücke in der gemeinschaftlichen Form des Productes

$$(1 - p^{-s})^{-1}(1 - (D, p)p^{-s})^{-1}$$

zusammenfassen, und hieraus folgt mit Rücksicht auf (10), dass

$$\begin{aligned} \Omega(s) &= \prod (1 - p^{-s})^{-1} \prod (1 - (D, p)p^{-s})^{-1} \\ &= \sum \frac{1}{m^s} \cdot \sum \frac{(D, m)}{m^s} \end{aligned} \tag{12}$$

ist, wo m in jeder der beiden Summen alle natürlichen Zahlen durchlaufen muss. Multiplicirt man mit der positiven Grösse $s - 1$ und lässt dieselbe unendlich klein werden, so ergiebt sich hieraus

$$gh = \lim \sum \frac{(D, m)}{m^s}, \tag{13}$$

wo g die frühere Bedeutung hat; ordnet man die Glieder der Reihe nach wachsenden m, so folgt aus dem Reciprocitätssatze (vergl. §. 52), dass die Summe von je (D) auf einander folgenden Coefficienten (D, m) verschwindet; mithin convergirt die Reihe für alle positiven Werthe s, und da sie zugleich eine stetige Function von s ist (§. 101), so erhalten wir

$$gh = \sum \frac{(D, m)}{m}. \tag{14}$$

Den Werth von g haben wir früher allgemein bestimmt (§. 184), aber er nimmt je nach dem Vorzeichen der Grundzahl D verschiedene Formen an. Ist D *negativ,* so ist $v = 1$, und E ist der umgekehrte Werth der Anzahl r aller in Ω enthaltenen Einheiten, welche $= 6$ für $D = -3$, -4 für $D = -4$, und $= -2$ in allen anderen Fällen ist; es wird daher

$$g = \frac{2\pi}{r\sqrt{-D}},$$

[3] Eine erfolgreiche Verallgemeinerung dieses Symbols findet sich in der Abhandlung von H.Weber: *Zahlentheoretische Untersuchungen aus dem Gebiete der elliptischen Functionen* (Nachr. v. d. Göttinger Ges. d. W., 18. Januar 1893).

mithin

$$h = \frac{r\sqrt{-D}}{2\pi} \sum \frac{(D,m)}{m} \tag{15}$$

Ist aber D *positiv*, so ist $v = 2$; die Anzahl r der reducirten Einheiten ± 1 ist $= 2$. mithin

$$E = \frac{1}{2}\log\varepsilon = \frac{1}{2}\log\left(\frac{T + U\sqrt{D}}{2}\right),$$

wo ε die *Fundamentaleinheit* bedeutet, also T, U die kleinsten natürlichen Zahlen sind, welche der Pell'schen Gleichung

$$T^2 - DU^2 = \pm 4$$

genügen, es wird daher

$$g = \frac{2\log\varepsilon}{\sqrt{D}}$$

und folglich

$$h = \frac{\sqrt{D}}{2\log\varepsilon} \sum \frac{(D,m)}{m}. \tag{16}$$

Nimmt man aber für diesen Fall die auf S. 578 beschriebene feinere Eintheilung in Idealclassen an, nach welcher zwei Ideale $\mathfrak{a}$, $\mathfrak{a}_1$ nur dann derselben Classe zugetheilt werden, wenn es eine Zahl η von *positiver* Norm giebt, welche der Bedingung $\mathfrak{a}\eta = \mathfrak{a}_1$ genügt, so bestimmt sich die Anzahl h_1 dieser Idealclassen auf folgende Weise. Bedeuten T_1, U_1 die kleinsten natürlichen Zahlen, welche der Bedingung

$$T_1^2 - DU_1^2 = +4$$

genügen, so ist

$$\varepsilon_1 = \frac{T_1 + U_1\sqrt{D}}{2}$$

die kleinste unter allen denjenigen Einheiten von *positiver* Norm, welche positiv und > 1 sind. Ist nun $N(\varepsilon) = -1$, also $\varepsilon_1 = \varepsilon^2$, so stimmt die jetzige Eintheilung in Idealclassen mit der früheren völlig überein, also ist $h_1 = h$; ist aber $N(\varepsilon) = +1$, also $\varepsilon_1 = \varepsilon$, so giebt es gar keine Einheit von negativer Norm, und folglich ist $h_1 = 2h$, weil z. B. die Zahl $\sqrt{D}$ eine negative Norm besitzt. Für *beide* Fälle ergiebt sich daher aus (16) die gemeinsame Bestimmung

$$h_1 = \frac{\sqrt{D}}{\log\varepsilon_1} \sum \frac{(D,m)}{m}. \tag{17}$$

Vergleicht man die so gewonnenen Resultate (15) und (17) mit denen des fünften Abschnitts (§§. 97, 99), so wird man sich bei genauer Berücksichtigung der damals und jetzt angewendeten Bezeichnungen leicht überzeugen, dass, je nachdem die Grundzahl $D \equiv 0$ oder $\equiv 1$ (mod. 4) ist, die Anzahl unserer Idealclassen vollständig übereinstimmt mit der Classenzahl der (positiven) ursprünglichen Formen erster Art für die *Determinante* $1/4\ D$, oder mit derjenigen der (positiven) ursprünglichen Formen zweiter Art für die *Determinante* D. Diese Uebereinstimmung ist eine nothwendige Folge des Umstandes, dass in unserem Falle der quadratischen Körper, wie man leicht finden wird, jede bestimmte Classe von eigentlich äquivalenten Formen der *Discriminante* D auch nur einer einzigen Idealclasse entspricht (vergl. §. 182, S. 584 bis 585 und den Schluss von §. 187).

Die Eintheilung der binären quadratischen Formen in *Geschlechter* (Supplemente IV) lässt sich ebenfalls leicht auf die Ideale übertragen, und sowohl diese Untersuchung wie der auf die Abzählung der zweiseitigen Classen gestützte Beweis des Reciprocitätssatzes (§§. 152 bis 154) gewinnt in der neuen Einkleidung eine weit einfachere Gestalt, deren Herstellung wir jedoch dem Leser überlassen müssen. Dagegen wollen wir im Folgenden noch die allgemeine Theorie der *Moduln* für quadratische Körper hinzufügen, weil dieselbe die Composition der binären quadratischen Formen in sich schliesst und für viele andere Untersuchungen, z. B. für die Theorie der complexen Multiplication der elliptischen Functionen[4] von grosser Bedeutung ist.

[4] Dieselbe ist im Wesentlichen von *Kronecker* geschaffen und in zahlreichen Schriften behandelt, deren Sammlung bevorsteht. Vergl. die Abhandlungen von *Hermite: Sur la théorie des équations modulaires et la résolution de l'équation du cinquième degré* (1859), ferner die Werke von *H. Weber: Elliptische Functionen und algebraische Zahlen* (1890) und von *F. Klein* und *R. Fricke: Vorlesungen über die Theorie der elliptischen Modulfunctionen* (1890 bis 1892).

Moduln in quadratischen Körpern (§ 187.) 31

Jeder endliche Modul, dessen Zahlen sämmtlich dem quadratischen Körper Ω angehören, lässt sich (nach §. 172, VI) immer auf eine Basis zurückführen, welche aus höchstens *zwei* Zahlen besteht, und wir wollen im Folgenden unter einem *Modul,* falls das Gegentheil nicht ausdrücklich bemerkt wird, immer einen solchen zweigliedrigen Modul

$$\mathfrak{m} = [\alpha, \beta] \tag{1}$$

verstehen, dessen Basiszahlen α, β wirklich von einander unabhängig sind und folglich zugleich eine Basis des Körpers Ω bilden. Es ist nun zweckmässig, jede solche beliebig gegebene Basis so umzuformen, dass die eine der beiden Basiszahlen eine *positive rationale* Zahl m wird. Um die Möglichkeit dieser Umformung darzuthun, bemerken wir, dass, weil die Zahl 1 in Ω enthalten ist, es immer zwei bestimmte rationale Zahlen x, y giebt, welche der Bedingung $x\alpha + y\beta = 1$ genügen; stellt man dieselben als Brüche mit demselben Nenner dar und sondert aus den Zählern den grössten gemeinschaftlichen Theiler ab, so nimmt diese Gleichung die Form

$$m = p\alpha + q\beta$$

an, wo p, q relative Primzahlen bedeuten, und m eine positive, ganze oder gebrochene rationale Zahl ist; bestimmt man ferner zwei ganze rationale Zahlen r, s so, dass

$$ps - qr = \pm 1$$

wird, und setzt hierauf

$$m\omega = r\alpha + s\beta,$$

so leuchtet ein, dass die Zahlen m, $m\omega$ ebenfalls eine irreducibele Basis von $\mathfrak{m}$ bilden und dass folglich

$$\mathfrak{m} = [m, m\omega] = m[1, \omega] \tag{2}$$

K. Scheel, *Dedekinds Theorie der ganzen algebraischen Zahlen*,
https://doi.org/10.1007/978-3-658-30928-2_31

ist. Da ω gewiss irrational ist, so ist $[m]$ der Inbegriff aller in $\mathfrak{m}$ enthaltenen rationalen Zahlen, und m ist als die *kleinste positive* unter ihnen vollständig bestimmt.

Die Zahl ω ist die eine Wurzel einer irreducibelen quadratischen Gleichung

$$a\omega^2 + b\omega + c = 0, \tag{3}$$

wo a, b, c ganze rationale Zahlen ohne gemeinschaftlichen Theiler bedeuten, und diese sind durch ω vollständig bestimmt, wenn wir festsetzen, dass a immer *positiv* sein soll. Bedeutet D wieder die Grundzahl des Körpers Ω, und setzen wir, wie im vorigen Paragraphen,

$$\theta = \frac{D + \sqrt{D}}{2}, \ \mathfrak{o} = [1, \theta], \tag{4}$$

so ist $a\omega$ als ganze Zahl von der Form

$$a\omega = h + k\theta = \frac{b + k\sqrt{D}}{2} = \frac{b + \sqrt{D}}{2}, \tag{5}$$

wo h, k ganze rationale Zahlen bedeuten, und

$$d = b^2 - 4ac = \Delta(1, a\omega) = Dk^2 \tag{6}$$

ist. Da ω ohne Aenderung von $\mathfrak{m}$ durch $-\omega$ ersetzt werden kann, so wollen wir für die Folge immer festsetzen, dass k *positiv* sein soll. Man sieht leicht, dass hierdurch, wenn ein gegebener Modul $\mathfrak{m}$ vorliegt, die Zahl ω so weit und nur wo weit bestimmt ist, dass sie durch $\omega_0 = \omega + z$ ersetzt werden kann, wo z jede beliebige ganze rationale Zahl bedeutet; dies hat aber keinen Einfluss auf die Zahlen a, k und d, die mithin vollständig bestimmt sind, während b in $b_0 = 2az + b$, und c in $c_0 = az^2 + bz + c$ übergeht; da mithin b_0 alle Individuen einer bestimmten rationalen *Zahlclasse* nach dem Modul $2a$ durchläuft, so kann man, wenn man will, ω_0 durch die Bedingung vollständig bestimmen, dass $0 \leq b_0 \leq 2a$ sein soll, was aber keinen wesentlichen Nutzen gewährt. Dagegen ist es bisweilen vortheilhaft, ω_0 so zu wählen, dass c_0 relative Primzahl zu a wird; um dies zu erreichen, kann man, wenn r das Product aller gleichzeitig in a und in c aufgehenden Primzahlen, und s das Product aller übrigen in a aufgehende Primzahlen bedeutet, z so wählen, dass $z \equiv 1 \pmod{r}$ und zugleich $z \equiv 0 \pmod{s}$ wird, was (nach §. 25) stets möglich ist.

Unter der *Ordnung* $\mathfrak{m}^0$ des Moduls $\mathfrak{m}$, die wir kürzer mit $\mathfrak{n}$ bezeichnen wollen, verstehen wir, wie früher (§. 170), den Inbegriff aller Zahlen ν, für welche $\mathfrak{m}\nu$ durch $\mathfrak{m}$ theilbar wird. Aus dieser Definition folgt offenbar, dass, wenn η eine beliebige von Null verschiedene Zahl bedeutet, $\mathfrak{n}$ zugleich die Ordnung des Moduls $\eta\mathfrak{m}$ ist; behalten wir daher die vorhergehenden Bezeichnungen bei, so sind die gesuchten Zahlen ν alle diejenigen, für welche $[\nu, \nu\omega]$ durch $[1, \omega]$ theilbar wird, und hierzu ist erforderlich und hinreichend, dass die beiden Zahlen ν und $\nu\omega$ in $[1, \omega]$ enthalten sind. Es muss daher zunächst $\nu = x + y\omega$ sein, wo x, y ganze rationale Zahlen bedeuten; dann ist $\nu\omega = x\omega + y\omega^2$, und da $x\omega$ in $[1, \omega]$ enthalten ist, so muss dasselbe auch von $y\omega^2$ gelten; zufolge (3) ist aber

$$y\omega^2 = \frac{y(b\omega - c)}{a},$$

mithin müssen die beiden Producte by, cy durch a theilbar sein; da aber die Zahlen a, b, c keinen gemeinschaftlichen Theiler haben, so folgt hieraus, dass y durch a theilbar, also $y = az$, $\nu = x + za\omega$ sein muss, wo z ebenfalls eine ganze rationale Zahl bedeutet; und da umgekehrt jede solche Zahl $x + za\omega$ die geforderte Eigenschaft besitzt, so erhalten wir das Resultat

$$\mathfrak{n} = [1, a\omega] = [1, k\theta] = \mathfrak{o}k + [1]. \tag{7}$$

Jede Ordnung $\mathfrak{n}$ ist daher ein Modul, welcher nur *ganze* Zahlen und unter diesen auch die Zahl 1, mithin alle ganzen rationalen Zahlen enthält (vergl. §. 173, III); umgekehrt leuchtet ein, dass ein jeder solche Modul $\mathfrak{n}$ (in unserem Falle der quadratische Körper) auch gewiss eine Ordnung, nämlich die Ordnung von $\mathfrak{n}$ selbst ist. Für die *Discriminante,* den *Index* und *Führer* der Ordnung $\mathfrak{n}$ (S. 590) ergeben sich ferner aus (4), (6) und (7) leicht die Ausdrücke

$$\Delta(\mathfrak{n}) = d,\ (\mathfrak{o}, \mathfrak{n}) = k,\ \frac{\mathfrak{n}}{\mathfrak{o}} = \mathfrak{o}k, \tag{8}$$

und es leuchtet ein, dass jede Ordnung $\mathfrak{n}$ durch ihren Index k vollständig bestimmt ist.

Offenbar ist der Modul $\mathfrak{m}$ stets und nur dann ein *Ideal,* wenn er durch $\mathfrak{o}$ theilbar, und $\mathfrak{n} = \mathfrak{o}$, also $k = 1$, und m eine ganze, durch a theilbare Zahl ist. Dies führt dazu, den Begriff der *Norm* auch auf beliebige Moduln $\mathfrak{m}$ zu übertragen, und zwar wollen wir hier[1] darunter den Quotienten

$$N(\mathfrak{m}) = \frac{(\mathfrak{n}, \mathfrak{m})}{(\mathfrak{m}, \mathfrak{n})} \tag{9}$$

verstehen, welcher sich in der That, wenn $\mathfrak{m}$ ein Ideal ist, auf den der früheren Definition entsprechenden Werth $(\mathfrak{o}, \mathfrak{m})$ reducirt (§. 180). Da die Basiszahlen von $\mathfrak{m}$ mit denen von $\mathfrak{n}$ durch die linearen Gleichungen

$$m = m.1 + 0.a\omega,\ m\omega = 0.1 + \frac{m}{a} \cdot a\omega$$

verbunden sind, so ergiebt sich (nach §. 175, (10)) das Resultat

$$N(\mathfrak{m}) = \begin{vmatrix} m, & 0 \\ 0, & \frac{m}{a} \end{vmatrix} = \frac{m^2}{a}. \tag{10}$$

Bezeichnet man allgemein, wenn α eine beliebige Zahl des Körpers Ω ist, mit α' die conjugirte Zahl, in welche α durch die nicht identische Permutation des Körpers übergeht, so ist

$$a(\omega + \omega') = b,\ a\omega\omega' = c\,; \tag{11}$$

[1] Vergl. die beiden folgenden Anmerkungen.

durchläuft μ alle Zahlen des Moduls $\mathfrak{m}$, so bilden die Zahlen μ' einen mit $\mathfrak{m}$ *conjugirten* Modul $\mathfrak{m}[1, \omega']$, den wir mit $\mathfrak{m}'$ bezeichnen wollen; halten wir aber an der obigen Vorschrift für die Wahl der Basiszahlen fest, so haben wir

$$\mathfrak{m}' = m[1, -\omega'] \tag{12}$$

zu setzen, und da

$$a(-\omega')^2 - (-b)(-\omega') + c = 0$$

ist, so geschieht der Uebergang von $\mathfrak{m}$ zu $\mathfrak{m}'$ lediglich dadurch, dass b durch $-b$ ersetzt wird, während m, a, c, k, d unverändert bleiben. Ebenso ist natürlich $\mathfrak{m}$ conjugirt mit $\mathfrak{m}'$, und beide Moduln haben dieselbe Ordnung $\mathfrak{n} = \mathfrak{n}'$ und dieselbe Norm; sie sind aber nur dann mit einander identisch, wenn b durch a theilbar, also $b \equiv 0$ oder $\equiv a$ (mod. $2a$) ist, und in diesem Falle kann $\mathfrak{m}$ ein *zweiseitiger* Modul genannt werden (vergl. §. 58).

Jede in dem Modul $\mathfrak{m}$ enthaltene Zahl μ ist von der Form

$$\mu = m(x + y\omega), \tag{13}$$

wo x, y ganze rationale Zahlen bedeuten; hieraus folgt

$$N(\mu) = \mu\mu' = m^2(x + y\omega)(x + y\omega'),$$

und wenn man die Multiplication ausführt, so ergiebt sich

$$N(\mu) = N(\mathfrak{m})(ax^2 + bxy + cy^2); \tag{14}$$

jedem Modul $\mathfrak{m}$ *entspricht* daher, wenn man die obigen Regeln für die Wahl der Basis festhält, eine *ursprüngliche* binäre quadratische Form $(a,\ \frac{1}{2}b,\ c)$ oder vielmehr eine bestimmte Schaar von unendlich vielen solchen parallelen Formen, in welchen b alle Individuen einer bestimmten Zahlclasse nach dem positiven Modul $2a$ durchläuft, und deren Discriminante $b^2 - 4ac$ zugleich die Discriminante d der Ordnung $\mathfrak{n}$ ist; dem conjugirten Modul $\mathfrak{m}'$ entspricht die *entgegengesetzte* Schaar $(a,\ -\frac{1}{2}b,\ c)$. Offenbar entspricht dieselbe Schaar $(a,\ \frac{1}{2}b,\ c)$ allen und nur allen Moduln von der Form $\mathfrak{m}n$; wo n jede von Null verschiedene *rationale* Zahl bedeutet. Da ferner die Zahlen $1, a\omega$ eine Basis der Ordnung $\mathfrak{n}$ bilden, und

$$a\omega\mu = m(-cy + (ax + by)\omega)$$

$$\begin{vmatrix} x, & y \\ -cy, & ax + by \end{vmatrix} = ax^2 + bxy + cy^2$$

ist, so stimmt diese Form $(a,\ \frac{1}{2},\ c)$ genau mit derjenigen überein, welche nach der auf S. 590 gegebenen Vorschrift dem Modul $\mathfrak{m}$ entspricht.

Indem wir uns jetzt zur *Multiplication* der Moduln wenden, erinnern wir zunächst an die beiden allgemeinen, in §. 170 (S. 505) bewiesenen Sätze

$$\mathfrak{mn} = \mathfrak{m}, \; \mathfrak{n}^2 = \mathfrak{n}, \tag{15}$$

welche sich auch leicht durch die wirkliche Multiplication aus (2) und (7) ergeben. Von besonderer Wichtigkeit ist die Bildung des Productes $\mathfrak{mm}'$ aus zwei conjugirten Moduln; durch Multiplication von (2) und (12) erhält man zunächst

$$\mathfrak{mm}' = m^2[1, \; \omega, \; \omega', \; \omega\omega'];$$

addirt man die zweite Basiszahl zur dritten, so folgt aus (11)

$$\mathfrak{mm}' = \frac{m^2}{a}[a, \; a\omega, \; b, \; c],$$

und da $[a, \; b, \; c] = [1]$ ist, so erhalten wir das Resultat[2]

$$\mathfrak{mm}' = \frac{m^2}{a}[1, \; a\omega] = \mathfrak{n}N(\mathfrak{m}); \tag{16}$$

mithin ist $\mathfrak{m}$ (nach §. 170, V) ein *eigentlicher* Modul, und zugleich ergiebt sich

$$\mathfrak{m}' = \mathfrak{m}^{-1}N(\mathfrak{m}). \tag{17}$$

Wir betrachten jetzt ein Product aus zwei beliebigen Moduln $\mathfrak{m}$, $\mathfrak{m}_1$ und setzen

$$\mathfrak{mm}_1 = \mathfrak{m}_2; \tag{18}$$

da $\mathfrak{m}_2$ aus allen Zahlen μ_2 von der Form $\sum \mu\mu_1$ besteht, so besteht der conjugirte Modul $\mathfrak{m}_2'$ aus allen Zahlen μ_2' von der Form $\sum \mu'\mu_1'$, und folglich ist

$$\mathfrak{m}'\mathfrak{m}_1' = \mathfrak{m}_2' = (\mathfrak{mm}_1)'.$$

Durch Multiplication dieser beiden Gleichungen erhält man zufolge (16)

$$\mathfrak{nn}_1 N(\mathfrak{m}) N(\mathfrak{m}_1) = \mathfrak{n}_2 N(\mathfrak{m}_2),$$

wo $\mathfrak{n}_1$, $\mathfrak{n}_2$ die Ordnungen von $\mathfrak{m}_1$, $\mathfrak{m}_2$ bedeuten; da nun das Product $\mathfrak{nn}_1$ nur *ganze* Zahlen und offenbar auch die Zahl 1 enthält, so ist es nach dem Obigen wieder eine Ordnung; die vorstehende Gleichung liefert daher, wenn man auf die beiderseits auftretenden *rationalen* Zahlen achtet, zunächst den Satz[3]

---

[2]Es ist wohl von Nutzen, hier zu bemerken, dass schon bei Körpern dritten Grades ein ähnlicher Satz nicht in voller Allgemeinheit gilt, und dasselbe ist von mehreren der nachfolgenden Sätze zu sagen.
[3]Will man auch bei Körpern höheren Grades den Begriff der Norm $N(\mathfrak{m})$ jedes endlichen Moduls $\mathfrak{m}$, dessen Basis zugleich eine Basis des Körpers ist, so fassen, dass der Satz (19) allgemein gilt, und dass, falls $\mathfrak{m}$ ein Ideal ist, $N(\mathfrak{m})$ die alte Bedeutung $(\mathfrak{o}, \mathfrak{m})$ behält, so *muss* man, weil $N(\mathfrak{o}) = 1$ und $\mathfrak{om}$ ein Idealbruch ist, die obige Definition (9) durch

$$N(\mathfrak{m})N(\mathfrak{m}_1) = N(\mathfrak{m}_2) = N(\mathfrak{m}\mathfrak{m}_1), \tag{19}$$

mithin auch den folgenden

$$\mathfrak{n}\mathfrak{n}_1 = \mathfrak{n}_2; \tag{20}$$

die Norm eines Productes ist daher gleich dem Producte aus den Normen der Factoren, und ebenso ist die Ordnung eines Productes gleich dem Producte aus den Ordnungen der Factoren (vergl. §. 170, VIII).

Da die Zahl 1 in jeder Ordnung enthalten ist, so ist das Product $\mathfrak{n}\mathfrak{n}_1$ ein gemeinschaftlicher Theiler von $\mathfrak{n}$ und $\mathfrak{n}_1$ und zwar, wie wir jetzt zeigen wollen, ihr *grösster* gemeinschaftlicher Theiler. Bedeuten k, k_1, k_2 die Indices der Ordnungen $\mathfrak{n}$, $\mathfrak{n}_1$, $\mathfrak{n}_2$, so ist $\mathfrak{n} = [1,\ k\theta]$, $\mathfrak{n}_1 = [1,\ k_1\theta]$, und folglich

$$\mathfrak{n}\mathfrak{n}_1 = [1,\ k\theta,\ k_1\theta,\ kk_1\theta^2];$$

da aber $\theta^2 = D\theta - D_1$ ist, wo D_1 eine ganze rationale Zahl, so kann die letzte Basiszahl $kk_1\theta^2$, weil sie eine Summe von Vielfachen der beiden ersten ist, weggelassen werden, und man erhält

$$\mathfrak{n}\mathfrak{n}_1 = [1,\ k\theta,\ k_1\theta] = \mathfrak{n} + \mathfrak{n}_1, \tag{21}$$

wie behauptet war. Da nun dasselbe Product zufolge (20) auch $= [1,\ k_2\theta]$ ist, so folgt, dass der Index k_2 des Productes der grösste gemeinschaftliche Theiler der Indices k, k_1 der Factoren ist. Bedeuten ferner d, d_1, d_2 die Discriminanten von $\mathfrak{n}$, $\mathfrak{n}_1$, $\mathfrak{n}_2$, so ist $d = Dk^2$, $d_1 = Dk_1^2$, $d_2 = Dk_2^2$, und folglich ist die Discriminante des Productes auch der grösste gemeinschaftliche Theiler von den Discriminanten der Factoren.

Die letzten Sätze ergeben sich auch auf folgende Weise, wobei wir den Buchstaben m_1, ω_1, a_1, b_1, c_1 und $m_2, \omega_2, a_2, b_2, c_2$ dieselbe Bedeutung für die Moduln $\mathfrak{m}_1$ und $\mathfrak{m}_2$ beilegen, welche m, ω, a, b, c für $\mathfrak{m}$ haben. Dann ist zufolge (20)

$$[1,\ a_2\omega_2] = [1,\ a\omega][1,\ a_1\omega_1] = [1,\ a\omega,\ a_1\omega_1,\ aa_1\omega\omega_1],$$

und es gelten daher (nach §. 172) vier Gleichungen von der Form

---

$$N(\mathfrak{m}) = N(\mathfrak{o}\mathfrak{m}) = \frac{(\mathfrak{o},\mathfrak{o}\mathfrak{m})}{(\mathfrak{o}\mathfrak{m},\mathfrak{o})}$$

ersetzen (vergl. die Anm. auf S. 564–565). Dass schon bei Körpern dritten Grades diese beiden Definitionen *nicht* übereinstimmen, lehrt folgendes einfache Beispiel. Ist $a^3 = 2$, so ist $\mathfrak{o} = [1,\ a,\ a^2]$ der Inbegriff aller ganzen Zahlen des aus a gebildeten Körpers $R(a)$; ist nun m eine ungerade Zahl und > 1, ferner $\mathfrak{m} = [m,\ a,\ a^2]$, so wird $\mathfrak{o}\mathfrak{m} = \mathfrak{o}$, also $(\mathfrak{o},\mathfrak{o}\mathfrak{m}) = (\mathfrak{o}\mathfrak{m},\mathfrak{o}) = 1$; andererseits ist die Ordnung $\mathfrak{m}^0 = [1,\ ma,\ ma^2]$, also $\mathfrak{m} + \mathfrak{m}^0 = \mathfrak{o}$, $(\mathfrak{m}^0,\mathfrak{m}) = (\mathfrak{o},\mathfrak{m}) = m$, $(\mathfrak{m},\mathfrak{m}^0) = (\mathfrak{o},\mathfrak{m}^0) = m^2$, woraus unsere Behauptung einleuchtet; die dem Modul $\mathfrak{m}$ entsprechende zerlegbare Form (S. 590) ist auch nicht ursprünglich, sondern sie besitzt den Theiler m. Man findet ferner $\mathfrak{m}^{-1} = \mathfrak{m}\mathfrak{m}^{-1} = \mathfrak{m}^0 : \mathfrak{o} = \mathfrak{o}\mathfrak{m}$, also ist $\mathfrak{m}$ ein uneigentlicher Modul (S. 506). Da zugleich $\mathfrak{m}^2 = \mathfrak{o}$, also $(\mathfrak{m}\mathfrak{m})^0$ nicht $= \mathfrak{m}^0\mathfrak{m}^0 = \mathfrak{m}^0$, sondern $= \mathfrak{o}$ ist, so gilt auch der obige Satz (20) nicht allgemein für Körper höheren Grades.

$$\begin{aligned} 1 &= 1 \cdot 1 + 0 \cdot a_2\omega_2 \\ a\omega &= f \cdot 1 + e \cdot a_2\omega_2 \\ a_1\omega_1 &= f_1 \cdot 1 + e_1 \cdot a_2\omega_2 \\ aa_1\omega\omega_1 &= f_2 \cdot 1 + e_2 \cdot a_2\omega_2, \end{aligned} \tag{2}$$

wo die acht Coeffcienten rechts solche ganze rationale Zahlen sind, dass die sechs aus ihnen gebildeten Determinanten

$$e,\ e_1,\ e_2,\ fe_1 - ef_1,\ fe_2 - ef_2,\ f_1e_2 - e_1f_2$$

keinen gemeinschaftlichen Theiler haben; da aber jeder gemeinschaftliche Theiler der drei ersten auch in den folgenden aufgeht, so folgt, dass e, e_1, e_2 keinen gemeinschaftlichen Theiler haben. Zufolge (2) ist ferner

$$(f + ea_2\omega_2)(f_1 + e_1a_2\omega_2) = f_2 + e_2a_2\omega_2,$$

also

$$ee_1(a_2\omega_2)^2 - (e_2 - ef_1 - e_1f)(a_2\omega_2) + ff_1 - f_2 = 0;$$

vergleicht man dies mit der Gleichung

$$(a_2\omega_2)^2 - b_2(a_2\omega_2) + a_2c_2 = 0,$$

so ergiebt sich

$$e_2 = ef_1 + e_1f + ee_1b_2,\ f_2 = ff_1 - ee_1a_2c_2; \tag{23}$$

aus der ersten dieser beiden Gleichungen folgt, dass jeder gemeinschaftliche Theiler von e, e_1 auch in e_2 aufgeht; da aber oben gezeigt ist, dass diese drei Zahlen keinen gemeinschaftlichen Theiler haben, so sind e, e_1 *relative Primzahlen*. Ersetzt man nun in (2) die Grössen $a\omega$, $a_1\omega_1$, $a_2\omega_2$ gemäss (5) durch

$$\frac{b + k\sqrt{D}}{2},\ \frac{b_1 + k_1\sqrt{D}}{2},\ \frac{b_2 + k_2\sqrt{D}}{2},$$

so ergiebt sich

$$k = ek_2,\ k_1 = e_1k_2,\ (\mathfrak{n}_1, \mathfrak{n}) = e,\ (\mathfrak{n}, \mathfrak{n}_1) = e_1, \tag{24}$$

also auch

$$d = d_2e^2,\ d_1 = d_2e_1^2, \tag{25}$$

und ausserdem

$$f = \frac{b - b_2e}{2},\ f_1 = \frac{b_1 - b_2e_1}{2}; \tag{26}$$

ebenso erhält man aus der letzten der Gl. (2), oder indem man die vorstehenden Ausdrücke in (23) substituirt

$$e_2 = \frac{be_1 + b_1 e}{2}, \; f_2 = \frac{bb_1 + d_2 ee_1 - 2b_2 e_2}{4}. \tag{27}$$

Aus (24) und (25) folgt abermals, dass k_2 der grösste gemeinschaftliche Theiler von k, k_1, und ebenso d_2 derjenige von d, d_1 ist.

Sind also die beiden Moduln $\mathfrak{m}$, $\mathfrak{m}_1$ gegeben, so findet man die Zahlen e, e_1, k_2, d_2 aus (24) und (25) durch die Bedingung, dass e, e_1 relative Primzahlen sein müssen, und hiermit ist auch e_2 zufolge (27) gefunden. Wir wollen nun dazu übergehen, den Modul $\mathfrak{m}_2$ vollständig zu bestimmen, indem wir auch die Zahlen m_2, a_2, k_2, d_2 aus den Daten ableiten. Da das Produkt mm_1 in $\mathfrak{m}_2$ und folglich auch in $[m_2]$ enthalten ist, so kann man zunächst

$$mm_1 = pm_2, \; m_2 = \frac{mm_1}{p} \tag{28}$$

setzen, wo p eine *natürliche* Zahl bedeutet; ersetzt man nun die im Satze (19) auftretenden Normen durch ihre Ausdrücke gemäss (10), so erhält man

$$aa_1 = p^2 a_2, \; a_2 = \frac{aa_1}{p^2}, \tag{29}$$

mithin ist die Bestimmung von m_2 und a_2 auf diejenige von p zurückgeführt. Ersetzt man ferner die Moduln $\mathfrak{m}$, $\mathfrak{m}_1$, $\mathfrak{m}_2$ durch ihre Ausdrücke gemäss (2), so nimmt die Gleichung $\mathfrak{m}_2 = \mathfrak{m}\mathfrak{m}_1$ die Form

$$[1, \omega_2] = p[1, \omega][1, \omega_1] = p[1, \omega_1, \omega, \omega\omega_1] \tag{30}$$

an; man kann daher (nach §. 172)

$$\begin{aligned} p &= p \cdot 1 + 0 \cdot \omega_2 \\ p\omega_1 &= p' \cdot 1 + q' \cdot \omega_2 \\ p\omega &= p'' \cdot 1 + q'' \cdot \omega_2 \\ p\omega\omega_1 &= p''' \cdot 1 + q''' \cdot \omega_2 \end{aligned} \tag{31}$$

setzen, wo die acht Coefficienten rechter Hand solche ganze rationale Zahlen sind, dass die sechs aus ihnen gebildeten Determinanten

$$pq', \; pq'', \; pq''', \; p'q'' - q'p'', \; p'q''' - q'p''', \; p''q''' - q''p''',$$

also jedenfalls auch die drei Zahlen q', q'', q''' keinen gemeinschaftlichen Theiler haben.[4] Substituirt man nun in (31) für ω, ω_1, $\omega\omega_1$ die aus (2) folgenden Ausdrücke, so erhält man die Gleichungen

[4]Hieraus folgt in Verbindung mit der aus (31) leicht abzuleitenden Gleichung $q'\omega + q''\omega_1' = q''' = q'\omega' + q''\omega_1$ ein für die Theorie der complexen Multiplication der elliptischen Functionen sehr wichtiger Satz (vergl. meinen Aufsatz (§. 7) *über die Theorie der elliptischen Modul-Functionen* in Crelle's Journal, Bd. 83)

$$p(f_1 + e_1a_2\omega_2) = a_1(p' + q'\omega_2)$$
$$p(f + ea_2\omega_2) = a(p'' + q''\omega_2)$$
$$p(f_2 + e_2a_2\omega_2) = aa_1(p''' + q'''\omega_2),$$

welche, weil ω_2 irrational ist, in die folgenden zerfallen

$$pe_1a_2 = a_1q',\ pea_2 = aq'',\ pe_2a_2 = aa_1q''' \tag{32}$$

$$pf_1 = a_1p',\ pf = ap'',\ pf_2 = aa_1p'''. \tag{33}$$

Substituirt man in (32) für a_2 den in (29) angegebenen Ausdruck, so erhält man

$$ae_1 = pq',\ a_1e = pq'',\ e_2 = pq''', \tag{34}$$

und da q', q'', q''', wie oben bemerkt, keinen gemeinschaftlichen Theiler haben, so ist p offenbar als grösster (positiver) gemeinschaftlicher Theiler der drei bekannten Zahlen ae_1, a_1e, e_2 vollständig bestimmt, und dasselbe gilt mithin von den drei Zahlen q', q'', q''', sowie von den beiden Zahlen m_2, a_2, welche sich aus (28) und (29) ergeben. Multiplicirt man ferner die Gl. (33) mit $2a$, $2a_1$, 2, und ersetzt aa_1 durch p^2a_2, so erhält man mit Rücksicht auf (34), wenn man für f_1, f, f_2 die in (26) und (27) angegebenen Ausdrücke substituirt, die Gleichungen

$$\frac{ab_1}{p} - q'b_2 = 2a_2p',\ \frac{a_1b}{b} - q''b_2 = 2a_2p'',$$
$$\frac{bb_1 + d_2ee_1}{2p} - q'''b_2 = 2a_2p''',$$

also die Congruenzen

$$\left.\begin{aligned} q'b_2 &\equiv \tfrac{ab_1}{p} \\ q''b_2 &\equiv \tfrac{a_1b}{p} \\ q'''b_2 &\equiv \tfrac{bb_1+d_2ee_1}{2p} \end{aligned}\right\} (\text{mod. } 2a_2), \tag{35}$$

durch welche die Zahl b_2 nach dem Modul $2a_2$ vollständig bestimmt ist, weil q', q'', q''' keinen gemeinschaftlichen Theiler haben (vergl. §. 145); und hieraus ergiebt sich endlich auch c_2 durch die Gleichung

$$c_2 = \frac{b_2^2 - d_2}{4a_2}. \tag{36}$$

Hiermit ist die Bestimmung des Productes $\mathfrak{m}_2$ aus den beiden Factoren $\mathfrak{m}$, $\mathfrak{m}_1$ vollendet, und wir haben nur noch die folgende Bemerkung hinzuzufügen. Da die *Existenz* des Moduls $\mathfrak{m}_2 = \mathfrak{m}\mathfrak{m}_1$ von vornherein gewiss ist, so müssen wir schliessen, dass die in (26), (27), (29), (35) und (36) in Form von Brüchen auftretenden Zahlen in Wahrheit *ganze* Zahlen, dass ferner die drei Congruenzen (35) wirklich mit einander vereinbar sind, und dass die so erhaltenen Zahlen a_2, b_2, c_2 keinen gemeinschaftlichen Theiler haben; dies Alles würde sich auch auf directem Wege leicht beweisen lassen, was wir jedoch dem Leser überlassen wollen[5].

Wir bezeichnen nun mit x, y und x_1, y_1 zwei Systeme von unabhängigen Variabelen und bilden die bilinearen Functionen

$$\begin{aligned} x_2 &= pxx_1 + p'xy_1 + p''yx_1 + p'''yy_1 \\ y_2 &= q'xy_1 + q''yx_1 + q'''yy_1; \end{aligned} \tag{37}$$

setzt man ferner

$$\mu = m(x + y\omega), \ \mu_1 = m_1(x_1 + y_1\omega_1), \ \mu_2 = m_2(x_2 + y_2\omega_2),$$

so folgt aus (28) und (31), dass $\mu_2 = \mu\mu_1$, also für rationale Werthe der Variabelen auch $N(\mu_2) = N(\mu)N(\mu_1)$ ist; ersetzt man diese Normen durch ihre Ausdrücke gemäss (14) und berücksichtigt (19), so ergiebt sich

$$\begin{aligned} &a_2x_2^2 + b_2x_2y_2 + c_2y_2^2 \\ &= (ax^2 + bxy + cy^2)(a_1x_1^2 + b_1x_1y_1 + c_1y_1^2); \end{aligned} \tag{38}$$

man sagt daher, die Form $(a_2, \frac{1}{2}b_2, c_2)$ gehe durch die bilineare Substitution (37) in das Product der beiden Formen $(a, \frac{1}{2}b, c)$ und $(a_1, \frac{1}{2}b_1, c_1)$ über, und nennt die erste Form *zusammengesetzt* aus den beiden letzteren[6]; offenbar ist (38) in Folge von (37) eine Identität, welche für beliebige Werthe der unabhängigen Variabelen gilt.

Die vorstehende Darstellung der Multiplication der Moduln bildet zugleich die Grundlage für die Behandlung der umgekehrten Aufgabe, alle Moduln $\mathfrak{m}$ zu finden, welche der Bedingung $\mathfrak{m}\mathfrak{m}_1 = \mathfrak{m}_2$ genügen, wo $\mathfrak{m}_1$ und $\mathfrak{m}_2$ *gegebene* Moduln bedeuten. Wir beschränken uns aber hier darauf, einige Hauptpuncte dieser äusserst wichtigen Untersuchung hervorzuheben, und überlassen die weitere Ausführung dem Leser. Aus (20) folgt, dass, wenn die Aufgabe lösbar sein soll, die Ordnung $\mathfrak{n}_1$ des Moduln $\mathfrak{m}_1$ durch die Ordnung $\mathfrak{n}_2$ des Moduln $\mathfrak{m}_2$ theilbar sein muss; diese *erforderliche* Bedingung, welche im Folgenden stets als erfüllt vorausgesetzt wird und auch durch $\mathfrak{n}_1\mathfrak{n}_2 = \mathfrak{n}_2$ oder $k_1 = e_1k_2$ ausgedrückt werden kann, ist aber auch *hinreichend,* und es giebt dann immer *unendlich viele* Moduln $\mathfrak{m}$, welche die Bedingung $\mathfrak{m}\mathfrak{m}_1 = \mathfrak{m}_2$ erfüllen. Zunächst findet man nach (16) oder (17) durch Multiplication mit $\mathfrak{m}_1'$ oder $\mathfrak{m}_1^{-1}$ leicht den Hauptsatz, dass es immer einen und nur einen solchen Modul $\mathfrak{m}$ giebt, dessen Ordnung $= \mathfrak{n}_2$ ist; bezeichnet man diesen gegebenen Modul $\mathfrak{m}_2\mathfrak{m}_1^{-1}$

---

[5] Vergl. Arndt: *Auflösung einer Aufgabe in der Composition der quadratischen Formen* (Crelle's Journal, Bd. 56).

[6] Vergl. §. 146. Die allgemeinste Art der Composition der binären quadratischen Formen, wie sie von *Gauss* dargestellt ist (D. A. artt. 235, 236), erhält man, wenn man statt der speciellen Darstellungsform (2) der Moduln die allgemeinere Form (1) zu Grunde legt; dies ist in §. 170 der *zweiten* Auflage dieses Werkes (1871) geschehen, wo ich auch für die quadratischen Formen schon den Ausdruck $(a, \frac{1}{2}b, c)$ statt (a, b, c) gewählt habe (vergl. die Anmerkung auf S. 388 und eine Mittheilung von *Kronecker* im Sitzungsbericht der Berliner Akademie vom 30. Juli 1885).

der Kürze halber wieder mit $\mathfrak{m}_2$, so wird zugleich die allgemeine Aufgabe auf den speciellen Fall zurückgeführt, in welchem $\mathfrak{m}_1 = \mathfrak{n}_1$ ist und man braucht sich nur noch mit der Lösung der Gleichung $\mathfrak{m}\mathfrak{n}_1 = \mathfrak{m}_2$ zu beschäftigen. Die Ordnung $\mathfrak{n}$ des Moduls $\mathfrak{m}$ muss so beschaffen sein, dass $\mathfrak{n}_2 = \mathfrak{n}\mathfrak{n}_1$ der grösste gemeinschaftliche Theiler von $\mathfrak{n}$ und $\mathfrak{n}_1$, also $k = ek_2$ wird, wo e relative Primzahl zu e_1 ist; nachdem man für den Modul $\mathfrak{m}$ eine solche Ordnung $\mathfrak{n}$, also auch eine solche Zahl e *willkürlich* gewählt hat, leuchtet ein, dass stets $\mathfrak{m}\mathfrak{n}_1 = \mathfrak{m}\mathfrak{n}_2$ ist, und es kommt daher nur darauf an, alle Moduln $\mathfrak{m}$ von dieser Ordnung $\mathfrak{n}$ zu finden, welche der Bedingung $\mathfrak{m}\mathfrak{n}_2 = \mathfrak{m}_2$ genügen. Um nachzuweisen, dass *mindestens ein* solcher Modul $\mathfrak{m}$ existirt, wähle man die in $\mathfrak{m}_2 = \mathfrak{m}_2[1, \omega_2]$ auftretende Zahl ω_2 so, dass c_2 relative Primzahl zu a_2 wird, was nach einer früheren Bemerkung stets möglich ist; setzt man alsdann die vorher gewählte Zahl $e = pq''$, wo q'' den grössten Divisor von e bedeutet, welcher relative Primzahl zu a_2 ist, so findet man leicht, dass der Modul $\mathfrak{m} = \mathfrak{m}_2[p, q'', \omega_2]$ der Bedingung $\mathfrak{m}\mathfrak{n}_2 = \mathfrak{m}_2$ genügt, und dass $\mathfrak{n}$ seine Ordnung ist. Um aus diesem einen Modul $\mathfrak{m}$ alle anderen zu finden, benutze man den schon vorher bewiesenen Satz, dass, wenn $\mathfrak{b}$, $\mathfrak{c}$ zwei beliebige Moduln von gleicher Ordnung $\mathfrak{n}$ sind, es immer einen und nur einen Modul $\mathfrak{a} = \mathfrak{c}\mathfrak{b}^{-1}$ von derselben Ordnung $\mathfrak{n}$ giebt, welcher der Bedingung $\mathfrak{a}\mathfrak{b} = \mathfrak{c}$ genügt; hierdurch wird die *vollständige* Lösung unserer Gleichung $\mathfrak{m}\mathfrak{n}_2 = \mathfrak{m}_2$ auf den speciellen Fall $\mathfrak{m}_2 = \mathfrak{n}_2$, also auf die Aufgabe zurückgeführt, alle Moduln $\mathfrak{m}$ von der Ordnung $\mathfrak{n}$ zu finden, welche der Bedingung

$$\mathfrak{m}\mathfrak{n}_2 = \mathfrak{n}_2 \tag{39}$$

genügen. Da nun, wenn $\mathfrak{o}$ die frühere Bedeutung hat, immer $\mathfrak{o}\mathfrak{n}_2 = \mathfrak{o}$ ist, so genügt ein solcher Modul $\mathfrak{m}$ gewiss auch der Bedingung

$$\mathfrak{m}\mathfrak{o} = \mathfrak{o}; \tag{40}$$

diese Moduln, zu welchen offenbar $\mathfrak{n}$ selbst gehört, sind von besonderer Wichtigkeit, und wir wollen jeden Modul $\mathfrak{m}$ von der Ordnung $\mathfrak{n}$, welcher diese letzte Bedingung erfüllt, aus einem sogleich anzugebenden Grunde eine *Wurzel der Ordnung* $\mathfrak{n}$ nennen; es ist zweckmässig, zunächst *alle* diese Wurzeln von $\mathfrak{n}$ zu bestimmen, worauf es keine Schwierigkeit haben wird, diejenigen von ihnen auszusondern, welche auch die Bedingung (39) erfüllen.

Da die Zahl 1 in $\mathfrak{o}$ enthalten, also immer $\mathfrak{m} > \mathfrak{m}\mathfrak{o}$ ist (§. 170, (22)), so folgt aus (40) zunächst

$$\mathfrak{m} > \mathfrak{o}, \tag{41}$$

also besteht jede Wurzel $\mathfrak{m}$ aus lauter ganzen Zahlen. Da ferner $\mathfrak{n} = \mathfrak{m} : \mathfrak{m}$, und allgemein $(\mathfrak{c} : \mathfrak{a}) : \mathfrak{b} = \mathfrak{c} : \mathfrak{a}\mathfrak{b}$ ist (§. 170, (17)), so folgt aus (8) und (40) auch $\mathfrak{o}k = \mathfrak{n} : \mathfrak{o} = (\mathfrak{m} : \mathfrak{m}) : \mathfrak{o} = \mathfrak{m} : \mathfrak{m}\mathfrak{o} = \mathfrak{m} : \mathfrak{o}$, also

$$\frac{\mathfrak{m}}{\mathfrak{o}} = \mathfrak{o}k, \tag{42}$$

mithin (nach §. 170, (14)) auch

$$\mathfrak{o}k > \mathfrak{m}. \tag{43}$$

Da ausserdem $(\mathfrak{o}, \mathfrak{o}k) = N(k) = k^2 > 0$ ist, so folgt aus (41) und (43), dass die Anzahl der Wurzeln $\mathfrak{m}$ der Ordnung $\mathfrak{n}$ *endlich* ist (§. 171, II); diese Anzahl wollen wir mit l bezeichnen. Aus der Definition (40) folgt ferner unmittelbar, dass diese l Wurzeln insofern eine *Gruppe* bilden, als jedes Product aus zwei solchen Wurzeln wieder eine Wurzel derselben Ordnung $\mathfrak{n}$ ist, und hieraus ergiebt sich durch die schon oft angewendete Schlussweise (vergl. §. 149), dass für jede Wurzel $\mathfrak{m}$ der Ordnung $\mathfrak{n}$ der Satz

$$\mathfrak{m}^l = \mathfrak{n} \tag{44}$$

gilt. Umgekehrt, sobald unter den Potenzen $\mathfrak{m}, \mathfrak{m}^2, \mathfrak{m}^3 \ldots$ eines Moduls $\mathfrak{m}$ sich eine *Ordnung* von $\mathfrak{n} = \mathfrak{m}^r$ vorfindet, so ist $\mathfrak{n}$ zufolge (20) auch die Ordnung von $\mathfrak{m}$; da ferner die r^{te} Potenz einer jeden in $\mathfrak{m}$ enthaltenen Zahl auch in $\mathfrak{n}$ enthalten, also eine ganze Zahl ist, so besteht $\mathfrak{m}$ (nach §. 173, V) aus lauter ganzen Zahlen; mithin ist $\mathfrak{m}\mathfrak{o}$ ein *Ideal,* und da $(\mathfrak{m}\mathfrak{o})^r = \mathfrak{n}\mathfrak{o}^r = \mathfrak{o}$ ist, so folgt auch $\mathfrak{m}\mathfrak{o} = \mathfrak{o}$, also ist $\mathfrak{m}$ eine Wurzel der Ordnung $\mathfrak{n}$, womit zugleich die eingeführte Benennung gerechtfertigt ist.

Der oben aus der allgemeinen Modultheorie (§. 170) abgeleitete Satz (43) bestätigt sich auch durch die Rechnung, wenn man für $\mathfrak{m}$ die in (2), (3), (5) eingeführten Bezeichnungen beibehält. Setzt man noch $m\omega = \alpha$, so sind die Basiszahlen des Moduls

$$\mathfrak{m} = [m, \alpha] \tag{45}$$

zufolge (41) ganze Zahlen, und aus (40), (19) und (10) ergiebt sich $N(\mathfrak{m}) = 1$, also $a = m^2$; hieraus folgt weiter, dass b *durch* m *theilbar,* mithin c relative Primzahl zu m ist; da aber $c = aN(\omega) = N(\alpha) = \alpha\alpha'$ ist, so sind die Basiszahlen m, α ebenfalls *relative Primzahlen,* was auch unmittelbar aus (40), nämlich aus

$$\mathfrak{o}m + \mathfrak{o}\alpha = \mathfrak{o} \tag{46}$$

folgt; da nach (7) ausserdem

$$\mathfrak{n} = [1, m\alpha] \tag{47}$$

ist, so geht m in dem Index k auf, und wenn

$$\alpha = t + u\theta \tag{48}$$

gesetzt wird, so ist $k = um$, $k\theta = -tm + m\alpha$, woraus wirklich (43) und zugleich

$$(\mathfrak{o}, \mathfrak{m}) = (\mathfrak{m}, \mathfrak{o}k) = k \tag{49}$$

folgt. Umgekehrt, wenn eine natürliche Zahl m relative Primzahl zu der irrationalen Zahl α (also auch zu deren Norm c) ist, so hat, wie man leicht findet, der Modul (45) die Ordnung (47), und aus (46) folgt (40), mithin ist $\mathfrak{m}$ eine Wurzel von $\mathfrak{n}$[7].

[7]Zugleich ist $\mathfrak{m}[1, \alpha] = [1, \alpha]$, und damit $\mathfrak{m}$ auch der Bedingung (39) genüge, ist erforderlich und hinreichend, dass die Ordnung $[1, \alpha]$ durch die Ordnung n_2 theilbar sei.

Um nun die Anzahl l zu bestimmen, ist es zweckmässig, die Darstellung (45) in eine andere Form zu bringen, aus welcher man die wahre Natur und die gegenseitigen Beziehungen der Wurzeln $\mathfrak{m}$ noch deutlicher erkennen wird. Hierzu bemerke man, dass unter den in $\mathfrak{m}$ enthaltenen Zahlen sich auch solche finden, die relative Primzahlen zu k sind; denn weil $\alpha = t + u\theta$ schon relative Primzahl zu m ist, und folglich m, t, u keinen gemeinschaftlichen Theiler haben, so kann man die ganze rationale Zahl z so wählen, dass $t + mz$ relative Primzahl zu u wird, und hieraus folgt, dass die Zahl $\alpha + mz$ (welche auch statt α als zweite Basiszahl von $\mathfrak{m}$ dienen könnte) relative Primzahl zu m und u, also auch zu $k = mu$ ist. Wählt man nun aus $\mathfrak{m}$ nach Belieben eine Zahl ρ, welche relative Primzahl zu k ist, so sind auch die k Zahlen $\rho, 2\rho, 3\rho \ldots k\rho$ in $\mathfrak{m}$ enthalten, und da sie incongruent nach k sind, so bilden sie zufolge (49) ein *Restsystem* von $\mathfrak{m}$ nach $\mathfrak{o}k$, und hieraus folgt mit Rücksicht auf (43) die neue Darstellung

$$\mathfrak{m} = [k, k\theta, \rho] = \mathfrak{o}k + [\rho]. \tag{50}$$

Umgekehrt, wenn $\rho = r + s\theta$ eine beliebige relative Primzahl zu k ist, so findet man durch Reduction des vorstehenden Moduls $\mathfrak{m}$ auf eine zweigliedrige Basis m, α, dass $k = mu$, und $\alpha = t + u\theta$ relative Primzahl zu m ist, woraus nach dem Obigen folgt, dass $\mathfrak{m}$ eine Wurzel der Ordnung $\mathfrak{n} = [1, k\theta]$ ist. Jede Wurzel $\mathfrak{m}$ der Ordnung $\mathfrak{n}$ ist also durch eine beliebige in ihr enthaltene Zahl ρ vollständig bestimmt, welche relative Primzahl zum Index k ist, und man kann daher diese Wurzel $\mathfrak{m}$ zweckmässig durch das Symbol $\mathfrak{n}_\rho$ bezeichnen; ist σ ebenfalls relative Primzahl zu k, so gilt dasselbe von $\rho\sigma$, und da dieses Product in dem Producte $\mathfrak{n}_\rho\mathfrak{n}_\sigma$ enthalten ist, so ergiebt sich

$$\mathfrak{n}_\rho\mathfrak{n}_\sigma = \mathfrak{n}_{\rho\sigma}, \tag{51}$$

worin das Gesetz der Multiplication der Wurzeln von $\mathfrak{n}$ seinen einfachsten Ausdruck findet. Sollen ferner die beiden Zahlen ρ und σ eine und dieselbe Wurzel $\mathfrak{n}_\rho = \mathfrak{n}_\sigma$ erzeugen, so ist erforderlich und hinreichend, dass $\sigma \equiv r\rho$, $\rho \equiv s\sigma$ (mod. k) sei, wo r, s ganze rationale Zahlen bedeuten; hieraus folgt aber $rs \equiv 1$ (mod. k), also muss r relative Primzahl zu k sein; und umgekehrt, wenn $\sigma \equiv r\rho$ (mod. k) ist, wo r eine ganze rationale Zahl bedeutet, welche relative Primzahl zu k ist, so ist gewiss $\mathfrak{n}_\sigma = \mathfrak{n}_\rho$. Es giebt mithin (nach §. 18) in Bezug auf k immer genau $\varphi(k)$ verschiedene Zahlclassen, welche aus lauter Zahlen ρ bestehen, die relative Primzahlen zu k sind und alle eine und dieselbe Wurzel $\mathfrak{n}_\rho$ der Ordnung $\mathfrak{n}$ erzeugen; bezeichnet man daher (nach §. 180) mit $\varphi(\mathfrak{o}k)$ die Anzahl aller nach k incongruenten Zahlen ρ in $\mathfrak{o}$, welche relative Primzahl zu k sind, so ergiebt sich für die Anzahl l aller verschiedenen Wurzeln $\mathfrak{n}_\rho$, der Ordnung $\mathfrak{n}$ der Ausdruck

$$l = \frac{\varphi(\mathfrak{o}k)}{\varphi(k)}. \tag{52}$$

Hierin ist nun

$$\varphi(k) = k \prod \left(1 - \frac{1}{p}\right),$$

wo das Product über alle verschiedenen, in k aufgehenden rationalen Primzahlen p auszudehnen ist; andererseits ist (nach §. 180, (26))

$$\varphi(\mathfrak{o}k) = k^2 \prod \left(1 - \frac{1}{N(\mathfrak{p})}\right),$$

wo das Productzeichen sich auf alle verschiedenen, in k aufgehenden Primideale $\mathfrak{p}$ bezieht; ordnet man die Factoren nach den rationalen Primzahlen p, in denen diese Primideale aufgehen, und legt dem Symbol (D, p) die im vorigen Paragraphen festgesetzte Bedeutung bei, so erhält man

$$\varphi(\mathfrak{o}k) = k^2 \prod \left(1 - \frac{1}{p}\right)\left(1 - \frac{(D, p)}{p}\right)$$

und folglich

$$l = k \prod \left(1 - \frac{(D, p)}{p}\right). \tag{53}$$

Nachdem hiermit die Anzahl aller Wurzeln $\mathfrak{m}$ der Ordnung $\mathfrak{n}$ bestimmt ist, findet man leicht die Anzahl aller derjenigen unter ihnen, welche der obigen Bedingung (39) genügen, wo $\mathfrak{n}_2$ eine gegebene, in $\mathfrak{n}$ aufgehende Ordnung bedeutet; multiplicirt man nämlich alle l Wurzeln der Ordnung $\mathfrak{n}$ mit $\mathfrak{n}_2$; so werden alle l_2 Wurzeln von $\mathfrak{n}_2$, und zwar jede gleich oft erzeugt; mithin ist die gesuchte Anzahl $= l : l_2$, und nach der obigen Untersuchung ist dies zugleich die Anzahl aller verschiedenen Moduln $\mathfrak{m}$ von der Ordnung $\mathfrak{n}$, welche der ursprünglich vorgelegten Bedingung $\mathfrak{m}\mathfrak{m}_1 = \mathfrak{m}_2$ genügen.

Die binären Formen $(a, 1/2b, c) = (m^2, 1/2mb_0, c)$, welche nach (14) den Wurzeln $\mathfrak{m} = [m, \alpha]$ der Ordnung $\mathfrak{n}$ entsprechen, stimmen offenbar mit denjenigen überein, auf welche wir früher (§§. 150, 151) bei der Bestimmung der Anzahl der Formen-Classen von beliebiger Ordnung geführt sind. Den Grund dieser Uebereinstimmung erkennt man leicht, wenn man nach §. 181 (S. 579) die Moduln, ebenso wie die Ideale, in *Classen* eintheilt und die feinere Bestimmung hinzufügt, dass zwei Moduln $\mathfrak{m}$, $\mathfrak{m}_1$ nur dann äquivalent heissen und in dieselbe Classe aufgenommen werden sollen, wenn es eine Zahl η von *positiver* Norm giebt, welche der Bedingung $\mathfrak{m}\eta = \mathfrak{m}_1$ genügt. Denn wenn man die oben festgesetzten Bezeichnungen und Regeln für die Wahl der Basis eines Moduls $\mathfrak{m} = m[1, \omega]$, sowie für die Bildung der zugehörigen Form $(a, 1/2b, c)$ beibehält, so entsprechen je zwei äquivalenten Moduln auch zwei *eigentlich* äquivalente Formen (§. 56), und umgekehrt; beides ergiebt sich leicht daraus, dass die Aequivalenz der Moduln $\mathfrak{m} = m[1, \omega]$, $\mathfrak{m}_1 = m_1[1, \omega_1]$ in der Existenz einer Zahl η von positiver Norm besteht, welche der Bedingung $[\eta, \eta\omega] = [1, \omega_1]$ genügt, und dass sowohl diese Bedingung wie die eigentliche Aequivalenz der zugehörigen Formen $(a, 1/2b, c)$, $(a_1, 1/2b_1, c_1)$ mit der Existenz von vier ganzen rationalen Zahlen p, q, r, s zusammenfällt, welche die Gleichung

$$\begin{gathered}\eta = p + q\omega_1,\ \eta\omega = r + s\omega_1,\ \omega = \tfrac{r+s\omega_1}{p+q\omega_1}, \\ ps - qr = +1\end{gathered} \tag{54}$$

befriedigen[8]. Mithin entsprechen die Modul- und Formen-Classen sich gegenseitig und eindeutig. Bezeichnet man nun, wie früher, mit O die Hauptclasse der Ideale, so erzeugt jede Modulclasse M eine Idealclasse MO; umgekehrt, wenn A eine beliebige Idealclasse, und $\mathfrak{n}$ eine beliebige Ordnung ist, so folgt aus unserer obigen Untersuchung über die umgekehrte Aufgabe der Multiplication der Moduln, dass es immer mindestens eine Classe M von der Ordnung $\mathfrak{n}$ giebt, welche diese Idealclasse A erzeugt, und zwar findet man leicht, dass jede Idealclasse A durch gleich viele Modulclassen M von der Ordnung $\mathfrak{n}$ erzeugt wird. Bezeichnet man daher mit h' die Anzahl der verschiedenen Modulclassen M für die Ordnung $\mathfrak{n}$, mit h die Anzahl der Idealclassen, so ist $h' = rh$, wo r die Anzahl derjenigen Classen M bedeutet, welche der Bedingung $MO = O$ genügen und folglich durch Wurzeln der Ordnung $\mathfrak{n}$ repräsentirt werden. Bezeichnet man nun mit λ die Anzahl aller derjenigen von diesen l Wurzeln, welche der Hauptclasse der Ordnung $\mathfrak{n}$ angehören, also mit $\mathfrak{n}$ äquivalent sind, so findet man ebenso leicht, dass jede solche Classe M durch λ verschiedene Wurzeln repräsentirt wird, dass also $l = r\lambda$, mithin

$$\frac{h'}{h} = \frac{l}{\lambda} = \frac{k}{\lambda}\prod\left(1 - \frac{(D, p)}{p}\right) \tag{55}$$

ist (vergl. §. 151). Bedeutet aber $\mathfrak{m} = [m, \alpha]$ eine solche mit $\mathfrak{n}$ äquivalente Wurzel von $\mathfrak{n}$, so ist $\mathfrak{m} = \mathfrak{n}\eta$, woraus folgt, dass η in $\mathfrak{m}$ enthalten, also eine ganze Zahl und zwar eine *Einheit* (von positiver Norm) ist, weil sie in den beiden relativen Primzahlen m, α aufgehen muss; und da umgekehrt einleuchtet, dass jeder Einheit η ein mit $\mathfrak{n}$ äquivalenter Modul $\mathfrak{n}\eta$ entspricht, welcher eine Wurzel von $\mathfrak{n}$ ist, so ist λ die Anzahl aller derjenigen Einheiten η, denen *verschiedene* Moduln $\mathfrak{n}\eta$ entsprechen. Da nun alle Einheiten η, mag ihre Anzahl endlich oder unendlich, also die Grundzahl D negativ oder positiv sein, in der Form $\pm\varepsilon^s$ enthalten sind, wo ε eine bestimmte Einheit, und s jede ganze rationale Zahl bedeutet, so ergiebt sich leicht, dass λ der kleinste positive Exponent ist, welcher bewirkt, dass die Potenz ε^λ eine in der Ordnung $\mathfrak{n}$ enthaltene Zahl wird. Hiermit ist vermöge (55) für jede Ordnung $\mathfrak{n}$ das Verhältniss der Classenanzahl h' zu der Anzahl h der Idealclassen gefunden, und man überzeugt sich leicht, dass die früher (in §§. 97, 99, 100, 151) gewonnenen Resultate mit dem jetzigen vollständig übereinstimmen[9].

31.1 Zusatz zum Paragraphen 187

SUB Göttingen, Cod. Ms. R. Dedekind XI 6.1
Bl. 1

[8]Vergl. meine auf S. 648 citirte Schrift (§. 1).

[9]Dieselbe Aufgabe habe ich für beliebige Körper in der auf S. 580 citirten Festschrift behandelt.

Betrachtung aller derjenigen Moduln m, welche eine gegebene Ordnung n haben und zugleich durch dieselbe theilbar sind, also den Bedingungen

$$m > m^0 = n$$

genügen. Setzt man

$$m = m[1, \omega]; \; a\omega^2 - b\omega + c = 0; \; [a, b, c] = [1]; \; b^2 - 4ac = d, \qquad (2, 3, 6)$$

so ist

$$m^0 = [1, a\omega] = \left[1, \frac{b + \sqrt{d}}{2}\right] = \left[1, \frac{d + \sqrt{d}}{2}\right] = n \qquad (7)$$

Gegeben ist also die Discriminante[10]

$$\Delta(n) = d, \quad \text{wo } d \equiv d \text{ (mod. 4)};$$

damit $m^0 = n$ werde, müssen a, b, c die Bedingungen (2, 3, 6) erfüllen; damit auch $m > m^0$ werde, ist erforderlich und hinreichend

$$m = an, \; m = n[a, a\omega] = n\left[a, \frac{b + \sqrt{d}}{2}\right],$$

wo n eine natürliche Zahl; dann ist zugleich

$$N(m) = an^2 = (n, m); \; (m, n) = 1 \qquad (10, 9)$$

Ist m_1 ebenfalls ein solcher Modul $= n_1[a_1, a_1\omega_1] = n_1\left[a_1, \frac{b_1+\sqrt{d}}{2}\right]$, so gilt dasselbe auch von dem Product

$$mm_1 = m_2 = n_2[a_2, a_2\omega_2] = n_2\left[a_2, \frac{b_2 + \sqrt{d}}{2}\right],$$

welches auf folgende Weise bestimmt wird: es sei

$$\left[a, a_1, \frac{b + b_1}{2}\right] = [e], \; \text{(in §. 187 ist } p \text{ statt } e \text{ gebraucht)}$$

dann ist

$$a_2 = \frac{aa_4}{e^2}, \; n_2 = enn_1; \; N(m_2) = N(m)N(m_1) \qquad (29, 28, 19)$$

und b_2 wird (mod. $2a_2$) bestimmt durch die drei Congruenzen

$$ab_2 \equiv ab_1, \; a_1b_2 \equiv a_1b, \; \frac{b + b_1}{2}b_2 \equiv \frac{bb_1 + d}{2} \text{ (mod. } 2ea_2); \qquad (35)$$

[10] $u = [1, \eta]; \; \eta = \frac{d+\sqrt{q}}{2}; \; \eta^2 - d\eta + \frac{d^2-d}{4} = 0$

zugleich ist

$$2a\omega - b = 2a_1\omega_1 - b_1 = 2a_2\omega_2 - b_2 = \sqrt{d}.$$

In dem *speciellen Fall* $e = 1$ wird $b \equiv b_2 \pmod{2a}$, $b_1 \equiv b_2 \pmod{2a_1}$, $a_2 = aa_1$, $n_2 = nn_1$, also auch

$$m = n[a, a_2\omega_2],\ m_1 = n_1[a_1, a_2\omega_2],\ m_2 = n_2[a_2, a_2\omega_2];$$

dieser Fall tritt z. B. immer ein, wenn a, e_1 *relative Primzahlen* sind.

Allgemein ist ferner der conjugirte Modul

$$m' = m[1, -\omega'] = n\left[a, \frac{-b+\sqrt{d}}{2}\right];\ mm' = nN(m). \qquad (12, 16)$$

Es soll für die gegebene Ordnung $n = \left[1, \frac{d+\sqrt{d}}{2}\right]$ der Inbegriff $\mathfrak{N}$ aller Moduln m betrachtet werden, welche den obigen Bedingungen

$$m > m^0 = n$$

genügen; diese Moduln reproduciren sich durch Multiplication, und hierfür gelten folgende Sätze

Satz 1: Sind y, q zwei Moduln in $\mathfrak{N}$, deren Normen $N(y) = p$, $N(q) = q$ *relative Primzahlen* sind, so ist

$$y + q = n = y' + q' = y + q' = y' + q;\ y = yq + pn,\ q = yq + qn$$

Beweis Es ist $(y + q)(y' + q') = yy' + qq' + yq' + qy' = pn + qn + yq' + qy'$, und da $pn + qn = [p, q]n = n$, ferner $yq' > n$, $qy' > n$, so folgt zunächst

$$(y + q)(y'q') = n,$$

also $N(y + q) = 1$, also $(n, y + q) = 1$, also $n > y + q$, und da y, q durch n theilbar, also auch $y + q > n$, so folgt $y + q = n$, und ebenso $y' + q' = y + q' = q + y' = n$. Hieraus (weil $pn = yy'$, $qn = qq'$ ist) auch $yq + pn = y(q + y') = yn = y$, und ebenso $yq + qn = q(y + q') = qn = q$; w.z.b.w.

Satz 2: Ist m ein Modul des Systems $\mathfrak{N}$, und $N(m) = pq$, wo p, q relative Primzahlen, so kann man immer und nur auf eine einzige Weise

$$m = yq$$

setzen, wo y, q in $\mathfrak{N}$ enthalten sind und den Bedingungen

$$N(y) = p, \; N(q) = q$$

genügen.

Beweis Zunächst folgt aus Satz 1, dass eine solche Zerlegung höchstens auf eine einzige Art möglich ist und zwar, dass

$$y = m + pn, \; q = m + qn$$

sein muss; sind da wirklich

$$(m + pn)(m + qn) = m^2 + pm + qm + pqn = m^2 + m + mm' = m$$

ist (weil $pm + qm = [p + q]m = m$, und $m > n$, $m^2 > m$, $m' > n$, $mm' > m$ ist), so ist wirklich $yq = m$. Ausserdem ist aber $y > n$, $q > n$; ferner

$$\begin{aligned} yy' &= (m + pn)(m' + pn) = mm' + pm + pm' + p^2n = p(qn + m + m' + pn) \\ &= p(n + m + m') = pn, \; \text{weil } pn + qn = [p, q]n = n, \; m > n, \; m' > n \end{aligned}$$

also $y^0 N(y) = pn$, mithin (weil 1 sowohl in n wie in y^0 enthalten ist) $N(y) = p$, $y^0 = n$ und ebenso ist $N(q) = q$, $q^0 = n$, w.z.b.w.

Satz 2: Ist m ein Modul des Systems $\mathfrak{N}$, und $N(m) = pq$, wo p, q relative Primzahlen, so kann man immer und zwar nur auf eine einzige Weise

$$m = yq,$$

setzen, wo y, q in $\mathfrak{N}$ enthalten sind und den Bedingungen

$$N(y) = p, \; N(q) = q$$

genügen.

Beweis Zunächst folgt aus Satz 1, dass eine solche Zerlegung höchstens auf eine einzige Art möglich ist und zwar dass

$$y = m + pn, \; q = m + qn$$

sein muss; und da wirklich

$$(m + pn)(m + qn) = m^2 + pm + qm + pqn = m^2 + m + mm' = m$$

ist (weil $pm + qm = [p + q]m = m$, und $m > n$, $m^2 > m$, $m' > n$, $mm' > m$ ist), so ist wirklich $yq = m$. Ausserdem ist aber $y > a$, $q > u$; ferner

$$yy' = (m + pn)(m' + pn) = mm' + pm + pm' + p^2 m = p(qn + m + m' + pn)$$
$$= p(n + m + m') = pn, \text{ weil } pn + qn = [p, q]n = n, \ m > n, m' > n$$

also $y^0 N(y) = pn$, mithin (weil 1 sowohl in n wie in y^0 enthalten ist) $N(y) = p$, $y^0 = n$, und ebenso ist $N(q) = q$, $q^0 = n$, w.z.b.w.

Satz 3: Ist m ein Modul in $\mathfrak{N}$, und $N(m) = p_1 p_2 p_3 \ldots$, wo $p_1, p_2, p_3 \ldots$ Potenzen (allgem.: relative Primzahlen) von verschiedenen Primzahlen, so kann man stets und nur auf einzige Weise

$$m = y_1 y_2 y_3 \ldots$$

setzen, wo $y_1, y_2, y_3 \ldots$ Moduln in $\mathfrak{N}$ bedeuten, welche den Bedingungen

$$N(y_1) = p_1, \ N(y_2) = p_2, \ N(y_y) = p_3 \ldots$$

genügen.

Beweis unmittelbare Folge von Satz 2, und zwar ist

$$y_1 = m + np_1, \ y_2 = m + np_2, \ y_3 = m + np_3 \ldots$$

Es kommt also nur darauf an, alle Moduln m in $\mathfrak{N}$ aufzusuchen, deren Norm $N(m)$ eine Potenz einer natürlichen Primzahl ist.

„Neues Supplement" 32

SUB Göttingen, Cod. Ms. R. Dedekind VII 9
Bl. 2–5

Neues Supplement:

Hilfssätze aus der Theorie der endlichen Gruppen.

Plan.

§. 1

Definition einer endlichen Gruppe G von Elementen.[1] Operation (Composition, Multiplication), die aus je zwei Elementen α, β in G ein ebenfalls in G enthaltenes Element $\omega = \alpha\beta$ erzeugt,[2] aus den Gesetzen

I. Association $(\alpha\beta)\gamma = \alpha(\beta\gamma)$
II. Sowohl aus $\alpha\beta = \alpha\gamma$, als auch aus $\beta\alpha = \gamma\alpha$ folgt $\beta = \gamma$.[3]

Namen: α der erste oder linke, β der zweite oder rechte *Factor* (Componente) des *Productes* (Resultante) $\alpha\beta$.

[1] Bedeutung des Zeichens $=$; Identität.
[2] $\alpha\beta$ und $\beta\alpha$ im Allgemeinen verschieden.
[3] II so auszusprechen: Sind α, β, γ Elemente von G, so folgen aus jeder der drei Aussagen $\beta = \gamma$, $\alpha\beta = \alpha\gamma$, $\beta\alpha = \gamma\alpha$ die beiden anderen.

K. Scheel, *Dedekinds Theorie der ganzen algebraischen Zahlen*,
https://doi.org/10.1007/978-3-658-30928-2_32

Folgerungen: Aus I folgt die bestimmte Bedeutung des in bestimmter Folge der Factoren $\alpha_1, \alpha_2 \ldots \alpha_n$ geordneten Productes $\alpha_1\alpha_2 \ldots \alpha_n$ (wie in D. §. 2). Daraus Bedeutung der *Potenz* α^n für $n > 1$. Convention $\alpha^1 = \alpha$. Setze $\alpha^m\alpha^n = \alpha^n\alpha^m = \alpha^{m+n}$.[4]

Sind A, B, $C \ldots$ resp. *Complexe* von Elementen[5] α, β, $\gamma \ldots$, so wird unter AB der Complex aller *verschiedenen,* in der Form $\alpha\beta$ darstellbaren Elemente verstanden. Dann gilt die *Association* $(AB)C = A(BC)$; Bedeutung von $A_1A_2 \ldots A_n$ und von A^n.[6]

Aus II folgt folgt $G\alpha = \alpha G = G$ und die Existenz eines zu α gehörigen Elementes α_0 von der Art $\alpha\alpha_0 = \alpha$; daraus folgt $(\alpha\alpha_0)\beta = \alpha(\alpha_0\beta) = \alpha\beta$, also $\alpha_0\beta = \beta$; hieraus $\gamma(\alpha_0\beta) = (\gamma\alpha_0)\beta = \gamma\beta$, also $\gamma\alpha_0 = \gamma$. Folglich ist $\alpha_0 = \gamma_0 = \varepsilon$ ein von α *unabhängiges* Element, das *Hauptelement* der Gruppe G, mit der für *jedes* Element ω geltende Eigenschaft.[7]

$$\omega\varepsilon = \varepsilon\omega = \omega; \ \varepsilon^2 = \varepsilon.$$

Definition von α^{-1} durch $\alpha\alpha^{-1} = \varepsilon$; daraus folgt $(\alpha\alpha^{-1})\alpha = \alpha(\alpha^{-1}\alpha) = \varepsilon\alpha = \alpha$, also $\alpha^{-1}\alpha = \varepsilon$. Weiter $(\alpha^{-1}\alpha)\beta = \alpha^{-1}(\alpha\beta) = \varepsilon\beta = \beta$, $\beta^{-1}(\alpha^{-1}(\alpha\beta)) = (\beta^{-1}\alpha^{-1})(\alpha\beta) = \beta^{-1}\beta = \varepsilon$, also[8]

$$(\alpha\beta)^{-1} = \beta^{-1}\alpha^{-1}.$$

§. 2

Bildet ein Complex A von Elementen a in G eine *Gruppe* (in Bezug auf dieselbe Operation), so ist $AA = A$. Nur solche, in G enthaltene Gruppen werden betrachtet. Sind alle Elemente einer Gruppe D auch Elemente einer Gruppe M, so heißt D ein (echter, unechter) Theiler (Divisor, Untergruppe) von M (Vielfaches, Multiplum, Obergruppe von D); dies wird durch $DD = D, MM = M, DM = MD = M$ ausgedrückt.

Das Hauptelement ε ist eine Gruppe und Divisor jeder Gruppe.

Der *Durchschnitt* D beliebig vieler Gruppen A_1, A_2, $A_3 \ldots$ ist eine Gruppe, weil DD in jede dieser Gruppen, also auch in D enthalten, also $= D$ ist. D ihr *größter gemeinsamer* Divisor.

---

[4] Die Complexe A, B, $C \ldots$ sollen *fremd* oder *getrennt* heißen, wenn kein Element *zweien* von ihnen angehört; dann gilt dasselbe von $A\lambda$, $B\lambda$, $C\lambda \ldots$ und ebenso von λA, λB, $\lambda C \ldots$

[5] Immer soll ein Complex A aus *verschiedenen* Elementen bestehen. Bequemer Ausdruck: *Grad* eines Complexes ist die Anzahl der verschiedenen Elemente.

[6] Zufolge II ist die Anzahl der Elemente von AB mindestens ebenso groß wie die der Elemente von A, und die der Elemente von B. $GG = G$. Zu gegebenen Elementen α, ω gehört immer ein einziges Element β und ein einziges Element γ von der Art $\alpha\beta = \gamma\alpha = \omega$.

[7] Ausdehnung der Potenz α^n für $n = 0$ und $n < 0$ durch $\alpha^0 = \varepsilon$, $\alpha^{-n} = (\alpha^{-1})^n$; allgemein ist dann
$$\left\{\begin{array}{l} \alpha^{m+n} = \alpha^m\alpha^n = \alpha^n\alpha^m \\ (\alpha^m)^n = \alpha^{mn} \end{array}\right\}$$
Besser: In der Reihe der Potenzen müssen Wiederholungen vorkommen: $\alpha^{m+n} = \alpha^m$; darauf $\alpha^n = \varepsilon$; a der kleinste solche Exponent; dann ist $\alpha^r = \alpha^s$ gleichbedeutend mit $\pi \equiv s \pmod{a}$; Ausdehnung auf [..] $\alpha^{-1} = \alpha^{a-1}$ (wie in D. §. 127).

[8] *Inverse* Elemente α, α^{-1}. Sind α, β verschieden, so sind auch α^{-1}, β^{-1} verschieden.

Ist U ein *Complex* von Elementen, so ist der Durchschnitt $[U]$ aller Gruppen, in denen sich alle Elemente von U befinden, wie z. B. G – selbst eine solche, und zwar die kleinste solche Gruppe[9]; sie ist die *durch den Complex U erzeugte Gruppe.* Ist A eine Gruppe, so ist $[A] = A$.

Ist ω ein Element, so besteht $[\omega]$ aus allen Potenzen von ω; *Periode* von ω.[10]

Ist α Element der Gruppe A, so ist $A\alpha = \alpha A = A$; und umgekehrt: ist A eine Gruppe; α ein Element in G und $A\alpha = A$, oder $\alpha A = A$, so ist α Element von A (wie ε in A enthalten, also $\varepsilon\alpha$ oder $\alpha\varepsilon$ in A enthalten).

Sind η, θ Elemente in G, ferner A, B Gruppen, so sind die Complexe $A\eta B$, $A\theta B$ entweder identisch oder sie haben *kein* gemeinsames Element; und gleichzeitig gilt dasselbe von den beiden Complexen $B\eta^{-1}A$, $B\theta^{-1}A$. *Dann* wenn die Complexe $A\eta B$, $A\theta B$ ein gemeinsames Element $\alpha_1\eta\beta_1$ besitzen, so ist $\theta = \alpha_2^{-1}\alpha_1\eta\beta_1\beta_2^{-1} = \alpha\eta\beta$, wo α_1, α_2, also auch $\alpha = \alpha_2^{-1}\alpha_1$ Elemente von A, und β_1, β_2, also auch $\beta_1\beta_2^{-1}$ Elemente von B bedeuten, und hieraus folgt $A\theta B = A\alpha\eta\beta B = A\eta B$, weil $A\alpha = A$, $\beta B = B$ ist, w.z.b.w.

Zugleich ist $\theta^{-1} = \beta^{-1}\eta^{-1}\alpha^{-1}$ ein gemeinsames Element der Complexe $B\theta^{-1}A$, $B\eta^{-1}A$, w.z.b.w.[11]

Definitionen des *Satzes* (A, B) für zwei beliebige *Gruppen* A, B: *Anzahl* der *verschiedenen* Complexe $A\beta$, wo β alle Elemente von B durchläuft; AB *besteht* aus diesen Complexen.[12] *Bezeichnung*

$$AB = \sum A\beta_r = A\beta_1 + A\beta_2 + \ldots + A\beta_n,$$

wo $n = (A, B)$. Zugleich ist[13]

$$BA = \sum \beta_r^{-1}A = \beta_1^{-1}A + \beta_2^{-1}A + \ldots + \beta_n^{-1}A.$$

Ist der Durchschnitt der beiden Gruppen A, B, so ist[14]

---

[9]Sind A, B Gruppen, so bezeichnen wir deren Durchschnitt mit $A - B$; ihr kleinstes gem. Multiplum ist $[AB] = [BA]$.

[10]Ist A eine Gruppe, ω ein Element in G, so ist auch $\omega A\omega^{-1}$ eine Gruppe (*conjugirt* und isomorph mit A; sieht man $\alpha' = \omega\alpha\omega^{-1}$ als *Bild* von α an, so ist $(\alpha_1\alpha_2)' = \alpha_1'\alpha_2'$). Ist $A = \beta A\beta^{-1}$ für jedes Element β der Gruppe B, so heiße A *normal zu B*; ist A zugleich ein Theiler von B, so heiße A ein *Normaltheiler* von B ([...] „ausgezeichneter“ (Klein) oder „invarianter“ (Frobenius) Theiler von B).

[11]Zu specialisiren für $A = \varepsilon$ oder $B = \varepsilon$!!!

[12](ε, A) *Grad* der Gruppe A und jedes Complexes $A\beta_r$ oder $\beta_1^{-1}A$, also $(\varepsilon, A)(A, B)$ Grad *von AB und auch von BA*, also auch
$(\varepsilon, A)(A, B) = (\varepsilon, B)(B, A)$.
$= (\varepsilon, C')(C', A)(C', B)$

[13]$(A, B) = 1$ ist gleichbedeutend mit $AB = A$, d. h. B Theiler von A.

[14]Das AB und BA denselben *Grad* haben, folgt auch unmittelbar daraus, dass AB auch der Complex aller verschiedenen Producte $\alpha^{-1}\beta^{-1} = (\beta\alpha)^{-1}$ ist, und dass je zwei verschiedene Elemente ω auch verschiedene *inverse* Elemente ω^{-1} haben. Jede Gruppe von Elementen α ist zugleich der Complex aller *inversen* Elemente α^{-1}.

$$(A, B) = (C', B)$$

Denn $C'B = B$ ist in $AB = \sum A\beta_r$ enthalten, und diejenigen Elemente von $A\beta_r$, welche zugleich in B enthalten sind, bilden den Complex $C'\beta_r$, also

$$B = \sum C'\beta_r.$$

Ist die Gruppe T ein Theiler der Gruppe Q, und Q ein Theiler der Gruppe R (also $TT = T$, $QQ = Q$, $RR = R$, $TQ = QT = Q$, $QR = RQ = R$, also auch $TR = RT = R$), so ist

$$(T, R) = (T, Q)(Q, R).$$

Da nämlich $R = QR$ aus (Q, R) verschiedenen (fremden) Complexen $Q\rho$, und $Q = TQ$ aus (T, Q) verschiedenen (fremden) Complexen $T\eta$ besteht, so besteht auch jeder der (Q, R) Complexe $Q\rho$ aus (T, Q) verschiedenen (fremden) $T\eta\rho$, mithin $R = TR$ aus $(T, Q)(Q, R)$ fremden Complexen $T(\eta\rho)$, w.z.b.w.

Durch Combination dieser beiden Symbol-Sätze erhält man viele andere. Sind z. B. A, B C beliebige Gruppen, ferner

A' der Durchschnitt zu B, C
B' 〃 〃 〃 C, A
C' 〃 〃 〃 A, B
C 〃 〃 〃 A, B, C,

so ist

$$(D, A) = (Q, B')(C, A) = (D, C')(B, A)$$
$$(D, B) = (D, C')(A, B) = (D, A')(C, B)$$
$$(D, C) = (D, A')(B, C) = (D, B')(A, C')$$

und folglich

$$(B, C)(C, A)(A, B) = (C, B)(A, C)(B, A).$$

Der *Fall,* dass das Product AB von zwei Gruppen A, B wieder eine Gruppe ist, tritt immer und nur dann ein, wenn $AB = BA$ ist.[15] Da nämlich immer die Gruppen $A = A\varepsilon$ und $B = \varepsilon B$ in dem Complex AB enthalten sind, so muss der letztere, wenn er eine Gruppe ist, auch alle Elemente des Complexes BA enthalten, und da der Grad von BA auch der von AB ist, so muss $BA = AB$ sein. Umgekehrt, wenn $BA = AB$ ist, so folgt auch $(AB)^2 = (AB)(AB) = A(BA)B = A(AB)B = (AA)(BB)$ also ist dann AB eine Gruppe, w.z.b.w. Zugleich ist offenbar auch

[15] Ein Product AB von zwei Gruppen A, B ist dann und nur dann eine Gruppe wenn $AB = BA$ ist, und dies ist zugleich $= [AB]$.

$$(A; B) = (A, AB),$$

und wir nennen A, B *permutabele* Gruppen.[16]

Das bekannteste Beispiel einer Gruppe bilden die sämmtlichen Permutationen α eines Systems S von n verschiedenen Dingen s beliebiger Art. Eine solche Permutation α fassen wir auf als eine *Abbildung* von S in sich selbst durch welche jedes Ding s in ein zugehöriges, wieder in S enthaltenes, mit α zu bezeichnendes *Bild* übergeht, und zwar so, dass je zwei verschiedene Dinge s auch zwei verschiedene Bilder α erhalten, woraus folgt, dass der Complex $S\alpha$ aller n Bilder α identisch mit S ist. Um jede Permutation α und jede nur einmal zu erhalten, kann man nach Belieben für 1α jede der n Zahlen x, hierauf für 2α jede der $(n-1)$ von 1α verschiedenen $(n-1)$ Zahlen, dann für 3α jeder der $(n-2)$ von 1α und 2α verschiedenen Zahlen x wählen und so weiter, woraus folgt, dass $n(n-1)(n-2)\dots 2.1 = \Pi(n)$ die Anzahl aller verschiedenen Permutationen x ist. Sind nun α, β zwei bestimmte Permutationen, so hat das Zeichen $(x\alpha)\beta$ für jede Zahl einen bestimmten Sinn, und da mit x auch $x\alpha$, also auch $(x\alpha)\beta$ alle n verschiedenen Zahlen durchläuft, so ist die durch $x\varphi = (x\alpha)\beta$ definirte Abbildung φ wieder eine *Permutation von S*. Wir nennen diese Permutation φ das *Product* aus den *Factoren* (Componenten) α, β und bezeichnen sie mit $\alpha\beta$. Sie ist definirt durch die für alle n Zahlen x des Systems S geltende Bestimmung

$$x\varphi = x(\alpha\beta) = (x\alpha)\beta.$$

Ist nun γ ebenfalls eine Permutation von S, und setzen wir $\varphi = \alpha\beta$, $\psi = \beta\gamma$, so wird nach dieser Definition[17]

$$x\varphi = x(\alpha\beta) = (x\alpha)\beta.$$

[16]Vergl. meine Abhandlung: *Über die von drei Moduln erzeugte Dualgruppe* (Math. Annalen, Bd. 53, §. 8), wo ich am Schluss die behandelten Eigenschaften derjenigen Gruppen G hervorgehoben habe, deren sämmtliche Theiler $A, B, C \dots$ permutabel sind. Sie sind später genauer behandelt von ...
In ihnen gilt wenn B ein Theiler von C, und A eine beliebige Gruppe ist, ihr Gesetz

$$(A - C)B = AB - C$$

welches dem Modulgesetz in der Theorie der Modulgruppen entspricht (§.)
Ersetzt man das Zeichen AB durch $A \times B$, so lautet dieser Ansatz

$$(A - C) \times B = (A \times B) - C,$$

wodurch der Dualismus zwischen $\times$ und $-$ deutlicher hervortritt.

[17]Ohne Einführung von φ, ψ kurz:

$$s((\alpha\beta))\gamma) = (s(\alpha\beta))\gamma = ((s\alpha)\beta)\gamma$$
$$s(\alpha(\beta\gamma)) = (s\alpha)(\beta\gamma) = ((s\alpha)\beta)\gamma$$

also *Association* $(\alpha\beta)\gamma = \alpha(\beta\gamma) = \alpha\beta\gamma$ und $s(\alpha\beta) = s\alpha\beta, s(\alpha\beta\gamma) = s\alpha\beta\gamma$.

Ist nun γ ebenfalls eine Permutation von S, und setzen wir $\varphi = \alpha\beta$, $\psi = \beta\gamma$, so wird nach dieser Definition

$$x(\varphi\gamma) = (x\varphi)\gamma = ((x\alpha)\beta)\gamma$$

und ebenso

$$x(\alpha\psi) = (x\alpha)\psi = (x\alpha)(\beta\gamma) = ((x\alpha)\beta)\gamma.$$

Die beiden durch $\varphi\gamma$ und $\alpha\psi$ erzeugten Bilder stimmen also für jede Zahl x überein, was wir durch $\varphi\gamma = \alpha\psi$, also durch

$$(\alpha\beta)\gamma = \alpha(\beta\gamma),$$

bezeichnen; mithin gilt das *Associationsgesetz* I. Ebenso leicht ergiebt sich, dass aus $\alpha\beta = \alpha\gamma$ und ebenso aus $\beta\alpha = \gamma\alpha$ immer $\beta = \gamma$ folgt. Mithin bilden die sämmtlichen $\Pi(n)$ Permutationen α von S in Bezug auf ihre hier definirte Composition (Multiplication) wirklich eine *Gruppe*. Ihr Hauptelement ε ist die sogenannte *identische* Permutation, durch welche jede Zahl s in sich selbst übergeht, so dass $s\varepsilon = s$.

Um eine bestimmte Permutation α dem Auge vorzuführen, kann man in einer oberen Zeile alle n Zahlen s (in beliebiger Ordnung) aufschreiben und unter jede Zahl s das Bild $s\alpha$ setzen, wodurch eine zweite untere Zeile gebildet wird; eine solche Darstellung kann man kurz durch $\alpha = \begin{pmatrix} s \\ s\alpha \end{pmatrix}$ bezeichnen. Dann kann man, weil mit s auch $s\alpha$ alle n Zahlen durchläuft, eine beliebige Permutation β auch in den gleichbedeutenden Formen

$$\beta = \begin{pmatrix} s \\ s\beta \end{pmatrix} = \begin{pmatrix} s\alpha \\ (s\alpha)\beta \end{pmatrix} = \begin{pmatrix} s\alpha \\ s\alpha\beta \end{pmatrix}$$

darstellen, und erhält für das Product $\alpha\beta$ die Darstellung

$$\alpha\beta = \begin{pmatrix} s \\ s\alpha \end{pmatrix}\begin{pmatrix} s\alpha \\ s\alpha\beta \end{pmatrix} = \begin{pmatrix} s \\ s\alpha\beta \end{pmatrix}.$$

Statt dieser Art der Darstellung einer Permutation α, bei welcher jede Zahl s *zweimal* aufgeschrieben werden muss, erhält man eine einfachere durch Benutzung der soge-nannten *Cykeln.* Greift man aus S eine bestimmte *Folge* von e verschiedenen Zahlen

$$a_1, a_2 \ldots a_{e-1}, a_k$$

heraus, so bezeichnet man mit $(a_1, a_2 \ldots a_e)$ eine Permutation von S, durch welche die letzte Zahl a_e in die erste a_1, jede andere Zahl a_r in die folgende a_{r+1} übergeht, während, wenn $e < n$, jede der in S noch vorhandenen $n - e$ Zahlen in sich selbst übergeht. Bezeichnet man die bei einem bestimmten positiven Drehungsinn aufeinander folgenden Eckpuncte eines regulären e-Eckes der Reihe nach mit $a_1, a_2 \ldots a_e$, so geht durch den e^{ten} Theil einer vollen Umdrehung jede Zahl a_r (auch die letzte a_e) in die nächstfolgende Zahl über; man nennt daher eine solche Permutation eine cyklische oder kurz einen Cykel, und e heißt ihr Grad oder ihre Ordnung, weil die e^{te} Potenz offenbar die *identische* Permutation ε von S ist.

Hierzu führt die Betrachtung aller Potenzen α^m der Permutation α. Ist s eine beliebige Zahl in S, und setzt man zur Abkürzung $s\alpha^m = s_m$, so müssen in der Reihe der Zahlen $s_0, s_1, s_2 \ldots$ gewiss Wiederholungen $s_{m+e} = s_m$, d. h. $(s\alpha^e)\alpha^m = s\alpha^m$ eintreten, wo $e > 0$ ist; da nun verschiedene Zahlen durch eine Permutation α^m nur in verschiedene Bilder übergehen, so folgt hieraus $s_e = s\alpha^e = s$; ist e die *kleinste* natürliche Zahl, für welche $s_e = s$ wird, so sind die ersten e Zahlen $s_0, s_1, s_2 \ldots s_{e-1}$ der obigen Reihe offenbar alle verschieden, und alle folgenden geben nur ihre beständige periodische Wiederholung. Nun kann man eine Permutation φ von S construiren, welche für alle e Zahlen s_m mit α übereinstimmt, so dass $s_m\varphi = s_m\alpha = s_{m+1}$ wird, während, falls $e < n$, jede andere Zahl t durch φ in sich selbst übergehen soll, also $t\varphi = t\varepsilon = t$ und $\varphi^e = \varepsilon$ wird. Eine solche Permutation φ von S, durch welche jede der e verschiedenen Zahlen $s, s_1 \ldots s_{e-1}$ in die folgende, die letzte s_{e-1} aber in die erste s übergeht, während jede der übrigen $n - e$ Zahlen t in sich selbst übergeht, heißt ein Cykel, und e iht Grad (oder ihre Ordnung). Sie wird kurz durch

$$\varphi = (s, s_1 \ldots s_{e-2}, s_{e-1}).$$

Teil III
Quellen

Anhänge 33

A Fundstellenverzeichnis

Aus dem Archiv der Staats- und Universitätsbibliothek Göttingen:

Cod. Ms. R. Dedekind II 3.1
Blatt 110

Cod. Ms. R. Dedekind II 3.2
Blätter 35, 101, 119, 161–165, 219–227, 233–236, 239, 240, 242, 244–247, 255–259, 262, 264, 265, 267, 272, 273, 279, 300, 312–320, 330–336, 343–347, 352–356, 363, 364–366, 373, 374, 376

Cod. Ms. R. Dedekind II 4

Cod. Ms. R. Dedekind III 6
Blätter 81–84

Cod. Ms. R. Dedekind III 12
Blatt 19

Cod. Ms. R. Dedekind VII 9
Blätter 2–5

Cod. Ms. R. Dedekind XI 6.1
Blatt 1

K. Scheel, *Dedekinds Theorie der ganzen algebraischen Zahlen*,
https://doi.org/10.1007/978-3-658-30928-2_33

B Übersicht der Printausgaben

1. Dirichlet, Gustav Peter Leujene: Vorlesungen über Zahlentheorie. Hrsg. und mit Zusätzen versehen von Richard Dedekind. 1. Auflage, Braunschweig (1863).
2. Dirichlet, Gustav Peter Leujene: Vorlesungen über Zahlentheorie. Hrsg. und mit Zusätzen versehen von Richard Dedekind. 2. umgearbeitete und vermehrte Auflage, Braunschweig (1871).
3. Dirichlet, Gustav Peter Lejeune: Vorlesungen über Zahlentheorie. Hrsg. und mit Zusätzen versehen von Richard Dedekind. 3. umgearbeitete und vermehrte Auflage, Braunschweig (1879).
4. Dirichlet, Gustav Peter Lejeune: Vorlesungen über Zahlentheorie. Hrsg. und mit Zusätzen versehen von Richard Dedekind. 4. umgearbeitete und vermehrte Auflage, Braunschweig (1894).
5. Dirichlet, Gustav Peter Lejeune: Vorlesungen über Zahlentheorie. Nachdruck der Originalausgabe von 1894, New York (1963).
6. Dirichlet, Gustav Peter Lejeune: Vorlesungen über Zahlentheorie. Nachdruck der Originalausgabe von 1879, Cambridge (2013).
7. Dirichlet, Gustav Peter Lejeune: Vorlesungen über Zahlentheorie. Unveränderter Nachdruck der Originalausgabe von 1863, Norderstedt (2016).
8. Dirichlet, Gustav Peter Lejeune: Vorlesungen über Zahlentheorie. Unveränderter Nachdruck der Originalausgabe von 1871, Norderstedt (2016).
9. Dirichlet, Gustav Peter Lejeune: Vorlesungen über Zahlentheorie. Unveränderter Nachdruck der Originalausgabe von 1894, Norderstedt (2017).

C Inhaltsverzeichnisse „Vorlesungen über Zahlentheorie"

C.1 Vorlesungen über Zahlentheorie 1. Auflage, S. 1–414

§1 – §16 Erster Abschnitt: Von der Theilbarkeit der Zahlen
§17 – §31 Zweiter Abschnitt: Von der Congruenz der Zahlen
§32 – §52 Dritter Abschnitt: Von den quadratischen Resten
§53 – §85 Vierter Abschnitt: Von den quadratischen Formen
§86 – §110 Fünfter Abschnitt: Bestimmung der Anzahl der Classen, in welche die binären quadratischen Formen von gegebener Determinante zerfallen

Supplemente:
§111 – §116 I. Ueber einige Sätze aus der Theorie der Kreistheilung von Gauss
§117 – §119 II. Ueber den Grenzwerth einer unendlichen Reihe
§120 III. Ueber einen geometrischen Satz

§121 – §126 IV. Ueber die Genera, in welche die Classen der quadratischen Formen von bestimmter Determinante zerfallen
§127 – §131 V. Theorie der Potenzreste für zusammengesetzte Moduli
§132 – §137 VI. Beweis des Satzes, dass jede unbegrenzte arithmetische Progression, deren erstes Glied und Differenz ganze Zahlen ohne gemeinschaftlichen Factor sind, unendlich viele Primzahlen enthält
§138 – §140 VII. Ueber einige Sätze aus der Theorie der Kreistheilung
§141 – §142 VIII. Ueber die Pell'sche Gleichung
§143 – §144 IX. Ueber die Convergenz und Stetigkeit einiger unendlichen Reihen

C.2 Vorlesungen über Zahlentheorie 2. Auflage, S. 1–497

§1 – §16 Erster Abschnitt: Von der Theilbarkeit der Zahlen
§17 – §31 Zweiter Abschnitt: Von der Congruenz der Zahlen
§32 – §52 Dritter Abschnitt: Von den quadratischen Resten
§53 – §85 Vierter Abschnitt: Von den quadratischen Formen
§86 – §110 Funfter Abschnitt: Bestimmung der Anzahl der Classen, in welche die binären quadratischen Formen von gegebener Determinante zerfallen

Supplemente:
§111 – §116 I. Ueber einige Sätze aus der Theorie der Kreistheilung von Gauss
§117 – §119 II. Ueber den Grenzwerth einer unendlichen Reihe
§120 III. Ueber einen geometrischen Satz
§121 – §126 IV. Ueber die Geschlechter, in welche die Classen der quadratischen Formen von bestimmter Determinante zerfallen
§127 – §131 V. Theorie der Potenzreste für zusammengesetzte Moduli
§132 – §137 VI. Beweis des Satzes, dass jede unbegrenzte arithmetische Progression, deren erstes Glied und Differenz ganze Zahlen ohne gemeinschaftlichen Factor sind, unendlich viele Primzahlen enthält
§138 – §140 VII. Ueber einige Sätze aus der Theorie der Kreistheilung
§141 – §142 VIII. Ueber die Pell'sche Gleichung
§143 – §144 IX. Ueber die Convergenz und Stetigkeit einiger unendlichen Reihen
§145 – §170 X. Ueber die Composition der binären quadratischen Formen
  §159 Endliche Körper
  §160 Ganze algebraische Zahlen
  §161 Theorie der Moduln
  §162 Ganze Zahlen eines endlichen Körpers
  §163 Theorie der Ideale eines endlichen Körpers
  §164 Idealclassen und Compositionen derselben
  §165 Zerlegbare Formen

§166 Theorie der Einheiten
§167 Methode zur Bestimmung der Anzahl der Idealclassen
§168 Primideale in quadratischen Körpern
§169 Moduln in quadratischen Körpern
§170 Composition der quadratischen Formen

C.3 Vorlesungen über Zahlentheorie 3. Auflage, S. 1–627

§1 – §16 Erster Abschnitt: Von der Theilbarkeit der Zahlen
§17 – §31 Zweiter Abschnitt: Von der Congruenz der Zahlen
§32 – §52 Dritter Abschnitt: Von den quadratischen Resten
§53 – §85 Vierter Abschnitt: Von den quadratischen Formen
§86 – §110 Fünfter Abschnitt: Bestimmung der Anzahl der Classen, in welche die binären quadratischen Formen von gegebener Determinante zerfallen

Supplemente:
§111 – §116 I. Ueber einige Sätze aus der Theorie der Kreistheilung von Gauss
§117 – §119 II. Ueber den Grenzwerth einer unendlichen Reihe
§120 III. Ueber einen geometrischen Satz
§121 – §126 IV. Ueber die Geschlechter, in welche die Classen der quadratischen Formen von bestimmter Determinante zerfallen
§127 – §131 V. Theorie der Potenzreste für zusammengesetzte Moduli
§132 – §137 VI. Beweis des Satzes, dass jede unbegrenzte arithmetische Progression, deren erstes Glied und Differenz ganze Zahlen ohne gemeinschaftlichen Factor sind, unendlich viele Primzahlen enthält
§138 – §140 VII. Ueber einige Sätze aus der Theorie der Kreistheilung
§141 – §142 VIII. Ueber die Pell'sche Gleichung
§143 – §144 IX. Ueber die Convergenz und Stetigkeit einiger unendlichen Reihen
§145 – §158 X. Ueber die Composition der binären quadratischen Formen
§159 – §181 XI. Ueber die Theorie der ganzen algebraischen Zahlen
§159 Theorie der complexen ganzen Zahlen von Gauss
§160 Ganze algebraische Zahlen
§161 Theilbarkeit der ganzen Zahlen
§162 Endliche Körper
§163 Conjugierte Körper
§164 Normen und Dicriminanten
§165 Hülssätze aus der Theorie der Moduln
§166 System der ganzen Zahlen eines endlichen Körpers
§167 Zerlegung in unzerlegbare Factoren; ideale Zahlen
§168 Ideale und deren Theilbarkeit

§169 Normen der Ideale
§170 Multiplication der Ideale
§171 Relative und absolute Primideale
§172 Hülfssätze
§173 Gesetze der Theilbarkeit
§174 Congruenzen
§175 Idealclassen und deren Compositionen
§176 Zerlegbare Formen und deren Compositionen
§177 Theorie der Einheiten
§178 Anzahl der Idealclassen
§179 Beispiel aus der Kreistheilung
§180 Quadratische Körper
§181 Compositionen der quadratischen Formen

C.4 Vorlesungen über Zahlentheorie 4. Auflage, S. 1–657

§1 – §16 Erster Abschnitt: Von der Theilbarkeit der Zahlen
§17 – §31 Zweiter Abschnitt: Von der Congruenz der Zahlen
§32 – §52 Dritter Abschnitt: Von den quadratischen Resten
§53 – §85 Vierter Abschnitt: Von den quadratischen Formen
§86 – §110 Fünfter Abschnitt. Bestimmung der Anzahl der Classen, in welche die binären quadratischen Formen von gegebener Determinante zerfallen

Supplemente:
§111 – §116 I. Ueber einige Sätze aus der Theorie der Kreistheilung von Gauss
§117 – §119 II. Ueber den Grenzwerth einer unendlichen Reihe
§120 III. Ueber einen geometrischen Satz
§121 – §126 IV. Ueber die Geschlechter, in welche die Classen der quadratischen Formen von bestimmter Determinante zerfallen
§127 – §131 V. Theorie der Potenzreste für zusammengesetzte Moduli
§132 – §137 VI. Beweis des Satzes, dass jede unbegrenzte arithmetische Progression, deren erstes Glied und Differenz ganze Zahlen ohne gemeinschaftlichen Factor sind, unendlich viele Primzahlen enthält
§138 – §140 VII. Ueber einige Sätze aus der Theorie der Kreistheilung
§141 – §142 VIII. Ueber die Pell'sche Gleichung
§143 – §144 IX. Ueber die Convergenz und Stetigkeit einiger unendlichen Reihen
§145 – §158 X. Ueber die Composition der binären quadratischen Formen
§159 – §187 XI. Ueber die Theorie der ganzen algebraischen Zahlen
§160 Theorie der complexen ganzen Zahlen von Gauss
§160 Zahlenkörper

§161 Permutationen eines Körpers
§162 Resultanten von Permutationen
§163 Multipla und Divisoren von Permutationen
§164 Irreducibele Syteme. Endliche Körper
§165 Permutationen endlicher Körper
§166 Gruppen von Permutationen
§167 Spuren, Normen, Dicriminanten
§168 Moduln
§169 Theilbarkeit der Moduln
§170 Producte und Quotienten von Moduln. Ordnungen
§171 Congruenzen und Zahlclasse
§172 Endliche Moduln
§173 Ganze algebraische Zahlen
§174 Theilbarkeit der ganzen Zahlen
§175 System der ganzen Zahlen eines endlichen Körpers
§176 Zerlegung in unzerlegbare Factoren. Ideale Zahlen
§177 Ideale. Theilbarkeit und Multiplication
§178 Relative Primideale
§179 Primideale
§180 Normen der Ideale. Congruenzen
§181 Idealclassen und deren Composition
§182 Zerlegbare Formen und deren Composition
§183 Einheiten eines endlichen Körpers
§184 Anzahl der Idealclassen
§185 Beispiel aus der Kreistheilung
§186 Quadratische Körper
§187 Moduln in quadratischen Körpern

Printed in the United States
By Bookmasters